智能电网关键技术研究与应用丛书

智能电网标准——规范、需求与技术

[日本] 佐藤拓郎（Takuro Sato）
[美国] 丹尼尔·M. 卡门（Daniel M. Kammen）
[中国] 段斌（Bin Duan）
[斯洛伐克] 马丁·马库（Martin Macuha）
[中国] 周振宇（Zhenyu Zhou）
[中国] 伍军（Jun Wu）
[巴基斯坦] 穆罕默德·塔里克（Muhammad Tariq）
[芬兰] 所罗门·阿贝·阿斯范（Solomon Abebe Asfaw）
著
周振宇　许　晨　伍　军　译

机械工业出版社

本书是一本全面介绍智能电网标准的译著。全书涵盖了智能电网所涉及的相关技术内容和标准，包括智能电网发展政策、全球范围内的关键项目取得的进展、各国和国际标准组织之间的合作，以及未来发展趋势等。全书共分为10章，探讨了可再生能源发电、电网、智慧储能和电动汽车、智慧能源消费、智能电网通信、智能电网防护与安全、智能电网的互操作性、多种可再生能源并网等内容。本书内容丰富，全面展示了智能电网的概念。

图书在版编目（CIP）数据

智能电网标准：规范、需求与技术/（日）佐藤拓郎等著；周振宇，许晨，伍军译．—北京：机械工业出版社，2020.3

（智能电网关键技术研究与应用丛书）

书名原文：Smart Grid Standards：Specifications，Requirements，and Technologies

ISBN 978-7-111-64398-2

Ⅰ．①智… Ⅱ．①佐… ②周… ③许… ④伍… Ⅲ．①智能控制－电网－标准 Ⅳ．①TM76－65

中国版本图书馆 CIP 数据核字（2019）第285940号

机械工业出版社（北京市百万庄大街22号 邮政编码100037）
策划编辑：刘星宁 责任编辑：朱 林 刘星宁 责任校对：樊钟英
封面设计：鞠 杨 责任印制：张 博
三河市国英印务有限公司印刷
2020年4月第1版第1次印刷
169mm×239mm·20印张·435千字
标准书号：ISBN 978-7-111-64398-2
定价：139.00元

电话服务	网络服务
客服电话：010－88361066	机 工 官 网：www.cmpbook.com
010－88379833	机 工 官 博：weibo.com/cmp1952
010－68326294	金 书 网：www.golden-book.com
封底无防伪标均为盗版	机工教育服务网：www.cmpedu.com

译 者 序

随着经济社会的快速发展和自然环境的不断变化，电网安全稳定运行的客观环境面临着许多挑战。为了实现电网的可靠性、安全性和高效性等，需要在高速双向通信网络的基础上，利用先进的传感和测量技术、信息通信技术、决策支持系统技术等，实现电网的智能化，即“智能电网”。美国IBM公司在2006年首次提出“智能电网”解决方案，其在中国发布的《建设智能电网，创新运营管理——中国电力发展的新思路》中提供了一个对电力生产和输送等环节优化管理的框架。2010年，国家电网公司制定了《关于加快推进坚强智能电网建设的意见》，确定了建设智能电网的基本原则和总体目标。智能电网作为我国重要的能源输送和配置平台，在建设、生产和运营的过程中都将为经济发展、能源利用和环境保护等方面带来巨大的效益。更为重要的是，行业中的专业人士在设计和实施智能电网时，需要在现有的各种标准中找到相应的构建模块。本书正是为此类需求而编写的。可以预见，已分类的、便于查找的智能电网标准将在智能电网的建设中发挥重要的作用。

本书从世界各国政府和工业组织已发布且认可的智能电网标准出发，以系统的方式对现存的智能电网标准进行整理。本书描述了智能电网相关概念，涵盖了智能电网相关组织和美国、欧盟、日本、韩国、中国智能电网发展现状；从可再生能源与智能电网的关系、可再生能源系统的挑战，以及相关的标准等方面详细阐述了可再生能源发电；介绍了电网相关内容，包括电网系统、电网重要标准概述、能量管理系统和多层数据模型；为智慧储能、智慧能源消费和智能电网通信提供了技术概述和标准；探讨了可再生能源并网和未来低碳电网的情景，以及智能电网相应政策和挑战。本书是一本在智能电网相关标准方面有着重大影响的巨著，可以为智能电网专业人员、电网公司和认证机构等提供智能电网标准方面的帮助，是测试型实验室不可或缺的读物。此外，对于尝试了解和学习智能电网的读者而言，本书也是一本实用的参考资料，在此向各位读者郑重推荐。

感谢机械工业出版社引进如此高品质的图书，让国内的从业人员可以从中受益。在本书的翻译过程中，得到了诺贝尔和平奖获得者、加州大学伯克利分校可再生能源实验室主任Daniel M. Kammen教授的指导，在此表示衷心的感谢。Kammen教授不厌其烦地就书中的许多细节问题为译者解答，令译者受益匪浅。机械工业出版社的编辑为本书的出版做了大量细致且艰苦的工作，谨向他们表示诚挚的谢意。感谢一些学生和志愿者为翻译本书的初稿所做的辛勤工作和努力。

对译者而言，在翻译的过程中，深深地感受到了本书内容中涵盖智能电网领域的广度和深度，由于译者自身对许多知识和技术的了解水平有限，在翻译的过程中难免出现不够清楚或者不够准确的表述。若读者发现翻译不当之处，敬请批评指正。本书的翻译工作分工如下：周振宇负责第1章、第6章、第8章、第9章及第10章；许晨负责第2章、第4章及第5章；伍军负责第3章和第7章。

最后，深深地感谢在翻译过程中给予我们关心、理解、支持和帮助的家人、朋友和同事。

译者

原书前言

气候变化的不利影响和可持续发展战略需要改变目前的发电、输电、配电和用电的方式。智能电网的研究是实现这一目标的关键途径。在本书中，我们简单地将智能电网视为多种技术和政策交融的枢纽，这使得未来的电网更加高效、可靠和清洁。如今，各种标准发展组织（SDO）和行业正在努力研究与智能电网相关的标准和技术；同时，世界各国政府正在逐步颁布面向电网现代化的行政指令。本书概述了全球在智能电网标准制定方面的进展及其未来发展趋势、智能电网发展政策以及主要国家发起的关键项目，以及国家、地区和国际标准制定组织之间的合作。

本书并不是一份提供智能电网技术描述文档，而是各个研究领域的工作者之间合作的结果，他们的研究兴趣包括环境和可持续性、能源技术、发电、电力电子以及信息和通信技术。因此，本书的主要目的是汇集智能电网的各个方面，例如电网自动化、清洁能源技术方面的进展，在互操作性、潜在技术方面的挑战，克服这些挑战的政策，以及在智能家居和需求响应措施领域的进展。我们希望本书能够更全面地展示智能电网概念。此外，本书特别适用于工程专业本科生和研究生的智能电网课程。对于在物理学、政策学和工程科学领域广泛开展工作的研究人员而言，它也可作为研究智能电网的简明参考。

作者

致　谢

智能电网集成了应对与发电、输电、配电和用电相关的各种挑战所需的关键技术。如今，各种标准发展组织（SDO）和行业正致力于研究与智能电网相关的标准和技术，同时世界各国政府正在逐步颁布面向电网现代化的行政指令。本书概述了全球在智能电网标准制定方面的进展及其未来发展趋势、智能电网发展政策以及主要国家发起的关键项目，以及国家、地区和国际标准制定组织之间的合作。

本书是各个研究领域的工作者之间合作的结果。他们的研究兴趣包括环境、能源技术、发电、电力电子以及信息和通信技术。我们希望本书能够更全面地展示智能电网的概念，对于在该领域工作的工程师、研究人员、商业人士和政策制定者都有所帮助。

我们真诚地感谢 JohnWiley & Sons 的责任编辑侯明新先生，他从手稿准备的开始到结束都给予了大量的支持和帮助。

我们还要感谢来自世界各地的匿名审稿人，包括美国、欧盟、亚洲和中东地区的审稿人，他们在评审过程中提出了宝贵意见和建议。

特别感谢一些学生和志愿者为编写本书的初稿所做的辛勤工作和努力，包括 Yi Jiang 博士、Yanwei Li 博士、Keping Yu 博士、Song Liu 教授和 Jiran Cai 先生。此外，Solomon Abebe Asfaw 也非常感谢在撰写本书时从 Philomathia 基金会获得的项目支持。

我们还要感谢国际电工委员会（IEC）允许我们采用其国际标准 IEC 60870－5－101版本 2.0（2006）、IEC 60870－6－503 版本 2.0（2002）、IEC 61970－1 版本 1.0（2005）、IEC 61968－1 版本 1.0（2003）、ISO/IEC 15045－1 版本 1.0（2004）、ISO/IEC 18012－1 版本 1.0（2004）以及《IEC 智能电网标准化路线图版本 1.0》（2010）中的内容。

感谢 JohnWiley & Sons 的项目编辑 Clarissa Lim 女士专业的编辑和对稿件的校对工作。她专业的知识和丰富的经验极大地提高了本书的质量和价值。我们还要感谢 John Wiley & Sons 的项目编辑 Shelley Chow 女士在图书项目立项阶段给予的帮助。

最后，我们要特别感谢支持和关心我们的家人。

Takuro Sato

作者简介

Takuro Sato 分别于1973年和1994年获得新潟大学电子工程专业学士和博士学位。他曾在日本东京电气工业株式会社的研发实验室工作，主要从事脉冲编码调制传输系统和移动电话系统研究，并为1983～1997年CCITT SG17移动数据传输、1990～1995年美国电信行业协会（TIA）/TI宽带码分多址（W-CDMA）系统以及1995～1996年第三代合作伙伴计划（3GPP）的标准化工作做出贡献。于1995年在新潟理工学院信息与电子工程系担任教授。他在2000年成立公司Key Stream，为Wi-Fi系统提供大规模集成电路，并于2001年成立WiViCom，通过产学研合作提供无线系统设计。自2004年以来，他一直担任早稻田大学全球信息与电信研究院院长。目前主要研究下一代移动通信系统、智能电网/能源和社会信息基础设施网络。自2010年以来，他一直担任IEICE ICT-SG（日本电子信息通信学会智能电网信息技术专委会）的主席，是美国电气电子工程师学会（IEEE）会士。

Daniel M. Kammen 是加州大学伯克利分校核工程系高曼公共政策学院能源与资源集约管理学的特聘教授，是可再生能源实验室（RAEL）和运输可持续性研究中心（TSRC）的主任。在2010～2011年，担任可再生能源与能效首席技术专家。他已发表300多篇同行评审论文、50份政府报告，出席美国众议院和参议院听证会40多次。他现在是美国国务院美洲能源和气候伙伴关系（ECPA）的研究员、政府间气候变化专门委员会（IPCC）的首席科学家，曾获得2007年诺贝尔和平奖。

段斌分别于1992年和2004年获得北京航空航天大学和湘潭大学的硕士和博士学位。现任湘潭大学信息工程学院教授、副院长，并于2012年在美国弗吉尼亚大学担任客座教授。他是智能电网领域国家自然科学基金（NSFC）多个项目的带头人，中国国家863计划基金项目副主任，中国教育部教育管理信息中心校园卡标准化研究所副所长。研究领域包括信息安全、智能电网和软件工程。出版了两本著作，获得5项专利，并在中国顶级期刊和相关SCI/EI国际期刊以及会议上发表大量论文。他是中国电工学会的高级会员，也是IEEE会员。

Martin Macuha 分别于2007年和2011年获得斯洛伐克理工大学和早稻田大学电信专业硕士学位和无线通信专业博士学位。他于2007年加入Orange Slovakia，于2008年成为早稻田大学研究生，2011年成为早稻田大学研究员，自2012年起，在日本东京的Orange Labs工作。研究领域包括无线技术、智能电网通信网络、异构网络和分布式系统。

周振宇分别于2008年和2011年在早稻田大学获得无线通信专业硕士学位和博士学位。2011～2012年，他担任日本东京KDDI技术部的首席研究员；2012年起，担任华北电力大学电气与电子工程学院副教授，智能网络技术研究所副所长；2019年起，担任华北电力大学电气与电子工程学院教授、博士生导师，学院科研助管。研究领域包括无线通信系统、无线传感器网络、需求响应以及智能电网的数据挖掘。已发表30多篇同行评议论文，已获得两项专利。他是IEEE和IEICE会员。

伍军出生于中国湖南。他于2011年9月在日本早稻田大学全球信息与电信研究院（GITS）获得博士学位。2011年12月至2012年，他担任日本国家先进工业科学与技术研究所（AIST）安全系统研究所（RISEC）的特别研究员。他目前是上海交通大学的助理教授，研究领域包括智能电网中传感器网络安全和传感器网络应用。他是IEEE会员。

Muhammad Tariq于2009年获得汉阳大学的硕士学位，并获得日本政府（MEXT）奖学金，并于2012年获得早稻田大学的博士学位。目前，他是巴基斯坦白沙瓦FAST－NUCES电气工程系的助理教授，巴基斯坦高等教育委员会（HEC）在电气工程领域的博士生导师。研究领域包括无线自组织和传感器网络系统，以及智能电网中的有线和无线系统。他在IEEE VTC 2010中荣获学生论文奖，并在JSST 2011中荣获杰出演讲奖，在2008～2009届会议上荣获韩国IT部颁发的Brain Korea 21（BK21）研究基金。已发表25篇论文，包括SCI索引和同行评审论文以及本地和国际会议论文集。他是IEEE、IEICE、日本模拟技术学会（JSST）和巴基斯坦工程委员会（PEC）会员。

Solomon Abebe Asfaw分别获得巴赫达尔大学和挪威科技大学物理学学士学位与硕士学位；获得本－古里安大学第二硕士学位与博士学位，专攻能源系统建模。他是以色列大学杰出博士生2010年度沃尔夫奖的获得者，目前是加州大学伯克利分校的博士后研究员。研究领域包括高间歇性可再生能源（太阳能和风能）渗透下，电网、储能的设计、调度和规划等。他在同行评议期刊、著作及会议论文集中发表多篇文章。

目　　录

第1章

智能电网概述

1.1 简介

自18世纪英国工业革命以来，世界人口持续增长。以建设一个更加富足的社会为目标，众多行业飞速发展，导致了全球范围内能源需求的显著增长。因此，CO_2（二氧化碳）排放量的增加已经威胁到了全球环境，而传统化石能源的开发在地球上已经达到其使用极限。与传统能源相比，核能被认为是清洁、安全、可靠的能源。然而，在2011年3月，这种观点由于日本福岛核电站事故而被动摇。因此，许多国家和国际机构现在对使用可再生能源技术产生清洁和安全的能源表现出极大的兴趣。但是，维持能源供需平衡，通过可再生能源满足国家能源需求，以及放弃以化石燃料为主的能源生产，这些仍存在许多挑战。例如，基于自然太阳能发电、风力发电和水力发电的能源供应是波动的，不能够满足电力系统的严格要求。为了使可再生能源成为一种稳定的能源资源，有必要实时监控电力的供应和需求，通过将传统电网与现代信息和通信技术相结合来获取供需平衡。

2009年12月，联合国在丹麦哥本哈根组织召开了《联合国气候变化框架公约》（简称《框架公约》）（COP15）缔约方大会第五十届会议和《京都议定书》缔约方会议第五届会议（COP 15 / MOP5）。工业界达成了一项长期目标协议，即防止全球平均气温比未工业化社会气温高2℃（3.6℉）以上[1]。发布的第一个欧盟电力指令是96/62/EC指令，其主要目标是在1996年开放电力市场，在1998年将其扩展到天然气市场。之后，该指令被废除，并在2003年被第二个欧盟电力指令2003/54/EC所替代，在2004年被替换成欧盟热电联产指令2004/08/EC[2]。2007年9月，欧盟委员会发布了第三次能源改革方案，随后在2009年7月被欧洲议会和欧洲理事会批准为2009/72/EC指令[3]。自2011年3月以来，在适用于欧盟内部天然气和电力市场的第三次能源改革方案中，天然气和电力指令已经转变为国家法律，以便到2020年引入约80%的智能仪表[4]。欧洲议会和欧洲理事会还成立了能源监管合作机构（ACER），以促进欧洲电力和天然气内部能源市场的发展[5]。

2009年美国通过发布《美国复苏与再投资法案》（ARRA），对电力网络进行了重组，以实施对现有电力网络的升级。2010年1月，美国国家标准技术研究所（NIST）发布了《智能电网互操作性的标准架构与发展路线图1.0版》。美国国家标准技术研究所根据2007年签订的《能源独立和安全法案》（EISA 2007）启动了智能电网互操作委员会（SGIP），以协调智能电网与各种组织的标准开发，例如开放智能电网用户组（OpenSG User Group）、美国电气电子工程师学会（IEEE）、国际互联网工程任务组（IETF）、美国电信行业协会（TIA）和紫蜂联盟（ZigBee Alliance）。

日本是一个先进的工业国家，建成了以核电为主的稳定电力网络。但是在2011年3月11日的福岛核电站事故发生后，这种观点完全被改变了。此次事故发生后，各方对于智能电网可再生能源技术的研究、发展以及政策的兴趣迅速增长起来。

智能电网需要通过双向信息和通信技术来实时监控能源供需之间的平衡。因为发电成本不仅取决于发电方式，还取决于用电时间、用电位置和用电量，所以购买的电价应根据客户的不同情况而相应地变化。此外，电网公司和客户相互交流电力供需信息是非常重要的。不仅要确保发电、储能和输电系统的可靠性，还要确保信息和通信系统的可靠性。例如，许多用户通过个人计算机/笔记本电脑或手机在家中使用电子邮件、短消息服务（SMS）或互联网网页进行能量监控和管理。然而，通过互联网传输用电量和客户隐私信息等关键数据具有很大的安全隐患。网络安全技术将在保障智能电网的安全、可靠运行中发挥重要作用。

实现下一代智能电网的挑战存在于市场需求与现存标准之间的差距，以及不同标准之间互操作性的缺失。为了缩小未来需求与现有标准之间的差距，各个标准发展组织（SDO）一直在努力推动智能电网的标准化进程。全世界的政府和工业组织均已经认识到智能电网标准化的重要性，它们努力推动标准化发展和实施进程，确保当前对智能电网的投资在未来仍具价值，确保不同制造商的产品具有互操作性，促进创新，支持消费者进行选择，创造规模化经济来降低成本，并为智能电网设备和系统打开全球市场。作为发布智能电网相关标准的主要国际标准化组织之一，国际电工委员会（IEC）指出，“对于智能电网的各种产品、解决方案、技术和系统来说，更高级别的语法和语义互操作性是必要的[6]”。互操作性对于确保不同系统或组件之间信息的顺利交换和使用是必要的。互操作性的两个主要领域是语法互操作性和语义互操作性。语法互操作性通过标准化数据格式和协议确保不同系统之间的信息通信和交换能力，这是国际电工委员会和其他标准发展组织所关注的典型领域。语义互操作性是语法互操作性的下一步，通过标准化信息交换参考模型，以确保不同系统具有解析交换信息的能力。除标准发展组织外，还有许多技术联盟、论坛和专家组积极参与智能电网的标准化进程。本章将概述发达国家和发展中国家智能电网的现状。本章的组织如下：1.2节概述主要的智能电网相关组织，包括标准发展组织、监管机构、技术联盟、论坛、专家组以及营销/宣传组织；1.3节介绍美国智能电网的发展现状；1.4节介绍欧盟智能电网的发展现状；1.5节介绍日本智能电网的发展现状；1.6节介绍韩国智能电网的发展现状；1.7节介绍中国智能电网的发展现状；1.8节给出本章结论。

1.2 智能电网相关组织概述

本节概述智能电网相关组织，包括标准发展组织、监管机构、技术联盟、论坛、专

家组以及营销/宣传组织[7]。一般来说，标准发展组织是制定、修正、协调和修改技术标准的组织。有些标准是非正式的或自发的，虽然被工业界广泛采用，却没有得到法律的正式批准。除了标准发展组织之外，还有各种技术联盟、论坛、专家组、监管机构以及营销/宣传组织，也都积极参与开发或评估与智能电网相关的技术规范，并与标准发展组织合作推动标准化进程。

1.2.1 智能电网标准发展组织

根据其角色、地位和应用领域进行分类，标准发展组织可以是地方性、区域性或国际性组织，也可以是政府、半政府或非政府组织实体。政府性的标准发展组织通常是盈利性组织，而半政府组织和非政府组织通常是非盈利性组织。

1.2.1.1 国际电工委员会（IEC）

国际电工委员会（IEC）是国际标准化组织（ISO）和国际电信联盟（ITU）中最成熟和最大的标准发展组织之一。它是一个非政府性的国际标准发展组织，起草和出版电气、电子相关技术的国际标准。IEC 开发的标准还适用于家用电器和办公设备、半导体、光纤、电池、纳米技术以及可再生能源系统和设备。IEC 还通过检验检测来确定设备、系统或组件是否符合其国际标准。

IEC 在 2010 年颁布了《IEC 智能电网标准化发展路线图》，概述了智能电网和现有标准之间的差距。在发展路线图中，IEC 将通信、安全和规划指定为智能电网的基本要求。除了这三个基本要求，IEC 还规定了 13 个具体应用和要求，包括：智能输电系统和传输电平检测；停电预防/EMS（能源管理系统）；先进配电管理；配电自动化；智能变电站自动化过程总线；分布式能源（DER）；计费和网络管理的高级计量；需求响应/负荷管理；智能家居和楼宇自动化；电能存储；电动汽车；状态监测；可再生能源发电。IEC 还规定了实施智能电网但不限于智能电网应用和系统所需的其他要求，包括电磁兼容性（EMC）、低压（LV）安装、对象识别、产品分类、属性、文档和用户案例。

现有的 IEC 核心标准如图 1.1 所示，总结如下：

- IEC/TR，技术报告 62357：电力自动化标准框架以及对面向服务架构（SOA）概念的说明。
- IEC 61850：基于通用网络通信平台的变电站自动化系统标准。
- IEC 61970：能源管理系统、通用信息模型（CIM）和通用接口定义（GID）。
- IEC 61968：配电管理系统（DMS）、通用信息模型和组件接口规范（CIS）。
- IEC 62351：安全性。

IEC 已经致力于由 IEC 62051 – 62059 和 IEC/TR 61334 规定的高级计量基础设施（AMI），由 IEC 61850 – 7 – 410：IEC 61850 – 7 – 420 规定的分布式能源和由 IEC 61851 规定的电动汽车（EV）等新领域。这些领域向 IEC 标准提出了新的要求。为了促进智能电网的标准化，IEC 概述了以下一般建议[6]：

建议一：智能电网可以有多种形态和概念，并且概念不统一。此外，传统系统和现有成熟领域的通信系统必须被并入其中和使用。IEC 应避免标准化应用模型和业务模

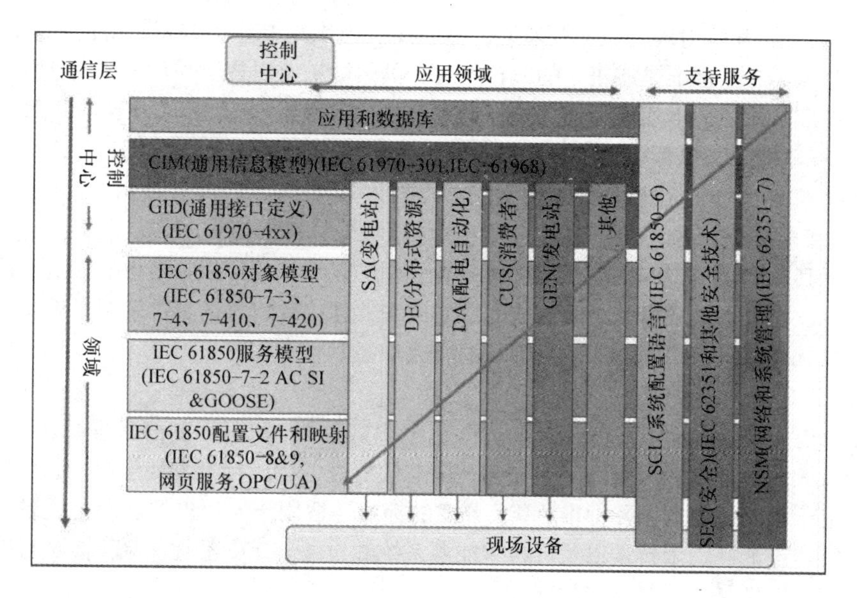

图 1.1　IEC 61850 模型和通用信息模型（CIM）。转自《IEC 智能电网标准化发展路线图 1.0》，©2010 IEC，瑞士日内瓦，www.iec.ch[6]，经国际电工委员会（IEC）许可使用

型，而是专注于规范必要的接口和满足产品要求。

建议二：智能电网标准化的潜力，特别是 IEC/TR 62357 的潜力应由 IEC 推动。应当通过多种方式向利益相关者告知 TC57 开发的可能应用程序。

建议三：IEC 不应注重各种技术连接标准的协调，其受制于不同的标准、监管制度和规范。TC 8 指定了一般的最低要求，但这些问题的详细标准化超出了 IEC 标准化的范围。

建议四：IEC 应与利益相关者、各组织和其他重要的监管机构以及行业协会密切合作。IEC 应该对市场数据系统进行调查。

建议五：IEC 应在优先行动领域与美国国家标准技术研究所合作，并为本地或区域标准提供咨询，并认可《智能电网互操作性的标准架构与发展路线图》的成果。

建议六：产品控制应与实现技术创新和管理创新的企业管理相结合。应该建立一个新的模型，而不是用原来的通用信息模型来解决这个问题。

1.2.1.2　国际标准化组织（ISO）

国际标准化组织成立于 1947 年，其总部设在瑞士日内瓦。它由各地标准机构的代表组成。ISO 出版了全球专利、工业和商业标准[8]。ISO 把英语、法语和俄语作为它的 3 种官方语言[9]。它管理具体项目或派专家参加技术工作，并出版经过制定和批准的标准。

1.2.1.3　国际电信联盟（ITU）

国际电信联盟位于瑞士日内瓦，始建于 1865 年 5 月。ITU 是联合国的一个专门机构，负责与信息和通信技术有关的问题[10,11]。其责任包括分配卫星轨道、协调全球共

享无线电频谱的使用、改善发展中国家的电信基础设施、促进国际标准的制定等。ITU在许多领域都非常活跃，例如有线和无线通信技术、2G/3G移动通信网络服务、宽带互联网、航空工程和海上导航、射电天文学、卫星气象、电视广播和下一代网络（NGN）等。

1.2.1.4　国际汽车工程师学会（SAE）

国际汽车工程师学会（SAE）是全球航空航天、汽车和商业车辆行业工程专业人士和研究人员所组成的学会[18]。SAE建立和管理世界上最多的航空航天和地面车辆标准，在全球有超过12.8万名会员。在电动汽车领域，SAE已经发布了多个标准，内容涉及电动汽车电池的性能评估、电池系统的安全性、可再生能源存储系统最大可用功率的确定、电动汽车电池的包装、电动汽车和公用电网之间的通信和电动汽车服务设备（EVSE）、电动汽车与客户之间的通信、电动汽车服务设备的互操作性等。SAE发布的诸多标准，如SAE J2847、SAE J1772和SAE J2836已被美国国家标准技术研究所研究确定为智能电网发展的关键标准。

1.2.1.5　美国电气电子工程师学会（IEEE）

美国电气电子工程师学会（IEEE）成立于1884年，前身是美国电气工程师学会（AIEE），总部设在纽约，是一个拥有超过40万名电气和电子工程师的专业机构，其中约51%会员生活在美国[12,13]。IEEE根据纽约州的《非盈利公司法》组建[14]，致力于推动技术创新和进步。到21世纪初期，已组建了38个团体，制定了900多项标准。2010年1月，IEEE推出了智能电网门户网站来汇集广泛的资源，为全球智能电网参与者提供专业知识和指导。IEEE已经制定了许多与智能电网相关的标准，包括IEEE P2030、IEEE 802系列、IEEE SCC 21 1457、IEEE 1159、IEEE 762和IEEE SCC 31。这些标准中的一部分在本书中有详细介绍。

1.2.1.6　欧洲标准化委员会（CEN）

欧洲标准化委员会（CEN）是一个非盈利性组织，成立于1961年。CEN是一个由欧盟正式承认为欧洲标准机构的区域性组织，旨在促进处于全球贸易中的欧洲经济、提高欧洲公民福祉和改善欧洲环境，其目标是通过开发、维护和分发一致的标准和规范，为各种利益相关者提供有效的基础架构。该委员会由30个国家成员组成，他们致力于为各个部门开发在欧洲内部市场的标准。

1.2.1.7　欧洲电工标准化委员会（CENELEC）

欧洲电工标准化委员会（CENELEC）成立于1973年。作为欧洲的标准发展组织，CENELEC负责欧洲电气工程领域的标准化工作。其成员来自大多数欧洲国家。CENELEC、欧洲电信标准化协会（ETSI）和欧洲标准化委员会已经组建了一个关于智能电网标准的联合工作组（JWG）。这些机构协调的标准在欧洲以外的许多国家都已被广泛采用，而且也符合欧洲技术标准。在CENELEC成立之前，负责电工标准化的其他两个欧洲组织是CENELCOM（欧洲共同市场电工标准协调委员会）和CENEL（欧洲电气标准协调委员会）[15]。

1.2.1.8 美国电信行业协会（TIA）

美国电信行业协会（TIA）是一个为各种信息和通信技术产品制定行业标准的协会，其拥有近400家成员公司，12个工程委员会。标准化内容涉及卫星指南、电话终端设备、私人无线电设备、蜂窝基站、数据终端、语音互联网协议设备、结构化布线、数据中心、移动通信、多媒体多播、车载遥测、医疗信息和通信技术、M2M通信和智能网络[16]。

1.2.1.9 国际互联网工程任务组（IETF）

国际互联网工程任务组（IETF）是网络运营商、供应商、设计人员以及互联网研究人员的大型开放型国际团体。它对任何感兴趣的个人开放。IETF拥有执行其实际技术工作的工作组。根据路线、传输和安全等具体议题，工作组被分为几个领域[17]。

1.2.1.10 美国电信行业解决方案联盟（ATIS）

位于华盛顿特区的电信行业解决方案联盟（ATIS）为电信行业制定了许多标准。ATIS拥有超过250家成员公司，包括宽带提供商、商业移动无线电服务提供商、竞争激烈的本地交换运营商、电缆供应商、消费电子公司、数字版权管理公司、设备制造商、互联网服务提供商等。ATIS由电信行业解决方案联盟认证，是第三代合作伙伴计划（3GPP）的六个组织合作伙伴之一，也是oneM2M的一个创始合作伙伴，oneM2M是用于各种硬件和软件的通用M2M服务层。

1.2.2 面向智能电网的技术联盟、论坛和专家组

1.2.2.1 Wi－Fi联盟

Wi－Fi联盟是一个全球非盈利性组织，成立于1999年，旨在推动高速无线局域网技术的普及。Wi－Fi联盟的主要赞助商包括思科、戴尔、苹果、华为、博通、英特尔、摩托罗拉、三星电子和得州仪器。Wi－Fi联盟开发了Wi－Fi认证，这是一个用来在互操作性、安全性和可靠性等方面测试产品是否符合IEEE 802.11标准的程序。Wi－Fi认证设备将携带Wi－Fi认证标志，以确保不同制造商之间的互操作性。Wi－Fi技术被广泛应用于世界各地的家庭，并且采用率持续增长。Wi－Fi联盟的目标是提供一个高效的协作论坛，通过新的技术规范和程序来促进Wi－Fi行业的发展，并通过测试和认证实现无缝的产品连接。

1.2.2.2 紫蜂联盟（ZigBee）

紫蜂联盟（ZigBee）成立于2002年，是一个开放型、非盈利性组织。其成员包括全球的公司、大学和政府机构。ZigBee致力于开发绿色、低功耗和短距离的无线网络标准，用于监控、控制和传感器应用。ZigBee开发的两个规范包括ZigBee PRO和ZigBee功能集以及ZigBee RF4CE。此外，ZigBee还开发了大量针对建筑自动化、医疗保健、家庭自动化、输入设备、轻链路、网络设备、远程控制、零售服务、智能能源和电信服务等方面的领先标准。与Wi－Fi认证程序类似，ZigBee认证程序认证来自不同制造商的ZigBee产品，以确保互操作性和质量。

1.2.2.3 全球微波接入互操作性（WiMAX）论坛

全球微波接入互操作性（WiMAX）论坛是2001年成立的全球联盟，旨在将基于全

球微波接入互操作性的服务引入市场。WiMAX 基于 IEEE 802.16 - 2004 和 IEEE 802.16e - 2005 标准。IEEE 802.16 - 2004 也被称为固定的全球微波接入互操作性标准，并被开发为无线回程技术，而 IEEE 802.16e - 2005 被称为移动全球微波接入互操作性标准，并被开发为全球移动通信系统（GSM）、码分多址（CDMA）等移动通信技术的替代品。与 Wi - Fi 联盟和 ZigBee 联盟类似，WiMAX 论坛已经建立了全球微波接入互操作性论坛认证程序，以通过一致性测试来认证 IEEE 802.16e 产品的互操作性。通过测试的设备或产品可以持有 WiMAX 论坛认证标志。

1.2.2.4 UCA 国际用户组

UCA 国际用户组（UCAIug）是一个非盈利性公司，旨在通过使用基于国际标准的技术来促进电/气/水公用事业系统的集成和互操作性。UCAIug 由公用事业用户和服务提供商组成，其中公用事业行业的各个利益相关者可以协同合作，以部署实时应用的标准。UCAIug 和各种标准发展组织紧密合作，成为 IEC 61850、通用信息模型（CIM）高级计量，以及通过开放型自动化需求响应（OpenADR）的需求响应等标准的用户组。

1.2.2.5 美国电气制造商协会（NEMA）

美国电气制造商协会（NEMA）成立于 1926 年，为电气设备的标准化提供了一个论坛。NEMA 由超过 400 家发电、输电、配电、工厂自动化等领域的成员公司组成，年度销售额超过 1200 亿美元[19]。NEMA 致力于制定标准和为新兴的技术、法规和经济问题提供解决方案。它已在建筑系统、电子、工业自动化、绝缘材料、照明系统、医疗成像、电力设备、安全成像、有线和电缆等领域出版和发表了超过 600 种标准和技术论文。此外，它还帮助启动国际电气安全基金会（ESFI），以提高电气安全意识和促进电气设备的安全使用。

1.2.2.6 结构化信息标准促进组织（OASIS）

结构化信息标准促进组织（OASIS）是一个非盈利组织，它成立于 1993 年，旨在促进安全、云计算、面向服务架构、Web 服务、智能电网、应急管理以及其他领域的开发、融合和开放型标准的采用[20]。它由 10 个成员部门组成，具体包括：OASIS AMQP（高级消息队列协议）、OASIS CGM（计算机图形元文件）、OASIS eGov（电子政务）、OASIS Emergency（应急）、OASIS IDtrust（身份及信任基础架构）、OASIS LegalXML（合法可标记语言）、OASIS Open CSA（开放组合服务架构）和 OASIS WS - I（Web 服务可交互性）。每个成员部门都是为了满足特定群体的需求而形成的，保持独立性。其优点在于，每个成员部门可以在访问 OASIS 基础架构、资源和专业知识的同时专注于自己的兴趣。

1.2.2.7 家庭电力线网络联盟（HomePlug）

家庭电力线网络联盟（HomePlug）是一个贸易协会组织，旨在促进采用和实施低成本和标准的家庭电力线网络和产品。HomePlug 已经开发了几种家庭电力线技术，包括用于宽带网络应用的 HomePlug AV/AV2，如 HDTV（高清晰度电视）和 VOIP（语音互联网协议），以及用于低成本和低功耗应用的 HomePlug Green PHY（物理层），如需求响应、负荷控制以及家庭和建筑自动化。此外，它还与 IEEE 1901.2 工作组合作开发了一种名为 Netricity PLC 的低频、窄带电力线通信（PLC）认证和营销程序，可用于窄带低频通信。

1.2.2.8 家域电网论坛（HGF）

家域电网论坛（HGF）是一个行业联盟，其成立旨在促进 ITU－T G. hn 标准的开发和采用。ITU－T G. hn 定义了包括电力线、电话线、同轴电缆线在内的所有主要有线通信媒介的统一标准。为了确保合规性和互操作性，HGF 已经推出了基于插件、合规性和互操作性测试技术的认证程序。通过 HGF 测试的产品将持有家域电网的标志。

1.2.2.9 电网智能化架构委员会（GWAC）

电网智能化架构委员会（GWAC）由美国能源部（DoE）组建，旨在帮助确定标准化领域，以确保不同电气系统组件之间的互操作性。GWAC 已经努力推动从基于控制的互动转向面向交易的互动，这需要电力系统设备和电力消费者之间大量的信息交换。"交互式能源"意味着在考虑电网可靠性约束的同时，在经济或市场结构的基础上做出如何消耗能源的决定。交互式能源应用的例子有电网智能化奥林匹克半岛项目[21]、TeMIX[22]和西北太平洋智能电网示范项目[23]。GWAC 还与美国国家标准技术研究所合作组建领域专家工作组（DEWG），协助国家标准技术研究所解决智能电网互操作性问题。

1.2.3 其他政治、市场及贸易组织、论坛和联盟

除了各种标准发展组织和技术联盟、论坛和专家组外，还有许多其他政治、市场、贸易和监管组织、论坛和联盟积极参与智能电网的发展。本节将简要介绍一些相关组织、论坛和联盟。

1.2.3.1 国际能源署（IEA）

国际能源署（IEA）成立于 1973 年的石油危机期间，通过释放储备石油来缓解重大石油供应中断所造成的影响[25]。目前的工作是确保可靠、经济实惠的清洁能源。IEA 工作的 4 个核心领域是能源安全、经济发展、环境意识和全球参与。IEA 共有 28 个成员国，包括澳大利亚、加拿大、捷克共和国、丹麦、芬兰、德国、匈牙利、意大利、日本、卢森堡、新西兰、挪威、斯洛伐克共和国、西班牙、土耳其、英国、美国等。除成员国外，IEA 还与中国、印度、巴西、俄罗斯和泰国等非成员国建立了密切的关系。

1.2.3.2 清洁能源部长级会议（CEM）

清洁能源部长级会议（CEM）是一个关于清洁能源技术的高级别全球会议，第一次会议由美国能源部部长朱棣文在 2009 年 12 月《联合国气候变化框架公约》缔约方大会主持。此后，CEM 吸引了全球各国政府的参与，并涉及全球温室气体排放量的 80% 和全球清洁能源投资的 90%。CEM 的 3 个核心重点领域是能源效率、清洁能源供应和清洁能源接入。它已经发起了 13 项行动驱动型、改革型清洁能源倡议[27]，具体包括：电动汽车倡议（EVI）、全球高级能源绩效伙伴关系（GSEP）倡议、超高效设备和电器开发（SEAD）倡议、生物能源工作组倡议，碳捕集、利用和封存行动小组（CCUS）倡议，多边太阳能和风力工作组倡议，水电工程可持续发展、21 世纪电力伙伴倡议，清洁能源教育和赋权（C3E）妇女倡议，清洁能源解决方案中心倡议，全球照明和能源

接入伙伴关系（全球LEAP）倡议，全球可持续城市网络（GSCN）计划和国际智能电网行动网络（ISGAN）倡议。在这13项倡议中，国际智能电网行动网络使各国政府之间的多边合作能够提高对智能电网技术、实践和政策等方面的了解。目前，国际智能电网行动网络涉及22个成员国：澳大利亚、奥地利、比利时、加拿大、中国、芬兰、法国、德国、印度、爱尔兰、意大利、日本、韩国、墨西哥、挪威、荷兰、俄罗斯、西班牙、瑞典、瑞士、英国和美国。

1.2.3.3　需求响应和智能电网联盟（DRSG）

需求响应和智能电网联盟（DRSG）是一个贸易协会，由需求响应、智能电表和智能电网技术等领域的多个公司组成。DRSG由执行级成员和准成员组成，提供需求响应和智能电网技术和服务，共同推动需求响应和智能电网技术的发展和应用。

1.2.3.4　中国电力企业联合会（CEC）

中国电力企业联合会（简称中电联）成立于1988年12月，是中国电力企业和机构的联合组织。其中中国国家电网有限公司（SGCC）是主席成员。中电联作为政府与其成员公司和机构之间的桥梁，将其请求转交给政府，并且保护其成员的合法权益。

1.2.3.5　全球智能电网联盟

全球智能电网联盟成立于2010年4月，旨在促进各利益相关者之间的协作，以促进智能电网技术的开发和研究。它由以下成员组成：

- 电网智能化联盟（GridWise）（美国）：2003年发布的一个论坛，其中能源供应链的各个利益相关者共同合作，推动了工业时代电网向信息时代的转型。
- 印度智能电网论坛（ISGF）（印度）：由印度政府电力部发起的公私合作伙伴关系，以促进印度智能电网技术的发展。
- 日本智能社区联盟（JSCA）（日本）：由新能源和工业技术开发组织（NEDO）建立的联盟，旨在促进电力、天然气、汽车、信息与通信、电机、建筑与贸易、公共部门、学术界等方面的各种利益相关者的合作。
- 法兰德斯智能电网（比利时）、加拿大智能电网（加拿大）、丹麦智能能源联盟（丹麦）、欧洲智能电网配电系统运营商（欧盟）、大不列颠智能电网（英国）、挪威智能电网中心（挪威）、爱尔兰智能电网（爱尔兰）、以色列智慧能源协会（以色列）、工业技术研究所（ITRI）、韩国智能电网协会（韩国）、澳大利亚智能电网（澳大利亚）。

1.2.3.6　美国国家标准技术研究所和智能电网互操作委员会

美国国家标准技术研究所（NIST）成立于1901年，是一个非监管的联邦机构和全美最古老的物理科学实验室之一。目前，NIST作为美国商务部的一部分，其任务是通过NIST实验室、Hollings制造延伸合作伙伴关系、Baldrige绩效卓越计划以及技术创新计划来提高测量科学、标准和技术，以便推动美国创新和产业竞争力。智能电网互操作委员会（SGIP）由NIST于2009年发起，旨在促进智能电网框架的开发以实现互操作性标准化，被联邦能源管理委员会（FERC）称为开发智能电网互操作性标准的载体[24]。智能电网互操作委员会协助NIST实现了EISA 2007。智能电网互操作委员会致力于智能电网的7个核心领域：运营、市场、服务提供商、批量生成、传输、配送和客户，旨在推动智能电网的发展和互操作标准的采纳。

1.3 美国智能电网发展现状

在美国，联邦能源管理委员会（FERC）负责规范电力、天然气和石油的州际传输。但是，面向消费者的零售电力和天然气销售管理不在 FERC 的责任范围之内。FERC 于 1992 年发布了《能源政策法案》，向电气放松管制迈出了一大步，并于 1996 年发布了 FERC 指令 888 和 889，从而创建了开放型获取统一信息系统（OASIS，以前的实时信息网络）。零售市场部分放松管制，有效地加剧了市场竞争。然而，在 2000 ~ 2001 年的加州电力危机中，只有批发价格被放松管制，零售价格仍受政府管制，向电力批发商支付的费用高于向客户收取的费用，造成了 PG&E 和 SoCal Edition 等公司的财务赤字，导致新发电厂和配电基础设施的投资急剧下降，老化的电气设备和超负荷运行的配电线路正在成为美国的一个主要问题。在 2003 年美国东北地区的停电期间，警报系统的一个软件错误导致了历史上第二大规模的停电，影响了安大略省的 1000 万人口和其他 8 个州的 4500 万人口[28]。因此，为了升级老化的电力基础设施以及刺激经济，奥巴马政府将智能电网视为经济刺激计划的核心组成部分之一。智能电网在美国的发展可以分为 3 个领域，如图 1.2 所示：战略发展规划、政策与执法以及政府和公司试点项目。

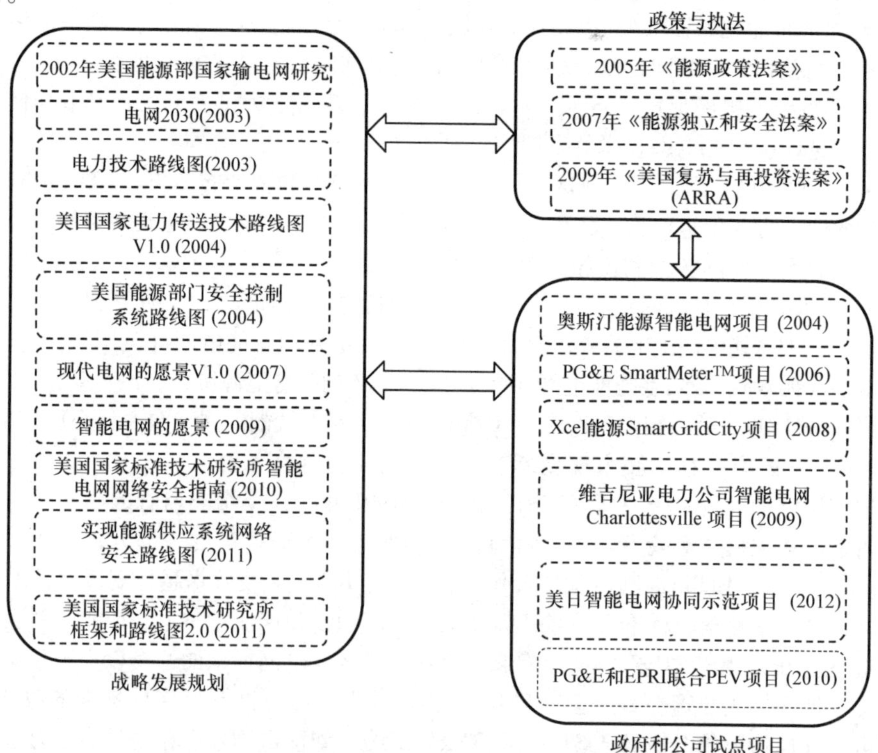

图 1.2　3 个领域：战略发展规划、政策与执法、政府和公司试点项目

1.3.1　战略发展规划

在战略发展规划领域，美国能源部在2002年发布了《能源部国家输电网研究》，其中审查了以下6个议题[29]：传输系统运行和互连、可靠性管理和监督、传输所有权和运营的可选业务模式、传输规划和新容量需求、传输选址和许可以及先进的传输技术。该研究面向21世纪稳健可靠的输电网建设给出了51项建议。2003年4月2日和3日，代表各利益相关方的65位高级管理人员来讨论未来北美电力系统的发展。2003年7月，能源部发布了《电网2030》计划，即电力行业第二个百年国家愿景，以帮助实施51项建议和使美国的电力输送系统现代化[30]。另外，在2003年，美国电力科学研究院（EPRI）发布了电力技术路线图，明确了到2050年实现全球能源经济可持续发展的五个前提[31]：①加强供电基础设施；②使数字社会成为可能；③提高经济生产力和繁荣地位；④解决能源/环境冲突；⑤管理全球可持续发展挑战。

2004年1月，美国能源部发布了《国家电力输送技术路线图1.0》，提出了构建美国未来电力输送系统的需求，并概述了各利益相关方面临的挑战。美国能源部于2006年1月发布了《能源部门安全控制系统路线图》，提出到2015年，美国能源行业将能够在网络攻击下生存，且不会对关键应用产生重大影响[32]。2007年3月，美国国家能源技术实验室（NETL）发布了《现代电网1.0》，定义了现代电网的七大特点[33]：①自愈；②激励和包容；③抵制攻击；④满足21世纪电力质量要求；⑤适应所有生成和存储选项；⑥使市场化成为可能；⑦优化资产，高效运作。值得注意的是，2009年6月，NETL发布了智能电网愿景，与2007年发布的文件相比，其中“现代电网”改为“智能电网”[34]。

在美国，NIST是促进智能电网标准化的中心机构。EISA 2007指定NIST协调规范、协议、模型和标准的开发，以实现互操作性。NIST将向FERC提交标准，并通过规则制定流程采用这些标准。NIST在2012年2月发布了《NIST框架和智能电网互操作性标准路线图2.0最终版本》，其中规定了以下优先行动计划（PAP）[35]：

- PAP00 仪表可升级性标准；
- PAP01 互联网协议（IP）在智能电网中的作用；
- PAP02 智能电网无线通信；
- PAP03 通用价格通信模型；
- PAP04 通用日程通信机制；
- PAP05 标准仪表数据配置文件；
- PAP06 仪表数据表的通用语义模型；
- PAP07 储能互联指南；
- PAP08 用于配电网管理的通用信息模型；
- PAP09 标准需求响应和分布式能源资源信号；
- PAP10 标准能源使用信息；
- PAP11 电动传输通用对象模型；
- PAP12 IEEE 1815（DNP3）到IEC 61850对象的映射标准；

- PAP13 IEEE C37.118 和 IEC 61850 以及精密时间同步的协调标准；
- PAP14 传输和配电电力系统模型映射；
- PAP15 家用电器通信电力线载波通信标准的协调；
- PAP16 风电场通信；
- PAP17 智能电网信息标准设施；
- PAP18 智能能源规范（SEP）1.X 到 2.0 的转换和共存。

有关 NIST 框架和智能电网互操作性标准路线图的更多详细信息，请参见第 8 章及其中的参考文献。NIST 将互联网定位为实现智能电网的核心网络。在互联网中，已经存在一组协议，这些协议定义了如何在互联网用户之间传输和共享信息。类似于这个概念，NIST 的一个工作组一直在研发可用于构建智能电网新网络的核心协议集，已经为通信和网络安全开发了一套由 150 多个 RFC 协议组成的核心集。在能源领域，NIST 建立了 6 个学科领域：替代能源、电力计量、节能、储能和输电、化石燃料和可持续发展。在每个学科领域内，均已经启动了许多计划和项目，以促进智能电网标准的发展和研究。

因为美国智能电网的研究主要集中在信息和通信技术的整合上，所以 IBM、ACCENTURE、Oracle、SAP 和 CISCO 等信息和网络公司都参与了智能电网的开发工作。为了安全可靠的运行，智能电网有必要采取实际的措施来应对网络威胁。因此，NIST 组建了智能电网互操作性委员会，即网络安全工作组（SGIP－CSWG）。SGIP－CSWG 自 2009 年 6 月以来一直在为智能电网制定网络安全战略，以解决预防、检测、响应和恢复问题。网络安全策略应确保智能电网不同领域和组件之间解决方案的互操作性。因此，SGIP－CSWG 在 2010 年发布了用于智能电网网络安全的 NIST 机构间报告（NISTIR）7628 指南。NISTIR 7628 是针对个人和组织的报告，包括供应商、制造商、公用事业、系统运营商、研究人员等，由 3 卷组成：第 1 卷为智能电网网络安全战略、架构和高级要求；第 2 卷为隐私和智能电网；第 3 卷为支持性分析和参考。该指南确定了 189 个高级别安全要求和 137 个接口。多层次的安全措施被建议用来对付多样化和不断变化的网络安全威胁。

2011 年，美国能源部发布了《实现能源供应系统网络安全的路线图》，作为 2006 年《能源部门安全控制系统路线图》的替代品。该报告制定了详细的战略框架，以确保能源输送系统能够在网络事故中存活，而不会对关键功能产生重大影响。

1.3.2 政策和执法

为了保证美国的能源生产，美国国会于 2005 年 7 月 29 日通过了《2005 年能源政策法案》（EPAct 2005）。EPAct 2005 在以下领域规定了能源管理要求：计量和报告、节能产品采购、节能性能合同、建筑性能标准、可再生能源需求和替代燃料使用[36]。

后来，美国执行了 EISA 2007，即《2007 年清洁能源法案》。在 EISA 2007 下，NIST 已经成为协调可互操作智能电网标准框架开发的关键角色。NIST 推出了三期计划，以促进智能电网互操作性标准的开发和采用。时任美国总统奥巴马将智能电网置于绿色新政的中心，计划在能源、教育、医疗和基础设施方面创造 300 万个就业机会。2009

年2月13日，奥巴马总统将《美国复苏与再投资法案》签署为法律，在此法律下总共有45亿美元的能源补助金用于开发智能电网技术[37]。2009年4月27日，奥巴马政府宣布推出旨在资助能源技术项目的高级研究计划署-能源（ARPA-E）计划。

1.3.3 政府和公司试点项目

政府机构和能源公司也纷纷推出了多项智能电网项目。2004年，奥斯汀能源公司推出了奥斯汀能源智能电网项目，计划通过电话或互联网提供实时仪表信息，通过网络管理智能家电以及远程开启和关闭服务[38]。2006年，太平洋天然气和电力公司（PG&E）启动了智能仪表项目，到2012年7月31日安装超过900万个天然气和电力仪表[39]。智能仪表系统可以每小时记录一次住宅用电量数据，以及每15min记录一次商业用电数据。天然气使用量数据则每天记录一次。电量和天然气使用记录均使用无线通信网络进行传输。智能仪表系统有望为所有客户提供服务。

2008年，Xcel能源公司在科罗拉多州博尔德市推出智能城市项目，以推动智能仪表和家庭自动化网络（HAN）等智能电网技术的开发和采用。智能城市项目由4个主要部分组成：智能电网基础设施、智能电表、“我的账户”网站和家庭智能设备。用户可以登录网站，以每天、每小时或每15min的间隔跟踪用电情况。

2009年10月，弗吉尼亚州道明尼电力公司推出了2000万美元的SmartGrid Charlottesville项目，安装了超过46500台智能电表。该项目旨在测试电池存储系统，开发停电自动报告，允许更快的恢复服务，通过远程开启和关闭服务提高客户便利性，实现远程抄表，完成LED路灯演示项目[40]。

2010年，PG&E和EPRI发起了一项创新型插电式电动汽车（PEV）试点项目，旨在测试和验证与智能电网结合的智能充电技术的安全性、可扩展性和功能性[41]。智能电网和PEV充电基础设施领域的两家公司Silver Spring网络和ClipperCreek加入了试点项目，以促进PEV充电站与电网的整合。

2012年，美国和日本拟开展智能电网协同示范项目，在洛斯阿拉莫斯地区以及阿尔伯克基商业区建立微电网示范。诸多公司也都正在积极开展此方面的工作，包括清水公司、东芝公司、夏普公司、美登莎公司、东京天然气有限公司、三菱重工有限公司、富士电机有限公司、古河电器有限公司、古河电池有限公司、新墨西哥州电网公司、桑迪亚国家实验室（SNL）、新墨西哥大学以及美国各地的公用事业公司等。在这个项目中，已经部署了一个由50 kW光伏（PV）发电系统、240 kW天然气发电机、80 kW燃料电池系统和90 kW电池存储系统组成的微电网，以在需要时提供电力[42]。

1.4 欧盟智能电网发展现状

1.4.1 欧盟的活动

为了制定欧洲内部电力市场的通用规则，欧盟于1996年12月发布了第一个欧盟电力指令。在第一个指令中，欧盟有义务放宽对零售市场的限制，促进电力公司输配电业务的分离，建设新的发电基础设施。

欧盟于2004年发布了第二个欧盟电力指令，其主要目的是确保以消费者保护原则为基础的能源供应。次要目的则是引入能源市场的竞争，同时引入供应市场的竞争，保证输电和配电网络的连接，促进发电、售电、输配电业务的分离，以及发布电力和天然气市场的年度报告。

2006 年，欧盟发布了《欧洲智能电网技术平台：欧洲未来电力网络愿景与战略》，旨在为 2020 年及以后的欧洲电力网络创造共同愿景，确保欧洲未来的电力网络具有以下 4 个特点：灵活性、可访问性、可靠性和经济性。愿景的关键要素包括了含有成熟的技术解决方案的工具箱，统一的监管和商业框架，共享的技术标准和协议，信息和通信系统以及新旧设计的接口[43]。2007 年，欧盟发布了欧洲未来电力网络战略研究议程（SRA），该议程定义并推动了研究主题，通过项目来解决"愿景"的关键问题。研究议程确定了为实现愿景所需的 5 个研究领域和 19 个研究任务。

2009 年，通过了第三套《欧盟内部天然气和电力市场内部法规》中的《天然气和电力指令》，该指令由欧盟委员会能源与交通运输总局强制生效，并于 2011 年纳入各成员国的国家法律。该指令的目的是创造一个真正的内部能源市场，在该市场中欧洲消费者可以以合理的价格选择不同公司的天然气和电力供应服务，并使包括小公司在内的所有能源供应商能够进入市场。为达到这个目的，欧盟于 2009 年 11 月成立了一个工作组。为了分离发电和输电系统，第三套立法方案规定了所有权无偿（OU）、独立系统运营商（ISO）和独立输电运营商（ITO）等基本原则。ACER 成立于 2010 年，作为欧洲电力和天然气管理机构（ERGEG）的继任者，负责管理相关法案。此外，该法案规定优先投资可再生能源基础发电设备，并加强对消费者的保护。

到 2009 年年底，欧盟委员会建立了智能电网工作组（SGTF），给智能电网的部署提供了政策和监管的方向。2010 年 3 月，欧洲标准化组织 CEN 和 CENELEC 组织召开了一次非正式会议，讨论了欧洲智能电网技术的标准化问题。为了积极推进智能电网标准化的研究与发展，该次会议还建立了工作小组。在 2011 年，CEN/CENELEC/ETSI 联合工作组（JWG）发表了该组关于智能电网标准化的最终版报告，该报告概述了关于实施欧洲版智能电网的标准化需求[44]和目前智能电网标准化情况的进展，并确定了为实现智能电网标准化应采取的必要措施。

2012 年 3 月，欧盟发布了《智能电网 SRA 2007》的升级版——《智能电网 SRA 2035》来满足未来的电力需求[45]。SRA 2035 描述了从 2020 年到 2035 年甚至以后进一步发展电力系统所需的研究课题和优先事项。根据欧洲战略能源技术（SET）计划，欧盟将推进低碳相关技术，如生物能源，碳捕集和封存，电网，氢和燃料电池，核电，智慧城市，太阳能发电和风力发电。

2012 年 6 月，欧盟成立了欧洲互联电网（ENTSO - E），代表了欧盟所有电力传输系统运营商（TSO）。在 ENTSO - E 中，TSO 在区域或欧洲范围内相互配合，由 3 个委员会来组织活动：系统开发委员会、系统运营委员会和市场委员会。欧盟的气候与能源政策为 2020 年制定了以下目标：将温室气体减少至 1990 年的 20%，并将可再生能源（风能、太阳能、生物质能等）提升到总能源消耗的 20%。为了提高 20% 的能效，ENTSO - E发布情景 A 和 B（分别对应保守情况和最佳估计情况）。2012 年 7 月，EN-

TSO-E 发布了最终的十年网络发展计划（TYNDP）。TYNDP 包括 6 个区域投资计划（Rglps）：波罗的海、东南大陆、中东大陆、西南大陆、中南大陆和北海[46]。TYNDP 还明确了 2012~2030 年情景展望和充足预测（Scenario Outlook and Adequacy Forecast，SO&AF）。在 2012~2030 年 SO&AF 期间，已经确定了 2030 年的 4 个愿景：缓慢过渡、货币规则、绿色转型和绿色革命。这 4 个愿景彼此不同，捕捉了真实的未来道路和挑战。未来将有 100 多个意义重大的泛欧输电项目，总共超过 52300km 的超高压路线，总投资额超过 1000 亿欧元[46]。这些项目将导致二氧化碳减少 1.7 亿 t，其中 1.5 亿 t 二氧化碳是得益于可再生能源的部署，其他 2000 万 t 二氧化碳得益于市场一体化的效应。

欧盟积极推动风能和太阳能作为可再生能源来使用，并建立了重点电力通道。为了整合北海的海上风能，欧盟发布了北海地区国家海上电网行动纲领（NSCOGI）。此外，为了将西欧的新一代可再生能源与其他用电中心结合起来，欧盟已经启动了西南电力互联，以增加西欧成员国之间的电力互联。其他先进的电力通道则包括西欧和东南欧中部的南北电力互联和波罗的海能源市场互联计划。欧盟已经启动了框架计划（FP），为研究、技术开发和示范提供资金。在 DER 领域，已经启动了多个项目，包括 FP5（1988~2002）DISPOWER 项目、MICROGRIDS 项目、FP6（2002~2006）EU-DEEP 项目、IRED 项目、FENIX 项目、FP7（2007~2013）iGREENGrid 项目和 ADDRESS 项目。有关 DER 的更多详细信息，请参见第 4 章及其后的参考文献。

1.4.2 欧盟成员国的活动

欧盟成员国也积极参与智能电网的研发。德国于 1998 年修订了《能源工业法》，并根据欧盟第一个电力指令开始实行电力市场自由化。随之而来的是电力行业的重组。继 2011 年 6 月日本福岛第一核电站事故之后，德国在 2011 年 3 月决定废止核电，并于 2022 年关闭所有核电站。在核电站投入巨资的公司，如 E. ON，必须削减核电方面的工作，切换到其他可再生能源发电技术。目前在德国，有 4 家发电公司：E. ON、RWE、EnBW 和 Vattenfall Europe。电力输送公司则是 TenneT TSO GmbH、50Hz Transmission、Amprion 和 TransnetBW。在配电业务中，随着电力零售市场的开放，该国有 800 多家配电公司。

德国开始大力发展太阳能，并于 2000 年开始实施新能源补贴政策（FiT）。通过使用 FiT，根据每种能源的发电成本，给每种能源技术提供与其他能源技术不同的价格。太阳能光伏的成本比廉价风电更高，电价也取决于光伏发电系统的规模和位置。虽说像 Q-Cells这样的光伏制造商销售额持续增长，但是由于别国廉价太阳能产品的竞争，近期也遭受了一定的损失。由于净亏损超过 800 万欧元，Q-Cells 被 Hanwha Korea 收购，变为 Hanwha Q. Cells，继续生产太阳电池和面板。在过去的一段时间里，德国的太阳能光伏装置大幅增加，预计未来也将继续增长。德国成立了一个由 12 家机构组成的财团，其中包括德国银行、慕尼黑再保险、HSH Nordbank、西门子、Solar Millennium、Schott Solar、E. ON、RWE 和 M+W Zander 等 9 家德国公司。该联盟将在摩洛哥沙漠中建造一座巨大的太阳能发电厂，这是许多可再生能源发电站中的第一个，这些可再生能源发电站将在 2050 年之前提供欧洲电力需求的 15%[47]。

德国联邦环境、自然保护及核能安全部（BMU）和联邦经济与能源部（BMWi）于2008年联合启动了“电力能源”示范项目计划[48]。电力能源项目包括6个电力能源示范项目和7个电动汽车战略部署，政府和企业为该项目提供了超过1.4亿欧元的资金。比如说库克斯港示范项目（e - Telligence），该项目在库克斯港进行，具有高比例的可再生能源（如风力发电）和高比例的电存储系统（如冷库和室内游泳池）。而为了平衡可再生能源带来的波动，建立可再生能源市场，人们开发了使用智能电网技术的复杂控制系统。

库克斯港示范项目采用现代信息和通信技术改善能源供应体系，实现风能、太阳能、生物质能等可再生能源的并网，并通过建立虚拟电厂（VPP）来连接消费者、DER系统和电力存储系统，以提高能源使用效率。该项目还为2000多个家庭安装了智能电表，并提供了在线电量显示。为了确保不同设备之间的互操作性，建立了基于IEC 61850和IEC 61970 / IEC 61968标准的分布式信息处理平台，而电力市场信息和控制与状态信息的通信分别基于CIM和IEC 61850。

为了在2000年颁布关于放宽电力管制的规定，法国于1999年根据第一个欧盟电力指令修改了市政法。法国电力公司（Électricité de France，EDF）是电力市场的垄断企业，曾经通过核电站生产欧盟22%的电力，法国对核电的依赖已经跃升至85%，该比例在全世界最高。除EDF之外，其他发电公司如GDF Sues（Gaz de France）和SNET（Société nationale d'électricité et de thermique），其市场份额与EDF相比均较弱。在输配电业务中，输电公司RTE（Réseaud'de Transport électricité）和售电公司ERDF（Électricite Réseau Distribution France）是EDF的100%附属公司，也正是这个原因，使得发电与输电的分离进程非常缓慢。

为了改革法国电力市场，2010年通过了新的《法新社组织法》（NOME），要求EDF以规定的比例向其竞争对手CRE（Commission de régulation de l'énergie/Energy Regulatory Commission）出售核电。根据NOME法，EDF每年必须向其他电力供应商出售100TWh，确保其他电力供应商能够给客户提供有竞争力的价格[49]。

执行了1989年新电力法的电力市场自由化政策之后，英国成立了分布式发电协调小组（DGCG），该小组通过在2002年引进可再生能源义务许可证（ROC）执行可再生能源采购义务。ROC是由能源供应商颁发的绿色认证，可以与其他供应商交易，每个供应商需要足够数量的ROC来满足自身的义务需求。当ROC不足时，供应商必须支付相当的费用，该费用将分配给其他绿色可再生能源供应商。

2003年，英国贸工部（DTI）发布了能源白皮书，确定了到2050年温室气体（GHG）排放量减少60%的目标，2005年，建立了电力网战略小组（ENSG），并继续参与DGCG的活动[50]。英国能源监管机构（Ofgem）和政府机构，即英国能源与气候变化部（DECC）发起了DEC/Ofgem智能电网论坛，为不同的电力网络公司提供了一个紧密合作平台，从而应对智能电网实施面临的重大挑战。由DECC和Ofgem联合主持的ENSG于2009年11月发布了“智能电网愿景”，2010年2月发布了“智能电网路线图”。到2010年7月，DEC、Ofgem及天然气和电力市场管理局（GEMA）共同发布了

一份声明，提出在英国安装电力和天然气智能电表。预计从2012年到2019年，英国将有3000万家庭和小型企业安装超过5000万个智能电表[51]。

在丹麦，EDISON示范项目已经启动，旨在了解智能电网如何对电力系统进行整合，从而满足分布式风力发电一体化和新能源汽车开发的需求。丹麦电网公司Energinet已经对这个项目进行了投资，并且IBM和西门子公司也参与了该项目的建设。有关EDISON示范项目的更多细节见第4章。

在意大利，Enel已经部署了大量的智能电表，电力消耗数据通过GSM/通用分组无线业务（GPRS）、公共交换电话网（PSTN）、KNX等方式进行传输。西班牙推出了许多智能电网项目，如STAR（西班牙语远程电网管理和自动化系统）项目、变电站到电网（S2G）无线变电站监控项目、Movele项目和Smart Community项目。西班牙还与日本合作，于2010年启动日本-西班牙创新计划（JSIP）。

1.5 日本智能电网发展现状

日本电力系统的整体利用效率和供电可靠性在全球处于领先地位。2009年4月，日本首相麻生太郎发表了“促进亚洲经济规模增长的日本未来发展战略”的演讲，指出日本必须成为领先的低碳排放国家、世界第一大太阳能发电国家以及第一个普及生态汽车的国家[52]。2009年7月，日本电力公司联盟（FEPC）讨论如何开发结合太阳能发电的日本版智能电网。2009年11月，日本经济贸易工业部（METI）召开了下一代能源和社会制度会议，讨论如何建设低碳社会。

2010年4月，METI选择横滨市、丰田市、关西科学城和北九州市作为示范项目地点[53]。神奈川县的横滨项目由横滨、埃森哲、日产、东芝、Meidensha、松下、东京电力公司、东京天然气公司等推广，以推出大型可再生能源系统（27000kW光伏发电系统），向约4000户家庭引入智能家居和建筑技术，将部署2000辆新一代汽车，并将到2025年的二氧化碳排放量减少至2004年的30%。爱知县丰田市项目则由丰田、电装、夏普、中部电机、东邦天然气、富士通、东芝、KDDI、三菱汽车、Circle K、Lawson、Home Toyota以及Mitsubishi等推广，该项目目标是部署3100辆新一代汽车，通过混合使用不同能源（电力、热能和未使用的能源）来提高能源效率，并将家庭的二氧化碳排放量减少20%，运输的二氧化碳排放量减少40%。目标还包括在1000户家庭中安装光伏发电系统，在家庭和建筑物中建立“纳米电网”以控制发电系统和蓄电系统，提出基于“京都生态圈”的能源经济模式。与2005年相比，到2030年，家庭二氧化碳排放量将减少20%，运输的二氧化碳排放量将减少40%。福冈县北九州市的项目由北九州市政府、新日铁、富士电机、IBM日本等进行推广。目标是创造一个新能源（包括风力发电、太阳能发电、余热发电等）占能源消耗10%的城市，在70家公司和200户家庭中部署智能电表，并减少二氧化碳排放，到2030年，住宅/商业和运输部门的二氧化碳排放量减少50%，到2050年将减少80%。

METI发布了25个智能电网核心研究课题：广域输电系统的监控和控制；最优蓄电池控制系统；面向配电的最优电池控制；区域内小区最优控制系统；内容计费标准化；

高效率电池和配电自动化系统功率调节器；分布式电源功率调节器；配电电力电子设备；需求响应网络；HEMS（家庭能源管理系统）；BEMS（建筑能源管理系统）；FEMS（工厂能源管理系统）；CEMS（集群/社区能源管理系统）；固定式存储系统；电池模块；汽车蓄电池剩余电量的估计方法；电动汽车（EV）快速充电器等。2010年，METI发布了《新一代汽车战略2010》，阐述了开发新一代汽车的策略，它将2020年新一代汽车的渗透率目标定为50%。为了达到这个目标，每个日本汽车公司应该在2020年之前开发17种电动汽车和38种混合动力汽车。

在日本，发电和配电业务并不独立。继2011年3月日本东京地震造成福岛核电站事故以后，工业界的发展和研究方向从核电转向电动汽车、LED灯具、智能家居及楼宇自动化系统。METI下的NEDO已经推出了多个项目来推动日本智能电网的发展。例如，日美合作位于新墨西哥州洛斯阿拉莫斯的智能电网项目，该项目于2009年推出，投资额达100亿美元。NEDO成立了JSCA，促进各利益相关者之间的合作，加快在日本开展智能电网相关活动。为了让日本企业参与智能电网的相关活动，日本积极参与扩大亚洲智能电网市场。日本政府与印度尼西亚政府合作，在印度尼西亚发展智慧社区。NEDO调查了雅加达爪哇岛电力公司目前的情况、电力需求、电力质量、工厂数量、电站状况等，并通过与住友商事株式会社、富士电机株式会社、三菱电机株式会社和NTT通信公司合作，于2013~2016年，开展智能工业园区项目的建设工作。

1.6 韩国智能电网发展现状

2008年，韩国颁布了《绿色增长基本法》，成立了绿色增长研究所和全球绿色增长研究所（GGGI）。法律明确规定，绿色增长发展是国家问题中的首要任务，为其他有关法律奠定了基础。

2008年8月15日，韩国政府成立了绿色增长总委员会，该委员会是直接负责减少二氧化碳排放和促进绿色增长的组织，其目标是使韩国能够在2020年成为第七大绿色电力国家，到2050年成为第五大绿色电力国家[54]。2009年，绿色增长总委员会发布了“建设先进绿色国家”的指导方针，规定了韩国智能电网的内容。2009年8月，韩国智能电网研究所（KSGI）开始推动韩国智能电网的发展。KSGI发布了“智能电网路线图”，其中规定了实施智能电网的5个行业：智能电力网、智能消费、智能交通、智能再生和智能电力服务[55]。在第一阶段（2010—2012），目标是在试点项目中构建和运行智能电网测试平台。在第二阶段（2012—2020年），目标是将智能电网扩大到大都市地区。在最后阶段（2021—2030），目标是完成全国智能电网的建设。

为确保智能电网的顺利实施，韩国政府制定了若干配套政策。例如，支持研究、开发和工业化，传播成功模式，建立基础设施，并制定相关的政策和法规。更多细节如表1.1所示。

2010年1月，韩国知识经济部（MKE）发布了“2030年韩国智能电网发展方向”，预计将对智能电网投资27.5万亿韩元，其中私营部门将投资24.8万亿韩元[56]。2011年4月，国民议会通过了《智能电网激励法》，规定了如何发展智能电网以及促进基础设

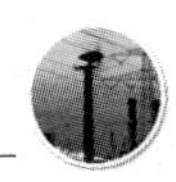

施建设，如何获得投资回报和税收保护，以及如何促进技术研究和信息监督安全。

表1.1　政策方向和实施计划

政策方向	实施计划
支持研究、开发和工业化	支持技术开发、标准化和商业化活动，奖励自愿参与智能电网建设的公司和个人
传播成功模式	探索成功的发展模式，分享济州智能电网测试台的经验
建立基础设施	制定基础设施建设的激励计划
制定相关政策法规	完善和修订智能电网相关法律法规

在韩国政府启动的智能电网试点项目中，济州智能电网测试平台是最成功的。济州智能电网测试平台于2009年6月推出，至2013年，总投资2.4万亿韩元，其初始阶段的目标是建立世界上最大的智能电网测试平台。整个项目分为两个阶段，在第一阶段（2009年12月至2011年5月），建设智能电网示范基础设施，重点为智能电网和智能交通。在第二阶段（2011年6月至2013年5月），新的智能电网服务将与现有基础设施相结合，重点为可再生能源和电力服务。

1.7　中国智能电网发展现状

中国经济快速增长，同时电力需求也大幅增加。中国有足够的煤炭储量来满足国内需求，然而，原油的自给自足率低于50%，且中国是继美国之后的第二大石油使用国。另外，随着东部沿海地区与中西部地区经济发展差距的扩大，由于东部地区的需求增加，中国政府已经启动了几个项目，将能源从西部地区转移到东部地区。对中国来说，环境污染也是一个严重的问题，中国是世界第二大二氧化碳排放国家。

中国自2002年以来已将发电和输电业务分开，由此引入电力市场竞争。国家电力公司的资产被分为11家公司，其中包括两家输电公司和五家发电公司。其中，国家电网公司处于电力输配电市场的垄断地位，是发展智能电网相关项目和标准的龙头企业。

2010年6月7日，时任国家主席胡锦涛在中国科学院第十五届院士会议上致辞，指出中国应建立智能、高效、可靠的智能电网，覆盖城乡两地。2010年7月，国家电网公司公布了《高效智能电网框架和路线图标准》，规定中国将以特高压（UHV）电网为骨干，建设世界领先的坚强智能电网。自2009年起，国家电网在26个省市推出了228个项目，共21个类别[57]。特高压输电技术已被列为国务院发布的《国家中长期科技攻坚计划纲要（2006－2020）》重点技术之一，且特高压示范项目列入2005～2006年《国家能源工作纲要》重点项目清单。国家电网公司规定通过三个阶段实现坚强智能电网[59]：

- 2009～2010年第一阶段试点研究：发布智能电网技术和操作标准，开发技术和设备，并进行试验。
- 2011～2015年第二阶段建设与开发：构建特高压城乡网，建立坚强智能电网运行控制和互操作的基础框架，实现智能电网技术和设备生产的进步。

• 2016 ~ 2020 年第三阶段升级：强化智能电网技术和设备开发。

中国电力科学研究院（CEPRI）是国家电网公司的综合研究机构和子公司，一直领导着 IEC PC118 智能电网用户界面规范的开发。IEC PC118 的目标是为需求侧设备和/或系统与智能电网之间的信息交换开发标准的统一接口。中国能源政策的重要课题是实现稳定供电的同时减少二氧化碳排放量。政府已经开展了许多示范项目，以开发智能电网技术。其中，中新天津生态城是中国和新加坡政府于 2007 年推出的国际项目，生态城总面积 30km^2，预计 2020 年左右完工。这些科技项目重点关注清水、生态、环境清洁、绿色交通、清洁能源、绿色建筑、城市管理[58]。两国专家汇聚一堂，制定了关键绩效指标（KPI），用于指导生态城的规划和发展。目前，有 22 项定量和 4 项定性关键绩效指标，预计到 2020 年，生态城将有约 35 万居民。

1.8 小结

本章介绍了各种智能电网相关的标准发展组织、技术联盟、政治、市场、贸易和监管组织、论坛和联盟，概述了发达国家和发展中国家（如美国、欧盟、日本、韩国和中国）的智能电网发展现状。通过 NIST，美国一直积极参与智能电网的开放和互操作性标准化工作。其他标准发展组织（如 IEEE、IEC、ISO、CEN、CENELEC 和 IETF）正在与 NIST 密切合作，实现智能电网相关标准之间的互操作。原油、天然气、煤炭等自然资源供应有限，在未来，这些自然资源都可能会耗尽，因此，需要发展可再生能源（如太阳能发电、风力发电、水力发电和地热能发电等），以满足可持续发展的需求。然而，可再生能源具有季节性和昼夜状态不同的特点，可能导致能源供应不稳定，该问题在第 9 章中有更详细的讨论。智能电网技术应用于能源生产以调整能源消耗，降低能源生产总成本，提高能源使用效率。双向通信和信息技术应与智能电网集成，使客户能够与电力服务提供商或彼此交换信息。对所有接口进行标准化是很有必要的，这可以确保不同智能电网系统之间的互操作性，智能电网还需要控制大量能源信息，同时确保安全性和可靠性。总而言之，智能电网国际标准化对推动智能电网至关重要。

参考文献

[1] Green Living (2009) *15th Session of the Conference of the Parties to the UNFCCC (COP 15)*, The Copenhagen Climate Change Conference, www.cop15.dk/en (accessed 31 January 2013).

[2] Energy Community (2013) *Milestones*, www.etsi.org/about/our-role-in-europe/public-policy/ec-directives (accessed 11 March 2013).

[3] European Commission (2013) *Single Market for Gas and Electricity Internal Energy Market*, http://ec.europa.eu/energy/gas_electricity/legislation/legislation_en.htm (accessed 11 March 2013).

[4] European Commission (2013) *Single Market for Gas and Electricity Third Package*, http://ec.europa.eu/energy/gas_electricity/legislation/third_legislative_package_en.htm (accessed 11 March 2013).

[5] Agency for the Cooperation of Energy Regulators (2011) *The Agency*, www.acer.europa.eu/The_agency/Pages/default.aspx (accessed 11 March 2013).

[6] IEC SMB Smart Grid Strategic Group (2010) *IEC Smart Grid Standardization Roadmap Edition 1.0*, www.iec.ch/smartgrid/downloads/sg3_roadmap.pdf (accessed 27 December 2012).
[7] Institute of Electrical and Electronics Engineers (2010) *Smart Grid Information*, https://mentor.ieee.org/802-ec/dcn/10/ec-10-0013-00-00EC-smart-grid-information-update-july-2010.pdf (accessed 11 March 2013).
[8] International Organization for Standardization (2013) *About ISO*, www.iso.org/iso/about.htm. (accessed 18 February 2013).
[9] International Organization for Standardization (2013) *How to Use ISO Catalogue*, www.iso.org/iso/iso_catalogue/how_to_use_the_catalogue.htm. (accessed 18 February 2013).
[10] United Nations Development Group (2013) *UNDG Members*, www.undg.org/index.cfm?P=13 (accessed 18 February 2013).
[11] Internal Telecommunication Union (2011) *ITU Telecom World 2011*, http://world2011.itu.int/. (accessed 18 February 2013).
[12] Institute of Electrical and Electronics Engineers (2013) *IEEE Technical Activities Board Operations Manual*, www.ieee.org/about/volunteers/tab_operations_manual.pdf. (accessed 18 February 2013).
[13] Institute of Electrical and Electronics Engineers (2013) *IEEE at a Glance*, www.ieee.org/about/today/at_a_glance.html#sect1. (accessed 18 February 2013).
[14] Institute of Electrical and Electronics Engineers (2010) *IEEE Annual Report 2010*, www.ieee.org/documents/ieee_annual_report_10_1.pdf. (accessed 18 February 2013).
[15] European Committee for Electrotechnical Standardization (2013) *CENELEC Global Partners*, www.cenelec.eu/aboutcenelec/whoweare/globalpartners/nationalpartners.html. (accessed 19 February 2013).
[16] Telecommunication Industry Association (2013) *Technology and Standards*, www.tiaonline.org/standards/. (accessed 18 February 2013).
[17] Internet Engineering Task Force (2013) *About the IETF*, www.ietf.org/about/. (accessed 17 March 2013).
[18] SAE International (2013) *An Abridged History of SAE*, www.sae.org/about/general/history/. (accessed 17 March 2013).
[19] National Electrical Manufacturers Association *About the NEMA*, www.nema.org/About/Pages/default.aspx (accessed 17 March 2013).
[20] Organization for the Advancement of Structured Information Standards *About Us*, www.oasis-open.org/org. (accessed 17 March 2013).
[21] Hammerstrom, D.J., R Ambrosio, TA Carlon *et al.* (2007) *Pacific Northwest GridWise™ Testbed Demonstration Projects: Part I. Olympic Peninsula Project*, PNNL-17167, Pacific Northwest National Laboratory, Richland, WA.
[22] Cazalet, E.G. (2010) TeMIX: a foundation for transactive energy in a smart grid world. *Grid-Interop 2010, Chicago, IL*, www.pointview.com/data/files/2/1062/1878.pdf. (accessed 2 March 2013).
[23] Pacific Northwest Smart Grid (2013) *Pacific Northwest Smart Grid Demonstration Project*, www.pnwsmartgrid.org/. (accessed 2 March 2013).
[24] Smart Grid Interoperability Panel (2009) *About Us*, http://sgip.org/about_us/ .(accessed 2 March 2013).
[25] International Energy Agency (2013) *About Us*, www.iea.org/aboutus/. (accessed 11 March 2013).
[26] Clean Energy Ministerial (2009) *About the Clean Energy Ministerial*, www.cleanenergyministerial.org/About.aspx (accessed 11 March 2013).
[27] Clean Energy Ministerial (2013) *Initiatives*, www.cleanenergyministerial.org/OurWork/Initiatives.asp (accessed 11 March 2013).
[28] The Energy Library (2004) *Northeast Blackout of 2003*, www.theenergylibrary.com/node/13088 (accessed 11 March 2013).

[29] US Department of Energy (2002) *DOE National Transmission Grid Study*, www.ferc.gov/industries/electric/gen-info/transmission-grid.pdf. (accessed 12 March 2013).

[30] US Department of Energy (2003) *"Grid 2030" A National Vision for Electricity's Second 100 Years*, http://energy.gov/sites/prod/files/oeprod/DocumentsandMedia/Electric_Vision_Document.pdf (accessed 12 March 2013).

[31] Electric Power Research Institute (2003) *Electricity Technology Roadmap-Meeting the Critical Challenges of the 21st Century*, http://mydocs.epri.com/docs/CorporateDocuments/StrategicVision/Roadmap2003.pdf (accessed 12 March 2013).

[32] US Department of Energy (2006) *Roadmap to Secure Control Systems in the Energy Sector*, www.cyber.st.dhs.gov/docs/DOE%20Roadmap%202006.pdf. (accessed 12 March 2013).

[33] National Energy Technology Laboratory (2007) *A Vision for the Modern Grid V1.0*, www.bpa.gov/energy/n/smart_grid/docs/Vision_for_theModernGrid_Final.pdf (accessed 11 March 2013).

[34] National Energy Technology Laboratory (2009) *A Vision for the Smart Grid*, www.netl.doe.gov/smartgrid/referenceshelf/whitepapers/Whitepaper_The%20Modern%20Grid%20Vision_APPROVED_2009_06_18.pdf (accessed 11 March 2013).

[35] National Institute of Standards and Technology (2010) NIST Framework and Roadmap for Smart Grid Interoperability Standards Realease 2.0, http://www.nist.gov/smartgrid/framework-022812.cfm (accessed 26 November 2014).

[36] US Department of Energy (2005) *Energy Policy Act of 2005*, www1.eere.energy.gov/femp/regulations/epact2005.html. (accessed 11 March 2013).

[37] US Congress (2009) *The Recovery Act*, www.recovery.gov/About/Pages/The_Act.aspx. (accessed 11 March 2013).

[38] Austin Energy (2004) *Austin Energy Smart Grid Program*, www.austinenergy.com/about%20us/company%20profile/smartGrid/index.htm .(accessed 11 March 2013).

[39] Pacific Gas and Electric (2009) *The SmartMeter™ Deployment*, www.pge.com/myhome/customerservice/smartmeter/deployment/. (accessed 11 March 2013).

[40] Dominion Virginia Power (2009) *Dominion Virginia Power AMI Project*, www.sgiclearinghouse.org/ProjectList?q=node/1670&lb=1. (accessed 11 March 2013).

[41] Businesswire (2010) *Silver Spring and ClipperCreek Join PG&E and EPRI in Innovative Electric Vehicle Smart Charging Pilot*, www.businesswire.com/news/home/20100727005740/en/Silver-Spring-ClipperCreek-Join-PGE-EPRI-Innovative (accessed 11 March 2013).

[42] Stuart, B. (2012) *Japan-US Smart Grid Demonstration Project Announced*. PV-Magazine, www.pv-magazine.com/news/details/beitrag/japan-us-smart-grid-demonstration-project-announced_100006872/#axzz2MR2YKPus (accessed 11 March 2013).

[43] European Commission (2006) *European SmartGrids Technology Platform-Vision and Strategy for Europe's Electricity Networks of the Future*, ftp://ftp.cordis.europa.eu/pub/fp7/energy/docs/smartgrids_en.pdf. (accessed 11 March 2013).

[44] CEN/CENELEC/ETSI Joint Working Group (2011) *Final Report of the CEN/CENELEC/ETSI Joint Working Group on Standards for Smart Grids*, ftp://ftp.cen.eu/CEN/Sectors/List/Energy/SmartGrids/SmartGridFinalReport.pdf. (accessed 27 December 2012).

[45] European Commission (2012) *Smart Grids SRA (Strategic Research Agenda) 2035 Strategic Research Agenda Update of the Smart Grids SRA 2007 for the Needs by the Year 2035*, www.smartgrids.eu/documents/sra2035.pdf. (accessed 11 March 2013).

[46] European Network of Transmission System Operators for Electricity (2012) *Ten-Year Network Development Plan 2012*, www.entsoe.eu/fileadmin/user_upload/_library/SDC/TYNDP/2012/TYNDP_2012_report.pdf .(accessed 12 March 2013).

[47] Halper, M. (2011) *Construction of World's Biggest Solar Project Starts in 2012*, www.smartplanet.com/blog/intelligent-energy/construction-of-worlds-biggest-solar-project-starts-in-2012/10235 (accessed 12 March 2013).

[48] Federal Ministry of Economics and Technology (2008) *E-Energy-Smart Grids Made in Germany*, www.e-energy.de/en/. (accessed 12 March 2013).

[49] Creti, A., Pouyet, J., and Sanin, M.E. (2011) *The Law NOME: Some Implications for the French Electricity Markets*, CEPREMAP Working Papers (Docweb) 1102, CEPREMAP, www.cepremap.ens.fr/depot/docweb/docweb1102.pdf. (accessed 12 March 2013).

[50] Department of Energy and Climate Change (2005) *Electricity Networks Strategy Group ENSG*, www.decc.gov.uk/en/content/cms/meeting_energy/network/ensg/ensg.aspx. (accessed 12 March 2013).

[51] Richards, P. (2012) *Smart Meters*, www.parliament.uk/briefing-papers/sn06179.pdf. (accessed 12 March 2013).

[52] Japan National Press Club (2009) *Japan's Future Development Strategy and Growth Initiative towards Doubling the Size of Asia's Economy*, www.kantei.go.jp/foreign/asospeech/2009/04/09speech_e.html (accessed 14 March 2013).

[53] Ministry of Economy, Trade and Industry (2010) *Selection of Next-generation Energy and Social Systems Demonstration Areas*, www.meti.go.jp/english/press/data/pdf/N-G%20System.pdf. (accessed 14 March 2013).

[54] Ministry of Environment (2008) *The Presidential Committee on Green Growth*, http://eng.me.go.kr/content.do?method=moveContent&menuCode=pol_pol_edu_gov_growth (accessed 14 March 2013).

[55] Korea Smart Grid Institute (2010) *Korea's Smart Grid Roadmap*, www.smartgrid.or.kr/10eng4-1.php. (accessed 14 March 2013).

[56] Korea Smart Grid Institute (2010) *Korea, State of Illinois Conclude MOU on Smart Grid*, www.smartgrid.or.kr/view.php?id=10eng1&no=21. (accessed 14 March 2013).

[57] State Grid Corporation of China (2010) *SGCC Framework and Roadmap for Strong and Smart Grid Standards*, www.cspress.cn/u/cms/www/201208/16154808z5u9.pdf. (accessed 10 March 2013).

[58] Tianjin Eco-City *A Model for Sustainable Development*, www.tianjinecocity.gov.sg/ .(accessed 13 March 2013).

[59] Bojanczyk, K. (2012) *Reprint: China and the World's Greatest Smart Grid Opportunity*, www.greentechmedia.com/articles/read/enter-the-dragon-china-and-the-worlds-greatest-smart-grid-opportunity/. (accessed 13 March 2013).

第2章

可再生能源发电

2.1 简介

在过去的几十年中，能源生产方式的改进，尤其是各种能源发电能力的不断改善，促使经济得到了快速发展。这些能源包括化石燃料、核能以及各种可再生能源。烃燃料的使用会大大增加温室气体的排放量，从而导致全球气候变暖。与之相反的是，核能和各种可再生能源是清洁的电力能源。据美国能源部初步估计，诸如核能等替代能源有几十年的能源供应潜力[1]。大量烃燃料所能释放的能量远远不及少量核燃料所能释放的能量，然而，核能源也有许多不可忽视的缺点。除了来自核燃料的放射性废物衰减周期长之外，核能潜在的破坏力一直对世界和平与稳定构成严重威胁[2]。尽管如此，许多国家与国际机构对生产清洁能源的可再生能源技术（如核能）仍然展现出了极大的兴趣。

地球上有种类繁多的可再生能源，包括水能、生物质能、地热能、潮汐能、太阳能和风能。这些可再生能源虽受制于地理条件，但在世界各地普遍存在。在这些众多种类的可再生能源中，商业上可实现的可再生能源技术已部署在世界各国，这些技术包括独立生物技术、地热、水力发电、分布式光伏（PV）、公用事业规模光伏、集中式太阳能发电（CSP）、陆上风力发电与海上风力发电。到目前为止，美国电力供应总量的10%来自于这些能源。根据国际能源署世界能源展望报告[3]，世界可再生能源的发电量预计在未来25年内翻一番。自此，可再生能源的份额预计将达到57%左右[3]。“可再生电能的未来研究”（国家可再生能源实验室，NREL）[4]探讨了从现在到2050年通过将可再生能源渗透率从30%提高到90%，而实现依靠可再生能源发电的电网转型的影响和挑战。据此研究，到2050年美国电力需求的80%可以由可再生能源技术供应。该研究聚焦于一些关键技术对环境的影响，探索美国电力系统是否能够满足用户对高水平可再生能源发电的需求，包括风能和太阳能发电技术。

除了希望减少电力行业的污染，大众对可再生能源技术兴趣的增长还来源于可再生材料成本的下降与技术效率的提高。然而，可再生能源的发电成本仍然高于传统能源发电。各种能源的发电成本比较（根据美国能源信息管理局（EIA）的报告[5]）如表2.1所示。

除成本外，可再生能源具有不同程度的不可控性与不确定性，相关技术的发电性能

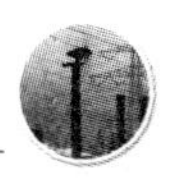

差异很大。由于可再生能源技术能够为电网提供更高水平的电力，因此需要考虑电网规划和运行中的突变性、不可控性、不确定性与发电特性，确保电力供需在不同时间尺度上的实时平衡。例如，风能和分布式光伏发电取决于不受人类控制的天气条件，因此，为了更为可靠地满足人类对电力的需求，电网的设计需要能够利用各种技术的优势[4,6-8]。

表 2.1　不同能源的单位发电成本比较

能源	美元/MJ
电力	0.016
天然气	0.05
桶装油	0.013
太阳能	0.10
风力	0.10
地热	0.03

2.2　可再生能源系统与智能电网

许多国家为了满足未来的能源需求，将分布式发电列为发展计划的重要组成部分[3]。当各种类型的可再生能源均能够被利用时，分布式发电的理念就变得相当有吸引力。可再生能源系统的分布式发电能够整合可再生能源与非传统能源。随着分布式发电与电能存储的发展，电力与能源工程必将面临一个新的趋势，即小型分布式发电机与分散式储能装置将被集成到单一电网中，通常被称为智能电网。智能电网将利用信息与通信技术（ICT）从供应商向用户分配电力，以控制消费者家庭中的电器设备及工业中的机械设备。这种方式将有效降低成本，节约能源，并提高可靠性与透明度[9,10]。

随着各种新型应用的电气化程度不断提高，电力需求逐年增加。预计在不久的将来，超过60%的能源需求将由电力供应[3]。因此，为了优化整体能源消耗，提高电能利用率，电能的生产与分配变得尤为重要。此外，诸如2011年3月11日发生的福岛核电站灾难等有关核电厂面临的挑战，则需要更多可持续的发电方案。智能电网技术被认为是解决当前和未来挑战的关键技术之一，它将传统的基于化石能源的电力生产系统转变为可再生能源电力生产系统。另外，为了使系统更加智能化，它在现有电网基础上应用新的信息技术，包括更高效的电力电子技术、通信技术，以及基于软件系统的发电、输电、配电，终端用户应用技术。

以下小节将详细介绍各种可再生能源系统与技术及其规范；以及由不同标准发展组织（SDO）制定的相关标准。

2.2.1　水力发电

2.2.1.1　水力发电历史

水力是世界范围内最低廉并被广泛使用的可再生能源。它的使用可以追溯到几个世纪以前，人类利用水力转动木质或石质水轮来磨碎谷物。如今，配备复合设备的大型水电大坝可以提供电力。在商业领域，水力发电在大约一个世纪内仍然可行[11]，水电的持续发展反映了一个重要的经济局面。水力发电项目可以在实际使用寿命结束之前更快地收回投资成本。一旦投资成本被收回后，这些项目便没有燃料成本，设备预计会长期工作，同时运营成本极低。私人开发的水电项目将有10～17年的投资回收期，而公共资助的项目将有更长的投资回收期。在投资回收期内，唯一的开销便是运营与维护(O&M)，以及延长设备与结构的寿命。一旦投资成本被收回后，电力成本将会大幅下降。例如，一个小型水电项目的发电成本低于1美元/MW·h，而对于大型项目来说，发电成本低于0.5美元/MW·h。随着技术的进步，对现有电力设施的升级改造是非常重要的，这通常会导致电力产量和能源产量的增加。同时，相比于使用新设施，修复和升级现有设施的成本通常从200美元/kW到约600美元/kW不等，这只是使用新设施成本的一小部分，因此能够有效地节约成本[4]。

水力是最早用于发电的可再生能源之一。例如，美国自1880年以来便已经开始使用水力发电了。然而自1995年以来，美国新增水电储能持续较低，尽管这一水平较低，水力发电仍然是目前美国最大的可再生能源发电资源，约占总发电量的7%。美国水力发电能力的历史增长情况如图2.1所示。

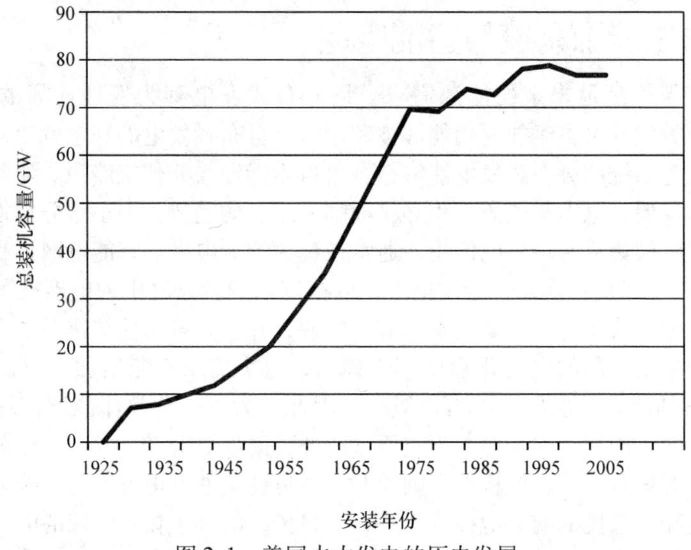

图2.1　美国水力发电的历史发展

2.2.1.2　水力发电技术介绍

水是水力发电技术的主要资源。水被存储在水坝中，其势能可通过水力发电机转化为电能。水从源头经过闸门后，其势能转化为动能。当水的流动使涡轮机（例如简单的水车、反力式涡轮机、螺旋桨式装置或是具有可调节叶片的复合涡轮机）旋转时，水的动能就会转化为机械能。涡轮机机械地连接到发电机，将水的机械能转换为电能，如图2.2所示。通过这种方式产生电能的整个过程被称为水力发电。水力发电的能力取决于水通过涡轮机和液压头的流量，液压头以ft㊀或m为单位来计量高度。水坝内的水

㊀　1ft＝0.3048m。——译者注

位高于水坝下游的水位。

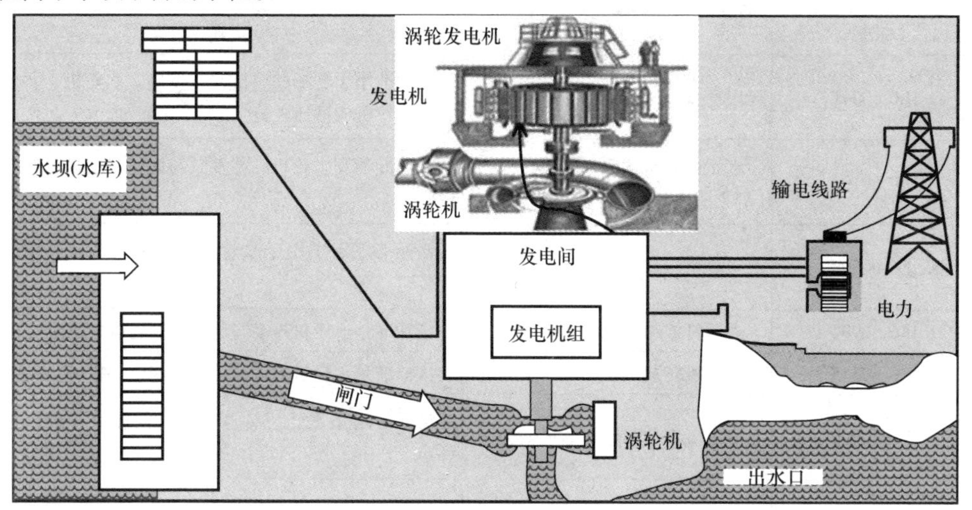

图 2.2 水电站示意图

目前，传统的水电站主要分为两类，即径流式水电站与被人们熟知的存储式水电站（即水坝）。径流式水电站可以使用或不使用储水器来产生用于发电的液压头，在这种情况下，水流通过涡轮机的速度与水流从河流进入水库的速度几乎相同。水坝通过水库储水增加水的重力势能，同时保证在急需电力时能够进行电力生产。水坝储水能够调整发电量并将其配送以满足用电需求，同时，储水也常常用于防洪、家庭供水、灌溉、娱乐、导航、渔业与环境保护。

2.2.1.3 水力发电标准

尽管水力发电得到了广泛应用，但全球约 73% 的水力发电潜能仍未开发。这些潜能大部分位于亚洲、非洲和拉丁美洲。最初，水电的各种应用多受益于标准化。国际电工委员会（IEC）制定了水力发电标准。IEC 第四技术委员会成立于 1911 年，该委员会为设计、制造、调试、测试和操作液压机编写了标准和技术报告。如今，各标准发展组织已经制定了水轮机、蓄水泵、不同类型水井的涡轮泵的相关标准，并为相关设备（如调速器）的性能评估与测试制定了相关标准。

表 2.2 详细介绍了主要的水电标准。这些标准涉及发电、发电厂建设、水轮机、电厂监测与维护、电力传输以及电能存储。

表 2.2 各标准发展组织（SDO）制定的水电系统标准

标准	主要内容	描述
IEC 61850 - 7 - 410	水电站—监测与控制通信	该标准与智能电网密切相关，它规定了在水电站中使用 IEC 61850 标准所需的附加公用数据类、逻辑节点与数据对象
IEC - EN 61116	小水电站机电设备安装指南	该标准适用于安装输出功率小于 5MW，直径小于 3m 的涡轮机

（续）

标准	主要内容	描述
IEC 60041	现场验收试验	该标准用于现场验收试验，以确定水轮机、蓄水泵和涡轮机的液压性能
IEC 60193	水轮机、蓄水泵与涡轮泵性能（模型验收试验）	该标准涉及水轮机、蓄水泵与涡轮泵的模型验收试验
IEC 60308	水轮机转速	该标准规定了用于水轮机调速系统试验的国际规范
IEC 60994	液压机振动与脉动测量	该标准是液压机振动与脉动的现场测量指南
IEC 60545	水轮机转速试验	该标准是水轮机的调试、运行与维护指南
IEC 60609	液压机振动与脉动的现场测量	该标准用于水轮机、蓄水泵与涡轮泵中的气蚀评定
IEC 60609 - 2	水轮机运行、维护与调试—与气蚀评定相关	该标准是蓄水泵与作为泵运行的涡轮泵的调试、运行和维护指南（第 2 部分：水斗式水轮机的评定）
IEC 60805	小型水力发电设备安装指南	该标准为小型水力发电装置提供了机电设备指南
IEC 61116	水轮机控制系统	该标准是水轮机控制系统规范指南
IEC 61362	水轮机调节系统	该标准是水轮机调节系统规范指南
IEC 61364	水力发电厂机械术语	该标准是水轮机控制系统的规范（水力发电厂机械术语）
IEC 61366 - 1	总则和附录	该标准涉及水轮机、蓄水泵与涡轮泵（第 1 部分：总则和附录）
IEC 61366 - 2	轴向辐流式水轮机技术规范指南	IEC 61366 第 2 部分是轴向辐流式水轮机技术规范指南
IEC 61366 - 3	水斗式水轮机与螺旋桨涡轮机技术规范指南	IEC 61366 第 3 部分是水斗式水轮机与螺旋桨涡轮机技术规范指南
IEC 61366 - 4	转桨式和定桨式水轮机的技术规范指南	IEC 61366 第 4 部分是转桨式和定桨式水轮机的技术规范指南
IEC 61366 - 5	贯流式水轮机技术规范指南	IEC 61366 第 5 部分是贯流式水轮机技术规范指南
IEC 61366 - 6	蓄水泵技术规范指南	IEC 61366 第 6 部分是蓄水泵技术规范指南
IEC 61366 - 7	水泵涡轮机技术规范指南	IEC 61366 第 7 部分是水泵涡轮机技术规范指南

2.2.1.4　水力发电的优缺点

水力发电的过程基本上不会造成如传统能源对环境的影响。然而，水力发电站为了

蓄水会淹没陆地栖息地，沉积物会阻碍鱼类和其他水生生物的运动，修建水坝改变水流可能会影响大坝下游的水生和陆地栖息地。表2.3描述了水力发电的各种正面与负面影响。

表2.3　水力发电的潜在优势与负面影响

优势	负面影响
可再生能源系统中最廉价的能源	修建水坝需要超高标准和优质的建筑材料
水库可用于灌溉	受干旱季节的影响，发电不一定能够持续
水坝可以持续数代	在高密度地震区建设水坝有很大的潜在危险
没有硫化物与氮氧化物的排放	水坝对自然的影响受到了生态学家和生物学家的批评，例如，会对河流中的动植物造成影响
固体垃圾非常少	被水淹没的植物会排放温室气体
以水库为基础开展渔业	人类和陆生野生动物需要迁移居所
对资源开采、制备与导航的影响微乎其微	水电大大改变了水的质量与温度
有效地控制洪水	水电改变了水生生物的上下游通道
多年来，水坝下的内陆水运、运输和航行得到了发展	

2.2.2　太阳能

2.2.2.1　太阳能简介与背景

人类从古至今一直利用各种各样的技术使用太阳能。这些早期技术包括基于建筑的被动冷却与供暖系统。在被动加热过程中，能量被存储和分配，不需要如今这些复杂的控制器便能将室内温度提高到室外温度水平以上。另一方面，被动冷却系统将入射能量转移至散热器上，如空气、上层大气层、水和地面，这样就可以降低该区域内空气的温度[11]。类似地，太阳以电磁波的形式发射辐射能使地球变暖，并给予绿色植物进行光合作用所需的能量。

地球表面每天从太阳吸收大量的热量。例如，每年美国人口使用大约4000TW·h的电能，这仅仅等于美国地表在阳光下照射几小时所获得的能量。在包括美国在内的世界大部分地区，太阳能技术比其他任何可再生能源技术均拥有更丰富的资源。因为与其他能源相比，太阳能在地球表面上分布得更为均匀[4]。

2.2.2.2　技术概述

1. 太阳能光伏

光伏模块产生的电能，来自太阳辐射的入射光子将载流子从吸收光子的介质中分离出来的过程。光伏模块的构件是太阳电池，它是由晶体硅晶片制造的，或者是通过沉积光敏物质形成的薄膜构成。这些物质包括非晶硅、铜铟镓硫化物和碲化镉。典型的晶体硅电池的基本元件如图2.3所示。多个光伏电池连接在一起构成光伏模块，光伏模块项目/电厂通常由数十至数千个光伏模块连接在一起，称为光伏阵列。这些阵列产生直流电，并通过逆变器设备转换为交流电。

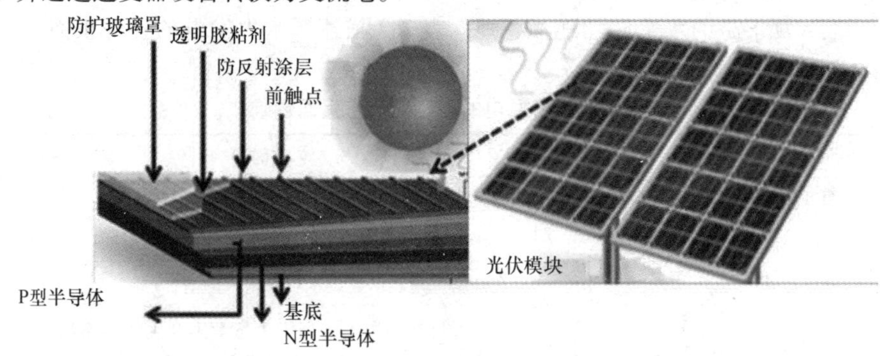

图 2.3　典型晶体硅光伏电池元件

现代的光伏阵列由多个产生直流电的光伏模块构成，为了将其馈入交流电网，需要利用逆变器将其转变为交流电。如图 2.4 所示，它也可为电池充电。光伏阵列可以是静止的，也可安装在太阳跟踪支架上。跟踪系统包括聚光系统，它将增加太阳电池正在运行的光量。

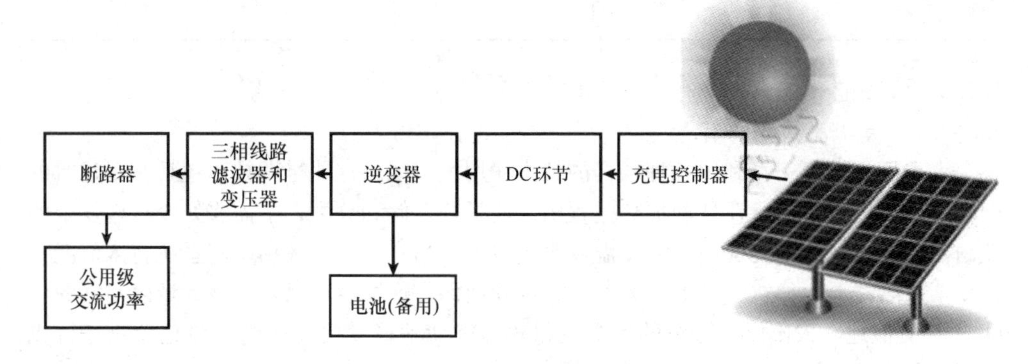

图 2.4　太阳能系统框图

2. 集中式太阳能发电

集中式太阳能发电是另一种太阳能发电技术，它使用透镜将阳光聚焦到接收器上，接收器内有工作流体。发电机由接收器传送的热能支撑的热力发动机驱动。

3. 其他太阳能技术

除太阳能光伏与集中式太阳能发电外，其他的太阳能技术包括水加热、空间采暖、冷却、灌溉、运输和照明。这些技术并不生产电力，而是减少电力和化石燃料的消耗。虽然这些技术与可再生能源系统并没有直接关系，但它们是稳定和减少未来终端电力需求的重要组成部分。

2.2.2.3　太阳能技术—发展、成本与价格预测

光伏与集中式太阳能发电都是建立在几个世纪前的发现的基础上，但发电技术真正

意义上的发展始于 20 世纪 70 年代和 80 年代。目前，美国太阳能发电所占比例很小，但正在迅速增长。2011 年，美国增加了 1500MW 的并网交流电等效光伏发电量，使光伏发电量累计达到 3400MW 以上[13]。集中式太阳能发电量从 2009 年至 2011 年增长约 100MW，累计达到 520MW[4,13]。这表明美国电力需求的 0.2% 左右是由光伏发电实现的，0.015% 由集中式太阳能发电实现[14]。值得注意的是，2011 年底全球光伏市场的并网交流电总量约为 48GW，而美国光伏市场仅占其中的一小部分[15,16,29]。2011 年，美国集中式太阳能发电市场约占全球集中式太阳能发电累积量的 1/3。除美国之外，大部分集中式太阳能发电装置安装在西班牙[4,17,30-32]。

光伏电池发电的历史可以追溯到 19 世纪中期。然而，第一块基于硅的光伏电池是在 20 世纪中期制造的，而大容量发电光伏模块的制造技术是在 20 世纪 70 年代末和 80 年代发展的。20 世纪 70 年代，薄膜光伏技术首先进入市场，其中的大多数是非硅的。大容量发电光伏模块的商业规模生产开始于 25 年前。同样地，在 19 世纪末期，集中式太阳能发电技术被广泛用于各种农业应用，直至 20 世纪 80 年代才被用于电力生产。美国太阳能光伏与集中式太阳能发电市场的发展趋势如图 2.5 所示。

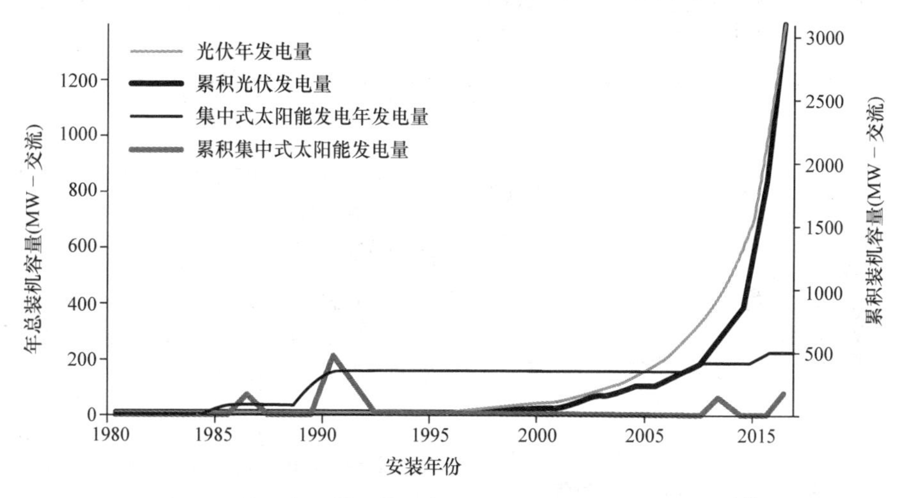

图 2.5　美国太阳能光伏与集中式太阳能发电的增长曲线[4]

太阳能发电项目的成本不仅仅是基于光伏或者集中式太阳能发电模块的成本，还取决于逆变器、电池、安装或监控结构、接线、现场安装和间接成本等其他成本。间接成本包括管理、采购和施工、土地和项目管理。直接与间接成本的价格预测如图 2.6 所示。

2.2.2.4　太阳能技术标准

各标准发展组织已经为太阳能系统制定了各项标准。例如，IEC 第 82 技术委员会（太阳能光伏能源系统，PVES）已经制定了晶体硅、薄膜光伏以及集中式太阳能发电模块的标准。此外，还制定了光伏产品认证标准，光伏测试实验室和充电控制器、逆变器和功率调节器等系统组件的认证标准。

表 2.4 详述了不同组织针对太阳能与太阳能光伏能源系统制定的各种标准。这些标

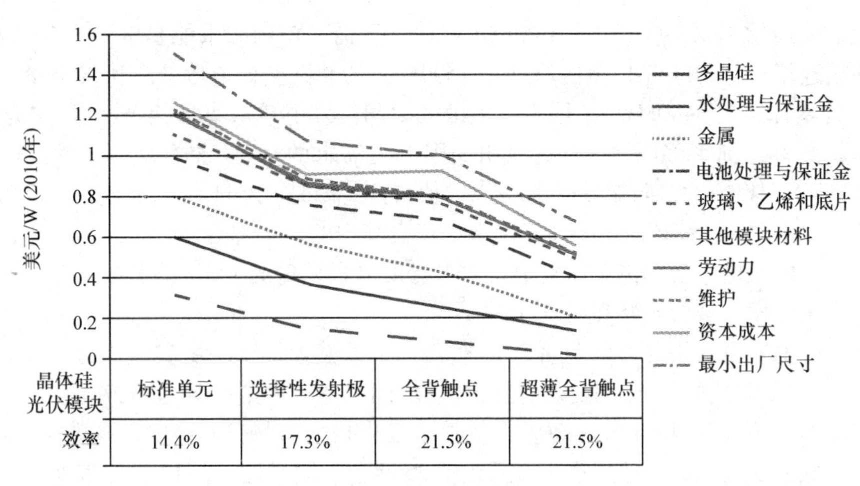

图 2.6　单晶硅光伏模块价格趋势[16]

准包括太阳电池板、电池、逆变器与太阳能系统中其他装置的材料信息。同时，这些标准包括太阳能的安装、安全要求、维护与存储的相关规范。

表 2.4　各标准发展组织制定的太阳能光伏与集中式太阳能发电系统的标准

标准名称	主要内容	描述
IEC - EN 61427	太阳能光伏系统二次电池和电池组（通用要求与试验方法）	该标准提供了有关光伏太阳能系统二次电池和电池组的基本信息。如果使用储能，则二次电池是可充电电池
IEC - EN 61724	光伏系统性能监测（测量、数据交换和分析指南）	该标准监测与能源有关的光伏系统特性，并负责监测数据的交换和分析。设计本标准的主要目的是评估光伏系统的整体性能
IEC - EN 61727	光伏系统的电网接口特性	本标准中的规定适用于与电力公司并行运行的电网互联光伏发电系统，并利用静态非孤岛逆变器将直流电转变为交流电。它规定了光伏系统与电网配电系统相互连接的要求
IEC/EN 61215	地面用晶体硅光伏模块（设计鉴定和定型）	该标准规定了适用于长期运行的地面光伏模块的设计鉴定和定型的要求，符合 IEC 60721 - 2 - 1 的规定。它确定模块的电气特性与热特性，如在某些气候条件下能承受长时间曝光的能力
IEC 61646	地面用薄膜光伏模块（设计鉴定和定型）	IEC 61646 标准规定了适用于 IEC 60721 - 2 - 1 的能够长期运行的地面用薄膜光伏模块的设计鉴定和定型的要求。本标准适用于 IEC 61215 未涵盖的所有地面、平板模块材料

（续）

标准名称	主要内容	描述
IEC/EN 61730	光伏模块安全鉴定（第1部分—结构要求，第2部分—试验要求）	该标准描述了光伏模块的基本结构要求，以便能够在其预期寿命期间提供安全的电气和机械操作，从而预防机械和环境压力导致的电击、火灾和人身伤害。它符合特定的结构要求，并与IEC 61215或IEC 61646标准结合使用
IEC 60891	光伏器件－用于测量$I-V$（电流—电压）特性的温度和辐照度校正方法程序	IEC 60891规定了测量光伏器件的$I-V$（电流—电压）特性的温度和辐照度校正要遵循的程序，定义了决定更正因子的程序。IEC 60904－1规定了光伏器件的$I-V$测量要求
IEC 60904－1	光伏电流—电压特性的测量	该标准规范了光伏电流—电压特性的测量
IEC 61194	独立式光伏系统的特性参数	该标准定义了独立式光伏系统的描述与性能分析中用到的电气、机械和环境主要参数
IEC 61215	地面用晶体硅光伏模块	该标准与地面用晶体硅光伏模块件相关（主要涉及设计鉴定和定型）
IEC 61345	光伏模块的紫外线（UV）试验	该标准规定光伏模块承受紫外线辐射的能力从280～400nm
IEC 61427	光伏能源系统用二次电池和电池组	该标准用于光伏能源系统（PVES）的二次电池和电池组，为最新的电池技术的测试修订制定通用要求与方法
IEC 61646	地面用光伏薄膜组件	该标准与地面用光伏薄膜组件相关（主要是设计鉴定和定型）
IEC 61701	光伏腐蚀试验	该标准与光伏模块盐雾腐蚀试验有关
IEC 61730－1	光伏模块安全要求	该标准规定了光伏模块的安全质量（第1部分—结构要求）。本标准的一些修正案发布于2010年
IEC 61702	直接耦合光伏（PV）水泵系统的评定	该标准定义了直接耦合光伏水泵系统的预测短期特性
IEC 61829	晶体硅光伏阵列—电流－电压特性的现场测量	该标准描述了现场测量晶体硅光伏阵列特性的过程，并将这些数据推广到标准测试条件（STC）或其他选定温度和辐照度的情况下
IEC 61853－1	模块性能测试和能效评定	该标准定义了光伏模块性能测试和能效评定（第1部分与辐照度、温度性能测量和额定功率有关）
IEC 61853－2	模块性能测试和能量等级	该标准与光伏模块性能测试和能量等级有关。第2部分—光谱响应、入射角和模块工作温度测量

（续）

标准名称	主要内容	描述
IEC/TS 62257－7－1	发电机－光伏阵列	该标准规范了农村电气化小型可再生能源和混合系统（第7－1部分与发电机－光伏阵列有关）
IEC/TS 62257－7－3	发电机组－农村电气化系统的发电机组选择	第7－3部分与发电机组有关，即农村电气化系统中的发电机组的选用
IEC/TS 62257－8－1	独立电气化系统的电池和电池管理系统的选择	第8－1部分主要用于选择独立电气化系统的电池和电池管理系统。此外，标明了发展中国家可以使用的汽车铅酸蓄电池的具体情况
IEC/TS 62257－9－1	微型电力系统	IEC / TS 62257 第9－1部分涉及光伏微型电力系统
IEC/TS 62257－9－2	微电网	IEC/TS 62257 第9－2部分涉及光伏微型电力系统（微电网）
IEC/TS 62257－9－3	综合系统用户接口	IEC/TS 62257 第9－3部分涉及综合系统（用户接口）
IEC/TS 62257－9－4	综合系统用户安装	IEC / TS 62257 第9－4部分涉及综合系统（用户安装）
IEC/TS 62257－9－5	综合系统－农村电气化工程的便携式光伏灯具的选择	第9－5部分主要涉及综合系统，特别是农村电气化工程的便携式光伏灯具的选择
IEC/TS 62257－9－6	综合系统－光伏独立电气化系统（PV－IES）的选择	第9－6部分涉及综合系统，主要用于光伏独立电气化系统（PV－IES）的选择
IEC/TS 62257－12－1	农村电气化系统中的自镇流灯（CFL）的选择	第12－1部分用于农村电气化系统中的自镇流灯（CFL）的选择，并规范了家用照明设备
IEC/TS 62257－1	农村电气化综合介绍	该标准规范了农村电气化小型可再生能源和混合系统（第1部分－农村电气化综合介绍）
IEC/TS 62257－2	对一系列电气化系统的要求	该标准的第2部分是对一系列电气化系统的要求
IEC/TS 62257－3	项目开发和管理	第3部分涉及项目开发和管理
IEC/TS 62257－4	系统选择和设计	第4部分涉及系统的选择和设计
IEC/TS 62257－5	电气事故的防护	第5部分涉及电气事故的防护
IEC/TS 62257－6	验收、操作、维护和更换	第6部分涉及验收、操作、维护和更换
IEC/TS 62257－7	发电机	本标准的第7部分与发电机有关
IEC 62108	集中式太阳能发电模块	该标准规定了集中式太阳能发电电池的特性、安装和相关信息

2.2.2.5 太阳能的优缺点

表2.5列出了太阳能系统的优缺点。

表2.5　太阳能系统的优缺点

优点	缺点
不需要燃烧，没有温室气体排放，是最清洁的可再生能源	太阳能是昂贵的可再生能源，除非太阳电池板的价格大大降低
阳光充足，不会缺少原料	由于阳光不是持续可用的，太阳能不是持续的能量来源
随处可见，只要有阳光照射的地方	需要昂贵的逆变器将直流电转变为交流电
适用于分布式发电	需要蓄电池或连接电网才能持续供电
不需要移动部件	许多薄膜系统需要昂贵的材料
发电静音，没有噪声污染	与其他能源相比，需要相对大量的开放空间
几乎不需要维护	太阳电池板的效率仍然很低（17%～40%）
集中式发电的土地需求	一些材料非常脆弱，需要严密地监护

2.2.3　风能

2.2.3.1　风能简介

历史学家发现，早在公元前3200年，水手便将风力当作一种能源用来运输货物。如今，风能被认为是最有潜力的可再生能源之一，预计在不久的将来，风力发电将成为重要的电力来源。世界各国对先进技术研究和市场的激励政策大大推动了风能的广泛部署[11,18-21]。例如，丹麦20%以上的能源来自风能，丹麦的风能份额约占全球市场的27%[4]。

20世纪70年代，石油禁运造成了能源危机，而风力发电机由于可以大量生产电力而受到了广泛关注。在早期的设备中，其中一些由于设计不当造成使用寿命不长。然而，一些最好的技术设备能够持续运行30多年，使发电成为可获利的商业业务的一部分。例如，美国风力发电行业在80年代初至80年代中期获得一定发展之后，由于政府逐渐收回有利的政策和税收优惠措施，在20世纪80年代末和90年代开始下滑，这导致很少企业投资风能行业。然而，随着成本的降低以及州政府和联邦政府公布的更有利的政策，美国风能行业在20世纪90年代后期恢复了增长。如今，美国风力发电占年电力总装机容量的35%左右[22]。这些增长可归因于风力资源丰富、风力发电机成本持续降低和有利的政府政策。

2010年底，美国的风电总装机容量已经超过了40000MW[22]，占美国电力生产总量的2.4%[23]。2010年底的统计数据表明，2010年全球增加的风力发电量超过38000MW，估计为718亿美元的资产投资。

2.2.3.2　技术概述

风力发电机是风力发电机组的主要部件。风力发电机通过叶片旋转将风的动能转化为机械能，机械能随后转化为电能。可用风力随每立方风量流速的增加而增大。兰切斯特－贝茨极限[24,25,27]定义了风力发电机捕获和转换风力的能力，其功率的上限取决于一

个简单的从不间断流中提取能量的理论模型。

通用型风力发电机如图 2.7 所示。三叶式桨距控制风力发电机是水平配置的上游转子机。目前正在开发的风力发电机的额定功率超过 3MW，额定电流比原有型号风力发电机高 2～3 倍。上游转子的直径范围为 80～100m，这需要支撑塔筒有相应的高度。目前正在设计的最大的风力发电机主要用于海上风力发电，装机容量为 5～10MW。大于 4MW 装机容量的陆基风力发电机的广泛增长受到陆路运输带来的物流挑战的限制。然而，最新的技术正在不断克服这些困难，未来将会允许安装更多的陆基风力发电机[4]。

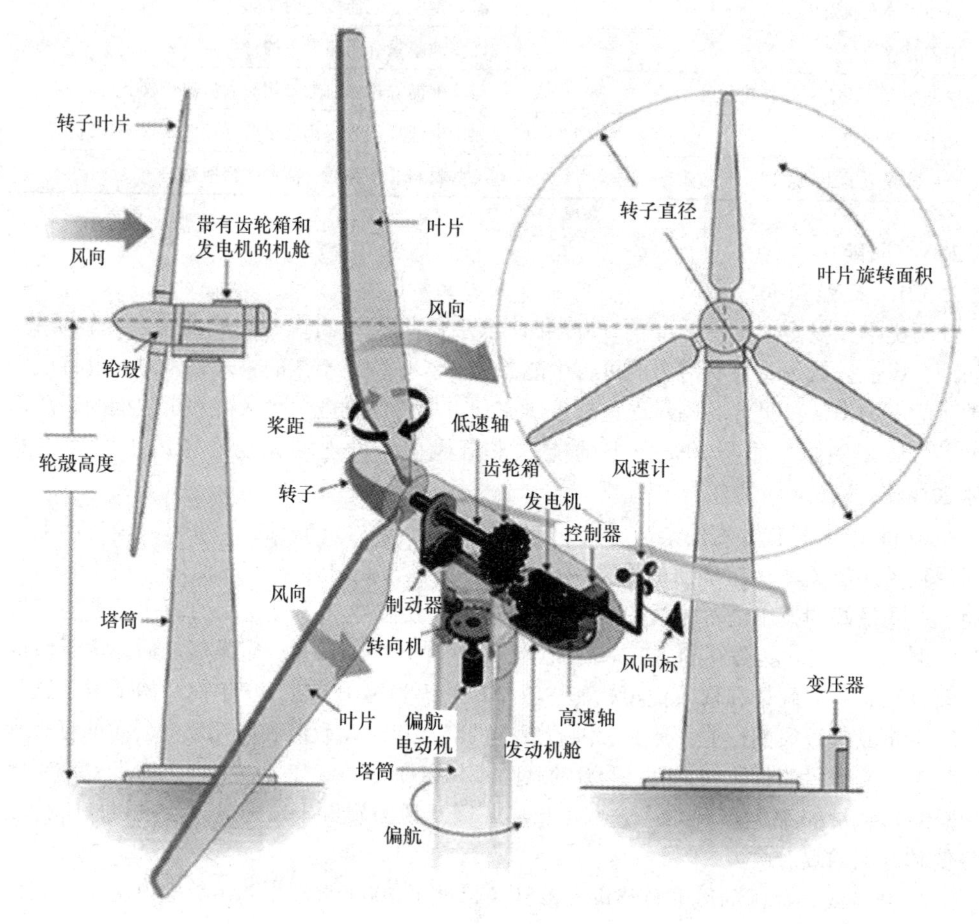

图 2.7　带有齿轮箱的现代水平轴风力发电机。转载自 R. Thresher 等人的《可再生能源发电与存储技术》，©2012 国家可再生能源实验室，经国家可再生能源实验室许可使用[4]

风力发电系统（WECS）的框图如图 2.8 所示。

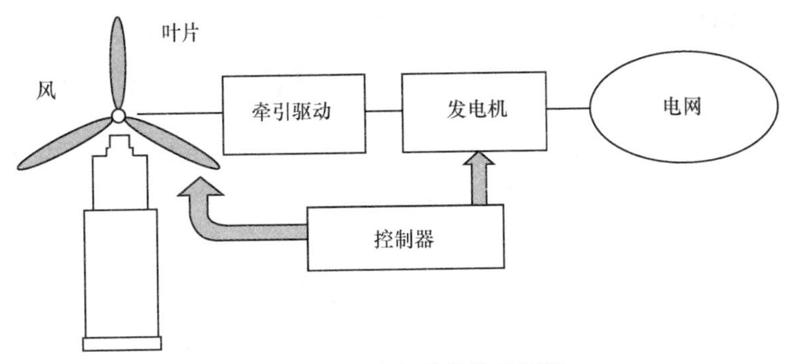

图 2.8 风力发电能量传输框图

2.2.3.3 风力发电性能

20 年来，风电场的业绩和效益得到了显著的提升。风力发电的平均水平从 1999 年的 25% 提高到 2008 年的近 35%[23,28]。尽管存在一系列变数，如风力资源变化、传输拥堵以及新项目安装场所风力资源质量的变化等，但这些年来，风力发电效率的提高是不容忽视的。从图 2.9 可以观察到，过去十年整个风力发电行业保持相对持续的发展。自 2004 年以来建成的项目，平均容量系数已超过 30%。各种各样的因素都有助于容量系数的增加。例如，增加风力发电机塔筒高度能够获得更好的风力资源，而加大转子的直径能够增加容量系数，从而增加风力发电机的发电容量。

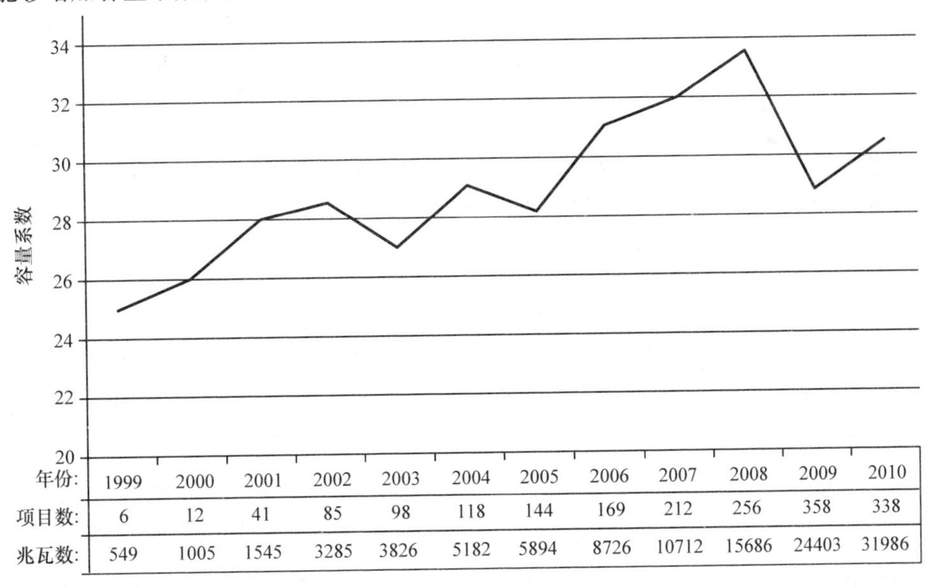

年份:	1999	2000	2001	2002	2003	2004	2005	2006	2007	2008	2009	2010
项目数:	6	12	41	85	98	118	144	169	212	256	358	338
兆瓦数:	549	1005	1545	3285	3826	5182	5894	8726	10712	15686	24403	31986

图 2.9 每年平均样本范围内的容量系数[4]

2.2.3.4 风能标准

风能标准主要涉及维护、认证、规格、风力发电机、齿轮箱、存储、电站设备、海上结构以及设备的互连等。在世界各地，无论是国家还是地方政府，单独的测试机构还是整个行业，他们都使用相同的标准。风力发电产业的成熟迫使用户组和有关委员会相互协调工作制定这些标准[9]。表2.6提供了各个组织为风能技术制定的各种标准，这些组织包括美国齿轮制造商协会（AGMA）、英国标准协会（BSI）、加拿大标准协会（CSA）、德国标准协会（DIN）、丹麦标准协会（DS）、IEC以及美国电气电子工程师学会（IEEE）。

表2.6　风能系统标准

标准	主要内容	描述
AGMA 6006 - A03	风力发电机齿轮箱设计标准和规范	该标准取代 AGMA 921 - A97，涉及风力发电机齿轮箱的设计和规范
BSI BS EN 45510 - 5 - 3	发电站设备采购	本标准第5 - 3部分是发电站设备采购指南
BSI BS EN 50308	设计、运行和维护的防护措施要求	该标准是风力发电机设计、运行和维护的防护措施要求指南
BSI PD CLC/TR 50373	风力发电机的电磁兼容性	该标准涉及风力发电机的电磁兼容性
BSI BS EN 61400 - 12	风力发电机发电系统	本标准第12部分涉及风力发电机发电系统的动力性能测试
BSI PD IEC WT 01	合格试验和认证	该标准规定了风力发电机合格试验和认证的规则及程序
CSA F417 - M91 - CAN/CSA	风力发电系统（WECS）	该标准定义了风力发电系统的性能和通用指令
DIN EN 61400 - 25 - 4	风电场监控通信	61400的第25 - 4部分与风电场监控通信有关
DS DS/EN 61400 - 12 - 1	风力发电机的电力性能测量	61400的第12 - 1部分涉及风力发电机的电力生产性能测量
DNV DNV - OS - J101	海上风力发电机结构设计	该标准规范了海上风力发电机的结构设计
GOST R 51237	术语和定义	该标准定义了非传统电力工程的术语
IEC 60050 - 415	风力发电系统	IEC 60050的第415部分规范了风力发电系统的国际电工词汇
IEC 61400 - 1	风力发电机设计要求	该标准规范了风力发电机的设计要求
IEC 61400 - 2	风力发电系统	该标准规范了小型风力发电系统的设计要求
IEC 61400 - 11	风力发电系统（声学噪声测量）	本标准第11部分涉及声学噪声测量技术
IEC 61400 - 13 TS	风力发电系统（电能质量测量和评估）	该标准规范了并网风力发电机的电能质量特性的测量和评估

（续）

标准	主要内容	描述
IEC 61400 – 21	电能质量特性的测量与评估	该标准规范了转子叶片的全面结构测试
IEC 61400 – 22	风力发电机认证	该标准规范了风力发电机的合格测试与认证
IEC61400 – 23 TS	风力发电系统	该标准涉及风力发电系统，规范了转子叶片的全面结构测试
IEEE 1547	分布式资源与电力系统互联	该 IEEE 标准涉及分布式资源与包括风力发电系统在内的电力系统互联[36]
IEEE P2032. 2	能源存储系统互操作指南	该 IEEE 标准是与风力发电系统等电力基础设施相结合的能量存储系统的互操作指南[35]

2.2.3.5 风能的优势、发展前景以及发展中的潜在阻力

多样化的资源和相对较低的风力成本使得风力发电成为了如今受欢迎的可再生能源发电形式。预计在未来几十年中，风能将继续在可再生能源供应中发挥主导作用。风力发电的优缺点如表2.7所示。表2.8列出了为实现风能技术高渗透率而存在的风能系统部署机会，以及推广风能为最有利的可再生能源的潜在阻力。

表2.7 风能的优势与缺点

优势	缺点
与太阳能发电类似，风力发电也不会排放温室气体，是清洁和安全的	风力发电机只能安装在有风的地区，并不能安装在所有的地区
风力发电机的投资可以在几年内得到回报	对于家庭而言，风力发电机会产生噪声并破坏周围的生活环境，并不适用
这是一种完全可再生的能源	风力发电机可能在雷暴中受损
与其他可再生能源相比，风能更加廉价	

表2.8 风能的发展前景、阻碍与应对措施

研究与开发领域	阻碍	应对措施
陆上风力发电	传统资源存在边际竞争力	为了克服阻碍，需要采用先进的技术解决方案提高风力发电系统的可靠性，降低风力发电机、物流和安装等成本
海上风力发电	海上特定的设计需求和挑战	为了克服阻碍，需要利用专门的海上设备来最大限度地满足海上作业的需求。此外，还需要利用船只进行简单的维护以及适当的海上运输
有支撑结构的海上基础	当前的基础结构增加了成本，而且限制了海上设施所能承受的海水深度	通过标准化与设计精细化来最大限度地减少基础成本

（续）

研究与开发领域	阻碍	应对措施
风力资源评估	需要深入了解陆上和海上的风力资源，并通过动植物流动来判断资源是否缺乏。有限的风力预测能力阻碍了电网运行和调度规划	开发资源评估网络，更好地归纳风力资源的特点。此外，还需要同时努力研究和开发风电场的建模和预测能力
市场和监管	**阻碍**	**应对措施**
市场设计和结构	小业务领域增加了将风能整合到电网中的成本	为了解决这个问题，需要相应的政策和市场设计，使较小的业务领域也能够以统一的方式发挥作用
	向市中心传送风能需要长距离传输电力	解决远程电力传输的限制，包括新输电项目的成本分配等
	低边际成本的限制可能会影响可再生能源渗透率的提高	确保具有可再生能源业务特性的工厂进入电网市场
操作	由于风力的特性，其被认为是可变的输出而不是风能的电网服务功能	研究技术和方法来准确评估额外成本以及电网服务的价值，从而可以解决风能评估问题
劳动力发展	需要熟练的人力来支持风力发电行业的快速发展	举办员工培训，培养对行业的兴趣，包括建立相应的产学联动
环境和选址	**阻碍**	**应对措施**
对野生动物的影响	保护稀有鸟类将限制风能的部署	需要定期监测对野生动物的影响，制定影响缓解策略和标准化策略
	合格的许可要求将增加部署成本	需要进行深入的研究，以确定其对栖息地的影响和是否会造成野生动植物流离失所，这可能需要政策来解决
选址规则	土地使用权不足 不良的土地用电政策增加了开发商的风险	在这两种情况下，都需要制定有关风能的合理土地政策，这有助于决策者权衡风能的利弊，同时，有助于在能够保护当地人利益的前提下促进部署风力发电
雷达和通信	风力发电机也可能影响航空、军事雷达系统和通信	需要不断升级无线技术，才能解决这一挑战。此外，升级软件和系统可以减轻雷达和通信的干扰

注：转载自 R. Thresher 等人《可再生能源发电与存储技术》，© 2012 美国国家可再生能源实验室，经美国国家可再生能源实验室许可使用[4]。

2.2.4 燃料电池

2.2.4.1 燃料电池概述

除了太阳能和风能等其他可再生能源，氢气也是一种重要的可再生清洁能源。氢气大量存在于宇宙中，并可为我们所用。同时，空气中也含有少量氢气，它基本上是无色无味

的气体。当使用氢气作为能源（燃料电池）时，它只释放水与热量，没有碳排放[33]。

2.2.4.2 技术概述

在氢燃料电池中，氢原子被电离成质子（带正电）和电子（带负电）。来自氢原子的带负电的电子形成电流，并产生副产物水（H_2O）。换句话说，燃料电池是将氢气或碳氢化合物和氧气（O_2）从气体转化成电能和热能的电化学装置。燃料电池需要氢气或碳氢化合物来运转。该过程如图2.10所示。

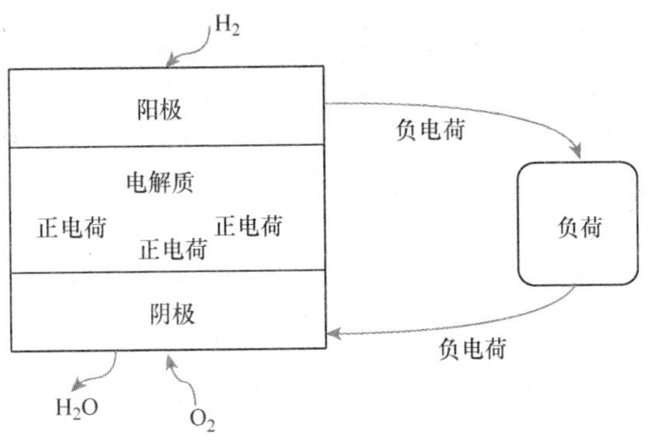

图2.10 燃料电池中的电能生产过程

本质上讲，由于燃料电池需要燃料供应，其本身并不是真正意义上的可再生能源形式。但是，通过电解水产生氧气和氢气的方式能够便捷地获得氢气，以便在电力短缺时将其供应到燃料电池发电。因此，燃料电池可用于平衡间歇性可再生能源的电力供应[2,3,12]。相较于太阳能和风能发电对日照度与风况的依赖，燃料电池能够不依赖外部条件而持续发电。额外产生的电能，还可用于生成氢气。

2.2.4.3 燃料电池标准

值得指出的是，将燃料电池技术引入消费市场还存在一些基本的挑战，比如确保整体安全、解决与现有系统的兼容性，以及建立相应的标准。建立标准确实是燃料电池商业化最重要的步骤之一。1998年，制定了关于燃料电池技术的IEC TC 105标准，其内容是规范必要的安全和接口标准。预计今后将设计一个标准，为这一领域留下足够进一步发展的空间。表2.9提供了各标准发展组织制定的有关燃料电池系统标准的详细信息。

表2.9 各标准发展组织制定的燃料电池系统标准

标准	主要内容	描述
IEC/PAS 63547	电能供应系统方面	该标准用于分布式能源与电力系统互联
IEC 60079－29－1	爆炸性环境中的设备	该标准涉及爆炸性环境和气体探测器，即规范了易燃气体探测器的性能要求
IEC 60079－29－2	爆炸性环境	第29－2部分规范了易燃气体和氧用探测器的选择、安装、使用和维护
IEC/TS 62282－1	术语	该标准规范了燃料电池相关术语
IEC/TS 62282－2	模块	该标准涉及各类燃料电池模块
IEC 62282－3－100	安全性	该标准涉及固定式燃料电池动力系统的安全性
IEC 62282－3－200	性能试验方法	该标准提供了住宅、商业和农业系统中的固定式燃料电池动力系统的性能试验方法

（续）

标准	主要内容	描述
IEC 62282－3－3	安装	该标准规范了固定式燃料电池动力系统的安装
IEC 62282－5－1	安全性－燃料电池装置	该标准涉及便携式燃料电池装置的安全性
IEC 62282－6－100	安全性－微型燃料电池	该标准涉及微型燃料电池动力系统的安全性
IEC/PASS 62282－6－150	安全性－水活性化合物	该标准涉及间接式PEM燃料电池内水活性（UN4.3类）化合物的安全性
IEC 62282－6－200	性能－微型燃料电池	该标准规定了微型燃料电池动力系统的性能
IEC 62282－6－300	互换性	该标准涉及微型燃料电池动力系统中燃料元件的互换性
IEC 62282－7－1	电池试验方法	该标准规范了聚合物电解质燃料电池中单个电池的试验方法
OIML R 81	动态测量装置及系统	该标准涉及低温液体的动态测量装置及系统
OIML R 139	计量及技术要求	该标准涉及车用压缩气体燃料计量系统的计量和技术要求
ISO 23273－1	安全规范	该标准涉及燃料电池车辆安全规范（第1部分：车辆功能安全）
ISO 23273－2	安全规范	ISO 23273标准的第2部分涉及燃料电池车辆的安全规范：对以压缩氢为燃料的车辆进行氢伤害的防护
ISO 23273－3	安全规范	ISO 23273标准的第3部分涉及人员电击防护
ISO 23828：2008	能源消耗测量	该标准规范了燃料电池车辆能源消耗的测量，第1部分涉及以压缩氢为燃料的车辆
ISO/TR 11954	道路速度测量	该标准涉及以燃料电池为动力的车辆的最高速度的测量
ISO 6469－1	安全规范－RESS	该标准涉及道路上电动车辆安全规范（第1部分：车载可充电蓄能系统（RESS））
ISO 6469－2	安全规范－车辆操作安全	该标准的第2部分涉及车辆运行安全方法及故障防护
ISO 6469－3：2011	安全规范－电击	该标准第3部分涉及人身防电击保护
ISO/TR 8713：2012	词汇	该标准规范了道路上电动车辆的相关词汇
ISO 13985	液态氢－燃油箱	该标准涉及陆地车辆燃油箱中的液态氢
ISO/PAS 15594	液态氢－添加设施	该标准规范了机场氢燃料添加设施的操作
ISO 17268：2006	液态氢－添加连接设备	该标准涉及液态氢路面车辆（加油连接设备）
ISO/TS 15869	陆地液态氢－车辆燃油箱	该标准涉及气态氢混合物和氢燃料（陆地车辆燃油箱）
ISO TR 15916：2004	安全性－氢系统	该标准明确了氢系统安全性的基本问题

（续）

标准	主要内容	描述
ISO 22734－1：2008	氢气发生器	该标准涉及电解水产生氢气的过程（第1部分：工业和商业应用）
ISO 22734－2	氢气发生器	本标准的第2部分涉及住宅应用
ISO 16110－1	安全性－发生器	该标准涉及使用燃料处理技术产生氢气（第1部分：安全性）
ISO 16110－2	性能测试方法	该标准涉及使用燃料处理技术产生氢气（第2部分：性能测试方法）
ISO 16111	存储设备	该标准涉及可运输的气体存储设备（可逆金属氢化物中的氢）
ISO TS 20100	气态氢	该标准涉及气态氢服务站
ISO/TR 14687－2	氢燃料	该标准规范了氢燃料的产品规格（第2部分：用于公路车辆的PEM燃料电池）
ISO 26142	氢燃料	该标准涉及氢气探测器的固定应用

注：PME，Proton Exchange Membrane，质子交换膜。

2.2.4.4　燃料电池的优缺点

表2.10详细地列出了燃料电池的优缺点。

表2.10　燃料电池的优缺点

优点	缺点
燃料电池的效率很高（在250℃时最大理论效率达83%[26]）	成本高，使用的材料较为昂贵，如铂
燃料电池是一种清洁型能源（仅利用H_2和O_2）	可靠性仍待提高
在燃料充足的情况下，燃料电池可持续运行	耐用性和坚固性差，特别是在高温环境中尤为明显
燃料可以从充足可用的水（H_2O）中产生	氢燃料不易提供
燃料电池适用于分布式发电	与汽油相比，燃料密度低
燃料电池可以通过反向运行进行储能，即氢气可以从电和水中产生	

2.2.5　地热能

2.2.5.1　地热能概述

存储在地壳岩石和流体中的热能是地热能的主要来源。这种形式的热量随着温泉和间歇泉来到地表或地下深处的水库。地球的心核是铁质的，由一层熔岩包围着。为了利用这些热能产生电能，地热发电厂通常建在这些热能储层上。这种可再生能源主要用于家庭和商业的供热。热源的温度决定了发电量，温度较高的资源将有更高的发电潜力，反之亦然。若拥有绝佳的热能资源（高温、大量的地热流体、高储层渗透率），则地热资源形成统一连续区。根据热能资源的性质，在不同的地热能系统中，使用不同的地下热能回收技术[2-4,11]。

2.2.5.2 技术概述

表2.11基于开发资源的技术和方法对地热资源进行了分类。

表2.11 不同地热资源的开发技术和方法

地热资源	描述
水热	水热是一种传统的商用地热技术，在经济可行的情况下其储量足以维持地热发电的发展
增强型地热系统（EGS）	EGS拥有丰富的热能资源，但是可用地层流体少且渗透率不高
油气井联合生产	在这种情况下，利用天然有机的朗肯循环电厂，将石油和天然气中存在的流体能量转换为电能
地压	地压是指高温的页岩和砂岩地层中溶解的大量甲烷盐水所带来的高压
直接利用	很多应用直接利用热储层中的热能而不是直接利用热能来发电，例如空间加热和冷却，以及其他的加热和冷却应用，如温室作业、灌溉、照明
地热地源热泵	地源热泵利用相对恒温的就近地表作为热源，被用于工业或住宅建筑的加热或冷却，它是一种应用广泛的资源

注：转载自R. Thresher等人《可再生能源发电与储存技术》，© 2012国家可再生能源实验室，经国家可再生能源实验室许可使用[4]。

2.2.5.3 地热能标准

热泵是地热能系统的重要组成部分，用于从地表以下产生的热量中提取能量。大多数的地热标准与热泵有关，如EN 378、EN 12263、EN 14511。例如，2007年底发布的针对完整的热泵系统设计的标准EN 15450被认为是通用标准。在地热能系统的地面端，该标准主要与钻机的维护与安全相关。表2.12提供了各标准发展组织制定的主要地热标准的完整信息。

表2.12 各标准发展组织为地热系统制定的标准

标准	主要内容	描述
EN 255-3	热泵-热水机组的试验	该标准涉及热水机组的试验，如带有电动压缩机的空调设备、液体冷却机组和热泵（加热方式）
EN 378	热泵-安全和环境保护	该标准涉及制冷系统和热泵，第1-4部分主要涉及安全和环境要求
EN 14511	热泵-要求及测试	该标准涉及带有电动压缩机的空调设备、液体冷却机组和热泵（用于空间加热和冷却）
EN 15450	热泵-系统设计	该标准规范了建筑物中的供暖系统（热泵供暖系统的设计）
ISO 5149	热泵-安全性	该标准涉及用于加热冷却的机械制冷系统（安全性要求）
ISO5151	热泵-测试与评级	该标准涉及无输入空调设备和热泵（性能测试和评级国产化）（例如，英国）

（续）

标准	主要内容	描述
ISO 13256	热泵－测试与评级	该标准涉及水源热泵（性能测试和评级），尤其是对丹麦与荷兰使用的热泵进行测评
VDI 2067 Blatt 6	热泵－经济计算	该标准用于计算热泵热耗装置的预算
VDI 4650 Blatt 1	热泵－效率计算	该标准涉及热泵的相关计算（计算热泵年度工作图表的简单方法）
ONORM M 7755－1	热泵系统的设计和安装	ONORM M 7755 标准的第1部分规范了热泵供暖系统的设计和安装
DIN 8901	热泵－保护地下水和土壤免受污染	该标准涉及制冷系统和热泵（土壤、地下和地表水的保护）
VDI 4640 Blatt 1－4	地热热泵系统－设计和安装	该标准规范了热泵系统的设计和安装（地下地热系统的热能利用）
ONORM M 7753	地热测试和评级	该标准涉及用于直接膨胀、地面耦合的带有电动压缩机的热泵（生产者的测试和指示）
ONORM M 7755－2＋3	电驱动热泵	该标准规范了地源热泵系统的设计和安装
OWAV RB 207	预防对地下与地下水造成的风险	该标准涉及地热热能开发系统
SVEP 标准	地面集热器安装标准	该标准规范了地热系统（地面集热器）的正确安装
DWGW W 110	钻孔内地质侦察调查	该标准涉及钻井井下的调查、挖掘地下水的方法
DWGW W 115	钻井	该标准与钻井有关，即用于勘探、采集和观测地下水的钻孔
DWGW W 116	选择钻井液以保护地下水	该标准涉及钻井液中泥浆添加剂在地下水钻井中的应用标准
PN－G－08611	工作安全	该标准涉及钻机（安全要求）

注：DVGW，Deutsche Vereinigung des Gas－und Wasserfaches，德国水气统一标准。

2.2.5.4　地热能的优缺点

地热能发电技术是一种新兴的可再生能源技术，相较于现有的发电技术，它具有许多优点。然而，尽管有许多优势，它仍然面临许多市场壁垒，如在租赁、许可和勘探的早期项目阶段存在风险且发展时间较长、对资源了解不足、仅有个别示范项目确认其技术可行性、基础研究与开发不完善。表2.13列出了地热能的优点和缺点。

表2.13　地热能的优缺点

优点	缺点
CO_2 零排放	地域限制大
无燃料，无需开采或运输	地热通常位于远离人口中心的偏远地区
是简单可靠的可再生能源	长距离输电，电能损耗较大

（续）

优点	缺点
在某些区域其成本已经非常具有竞争力	地热系统存在二氧化硫和二氧化硅的排放
应用于地热能系统中的新技术已经可以利用更低的温度	建设成本高
	需要非常高的温度

2.2.6 生物质能

2.2.6.1 生物质能概述

生物质能是另一类可再生能源，其中的燃料由有机物产生，通常是植物油、腐烂的垃圾、动物脂肪或工业废物。目前，与汽油混合的生物柴油等生物燃料常作为驱动汽车的燃料，或作为发电厂产热的燃料（木材和秸秆），进而生产电能。污水和工业废物产生的沼气也是生物质能的来源[2,4]。

据估计，生物质能发电目前是美国第三大可再生能源发电形式，仅次于水力发电和风能发电[14]。2010 年，10.7GW 容量的生物质能原料发电量为 56.2TW · h[14]。其中，7.0GW 容量是基于林产工业和农业工业的残渣，3.7GW 容量来自包括埋填的废物气体在内的城市固体。2010 年，电力部门的 5.8GW 生物质能容量占整个电力部门生产总量的 0.56%；而终端用户发电容量达到 5.1GW，占整个终端生产总量的 17%。

在美国，生物质能行业的重要发展是于 1978 年通过的《公用事业监管政策法》(PURPA)。PURPA 保证，受监管的公用事业单位将以电力成本价购买小型发电机（发电机容量不到 80MW）产生的电能。由于预计燃油价格上涨，为了避免高发电成本，许多公用事业公司签订了 PURPA 合同，例如，加利福尼亚州的四项标准供应合同，它使生物质能项目在经济上更具吸引力[4]。然而，在 20 世纪 90 年代初期，由于电力行业放松管制、天然气供应量增加以及燃料成本降低，生物质能项目的吸引力有所下降。在过去 15 年中，随着之前的 PURPA 法案到期，生物质能的产能和发电量发生了一些变化[4]。

欧盟的生物质能发电量在 2009 年接近达到 62.2TW · h。其中，23.3TW · h 来自电厂，38.9TW · h 来自联合热电厂。欧洲生物质能产量最多的前四个国家分别是德国(11.4TW · h)、瑞典（10.1TW · h)、芬兰（8.4TW · h）和波兰（4.9TW · h)[4]。

2.2.6.2 技术概述

1. 与煤共燃

在煤锅炉中，共燃是引进生物质能作为补充能源的方法。在现有的锅炉燃烧中，共燃是成本最低的生物能源利用方法。在共燃时，可使用现有的锅炉和发电设备，主要的投资在补给系统。典型的共燃系统包括原料处理与制备，这部分设备对于将生物质燃料分别添加到煤锅炉中是十分重要的[4]。

2. 直接燃烧

大多数生物质能发电厂通过直接燃烧系统将固体生物质残渣转化为生物质能。在这种方法中，燃烧反应涉及多余的空气氧化生物质以产生高温烟气，并在锅炉的热交换部分产生蒸汽，最后这些蒸汽在朗肯循环中被用来发电。在纯发电过程中，所有的蒸汽都在汽轮机循环中冷凝；而在共燃操作中，只有一部分蒸汽用来加热。直接燃烧的过程如图 2.11 所示。

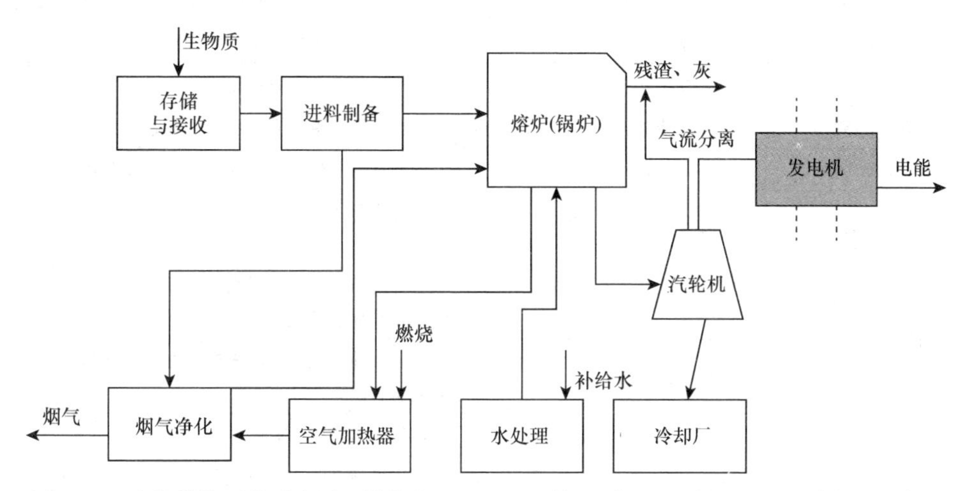

图 2.11　直接燃烧系统示意图。转载自 R. Thresher 等人《可再生能源发电与存储技术》，©2012 国家可再生能源实验室，经国家可再生能源实验室许可使用[4]

3. 气化

在气化过程中，将蒸汽或亚化学计量空气/氧气中的生物质转化为中低热量气体，从而产生富含一氧化碳（CO）和氢气（H_2）以及其他气体［如甲烷（CH_4）和二氧化碳（CO_2）］的混合气体。中等热量值气体的热量值为 10～20MJ/m^3［270～540Btu（英制热量单位）/ft^3］，而低热量值气体的热量值为 3.5～10MJ/m^3（100～270Btu/ft^3）[4]。

2.2.6.3　生物质能相关标准

2007 年 4 月，生物燃料发展标准路线被提出。其概述了欧盟、美国和巴西为实现现有生物燃料标准之间的兼容所需要采取的必要策略[26]。表 2.14 列出了主要的生物燃料标准。

表 2.14　各标准发展组织制定的生物燃料标准

标准名称	主要内容	描述
BS EN 14774－1	水分含量测定－总湿度测定参考法	该标准用于测定水分含量（烘干法），解释了总湿度测定参考法
BS EN 14774－2	水分含量测定－水分简化法	该标准用于测定水分含量（烘干法），解释了水分简化法

（续）

标准名称	主要内容	描述
BS EN 14774－3	水分含量测定	该标准解释了一般样品分析中的水分含量测定
BS EN 14775	灰分含量测定	该标准涉及灰分提取
BS EN 147918	热量值测定	该标准涉及热量值提取
BS EN 14961－1	燃料规格与等级	该标准涉及生物燃料的规格与等级（通用规定）
BS EN 15103	体积密度测定	该标准涉及生物燃料的体积密度
BS EN 15148	挥发物含量的测定	该标准涉及挥发物提取
BS EN 15210	颗粒和煤块的机械耐久性测定	该标准涉及颗粒和煤块的机械耐久性的提取方法
CEN/TS 14588	术语、定义和描述	该标准涉及生物燃料的术语、定义和描述
CEN/TS 14778－1	生物燃料采样（方法）	该标准涉及生物燃料采样（第1部分：采样方法）
CEN/TS 14778－2	生物燃料采样（采样材料的方法）	该标准涉及生物燃料采样（第2部分：卡车运输中的颗粒物质的采样方法
CEN/TS 14779	仪器测量方法	该标准涉及生物燃料采样（采样计划和采样证书的制定方法）
CEN/TS 14780	生物燃料样品制备	该标准涉及样品制备方法
CEN/TS 15104	采样（生物燃料总含量的测定）	该标准涉及测定碳、氢和氮的总含量的方法（仪器测量方法）
CEN/TS 15105	粒度分布测定	该标准涉及测定氯化物、钠和钾的水溶性含量
CEN/TS 15149－1	粒度分布测定	该标准涉及粒度分布的测定方法（第1部分：筛孔为3.15mm及以上的振动筛选法）
CEN/TS 15149－2	粒度分布测定	第2部分与使用3.15 mm及以下筛孔的振动筛选法相关
CEN/TS 15149－3	旋转筛法	第3部分涉及旋转筛法
CEN/TS 15150	颗粒密度测定	该标准涉及生物燃料的颗粒密度
CEN/TS 15210－2	机械耐久性测定	该标准涉及机械耐久性的测定
CEN/TS 15234	燃料质量	该标准涉及生物燃料质量
CEN/TS 15289	硫和氯总含量的测定	该标准涉及生物燃料中硫和氯的总量测定
CEN/TS 15290	主要成分的测定	该标准涉及生物燃料主要成分的测定
CEN/TS 15296	不同基础分析	该标准涉及生物燃料不同基础的分析
CEN/TS 15297	微量元素测定	该标准涉及生物燃料中微量元素的测定
CEN/TS 15370－1	煤灰熔融行为的测定	该标准涉及生物燃料中煤灰熔融行为的测定

2.2.6.4　乙醇

乙醇是一种重要的生物燃料，产自于甘蔗、麦秸或玉米等其他类似的原料。利用小

麦秸秆生产乙醇的过程如图 2.12 所示。首先，对干燥的麦秸秆进行预处理，在预处理期间对其提供蒸汽和催化剂，随后进行水解和发酵。经过蒸馏之后，则能产生乙醇与一些副产物。

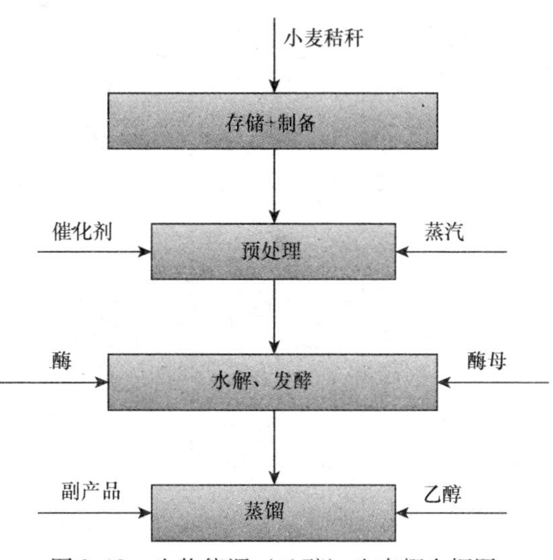

图 2.12 生物能源（乙醇）生态概念框图

乙醇是巴西等新兴经济体的重要能源生产形式。然而，在农业生产和碳循环中使用化石燃料的相关分析留下了许多悬而未决的开放性问题。每单位太阳电池板和风力发电产生的能量是乙醇所产生能量的 100 多倍，这使人们对乙醇作为一种经济可行的可再生能源形式的可行性产生了质疑[4,33]。

2.2.6.5 生物质能系统的资本和运营成本

表 2.15 提供了一些代表性生物质能系统的初始投资和运营成本。

表 2.15 代表性生物质能系统的初始投资和运营成本

代表性技术	年份	容量/MW	投资成本		操作成本		热效率		
			每夜 w/AFUDC（施工期资金补贴）		固定/（美元/kWyear）	可变/（美元/MW·h）	供给		MMBtu/MW·h
			1000 美元/MW				美元/t	美元/MW·h	
燃烧，司炉	2010	50	3657	3794	99	4	82.60	59	12.50
燃烧，司炉	2010	50	3742	4092	99	5	82.60	68	14.48
燃烧，循环流化床	2010	50	3771	3911	102	6	82.60	59	12.50
燃烧，鼓泡流化床	2010	50	3638	–	94	5	82.60	63	13.50
热电联产	2010	50	3859	4002	101	4	82.60	67	14.25
气化，基础	2010	75	4149	4417	94	7	82.60	44	9.49
气化，发展	2010	75	3607	3795	60	7	82.60	38	8.00
气化，集成气化组合循环技术	2010	20	7498	–	332	16	82.60	58	12.35
共燃，煤粉，联供	2010	20	449	555	13	2	82.60	47	煤的热效率+1.5%

（续）

代表性技术	年份	容量/MW	投资成本		操作成本		热效率		
			每夜 w/AFUDC（施工期资金补贴） 1000 美元/MW		固定/（美元/kWyear）	可变/（美元/MW·h）	供给		MMBtu/MW·h
							美元/t	美元/MW·h	
共燃，旋风分离器，联供	2010	20	353	353	13	1	82.60	47	煤的热效率
复合材料	2010	50	3872	–	95	15	82.60	68	14.50
复合材料	2030	50	3872	–	95	15	82.60	63	13.50
复合材料	2050	50	3872	–	95	15	82.60	59	12.50
复合材料	2010	50	3865	–	103	5	82.60	59	12.50
复合材料	2020	50	3864	–	102	5	82.60	59	12.40
复合材料	2030	50	3842	–	89	5	82.60	52	11.10
复合材料	2040	50	3822	–	76	6	82.60	46	9.70
复合材料	2050	50	3811	–	63	7	82.60	39	8.40

注：来自参考文献［23］。

2.2.6.6 生物质能的优缺点

生物质能被认为是一种有用的可再生能源形式。然而，在生物质能的使用方面存在着各种有争议的问题。生产生物燃料可能涉及砍伐树木，这违背了绿色能源的概念。此外，将有机物定向转化为能源而不是作为食物利用，可能会产生巨额开销且伴随着更多的农产品消耗和更高的碳排放。表 2.16 详细列出了生物质能的优点和缺点。

表 2.16 生物质能的优点和缺点

优点	缺点
生物燃料是碳中性的	在生物质处理过程中排放到大气中的 CO_2 等气体可能会破坏臭氧层
生物燃料具有成本效益	建设生物质能发电厂需要相当大的空间，处理过程也需要大量的水
不同于风能和太阳能，生物质可以被存储以备将来使用	消耗玉米和大豆等，导致粮食价格上涨
生物质随处可见且容易收集	生物质原料是某些农作物的农业废弃物，并不是全年可用

（续）

优点	缺点
相比于需要上百万年才能形成的化石燃料，生物质的积累形成仅需几个月，最长不超过一年	生物质有地理依赖性
是生物废弃物的有效处理方式，能将其能量用于不同领域	过度使用生物质可能导致环境问题与过度砍伐
可作为农业肥料	

2.3　可再生能源系统面临的挑战

在过去的几十年中，可再生能源系统呈现快速增长的态势。然而，各种挑战的存在会影响这些技术的大规模部署。此外，为了使可再生能源技术更加可靠地不间断供电，与其有关的各种技术挑战必须加以解决。目前，与可再生能源技术相关的主要挑战是如何降低成本、将可再生能源技术并入现有电网（并网）、输电、配电、储能及提高可靠性相结合[34,37-40]。

2.3.1　成本过高

近年来，虽然可再生能源技术的建设和维护成本大幅下降，但是与传统能源技术的单位成本相比仍然较高。用于可再生能源技术的大部分材料、施工和维护的成本仍然很高。为了将可再生材料、施工与维护成本维持在合理的水平，在新能源研发与可再生能源技术商业化方面需要做进一步的改进。随着世界各国对可再生能源技术的关注日益增长，预计在未来几年中，总体成本将变得非常具有竞争力。

2.3.2　可再生能源集成并网

离网系统不需要并入现有电网，因此其结构简单。然而，大多数可再生能源技术，如小型风力发电和分布式太阳能光伏系统都与现有的电网（并网系统）相连，能够为全国电力系统增加数千台动力装置。为了保持需求和响应之间的平衡，需要利用智能计量系统对需求与响应做出准确的记录，从而确保电力系统的可靠性和完整性[34]。为此，需要更广泛地部署高级计量体系（AMI）。

2.3.3　供电可靠性

可再生能源系统面临的主要问题是如何根据需求提供不间断的电能。为此，需要提供可靠的电能供应系统以便能够在任何天气和季节全天候地提供电能。然而，风能和太阳能等使用最为广泛的可再生能源，其发电量依旧取决于风力和太阳辐射。这意味着太阳能和风能系统是易变且不是持续可用的，它们总是需要备用电源以备不时之需。

2.3.4　输电

可再生能源有很强的地域性，其可用性因地区而异。例如，沿海地区更适合风力发电，然而却可能远离需要供电的区域。此外，需要建立重要的传输系统为电能需求地区供电。同时还需要大量投资，建立输电系统，从偏远地区向具有电力需求的人口密集地区提供电力供应。

2.3.5 配电

与输电类似，配电也是一个极具挑战性的问题。如在高峰时段，工业区比住宅区需要更多的电能供应，根据具体区域和应用的需求，需要采用智能配电和有效的负荷管理技术提供电能。

2.4 小结

全球变暖和环境变化迫使人类重新审视对碳氢化合物的过度使用，并寻求替代性的可再生能源。因此，在过去几十年中，人类为了从环境友好型、可持续发展型、经济可行且容易获取的非常规能源中生产电能进行了不断的努力。随着对可再生能源发电的需求的增加，电力和能源工程面临着整合和互操作性的问题。而为了解决这一问题，人们将小型分布式发电机和分散式储能装置集成在一个单一电网中，即智能电网。智能电网将通过使用各种信息通信技术（ICT）控制消费者家用和工业电器，向消费者分配电力，其目的是降低成本、提高可靠性、增加透明度、减少电力损失、避免停电和电网崩溃，从而节省总体能耗。

本章介绍了各种形式的可再生能源及其利用现状，讨论了由各种标准发展组织为多种可再生能源系统和技术制定的主要标准。这些标准已被用于发电、储能、调试、运行和系统的整体维护。本章提供了一个技术概述，详细讨论了各种技术的类型、优点、潜在的障碍及缺点。

参考文献

[1] US Department of Energy http://energy.gov/data/open-energy-data/ (accessed November 17, 2014).

[2] Keyhani, A. (2011) *Design of Smart Power Grid Renewable Energy Systems*, John Wiley & Sons, Inc., Hoboken, NJ.

[3] International Energy's Agency World Energy Outlook (2006) *World Energy Outlook 2013*, www.worldenergyoutlook.org/ (accessed November 17, 2014).

[4] Thresher, R. *et al.* (2012) *Renewable Electricity Generation and Storage Technologies*, National Renewable Energy Laboratory, Golden, CO.

[5] Tonn, B. and Peretz, J.H. (2007) State-level benefits of energy efficiency. *Energy Policy*, **35** (7), 3665–3674.

[6] Blaabjerg, F. and Guerrero, J.M. (2011) Smart grid and renewable energy systems. *Proceeding of the International Conference on Electrical Machines and Systems (ICEMS)*, pp. 1–10.

[7] Guerrero, J.M., Blaabjerg, F., Zhelev, T. *et al.* (2010) Distributed generation: toward a new energy paradigm. *IEEE Industrial Electronics Magazine*, **04** (01), 52–64.

[8] Blaabjerg, F., Teodorescu, R., Liserre, M. and Timbus, A.V. (2006) Overview of control and grid synchronization for distributed power generation systems. *IEEE Transactions on Industrial Electronics*, **53** (05), 1398–1409.

[9] IEC Renewable Energies www.iec.ch/about/brochures/pdf/technology/renewable_energies_2.pdf (accessed November 17, 2014).

[10] Guerrero, J.M., Vasquez, J.C., Matas, J. *et al.* (2011) Hierarchical control of droop-controlled DC and AC microgrids – a general approach towards standardization. *IEEE Transactions on Industrial Electronics*, **58** (01), 158–172.

[11] ESkam IDM Report (2012) *Small-Scale Renewable Energy Standards and Specifications*, www.eskomidm.co.za/docs/renewable_energy/20120531_Standards_and_Specs.pdf (accessed November 17, 2014).

[12] Timbus, A., Liserre, M., Teodorescu, R. *et al.* (2009) Evaluation of current controllers for distributed power generation systems. *IEEE Transactions on Power Electronics*, **24** (03), 654–664.

[13] Solar Energy Industries Association/GTM Research (2012) *U.S. Solar Market Insight*, www.seia.org/cs/research/SolarInsight (accessed November 17, 2014).

[14] Energy Information Administration (EIA) (2012) *Annual Energy Outlook 2012: With Projections to 2035*, Washington, DC.

[15] Photon Consulting (2012) *Solar Annual 2012: The Next Wave.*

[16] Goodrich, A., James, T. and Woodhouse, M. (2012) *Residential, Commercial, and Utility-Scale Photovoltaic (PV) System Prices in the United States: Current Drivers and Cost-Reduction Opportunities*, National Renewable Energy Laboratory.

[17] EPIA (2009), *Global Market Outlook for Photovoltaics Until 2013*, European Photovoltaic Industry Association.

[18] Tenca, P., Rockhill, A.A., Lipo, T.A. and Tricoli, P. (2008) Current source topology for wind turbines with decreased mains current harmonics, further reducible via functional minimization. *IEEE Transactions on Power Electronics*, **23** (03), 1143–1155.

[19] El-Moursi, M.S., Bak-Jensen, B. and Abdel-Rahman, M.H. (2010) Novel STATCOM controller for mitigating SSR and damping power system oscillations in a series compensated wind park. *IEEE Transactions on Power Electronics*, **25** (02), 429–441.

[20] Li, R., Bozhko, S. and Asher, G. (2008) Frequency control design for offshore wind farm grid with LCC-HVDC link connection. *IEEE Transactions on Power Electronics*, **23** (03), 1085–1092.

[21] Grabic, S., Celanovic, N. and Katic, V.A. (2008) Permanent magnet synchronous generator cascade for wind turbine application. *IEEE Transactions on Power Electronics*, **23** (03), 1136–1142.

[22] Bolinger, M. and Wiser, R. (2011) *Understanding Trends in Wind Turbine Prices Over the Past Decade. LBNL-5119E*, Lawrence Berkeley National Laboratory, Berkeley, CA.

[23] REN21 (Renewable Energy Policy Network for the 21st Century) (2011) *Renewables 2011 Global Status Report*, Paris: REN21 Secretariat, www.ren21.net/Portals/97/documents/GSR/REN21_GSR2011.pdf (accessed November 17, 2014).

[24] Cuerva, A. and Sanz-Andres, A. (2005) *Renewable Energy*, Elsevier, San Francisco, CA.

[25] Iov, P. Soerensen, A. Hansen, F. Blaabjerg, (2006) Modelling, analysis and control of DC-connected wind farms to grid, *International Review of Electrical Engineering*, Praise Worthy Prize, Vol. 0. n. 0, pp. 14–22 .

[26] Bright Hub www.brighthub.com/environment/renewable-energy/articles/7730.aspx (accessed November 17, 2014).

[27] Twidell, J. and Weir, T. (2006) *Renewable Energy Sources*, Taylor & Francis, London and New York.

[28] Hansen, A.D., Iov, F., Blaabjerg, F. and Hansen, L.H. (2004) Review of contemporary wind turbine concepts and their market penetration. *Journal of Wind Engineering*, **28** (3), 247–263.

[29] Asiminoaei, L., Teodorescu, R., Blaabjerg, F. and Borup, U. (2005) A digital controlled PV-inverter with grid impedance estimation for ENS detection. *IEEE Transactions on Power Electronics*, **20** (06), 1480–1490.

[30] Svrzek, M. and Sterzinger, G. (2005) *Solar PV Development: Location of Economic Activity*, Renewable Energy Policy Report.

[31] IEA-International Energy Agency (2007) *Trends in Photovoltaic Applications: Survey Report of Selected IEA Countries between 1992 and 2006*. Report IEA-PVPS T1-16:2007.

[32] IEA-International Energy Agency (2008) *Trends in Photovoltaic Applications: Survey Report of Selected IEA Countries between 1992 and 2007*, Report IEA-PVPS T1-17:2008.

[33] Tripartite Task Force (2007) *A White Paper on Internationally Compatible Biofuel Standards*, Biofuel Roadmap.

[34] Mohd, A., Ortjohann, E., Schmelter, A. *et al.* (2008) Challenges in integrating distributed Energy storage systems into future smart grid. *Proceeding of the IEEE International Symposium on Industrial Electronics*, pp. 1627–1632.

[35] IEEE IEEE P2032.2. *Draft Guide for the Interoperability of Energy Storage Systems Integrated with the Electric Power Infrastructure*, IEEE Standards Association, http://grouper.ieee.org/groups/scc21/2030.2/2030.2_index.html (accessed November 17, 2014).

[36] IEEE Standards Association *1547 Series of Interconnection Standards*, http://grouper.ieee.org/groups/scc21/dr_shared/ (accessed November 17, 2014).

[37] Layton, B.E. (2008) A comparison of energy densities of prevalent energy sources in units of joules per cubic meter. *International Journal of Green Energy*, **5**, 438–455.

[38] World Energy Council www.worldenergy.org/focus/fuel_cells/377.asp (accessed 21 February 2013).

[39] AWEA (American Wind Energy Association) (2008) *Wind Energy Siting Handbook*, www.awea.org/sitinghandbook/ (accessed November 17, 2014).

[40] EIA (2010) *Annual Energy Outlook 2010: With Projections to 2035*, U.S. Energy Information Administration, Washington, DC.

第3章

电　网

基于智能电网的系统网络集成应用在近年正成为公用公司和独立系统运营者的技术发展主要方向，该系统主要用于管理混合能源。随着可再生能源的推广，电网方面新的挑战变成了将间歇和分布式的发电资源整合并嵌入到现有的电力系统。而本章旨在点明绿色可再生资源和市场模型相容进入电网系统的过程中，凸显出来的一些问题。在如今的公用公司中，信息在各代系统间相互交互，因此不论交互、分布式管理系统（DMS）还是其他的IT系统在绝大多数情况下都是必需的。每种系统都成为了信息的提供者或消费者，且往往同时扮演着两种角色。这也就意味着数据的对称性和格式在跨越系统壁障的时候需要被很好地保存下来。前面提到的系统壁障指的是一种接口。在这种接口中，数据都是公共的，可以被其他系统获取。访问其他系统数据的申请也在这个接口中生成。也就是说，对于系统集成这一目的而言，交换了什么数据比如何交换数据更重要。

但是，之前绝大多数的针对系统架构的定义都面向了如何交换数据（即对数据传输的协议的定义）。他们都致力于应用现有的标准协议（如ISO或者TCP/IP）来提出一种以ISO/OSI七层模型为参考模型的多层的协议配置文件。然而，在不同的协议标准下，使用面向对象的技巧对需要进行信息交互的数据进行定义的方法正越来越普遍。这固然是好的一方面，但坏消息是每种方法都选择了不同的语言进行实现。更重要的是，每种方法都衍生出了独自的模型定义。这样的定义不是刻意为之，而恰恰相反，每一种定义方式在其使用的领域内都有足够好的理由被选用。但是这却导致不论是发电、输电还是配电操作的物理接口都无法标准化到同一个模型。在绝大多数情况下，由于类、属性或数据类型或类与类之间的关系的不同，都会导致有至少两种对象模型存在。不仅如此，就连各个模型使用的语言也大都不尽相同。

表3.1包含了所有的标准，并且按照它们的应用领域进行了归类。之后会对每一个标准都进行详细的解释。

表3.1　高级计量体系的标准表项

应用领域	标准名称	简介
产品	IEC/TR 62357	面向服务架构（SOA）
数据交互	IEC 61850	变电站的自动化结构
服务	IEC 61968	通用信息模型（CIM）/配电管理

（续）

应用领域	标准名称	简介
产品	IEC 60870 – 5	远程控制设备和系统 – 第 5 部分：传输协议
数据交互	IEC 61334	使用配电线路载波系统的配电自动化
产品	IEC 60834	电力系统的遥护设备 – 性能和测试
服务	IEC 61970	通用信息模型（CIM）/能源管理
数据交互	IEC 61400 – 25	风力发电机 – 第 25 部分：风电场的监控通信
数据交互	IEC 60255 – 24	继电器 – 第 24 部分：电力系统的通用暂态数据交换（COMTRADE）
电力传输	IEC 61954	输配电系统中的电力电子

3.1 电网系统

图 3.1 展示了一种基本的智能电网架构模型。在电力控制中心的员工需要提取出数据并做出对应的操作来保证 SCADA（监控与数据采集）的运行。SCADA 保证了电网的

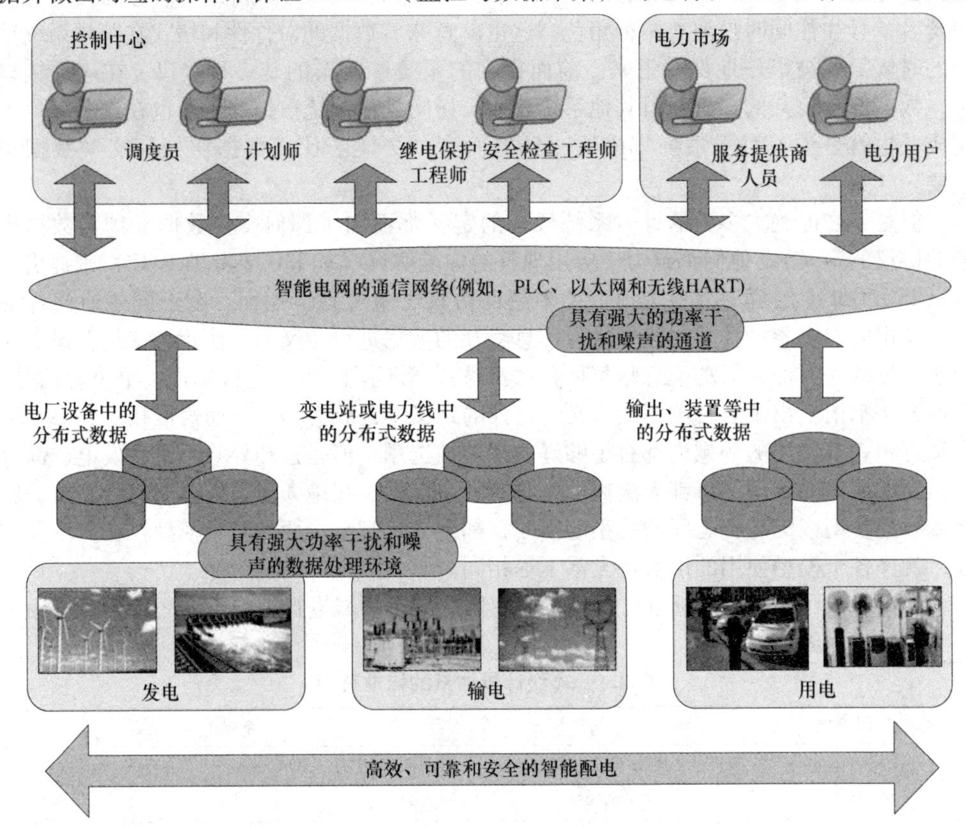

图 3.1　智能电网

高效性、可靠性和安全性。在中心内一共有4类员工：调度员、安全检查工程师、计划师和继电保护工程师。他们各自有不同的职责，对电网不同的数据部分进行处理。调度员是电网操作和故障处理的发令员，负责实时监测和网络的控制，他需要时刻维持电力保护的平衡并调节线上功率通量和总线电压来防止超过系统的承受极限。安全检查工程师负责调试年度、月度、每周以及每日这4种时间跨度的操作模式和一些其他的特殊操作模式。他负责核查安全性、进行稳定性测量和稳定性分析以及故障检测。计划师安排生产和供电的时刻表。这其中包括了互联电网中联络线的电力转换。继电保护工程师负责继电保护的设置，同时他也负责操作模式改变时的保护设置变更。

市场服务人员会根据智能电网的状态为用户提供适合的、动态的电力服务。用户也可以获取一部分的电网数据，譬如智能电表的数据、电价等。市场服务人员和用户也可以影响智能电网的正常运作。比如，电价会由电力市场服务决定，而电力市场服务会与用户的用电量产生相互的影响。

3.2 电网重要标准概述

一个电力系统参考架构的首要目标，是描述所有现存的对象模型、服务、协议以及它们之间的相互关系。然后，需要制定一个策略来展示哪里需要常用的模型，如果可能，这个策略还需要给出实现这些常用模型的方法。由于标准的成熟化，我们无法做出改变，在这样的情境下，建议调整者在模型之间做必要转换。智能电网最重要的标准如图3.2所示。

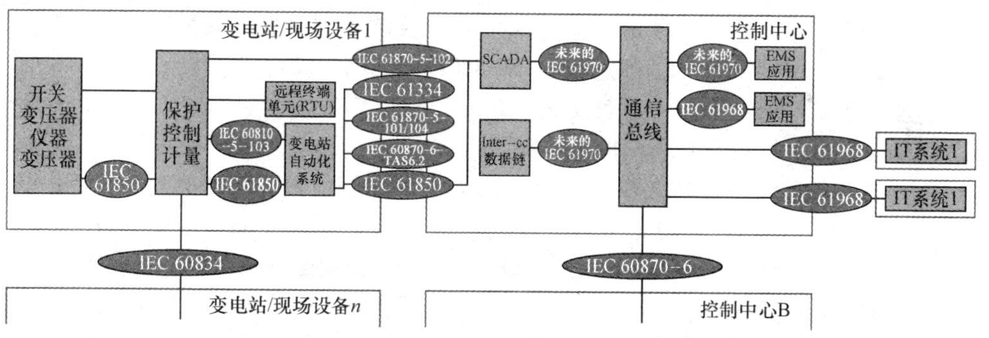

图3.2 国际电工委员会（IEC）第57技术委员会智能电网标准的应用

3.3 智能电网通信

3.3.1 变电站通信：IEC 61850标准

3.3.1.1 IEC 61850标准概述

IEC 61850标准[1-13]用于变电站自动化系统的设计。IEC 61850标准是国际电工委员会（IEC）第57技术委员会（TC57）所制定的电力系统参考架构的一部分，与此标准对应的抽象数据模型可以映射到许多协议，目前映射到的协议包括制造报文规范（MMS）、面向通用对象的变电站事件（GOOSE）、采样测量值（SMV），不久之后将会映射到网络服务（WS）中。这些协议可以利用高速交换以太网在TCP/IP网络或者变电站局域网上运行，以获得保护继电器所需要的小于4ms的响应时间。

IEC 61850标准包含以下部分，将在IEC 61850标准文档中来分别详细介绍它们。

- IEC 61850-1：介绍与概述
- IEC 61850-2：术语
- IEC 61850-3：总体要求
- IEC 61850-4：系统和工程管理（第2版）
- IEC 61850-5：功能与装置模型的通信要求
- IEC 61850-6：与变电站相关的IED通信配置描述语言（第2版）
- IEC 61850-7：变电站和馈线设备的基本通信结构
  - ➢ IEC 61850-7-1：原理与模型（第2版）
  - ➢ IEC 61850-7-2：抽象通信服务接口（ACSI）（第2版）
  - ➢ IEC 61850-7-3：公用数据类（第2版）
  - ➢ IEC 61850-7-4：兼容逻辑节点和数据类
  - ➢ IEC 61850-7-10：电力自动化通信网络和系统-对基于Web和结构化访问IEC 61850信息模型的要求（最新被认可的工作）
- IEC 61850-8：特定通信服务映射（SCSM）
  - ➢ IEC 61850-8-1：映射到制造报文规范（MMS）（ISO/IEC 9506-1和ISO/IEC 9506-2）（第2版）
- IEC 61850-9：特定通信服务映射（SCSM）
  - ➢ IEC 61850-9-1：通过单向多路点对点串行通信链路的采样值
  - ➢ IEC 61850-9-2：通过ISO/IEC 8802-3（第2版）的采样值
  - ➢ IEC 61850-10：一致性测试

3.3.1.2 变电站架构和IEC 61850标准

一个典型的变电站架构如图3.3所示。变电站网络通过网关与外部的广域网相连，外部的远程操作与控制中心通过IEC 61850-7-2标准所定义的ASCI（Abstract Communication Service Interface，抽象通信服务接口）来查询与控制变电站内的装置。变电站中所有的IED（Intelligent Electronic Device，智能电子装置）都由一条或多条变电站总线相连，变电站总线可以通过中等规模带宽的以太网实现，用来传输所有的ASCI请求和响应以及GSE（Generic Substation Event，通用变电站事件）消息，包括GOOSE（Generic Object Oriented Substation Event，面向通用对象的变电站事件）与GSSE（Generic Substation State Event，通用变电站状态事件）。另一种总线用于每个间隔内的通信，称为过程总线，过程总线将IED与传统非智能装置（如合并单元等）相连，并通过高带宽以太网实现。一个变电站内通常只有一条全局变电站总线，但每个间隔内都有一条过程总线。

IEC 61850标准的变电站可以被建模为三层架构：变电站层、间隔层和过程层。变电站层通常包含HMI（Human Machine Interface，人机接口）以及监控主机等；间隔层通常包含一次设备中的保护、控制和测量设备；过程层则通常包含智能的一次设备，例如智能交换机、高压电流互感器等，如图3.4所示。三层架构内的设备由变电站总线和过

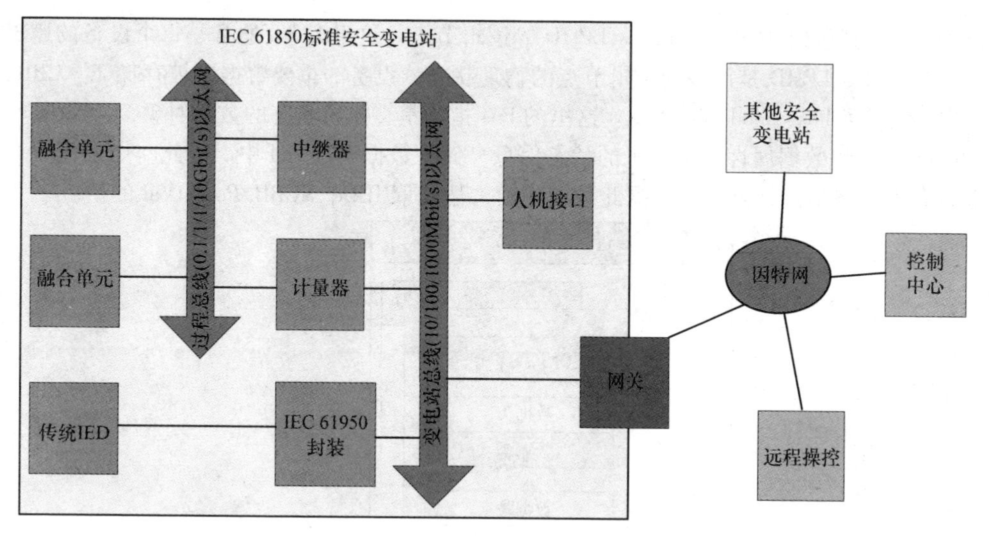

图 3.3 变电站结构

程总线所相连。过程层中的智能传感器与间隔层㊀中的测量、保护和控制设备通过过程总线的采样报文进行通信。过程层中的智能交换机基于过程总线的 GOOSE 报文与间隔层的保护设备通信。过程层中的设备与其中其他设备的通信都基于过程总线或变电站总线中的 MMS（制造报文规范）、GOOSE 报文等，间隔层和变电站层设备之间的记录、报告、日志等信息传输则基于变电站总线的 MMS。

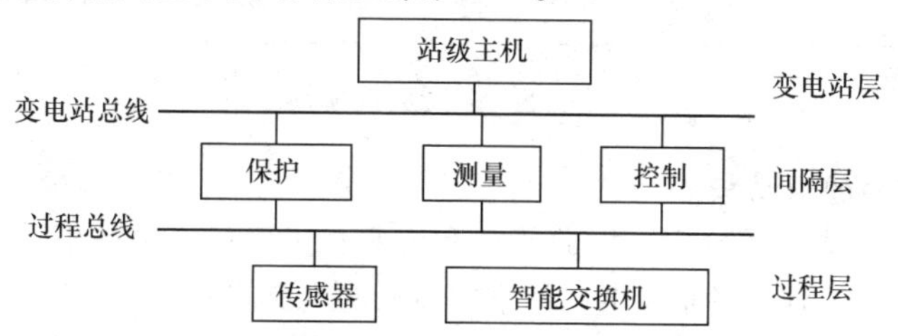

图 3.4 IEC 61850 标准三层架构变电站

3.3.1.3 变电站的数据模型

基于 IEC 61850 标准，当需要为变电站中的设备进行数据建模时，每个设备都应被分层。设备数据模型的顶层是逻辑器件（Logic Device，LD），其中包含大量逻辑节点（Logic Node，LN），而逻辑节点则包含大量数据对象（Data Object，DO），DO 中则有许多数据属性（Data Attribute，DA）。变电站的数据模型如图 3.5 所示[14]。根据逻辑节点、数据对象、数据属性等名称，对逻辑器件目录（LD Directory）、逻辑节点目录（LN Directory）、数据对象目录（DO Directory）、获取数据对象定义（Get DO Definition）等服务进行命名。举例来说，当需要在数据模型中创建某个断路器设备，逻辑器件设备的名称为

㊀ 原文为 process layer，疑似有误。——译者注

IED1. LD，其包括 XCBR、LLN0、LPHD 等逻辑节点。这里 LLN0 通常是每个设备的逻辑节点的描述，LPHD 是设备的逻辑节点的物理状态，设备的重要数据则被存储于 XCBR，XCBR 包括了 Pos、mod 等的 OA 。这里的 Pos 指的是交换机状态的数据对象，包含 q、t、ctlnum、stal 等数据属性。交换机的状态信息存储在数据属性 stal 中。因此，如果需要读取设备的状态信息，就必须根据此数据建模方法获取 IEDq. XCBR. Pos. stVal 的值。

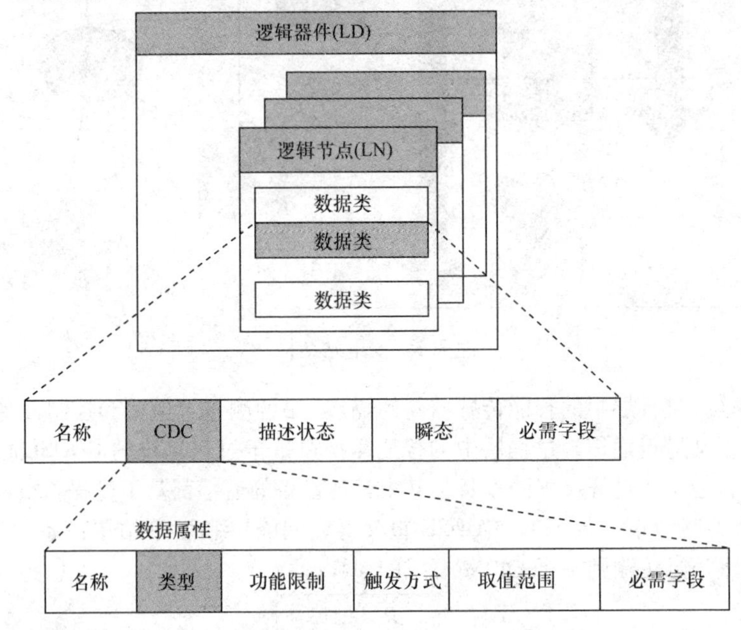

图 3.5　多层数据模型

3.3.1.4　变电站的通信模型

抽象通信服务接口（ACSI）上的请求和答复、生成的变电站事件（GSE）信息和采样得到的模拟量，这三者是变电站网络中活跃的主要数据类型。在本书中，并不关注进程总线上的通信（例如采样报文的多播），而主要关注在这段过程内变电站总线上发生的活动，尤其是 ACSI 的活动。在一个变电站自动化系统内部的交互大多可以被分为三类：数据的收集和设置、数据的监测和报告以及事件日志。前两类交互最为重要——在 IEC 61850 标准中，所有对物理设备的查询和控制活动，都要通过收集或设置对应属性的值来完成。此外，数据的监测和报告为我们追踪系统的状态提供了一种高效的方法，让我们能够及时发出控制命令。

为了实现以上的几种交互，IEC 61850 标准定义了一个相对复杂的通信结构，如图 3.6 所示。标准中定义了 5 种通信配置文件：ACSI 文件、GOOSE 文件、通用变电站状态事件（GSSE）文件、采样值（SMV）多播文件和时间同步文件。ACSI 服务使得应用与服务器之间可以使用客户端 - 服务器式的交互；GOOSE 提供了在变电站总线上快速交换数据的方法；GSSE 则提供了在变电站层面上快速交换数据的方法。采样值多播则实现了在进程总线上高效率的数据交换。

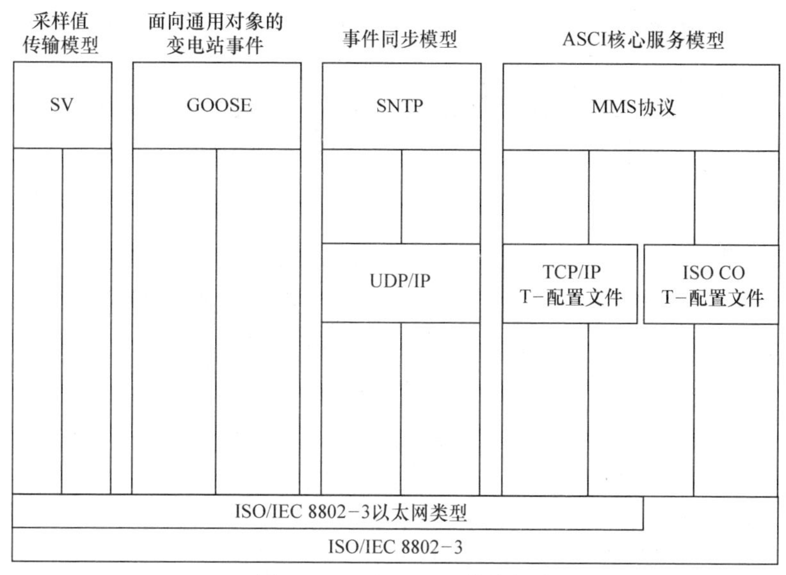

图 3.6 IEC61850 通信堆栈

IEC 61850 当中提到，有某些消息类型（例如，间隔阻塞、实时传输等）对实时性的要求相当高。为了满足这些要求，可以使用 GOOSE 报文来传输有关的信息。GOOSE 报文的通信堆栈如图 3.7 所示。

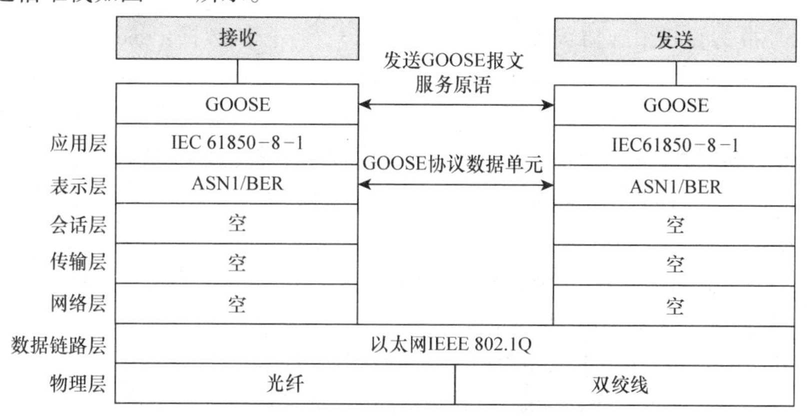

图 3.7 GOOSE 报文通信堆栈

GOOSE 报文通信堆栈由四层组成，与 ISO/OSI 七层模型相比，它不包括会话层、传输层和网络层。GOOSE 报文从应用层直接映射到数据链路层。这个结构最重要的特性是在网络中的低传输延时。例如，当数据经过交换机时，这一体系可以缩短解包所用的时间，从而降低拥塞发生的概率，并且提高传输速率。此外，由于没有网络层，GOOSE 报文不能使用路由，因此也不能在因特网中使用。它主要应用于要求高度实时性的局域网（LAN）中。

在表示层发送 GOOSE 报文的服务使用抽象语法表示法 1（ASN. 1）和基本编码规

则（BER）。GOOSE 报文的 ASN. 1 编码如图 3. 8 所示。

```
IEC 61850   DEFINITIONS : : = BEGIN
IMPORTS   Data  FROM IOS–IEC–9506–2
IEC 61850–8–1 Specific  Protocol : : =  CHO ICE{
gseMngtPdu [ APPLICATION 0 ]  IMPLICIT  GSEMngt Pdu ,
  goosePdu [ APPLICATION 1 ] IMPLICIT IECGoosePdu
…
}
IECGoosePdu : : = SEQUENCE{
gocbRef [ 0 ]   IMPLICIT  VISIBLE-STRING ,
timeAllowedtoLive [ 1 ]  IMPLICIT  VISIBLE-STRING OPTIONAL ,
datSet [ 2 ]   IMPLICIT  VISIBLE-STRING ,
goID [ 3 ]   IMPLICIT  VISIBLE-STRING  OPTIONAL
t    [ 4 ]   IMPLICIT   UtcTime ,
stNum[ 5 ]   IMPLICIT  INTEGER ,
sqNum[ 6 ]   IMPLICIT  INTEGER ,
test [ 7 ]   IMPLICIT   BOOLEAN  DEFAULT  FALSE ,
confRev  [ 8 ]   IMPLICIT  INTEGER ,
ndsCom   [ 9 ]   IMPLICIT BOOLEAN DEFAUL T FALSE ,
numDatSetEntries [ 10 ]   IMPLICIT INTEGER ,
allData [ 11 ]   IMPLICIT  SEQUENCE OF Data ,
security[ 12 ]   ANY  OPTIONAL ,
}
END
```

图 3. 8　GOOSE 报文的 ASN. 1 编码

GOOSE 报文的 PDU（协议数据单元）包括 13 个字段的数据：gocbRef、timeAllowed-toLive、datSet、goID、t、stNum、sqNum、test、confRev、ndsCom、numDatSetEn – tries 、all-Data、security。gocbRef 是控件引用；timeAllowedtoLive 是一条报文允许的最长时间段；sqNum 是 GOOSE 报文序列的计数器；StNum 记录了一条报文发生状态改变的次数；t 表示发生状态改变的时间；datSet 是数据集的名称；allData 记录了交换机状态的信息，这也是最核心的数据；security 则是安全扩展插件。

3. 3. 2　远程控制通信：IEC 60870 – 5 标准

3. 3. 2. 1　IEC 60870 标准概述

IEC 60870 是一系列用于远程控制（如 SCADA）的标准。SCADA 系统被广泛用于管控输电网以及其他地理分布式控制系统。基于此类标准的协议，来自不同供应商的设备可以互相之间进行操作。

IEC 60870 由 6 个部分组成，其定义了与标准、操作条件、电接口、性能要求以及数据传输协议相关的通用内容。其中，IEC60870 – 5[15-25]通常被运用于智能电网。

IEC TC57（第 03 工作组）为电力系统制定了关于远程控制、远程保护和相关通信的协议标准。IEC 60870 – 5 便是这项工作的成果。IEC 60870 – 5 是 IEC 60870 标准中定义的系统之一，用于定义电气工程和电力系统自动化应用中用于远程控制（即 SCADA）的系统。这一部分的标准提供了在两个系统之间发送基本遥控信息的通信配置文件。IEC 60870 – 5 包括以下文件：IEC 60870 – 5 – 1 传输帧格式，IEC 60870 – 5 – 2 数据链路

传输服务，IEC 60870－5－3 应用数据的一般结构，IEC 60870－5－4 信息元素的定义和编码，IEC 60870－5－5 基本应用功能和 IEC 60870－5－6 对于 IEC 60870－5 配套标准的一致性测试指南。

IEC TC57 也制定了一些配套标准，它们是：

- IEC 60870－5－101 传输协议，是为基础遥控任务特殊制定的配套标准。
- IEC 60870－5－102 为电力系统中综合总传输量的配套标准。
- IEC 60870－5－103 传输协议，是保护设备的信息界面的配套标准。
- IEC 60870－5－104 传输协议，用以支持使用标准传输配置文件的 IEC 60870－5－101 的网络访问。

IEC 60870－5－101/102/103/104 分别是基础遥控任务、综合总传输量、保护设备的数据交换和 IEC 101 的网络访问所产生的配套标准。

3.3.2.2 协议体系结构

通信系统终端节点协议的体系结构如图 3.9 所示。传输接口，即用户和 TCP 之间的接口，是面向流的接口。该接口并没有为 IEC 60870－5－101 的应用服务数据单元（ASDU）定义任何启动或停止机制。每个应用协议控制信息（APCI）包括 3 个划分元素：①起始字符；②ASDU 长度的规范；③控制字段。该定义的目的是为了检测 ASDU 的开始和结束。

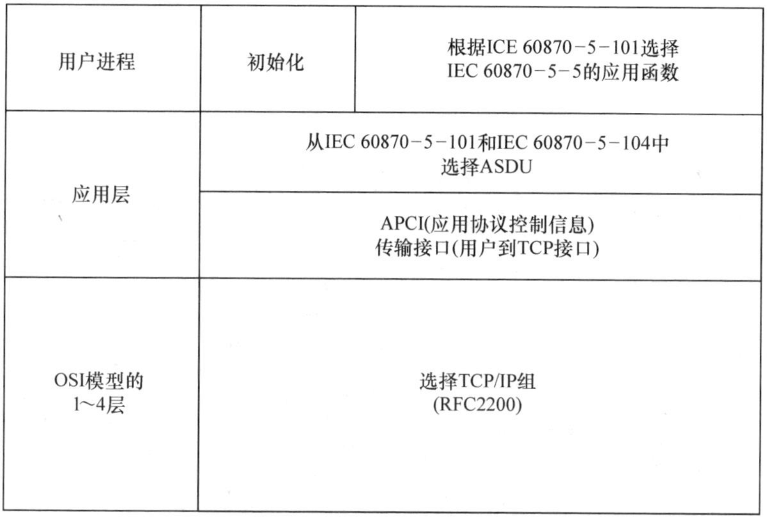

<table>
<tr><td>用户进程</td><td>初始化</td><td>根据ICE 60870−5−101选择
IEC 60870−5−5的应用函数</td></tr>
<tr><td rowspan="2">应用层</td><td colspan="2">从IEC 60870−5−101和IEC 60870−5−104中
选择ASDU</td></tr>
<tr><td colspan="2">APCI(应用协议控制信息)
传输接口(用户到TCP接口)</td></tr>
<tr><td>OSI模型的
1~4层</td><td colspan="2">选择TCP/IP组
(RFC2200)</td></tr>
</table>

图 3.9　定义的遥控配套标准中所选择的标准规定

3.3.2.3 映射到 TCP 服务

逻辑连接的释放既可以由控制站启动也可以由受控站启动。连接的进行基于以下准则：①由控制站启动，如果伙伴站是受控站；②由一种固定的选择方式决定，如果连接双方是两个平等的控制站或称伙伴站。

图 3.10 显示的是一个控制站通过发给它的 TCP 一个主动的打开调用来建立一个连

接。紧接着控制站给已连接的受控站发送 Reset_Process，受控站确认回复 Reset_Process 并发给它的 TCP 一个主动的关闭调用指令。上述过程后，连接在控制站发给它的 TCP 一个被动的关闭调用指令后关闭。接下来，控制站尝试着通过发送给 TCP 周期性的主动打开调用指令来连接被控站。

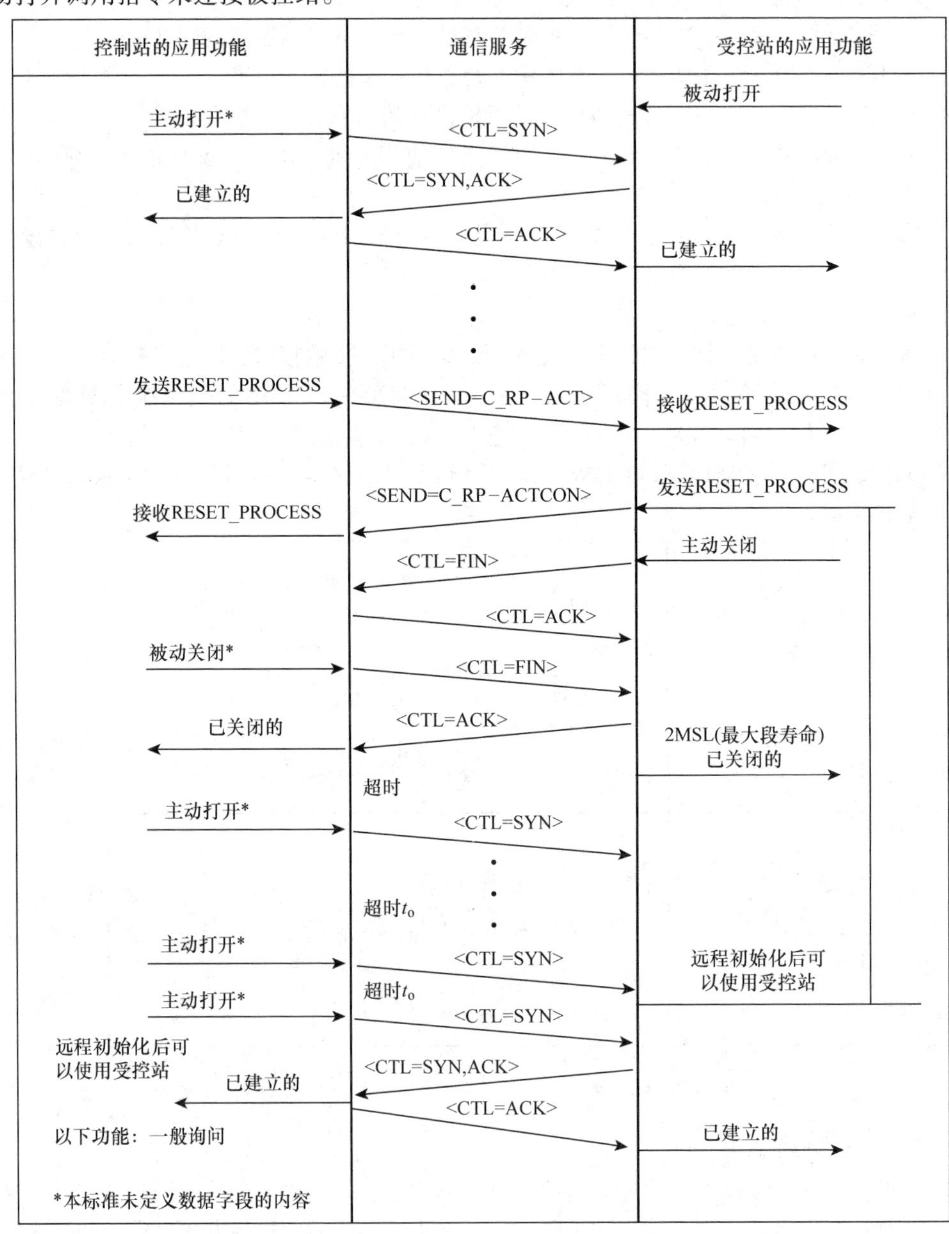

图 3.10 受控站的远程初始化[25]

3.3.2.4 冗余连接

通过在两个站间提供建立多条连接的可能性，我们能够采用 IEC 60870-5-104 系统实现冗余通信。逻辑连接是由双 IP 地址与双端口号的唯一组合而定义的。

在之后的描述中，执行连接建立的站在任一情况下被称为控制站（站 A），而伙伴站被称为受控站（站 B）。连接的建立由以下两种方法中任意一种来执行：①在受控站作为伙伴站的情况下控制站；②在两个同等控制站或伙伴站的情况下进行固定选择（参数）。

有关冗余连接的条款适用以下通用规则：第一，控制站和受控站应当能够处理多条逻辑连接。第二，*N* 条逻辑连接代表一个冗余组。第三，在启动状态下只有一条逻辑连接，并且它每次为一个冗余组发送/接收用户数据。第四，冗余组的所有逻辑连接都应当由测试框架进行监督。第五，如果多个控制站需要同时访问同一个受控站，则每个控制站必须分配给不同的冗余组（进程映像）。第六，一个冗余组应当只依赖于一个进程映像（数据库/事件缓冲区）。最后，控制站决定了 *N* 条连接中哪一条处于启动状态。

允许在任何时候为用户数据交换启用的逻辑连接被定义为启动连接，而其他逻辑连接则是停止连接。启动连接的选择和切换总是由控制站发起，并由传输接口或更高层管理。在站初始化后，启动连接的选择是通过在所需连接上发送 STARTDT_ACT 实现，其中 STARTDT 表示“start data transfer（开始数据传输）”，而_ACT 表示“activation（激活）”。同样，在失败（连接故障转移）的情况下，连接切换是通过在选择要接管的停止连接上发送 STARTDT_ACT 实现。受控站（站 B）总是将最后一次收到 STARTDT_ACT 的连接视为启动连接，它通过发送 STARTDT_CON 来确认激活请求，其中_CON 表示“confirmation（确认）”。当控制站收到 STARTDT_CON 时，整个激活过程完成。

手动连接切换可以按以下步骤执行：首先，在当前的启动连接上发送 STOPDT_ACT。其次，在选中的新的启动连接上发送 STARTDT_ACT。这能够在新连接恢复前，从容地终止第一条连接上的数据传输。

3.3.2.5 时钟同步

时钟同步是 IEC 60870-5 中非常重要的功能。例如，如果网络提供商确保网络中的延迟永远不会超过 400ms（典型的 X.25 WAN 值），并且受控站所需的精度为 1s，则时钟同步过程是有用的。时钟同步过程避免了在潜在的数百个或数千个受控站中安装时钟同步接收器或类似的设备。时钟同步可以应用在最大网络延迟小于接收站时钟所需精度的配置中。

受控站中的时钟与控制站中的时钟必须同步，以便提供正确的按时间顺序排列的时间标记事件或信息对象。在系统初始化之后，时钟首先由控制站同步，然后周期性地重新同步。受控站期望在合法的时间间隔内接收到时钟同步消息。如果同步命令没有在这个时间间隔内到达，受控站会用“时间标记可能不准确（无效）”来标记全部具有时间标记的信息对象。

3.3.3 控制中心通信：IEC 60870-6 标准

3.3.3.1 IEC 60870-6 概述

IEC 60870 第 6 部分[26-35]是 IEC 60870 标准中的一个子标准，它定义了用于电气工程和电力系统自动化应用中的远程控制（监控和数据采集）系统。IEC TC57（第 03 工作组）开发了第6部分，以提供一种通信格式，用于在两个与ISO标准和ITU－T建议相兼容的系统之间发送基本的远程控制消息。

控制中心通信协议（ICCP或IEC 60870－6/TASE.2）由世界各地的公用事业机构指定，以在公用事业控制中心、公用事业、电力库、区域控制中心、非公用发电机之间提供广域网（WAN）上的数据交换。ICCP也是一个国际标准：国际电工委员会（IEC）远动应用服务元件2（TASE.2）。

互联系统实时数据交换对于世界大部分地区互联系统的运行至关重要。举例来说，电力市场的发展见证了通过跨越商业实体边界的功能层次结构来管理电力网络。在顶层，通常有一个系统运营商，它负责协调调度和整体系统安全性。在此之下是区域性输电公司，这些公司将配电公司和发电公司联系起来。在欧洲大陆电力系统中，国际边界存在相当多的互联互通。ICCP允许实时和历史电力系统信息的交换，其中包括状态和控制数据、测量值、调度数据、能量计费数据和运营商信息。

在美国，ICCP网络被广泛用于将一些公用事业公司，通常是区域系统运营商与传输设施、配电公司、发电站联系在一起。区域运营商也可以联系在一起，用来统筹规划跨区域之间的进出口权力。

在IEC 61850－6中，包括以下文档：

- IEC 60870－6－1 应用环境和组织标准
- IEC 60870－6－2 使用基本标准（OSI第1～4层）
- IEC 60870－6－501 TASE.1 服务定义
- IEC 60870－6－502 TASE.1 协议定义
- IEC 60870－6－503 TASE.2 服务与协议
- IEC 60870－6－504 TASE.1 用户约定
- IEC 60870－6－601 用于在通过永久访问分组交换数据网络连接的终端系统中提供面向连接的传输服务功能配置文件
- IEC 60870－6－602 TASE 传输配置文件
- IEC 60870－6－701 在终端系统中提供TASE.1应用服务的功能配置文件
- IEC 60870－6－702 在终端系统中提供TASE.2应用服务的功能配置文件

3.3.3.2 架构和网络模型

TASE.2协议依赖于MMS服务（也因此依赖底层的MMS协议）来实现控制中心的数据交换。图3.11展示了TASE.2、MMS提供商和其他协议栈的关系。在大多数情况下，要传输的物体的值会转换成本地机器表示，这一过程被本地的MMS提供商实现。一些TASE.2的对象需要TASE.2系统交流公共的语法（表示）和意义（解释）。这个公共的表示和解释组成了协议的一种形式。控制中心的应用不属于这一种标准。我们认为这些应用需要TASE.2操作并且在需要的时候可以提供控制中心的数据和功能给TASE.2实现。TASE.2和控制中心应用之间的这种特殊的接口是一种本地的问题而不是这个标准的一部分。

如图3.11所示，TASE.2的协议架构在OSI参考模型的第5～7层需要用到ISO协

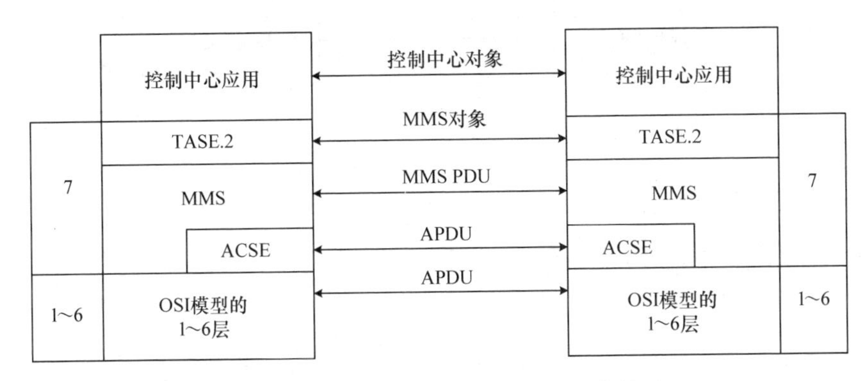

图 3.11 用权限的形式表示协议之间的关系

议。传输配置文件（第 1 ~4 层）实际上可以在任何类型的传输介质上使用任何标准或事实上的标准（包括 TCP/IP）连接模式的传输层和无连接模式网络层服务。

TASE. 2 的数据传输网络可以是私有的或者公共的包交换或者网状网络来连接通信处理器。通信处理器是用来提供足够的路由功能以保证冗余的路径和提供可靠的服务。图 3. 12 展示了一个典型的使用依靠路由器的 WAN 拓扑结构。WAN 在控制中心（可能也包含了内部网络和路由能力）之间提供了路由和可靠的服务。

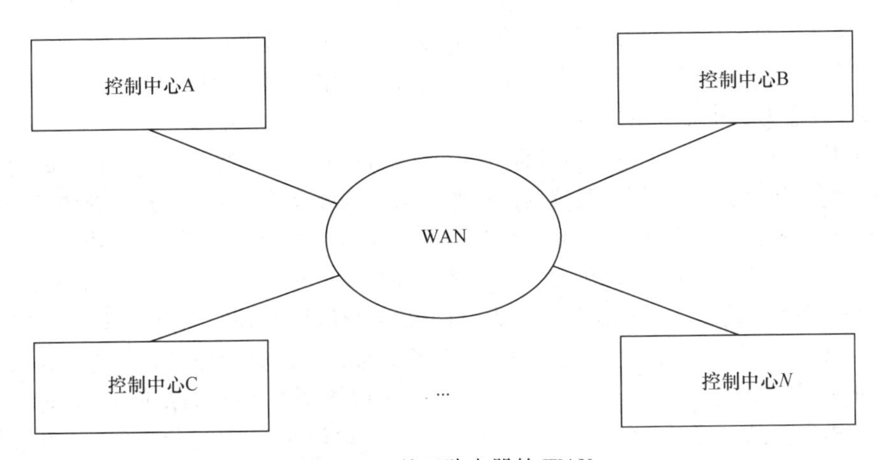

图 3. 12 基于路由器的 WAN

图 3. 13 显示的网状网络展示了一个网状网络的冗余路径的概念。每个控制中心包含它自己的一系列直连回路，同时也提供了一种在这些直连回路间路由的机制。控制中心 C 提供了一个从控制中心 A 到 B 的候选路由路径。这个网络的配置需要控制中心来提供重要的路由能力。

3. 3. 3. 3 TASE. 2 模型的非正式描述

控制中心的模型包括几种不同类型的应用程序，它们中的一些或全部有可能会在模

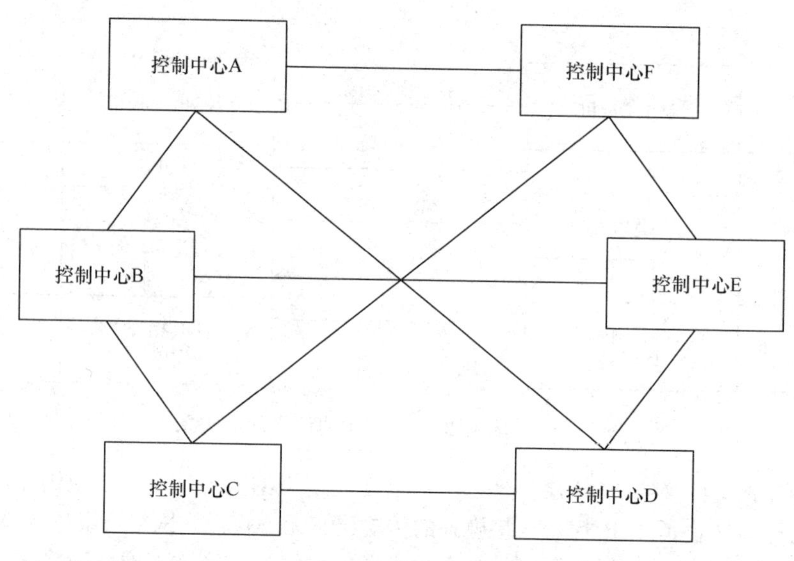

图 3.13　网状网络

型中出现，例如：SCADA/EMS，DSM/负荷管理，分布式应用程序和人/机接口。在与其他部件的交互中，控制中心可以充当客户机、服务器或同时充当这两者。作为服务器，一个控制中心作为单独的实体出现在客户机上。它的实际实现可能包含几个进程和该逻辑实体中的几个主机处理器。作为服务器，控制中心可以与多个客户机交互。控制中心在双边协议中规定的规则和限制下交换数据。通常，双边协议将客户机控制中心的视图限制在服务器中存在的数据子集中。

TASE.2 被建模为一个或多个进程共同工作的逻辑实体，该实体完成一定的允许控制中心获取或修改数据和控制装置的操作的通信。该规范定义了用于执行这些进程之间通信的服务和协议。它还使用对象模型定义 TASE.2 服务使用的数据类型和设备。TASE.2 定义在 ISO 9506（MMS）的客户/服务器模型的术语下。

TASE.2 规范定义了一些操作和行为。TASE.2 操作与 TASE.2 客户端相关。TASE.2 行为与 TASE.2 服务器相关。有两个 TASE.2 服务被认为既是操作又是行为，因为无论是 TASE.2 客户端还是服务器都可以调用它。这两个服务是 Conclude 和 Abort。每个 TASE.2 操作都从一个本地的 TASE.2 实例开始，它作为 TASE.2 客户端，调用一个 MMS 服务。这个调用使得本地 MMS 提供商利用 MMS 协议与 TASE.2 服务器相关的远程 MMS 服务器通信。远程 MMS 服务器可以为远程 TASE.2 服务器提供指示，从而使 TASE.2 服务器做出适当的反应，调用一个或多个在标准中定义的 MMS 应答和/或服务。

图 3.14 显示了 TASE.2 到控制中心应用的逻辑关系。本地 TASE.2 实例使用本地 MMS 提供商的服务与远程 TASE.2 实例通信。应该指出的是，实际关系、结构、位置、连接、TASE.2 和其余的与控制中心相邻部分的接口等，在本标准的范围之外。

3.3.3.4　一般访问控制要求

如果控制中心要向其他控制中心提供数据值，那么它需要一个双边表。控制中心应

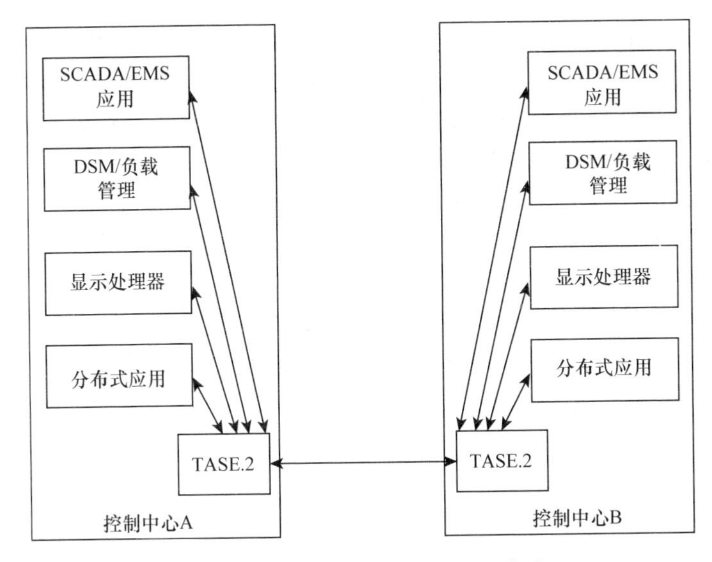

图 3.14 非正式的 TASE. 2 模型[30]

为其所服务的每个远程控制中心配备一个双边表。双边表对双边协议中包含的每个数据对象和数据集都有对应的概念条目。对象模型中的每个属性都必须出现在本地定义的表示中。双边表中指定的每个数据对象都应有唯一标识对象的标识符。

客户端控制中心任命（Client Control Centre Designation）标识那些请求与 TASE. 2 服务器进行关联的 TASE. 2 客户端的控制中心。在连接开始时，TASE. 2 服务器将检查包含在连接请求中的客户端控制中心任命，以此来确保该控制中心存在双边协议。如果存在，该 TASE. 2 服务器将进一步检查连接建立过程。如果不存在，那么 TASE. 2 服务器将拒绝连接请求。

双边表中的应用程序引用列表，是由控制中心标识在客户端控制中心任命的应用程序引用。对 TASE. 2，每个应用程序引用映射到一个唯一的 AE – title。在连接开始时，在 TASE. 2 服务器检查客户端控制中心任命的有效性之后，它应该检查在那个客户端控制中心双向表中的应用程序引用列表，以确保连接请求中的应用程序引用存在于列表中。如果它不在列表中，TASE. 2 服务器将继续进一步在连接建立进程中检查。如果依旧不存在，那么 TASE. 2 服务器会拒绝这个连接请求。

3.4 能量管理系统

3.4.1 应用程序接口：IEC 61970 标准

3.4.1.1 IEC 61970 概述

IEC 61970 标准[36-46]很大程度上基于美国电力科学研究院（Electric Power Research Institute，EPRI）控制中心 API（Control Center API，CCAPI）的研究项目（RP – 3654 – 1）。EPRI CCAPI 项目的主要目标如下：

- 减少向能量管理系统（EMS）或其他系统添加新应用的开销和时间消耗；

- 保护高效工作的现有应用的投入；
- 在控制中心系统内部和外部，提高不同系统间信息交互的能力；
- 提供一个集成框架互连现有的基于通用体系结构和信息模型的应用程序/系统；
- 提供独立于底层技术的信息模型。

IEC 61970 标准的主要任务是制定一套指导方针和标准来促进：

- 在控制中心环境下，不同供应商开发的应用的集成；
- 控制中心外部的系统间信息交互。

这些规范的范围包括其他输电系统以及控制中心外部需要与控制中心交换实时操作数据的配电和发电系统。所以，标准的另一个相关目标是集成传统系统和为在这些应用领域符合标准而建造的新系统。

在 EMS 应用程序接口（EMS－API）的总称下，IEC 61970 包括以下部分：

- IEC 61970－1：准则和一般要求
- IEC 61970－2：词汇表
- IEC 61970－3：通用信息模型（CIM）
  - ➢ IEC 61970－301：通用信息模型（CIM）基础
  - ➢ IEC 61970－302：通用信息模型（CIM）金融、能源调度与储备
- IEC 61970－4：特定通信服务映射（SCSM）
  - ➢ IEC 61970－401：组件接口规范（CIS）架构
  - ➢ IEC 61970－402：组件接口规范（CIS）－公共服务
  - ➢ IEC 61970－403：组件接口规范（CIS）－通用数据访问
  - ➢ IEC 61970－404：组件接口规范（CIS）－高速数据访问
  - ➢ IEC 61970－405：组件接口规范（CIS）－通用事项记录和订阅
  - ➢ IEC 61970－407：组件接口规范（CIS）－历史数据访问
  - ➢ IEC 61970－453：图形图表定义的交换（通用图形交换）
- IEC 61970－501：特定通信服务映射（SCSM）通用信息模型（CIM）XML 编程参考汇编和模型数据交换

3.4.1.2 EMS－API 参考模型

EMS－API 参考模型是一个可以提供以下服务的抽象架构：第一，可视化需要解决的问题空间。第二，提供了描述和讨论解决方案的语言。第三，定义了术语。最后，提供相似帮助达成 EMS－API 标准解决的问题间的相互理解。

图 3.15 是参考模型的示意图，阴影区域表示那些代表标准主题的部分。主要的功能是清楚地展示问题空间的哪一部分是 EMS－API 标准的主题，另一方面，哪一部分不属于 EMS－API 项目的范畴及其原因。它也旨在展示标准的不同部分如何与其他部分连接。虽然层次法隐含其中很难避免，但是参考模型不是设计，不描述软件层。

参考模型特别适用于控制中心环境，典型的是局域网（LAN）连接的计算机网络，有时也包括广域网（WAN）连接的网络。控制中心支持许多不同的用户组和组织功能，包括操作员、主管、操作员培训、操作规划、数据库维护和软件开发。在一个能量管理

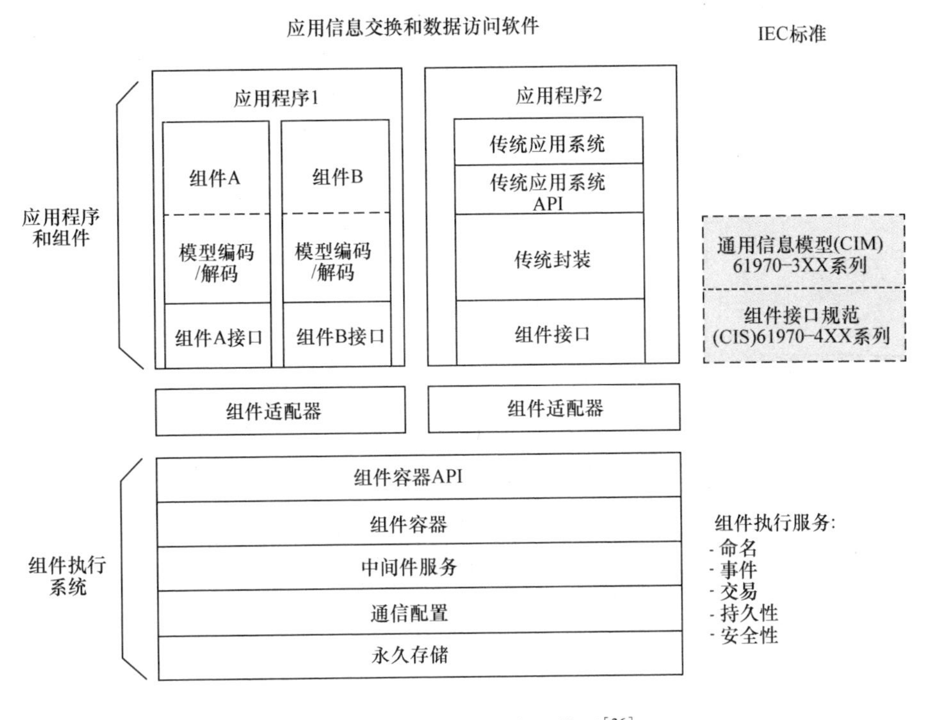

图 3.15　EMS - API 参考模型[36]

系统（EMS）中，许多应用程序在这些环境中应用。此外，重要的是应用程序可以很容易地配置（最好是自动），以便在多个环境中使用。

在图 3.16 中，展示了一个基于 EMS 的 EMS - API 参考模型。基于提供基础设施服务的组件执行系统和组件适配器，单个应用程序组件是相互关联的。实时运行的 SCADA 数据从以下两个组件中得到：一个传统版本封装的传统 SCADA 系统；一个控制中心间的通信协议（ICCP）数据服务器。还显示了控制中心外部的 DMS 系统，其通过订阅也可以接收到相同的 SCADA 数据更新。

3.4.1.3　通用信息模型（CIM）

通用信息模型（CIM）为 SCADA/EMS/DMS 应用组件提供了详细的模型，模型中包含了测量、网络连接和设备特性等内容。CIM 是整个 EMS - API 框架的一部分。CIM 为这些应用组件提供了能量系统的全面逻辑视图。该模型采用统一建模语言（UML）进行描述，并被保存为一个标准的 Rational ROSE 模型文件。CIM 是一个抽象模型，用来表示电力企业多种应用中所需要的主要对象，这些对象通常被包含在一个 EMS 信息模型中。这一模型包含了这些对象的公有类和属性，以及它们之间的关系。CIM 中表示的对象本质上是抽象的，可以被用于多种应用。CIM 模型的使用范围远远超出了它在 SCADA/EMS/DMS 中的应用。该模型可以被视为一种集成工具，可以被应用到任何需要独立于特定实现的公有电力系统模型，以促进应用和系统之间的互操作性和插件的兼

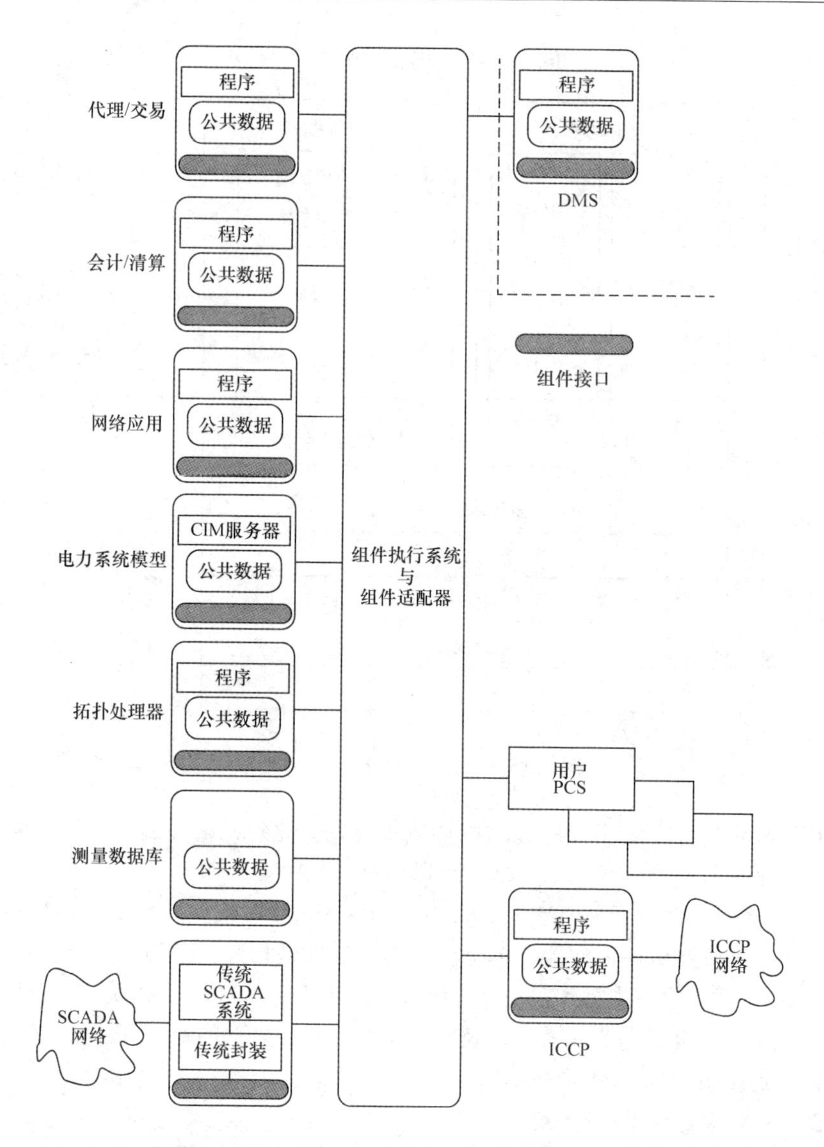

图 3.16　使用 EMS - API 组件标准接口的 EMS[36]

容性。

CIM 提供了一种标准的方法来将智能电网中的资源用对象类、属性及其关系来表示。此外，CIM 可以将不同供应商独立开发 EMS 应用集成。这一功能通过定义基于 CIM 的通用语言（即语义和语法），使得这些应用或系统能够访问公共数据，并且进行独立于信息内部表示的信息交换来实现。CIM 具体的预期用途包括：

- 使用配置数据初始化应用组件。
  - ➢ 通常情况下，在一个应用组件可以运行之前，需要根据此模型在配置阶段

（有时称为数据工程）中用当前状态和时间信息对其进行初始化。

- ➢ 在一个应用组件的生命寿命内，对需要更改模型的电力系统进行扩展，也要对配置数据进行扩展。

- 重复使用传统系统中现有的配置数据。
- 结合外来系统中现有的配置数据。
- 提供基础数据，以支持应用组件之间进行在线数据交换。
  - ➢ 应用组件在线操作中产生的数据被提供给操作者，并且作为其他应用的输入。
  - ➢ 应用组件同时也是来自其他应用组件的数据的接收者。

3.4.1.4 组件接口规范（CIS）和技术映射

基于组件接口规范（CIS），组件供应商可以将不同的组件接口集合转移到组件包中，同时仍然与EMS - API标准保持一致。IEC 61970 - 4XX中的CIS的目的是指定组件应该使用的接口，以便与其他独立开发的组件进行集成。

CIS指定了组件接口的两个主要部分：首先，通过标准方法，组件（或应用程序）必须能够通过接口访问公开可用的数据。此外，这些组件（或应用程序）必须能够与其他组件（或应用程序）交换信息。其次，定义了组件之间交换的信息或消息内容。

因为CIS文档的设计独立于底层基础设施，所以在实现时CIS需要被映射到具体的技术。为了确保协同工作的能力，对应于每种接口的每种技术，都需要有标准的映射。类似地，来自CIS文档的信息交换模型（IEM）中编译的针对每个应用类别的事件定义需要被映射到用于传输信息的特定语言。例如，在Web服务通信中，如果要使用一个消息代理来传递XML信息，那么相关的CIS事件需要被映射为XML。

接下来将会讨论通用的映射。预计随着这些标准的部署，下列映射或特化将成为本系列的配套标准。一些是基于特定语言，一些是基于特定中间件，例如C + +、C、CORBA、DCOM、Java和XML等。

3.4.1.5 通信和特定实用服务

事实上，当两个组件被集成到一起的时候，需要连接。由于存在很多类型的网络，不同的设备使用不同的协议。集成系统应该透明地解决组件之间在网络和协议上的差异，以连接多个组件。

IEC 61970系列标准要求通信文件服务必须执行以下功能：首先，必须保证能将网络信息传递到其网络目的地（如果处于活跃状态）。其次，必须提供有保证的交付，确保网络信息只被传递一次，不管是否出现网络故障或其他变化。第三，必须保证传递的顺序，在传递消息时保留源的发送顺序，不管是否出现网络故障或其他变化。第四，必须保证如果一个网络信息不能被传递到网络目的地，网络源会收到未能成功传递的信息。第五，必须提供可选质量的服务或者通过特定网络路径的传递，来保证网络信息的优先次序。最后，必须提供针对网络消息处理速度的动态适配能力来保障公平性。

基于上述功能，可能需要很多特定实用的服务来支持EMS中的组件，这些服务在商用组件执行系统中是不可用的。

3.4.2 软件应用程序间集成：IEC 61968 标准

3.4.2.1 IEC 61968 概述

应用程序内部集成针对的是同一应用程序系统中的程序，通常会使用嵌入在其底层运行环境中的中间件来实现彼此间的通信。与应用程序内部集成不同，IEC 61968 系列[47-53]提出了能够实现应用程序间集成的各种分布式软件应用系统，主要针对的是支持公用事业配电网络管理。在 IEC 61968 中，一个配电管理系统（DMS）是由用于管理配电网络的各种分布式应用组件组成的。这些功能包括监控和控制供电设备、流程管理以确保系统可靠性、需求侧管理、电压管理、中断管理、自动化映射和设施管理等。IEC 61968 建议使用统一建模语言（UML）来定义兼容性应用程序间架构的系统接口，并且为接口参考模型（IRM）中标识的每类应用定义标准接口。IEC 61968 标准系列具有以下特点：

首先，IEC 61968 与松散耦合的应用程序相关，这样的程序在语言操作系统协议和管理工具方面具有更多的异质性。第二，IEC 61968 的目的是支持需要在事件驱动基础上交换数据的应用程序。第三，IEC 61968 还会支持公用事业企业的应用程序间集成，这样的集成通常需要连接已经构建的或新建的不同应用程序（即常规或已购买的应用程序）来实现。第四，IEC 61968 旨在通过在应用程序之间代理消息的中间件服务来实现，能够补充但不能替代实用程序数据仓库、数据库网关和操作存储。

接口参考模型（IRM）的应用程序组件之间的通信需要两个层次的兼容性。第一个是消息格式和协议。第二个是消息内容必须相互理解，这里说的理解包括消息布局和语义的应用级问题。

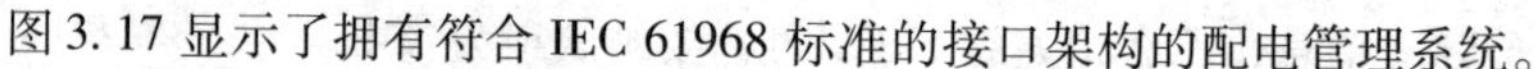
图 3.17 显示了拥有符合 IEC 61968 标准的接口架构的配电管理系统。

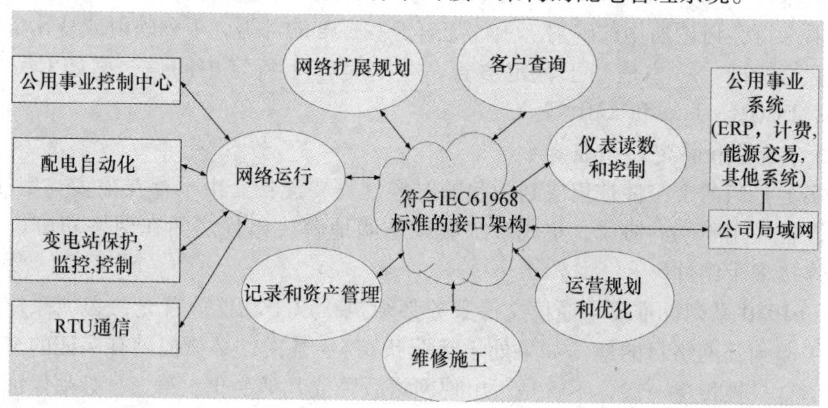

图 3.17　采用参考文献［47］中描述的符合 IEC 61968 标准的接口架构的配电管理系统

已发布的 IEC 61968 文件由以下部分组成，详见 IEC 61968 各标准文件。

- IEC 61968-1：接口架构和一般要求；
- IEC 61968-2：词汇表；
- IEC 61968-3：网络操作接口；
- IEC 61968-4：记录和资产管理接口；

- IEC 61968 –9：仪表读数和控制接口标准；
- IEC 61968 –11：通用信息模型（CIM）分发扩展；
- IEC 61968 –13：用于分发的交换格式资源描述框架（RDF）模型。

3.4.2.2 接口参考模型

在IEC 61968中，调度管理领域涵盖了公用事业配电网络管理的各个方面。配电设施将承担供电的监督和控制，确保系统可靠性的流程管理、需求侧管理、电压管理、工作管理、停电管理、自动化测绘和设施管理等方面的部分或全部责任。

在智能电网中，调度管理领域可以按照两种相互关联的业务类型进行组织，分别是电力分配和电力供应。电力分配涵盖物流网络的管理，它将生产者和消费者联系在一起。电力供应则涉及从大型生产商处购买电能，以销售给个人消费者。

公用事业部门同各部门合作开展配电网的运营管理工作，即配电管理。组织内的其他部门可以在不对分销网络负直接责任的情况下支持配电管理。在这种运行方式下，一个实用领域包括软件系统、设备、人员和消费者。在每个公用事业领域内，系统、设备、员工和消费者都可以被唯一识别。

使用与业务相关的模型应确保其独立于供应商生产的系统解决方案。IRM是否可行的重要标准，是它是否能被从业的工作人员识别为对其自身的配电网络运行和管理的一种描述。提供IRM顶层类别的主要业务功能如图3.18所示。

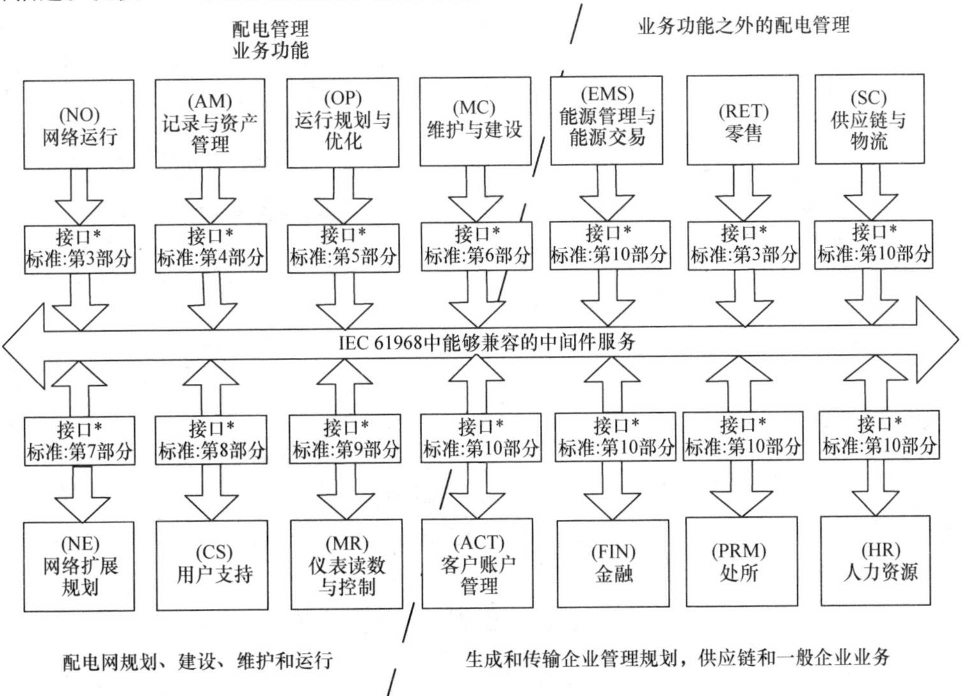

图3.18 映射到接口参考模型的典型应用[47]

IEC 61968 描述了所有抽象组件通用的基础设施服务，而 IEC 61968 未来将详细定义为特定类型的抽象组件所交换的信息。

首先，应用程序之间的基础架构必须符合要求，才能够提供 IEC 61968 本部分中定义的服务，以支持两个以上符合 IEC 61968 系列未来部分的接口的应用程序。其次，如果接口参考模型中定义的相关抽象组件能够支持 IEC 61968 系列的未来部分中定义的接口标准，则应用接口是兼容的。第三，仅需要一个应用程序来支持表 3.2 ~ 表 3.9 第 3 列中列出的适用组件的接口标准而不需要支持同一业务子功能（表 3.2 的第 2 列）或同一业务功能（表 3.2 ~ 表 3.9 的第 1 列）中的其他抽象组件（表 3.2 ~ 表 3.9 的第 3 列）所需的接口。虽然这个标准主要定义了在不同业务功能中组件之间交换的信息，但是当某种业务功能强大的市场需求出现时，偶尔也会定义在单个业务功能内组件之间交换的信息。

表 3.2　网络运行（NO）接口参考模型

业务功能	业务子功能	组件摘要
网络运行（NO）（参考未来的 IEC 61968 - 3）	网络运行监管（MNON）	变电站状态监控
		网络状态监控
		行为转换监控
		SCADA 和计量系统数据管理
		运行（现场员工、用户、预定和非预定断电）数据管理
		报警监控
		操作与事件日志
		天气监管（雷电监测）
	网络控制（CTL）	用户访问控制
		自动控制保护（故障排除）划分当地电压/无功功率控制
		安全文件管理
		重大事件协调保护（故障排除）划分当地电压/无功功率控制
		安全文件管理
		安全检查与互锁
		重大事件协调
	故障管理（FLT）	故障投诉处理与一致性分析（LV 网络）
		继电保护分析
		分析故障检测器和/或故障电话定位获取故障地点供应分析评估
		故障投诉处理与一致性分析（LV 网络）
		继电保护分析
	运行反馈分析（OFA）	误操作分析
		网络错误分析
		质量指标分析

（续）

业务功能	业务子功能	组件摘要
网络运行（NO）（参考未来的 IEC 61968－3）	运行反馈分析（OFA）	设备运行历史
		事故追忆
	运行统计与报告（OST）	维护信息
		计划信息
		管理控制信息
	网络计算－实时	负荷预测
		能源交易分析
		载流/载压波形
		故障电流分析
		自设定继电保护设定
	调度训练（TRN）	SCADA 模拟

表 3.3　记录与资产管理（AM）接口参考模型

业务功能	业务子功能	组件摘要
记录与资产管理（AM）（参考未来的 IEC 61968－4）	变电站与网络清单（EINV）	设备特性
		连接模型
		变电站显示
		远程控制数据库
	地域清单（GINV）	网络显示
		制图地图
	资产投资计划（AIP）	维护策略
		生命周期规划
		可靠性集中分析
		工程和设计标准
		性能度量
		风险管理
		环境管理
		决策支持
		预算分配
		保养工作触发
		资产维护小组（列表）
		资产故障历史
		资产财务绩效
		网络设备与线路耐热度

表 3.4　运行规划与优化（OP）接口参考模型

业务功能	业务子功能	组件摘要
运行规划与优化（OP）（参考未来的 IEC 61968－5）	网络运行模拟（SIM）	负荷预测
		潮流计算
		意外分析
		短路分析
		最优潮流
		供应恢复评估
		切换模拟
		事件模拟
		天气预报分析
		火灾风险分析
		网络设备与线路耐热度
	开关动作规划/运行操作规划（SSC）	清除/释放遥控开关指令规划
		现场工作人员负荷分析与业务订单规划
		用户断电信息分析
	电力接口规划与优化（IMP）	

表 3.5　维护与建设（MC）接口参考模型

业务功能	业务子功能	组件摘要
维护与建设（MC）（参考未来的 IEC 61968－6）	维护和检查（MAI）	维护程序管理
		维护工作触发
		资产维护小组（列表）
		管理检查
		资产维护历史
		资产故障历史
		业务订单状态追踪
		业务订单关闭
		财务控制
	建设与计划（CON）	业务开始
		业务设计
		业务开销估计
		业务流管理
		业务订单状态追踪
		业务订单关闭
		财务控制
	工作规划（SCHD）	工作任务规划
		员工管理
		车辆管理

（续）

业务功能	业务子功能	组件摘要
维护与建设（MC）（参考未来的 IEC 61968－6）	工作规划（SCHD）	业务调度（DSP）设备管理
		物资协调
		许可证管理
	现场记录与计划（FRD）	现场计划
		现场检查结果
		员工进入时间
		实际物资
	业务调度（DSP）	现场状态跟踪
		实时通信
		天气监测

表3.6 网络扩展规划（NE）接口参考模型

业务功能	业务子功能	组件摘要
网络扩展规划（NE）（参考未来的 IEC 62968－7）	网络计算（NCLC）	电力负荷预测
		电力潮流
		意外分析
		短路分析
		最优潮流
		能量损失计算
		回馈电压分布
	施工监督（CSP）	建设成本
		工作管理
	项目规范（PRJ）	资本许可
	规范化管理（CMPL）	安全规范
		技术规范
		执行标准

表3.7 用户支持（CS）接口参考模型

业务功能	业务子功能	组件摘要
用户支持（CS）（参考未来的 IEC 61968－8）	用户服务（CSRV）	服务请求
		建设费用查询
		工作状态
		自助查询［万维网、VRU（自动语音应答设备）…］
		用户联系
		开启，关闭
		服务水平协议
	故障投诉处理（TCM）	停电投诉
		电力质量
		计划停电通知
		媒体通信
		性能指标
		恢复规划/确认
		停电记录

表 3.8　仪表读数与控制（MR）接口参考模型

业务功能	业务子功能	组件摘要
仪表读数与控制（MR）（参考未来的IEC61968－9）	仪表读数（RMR）	负荷特性
		消费仪表
		质量要素
	负荷控制（LDC）	仪表参数远距离设置
		动态应用价格表
		功率调制

表 3.9　DMS 外部接口参考模型（EXT）

业务功能	业务子功能	摘要部分
外部至 DMS（EXT）（参考未来的IEC 61968－10）	能源管理与能源交易（EMS）	传输
		产生
		能源交易
	零售（RET）	营销和销售
		结算
		客户注册
		生产线多元化
		证券投资组合管理
	供应链与物流（SC）	采购
		合同管理
		仓库物流
		原材料管理
	客户账户管理（ACT）	信用状况
		停电历史
		信用与募捐
		账单与支付
		客户分析
	金融（FIN）	基于活动的管理
		应付账款
		应收账款
		预测
		预算
		分类账
		监管记账
		税务记账
		财政部
		决策支持
		性能指标
		策略计划
		业务发展
		预算
		监管关系
	房屋建筑及附属场地（PRM）	地址
		变电站
		计量仪信息
		道路、地役、赠款权
		房地产管理
	人力资源（HR）	健康/安全报告
		工资表
		安全管理

3.4.2.3 接口配置

数据的通信或者某一功能执行的结果都会导致组件之间信息的交换。若某一功能执行的结果导致了组件之间信息交换，那么该情况可被称之为服务交换。组件可以分布在智能电网的通信网络中。

IEC 61968 中有一个中间件适配器，它是与配置文件兼容的软件，可以增加现有的中间件服务，以便应用程序间基础设施支持所需的服务。组件之间交换的信息可以在同一个进程中，同一台机器（本地）不同进程中，或不同机器（远程）中进行。通常，对象请求代理支持不同的通信模式，如异步和同步交互。订阅是指在循环或事件驱动时读取或修改对象的能力。消息传递涵盖了当前消息中间件的更多功能，如存储转发、消息持久性和保证交付。

中间件服务应提供一组应用程序接口（API），使接口配置文件中的当前层可以实现以下功能。首先，它们通过网络透明的定位，并与其他应用程序或服务进行交互。其次，它们在不失去功能的情况下不断扩大容量。第三，它们是可靠和可用的。第四，它们独立于交流配置服务。第五，它们提供了在需要时支持企业对企业（B2B）交易的能力。

两个组件执行集成时，它们之间需要连接。由于有多种网络，不同的资源使用不同的协议，如互联网内部对象请求代理协议（IIOP）和 HTTP。为了连接多个组件，集成系统对网络和协议差异的协调必须对组件透明。

IEC 61968 中的通信服务包括以下项目。首先，它为在网络目的地不同的情况下处理网络信息的速度提供动态适应，以允许缓慢的网络目的地在服务上工作。其次，如果网络消息处于活动状态，它将保证向其网络目的地传递网络消息。第三，如果网络消息无法发送到网络目的地，它能够保证网络源将收到提示未送达的消息。第四，它应提供可靠顺序，保留源的发送顺序。第五，无论网络故障或如何变化，都应发送消息。第六，它应提供有保证的交付，无论是否有网络故障或变化，都应确保网络消息只传送一次。最后，它将提供可选择的服务质量，用于优先化网络消息或通过特定网络路径传递。

服务是基于硬件和软件标准平台上的。事实上，需要解决来自不同厂商的硬件和操作系统的不同平台的互操作性问题。换句话说，不能期望在专用硬件环境中运行的组件也可以在没有任何调整的情况下直接在另一个硬件环境上运行。IEC 61968 系列的硬件环境要求如下：首先，它应支持并发进程，之间的进程间通信。其次，它将支持同时运行的多个本地进程，无论它是在单处理器或多处理器硬件上实现。第三，硬件环境的所有其他细节均应由接口配置文件中的其他层屏蔽。

3.4.2.4 信息交换模型

在 IEC 61968 系列中，需要来自一个标准设施应用程序间基础设施中的以下项。首先，它需要有一个符合逻辑的 IEC 61968 系列的信息交互模型，它的实现在物理上可能是分开的。该设备允许以可公开访问的方式声明组件之间交换的信息。第二，IEM 应当可以以一个机器可读并且独立于平台的方式被访问。第三，可以通过一个或多个类型在 IEM 中定义的事件在组件之间交换信息。第四，IEM 应当能够维护内容的描述，以及不同组成部分之间交互信息的语法和语义（也就是含义）。这些描述被普遍参考为元数据

（或数据词典）。第五，IEM 应当能够包含下列内容：命名的业务对象类型，如断路器、中断时间表和网络图；业务对象属性的名称和数据类型，例如“inService”和“voltage”，原始数据类型的名称及其到标准数据类型（如浮点数、整型数）的映射；作用于对象的命名事件类型，例如，对象属性更新、对象创建、对象删除；业务对象之间的关系名称，例如“owns”和“connectedTo”。IEM 应该能够包含命名的数据集（即业务对象类型、对象属性、事件类型以及对象实例的集合），同时 IEM 也应当支持服务。

3.4.2.5　*维护方面*

组件接口的 IEC 61968 规范并没有对每个组成部分应该如何内部设计提出要求。但是，鼓励采用模块化的、和其他组件设计分离的设计。换句话说，组件应该基本上是独立的，互相之间基本上没有依赖性。

维护是整个生命周期的重要部分。维护问题的级别反映出了设计的质量和各组成部分集成的实现，每一个组件都由不同的源头产生。可靠性的降低、可执行规模的增加以及性能的降低常常是较差实现的结果。可检测性的降低、实用性的降低和可更改性的降低往往是最重要和最主要的原因。次要原因包括连接时间的增加、可理解性的降低和编译时间的加长。

3.5　远程保护设备

3.5.1　IEC 60834 概述

国际标准 IEC 60834 标准[54,55]由 IEC TC57 制定的：电力系统控制和相关通信。事实上，数字远程保护系统，例如采用微波或光纤链路作为电信媒体的基于微处理器的相变材料（PCM）电流差动中继系统已被广泛使用。IEC 60834 标准可以应用于窄带和宽带远程保护系统，以传送关于主要量（如相位或相位和幅度）的模拟信息。远程保护设备可以与保护设备或电信设备分开或集成在一个单元中。窄带系统包括在 4kHz 频带内工作的系统（对于每个传输方向）。宽带系统包括占用超过 4kHz 带宽的系统（对于每个传输方向）。本标准不涉及宽带指挥系统。

发布的 IEC 60834 文件由以下部分组成，详见 IEC 60834 标准文件。

- IEC 60834－1：电力系统的远程保护设备－性能和测试－第 1 部分：指令系统；
- IEC 60834－2：电力系统的远程保护设备－性能和测试－第 2 部分：模拟比较系统。

IEC 60834－1 适用于传送指令信息的远程保护命令系统，通常与保护设备结合使用。它旨在为指令型远程保护设备建立性能要求和推荐的测试方法。远程保护设备传达的信息可以是模拟或数字形式。本标准所述的指令型远程保护设备可以是与电力线载波（PLC）、无线电链路、光纤、租用电路、租赁或私人电缆或其他各种电信系统相关的电力线载波设备或语音设备。此外，指令型远程保护设备可以是与数字电信系统或媒体（诸如光纤、无线电链路、租用的或私人的数字链路）一起使用的数字设备。

IEC 60834－2 的目标是为与电网保护系统相关的模拟比较远程保护设备建立性能要求和推荐的测试方法，并定义相关术语。传输和比较的信息（如相位和幅度数据）可以是模拟或数字形式。除了电源和属于远程保护设备的接口外，还应对远程保护设备与

保护设备的性能进行测试。

3.5.2 远程保护指令方案的类型

1. 允许跳闸方案

该术语是指接收到的命令与本地保护设备一起启动跳闸的方案。这种类型的命令通道可以在音频频带、PLC 频带或数字比特率下工作。通常设计的前提是即使在由于电力系统干扰而导致电信媒介受到不利影响的情况下，操作的可靠性也应该很高。

2. 联动跳闸方案（直接或转移跳闸）

该术语是指接收到的命令在没有通过本地保护的资格的情况下启动跳闸的方案。联动跳闸信道利用与允许跳闸信道相似的原理；然而，防止意外操作的安全性和正确操作的可靠性是主要要求。通常牺牲运行速度以满足安全性和可靠性要求，尤其是在模拟系统中。

3. 阻塞保护方案

该术语是指接收到的命令阻止本地保护的操作的方案。这些信道利用与允许跳闸信道类似的原理；然而，操作和速度的可靠性是主要要求。

3.5.3 指令型远程保护系统的要求

以下要求适用于保护设备与远程保护设备之间的接口以及远程保护设备与电信系统之间的接口。这些接口（a 和 b）在图 3.19 ~ 图 3.22 中定义。当各种类型的设备集成或分离时，这些要求均同样适用。

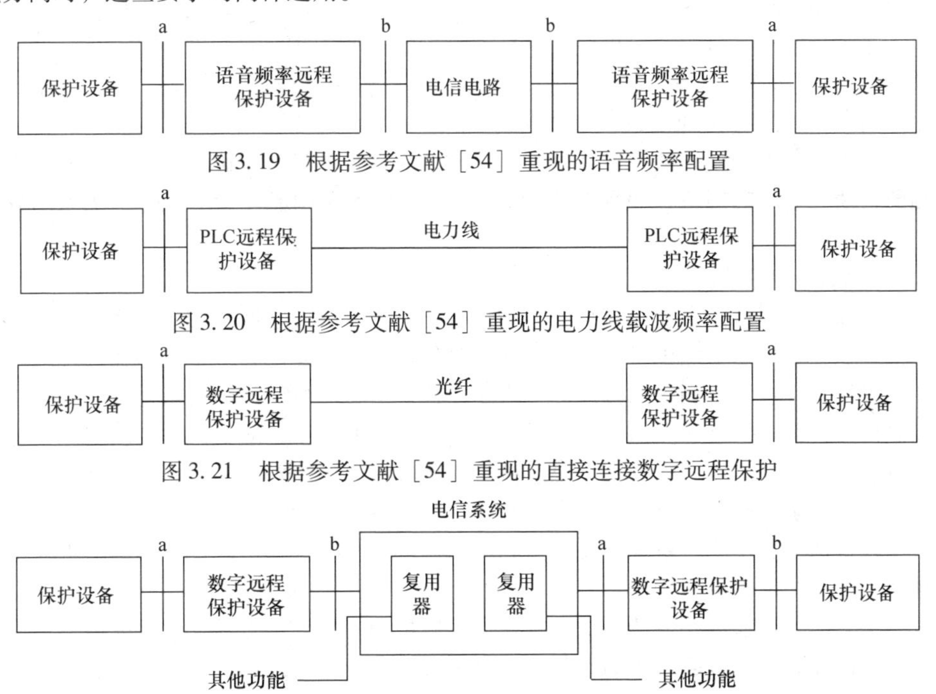

图 3.19 根据参考文献［54］重现的语音频率配置

图 3.20 根据参考文献［54］重现的电力线载波频率配置

图 3.21 根据参考文献［54］重现的直接连接数字远程保护

图 3.22 根据参考文献［54］重现的通过多路通信系统连接的数字远程保护

如果保护设备和远程保护设备形成的组合系统安装在相同位置的同一个机柜中，则接口（a）的要求可能不适用。如果远程保护设备和电信设备是通用设备的一部分，并且安装在相同位置的同一个机架中，则接口（b）的要求可能不适用。

3.5.4 远程保护系统的性能要求

给定远程保护指令系统的可靠性、安全性和传输时间是相互依赖的参数。例如，对于恒定的带宽，只能以可靠性或传输时间为代价来提高安全性。

远程保护指令系统满足这些要求，因此上述参数的最佳折中取决于具体应用（允许跳闸，联动跳闸或阻塞）以及所用传输路径的类型。

远程保护系统的设计和使用信息链路的方式需要考虑到由于不能完全避免干扰、噪声和通信故障的影响而产生的实际限制。

在发送和接收保护或命令信号时，远程保护设备应监控传输路径和尽可能多的终端设备。无论是由传输路径还是终端设备故障而无法接收传输信号，都应通过与接收机和发射机相关的监控电路来检测。此外，如果故障时间超过规定的时间（通常可在规定范围内设定），则应发出警报。监控电路还可以在可能影响正确操作的基础上进一步响应过度的干扰和噪声。

如果干扰时间超过规定时间，则应再次发出警报。此外，对于数字电话保护系统，由特定设备发送的命令或保护消息不应由始发设备或错误设备作为有效的保护或命令消息接收。如果通信系统错误地将消息指回始发设备或错误的设备，则应发出警报。应该可以通过禁用这种机制来进行测试。一旦监测电路响应异常情况，应提供设备用于钳制或禁止接收器输出。接收器输出应在信号故障之前的状态下，或在稳定的“命令关闭”或“命令开启”状态下被钳制或禁止。各种选项应由用户选择。钳制或禁止动作可以是立即的或延迟的（例如由报警电路控制）。

当在数字网络中使用数字电话保护系统时，应进行测量，以确保电话保护发射机输出端的抖动不会影响网络，并且电话保护接收机输入端的抖动不会导致任何类型的故障或不必要的操作。

3.5.5 远程保护系统性能测试

远程保护信道可能会受到各种噪声的影响，具体取决于它所使用的传输介质。测试安全性并在一定程度上测试可靠性是一项耗时的操作。因此选择一个能够在合理的时间范围内对信道性能进行测量的程序非常重要。选定的程序也应该容易重复，并且易于获得测试仪器。此外，这些测试仅仅是对实际操作条件的折中，应该认识到在实际中将会出现更麻烦的情况。因此，测试结果应该作为比较性而非绝对性的表现。

满足模拟系统所有要求的一种方法是采用使用白噪声的测试程序。当噪声是白噪声时，可以根据信噪比测试系统的安全性和可靠性。在一些特殊情况下，测试结果与用脉冲噪声测量的结果不可比较。

另一方面，目前数字电话防护是实现远程保护的一种流行方式。数字电话保护信道上的噪声往往会通过引起误码而破坏正在传输的信息。比特误差可能会延迟命令的接收，或者可能导致不需要的命令。因此，一般来说，BER 会改变系统的安全性和可靠性。因此，性能测试的主要目的是检查与 BER 有关的系统的安全性和可靠性特征。

对于安全性和可靠性测试，最好使用随机比特误差。选择此方法的原因如下：

1）BER随机变量的使用与用于协议的数学分析的主要方法相一致，其通常依赖于利用随机误差变量的概率技术；

2）将非随机比特误差引入数字传输路径通常是困难的。

受干扰的数字通信信道的统计特性应与二进制对称信道模型（BSC）的统计特性相对应，即与被加性高斯白噪声干扰的模拟通信信道的数字等效。如果可以随机引入比特误差并应用BSC属性，则可以通过注入直接比特误差来引入具有这些属性的比特误差。还可以通过将白噪声注入到所使用电信系统的线路终端的输入中来应用比特误差。

参考文献

[1] IEC (2003) IEC61850-1. *Communication Network and Systems in Substations-Part 1: Introduction and Overview*, International Electrotechnical Commission.

[2] IEC (2003) IEC61850-2. *Communication Network and Systems in Substations-Part 2: Glossary*, International Electrotechnical Commission.

[3] IEC (2003) IEC 61850-3. *Communication Network and Systems in Substations-Part 3: General Requirements*, International Electrotechnical Commission.

[4] IEC (2003) IEC 61850-4. *Communication Network and Systems in Substations-Part 4: System and Project Management*, International Electrotechnical Commission.

[5] IEC (2003) IEC 61850-5. *Communication Networks and Systems in Substation-Part 5: Communication Requirement for Functions and Device Models*, International Electrotechnical Commission.

[6] IEC (2003) IEC 61850-6. *Communication Networks and Systems in Substation-Part 6: Configuration Description Language for Communication in Electrical Substations Related to IEDs*, International Electrotechnical Commission.

[7] IEC (2003) IEC 61850-7-1. *Communication Networks and Systems in Substation-Part 7-1: Basic Communication Structure for Substation and Feeder Equipment-Principles and Models*, International Electrotechnical Commission.

[8] IEC (2003) IEC 61850-7-2. *Communication Networks and Systems in Substation Part 7-2: Basic Communication Structure for Substation and Feeder Equipment-Abstract Communication Service Interface (ACSI)*, International Electrotechnical Commission.

[9] IEC (2003) IEC 61850-7-3. *Communication Networks and Systems in Substation Part 7-3: Basic Communication Structure for Substation and Feeder Equipment-Common Data Classes*, International Electrotechnical Commission.

[10] IEC (2003) IEC 61850-7-4. *Communication Networks and Systems in Substation Part 7-4: Basic Communication Structure for Substation and Feeder Equipment-Compatible Logical Node Classes and Data Classes*, International Electrotechnical Commission.

[11] IEC (2003) IEC 61850-8-1. *Communication Networks and Systems in Substation- Part 8-1: Specific Communication Service Mapping (SCSM)-Mapping to MMS (ISO/IEC 9506-1 and ISO/IEC 9506-2) and to ISO/IEC 8802-3*, International Electrotechnical Commission.

[12] IEC (2003) IEC 61850-9-1. *Communication Networks and Systems in Substation- Part 9-1: Specific Communication Service Mapping (SCSM)-Sampled Values Over Serial Unidirectional Multidrop Point to Point Link*, International Electrotechnical Commission.

[13] IEC (2003) IEC 61850-9-2 *Communication Networks and Systems in Substation- Part 9-2: Specific Communication Service Mapping (SCSM)-Sampled Values Over ISO/IEC 8802-3*, International Electrotechnical Commission.

[14] Wang, Z. and Ren, Y. (2005) Application of a DATA-SET Model in IEC 61850. *Automation of Electric Power Systems (Chinese)*, **29** (2), 61–63.

[15] IEC (1990) IEC 60870-5-1. *Telecontrol Equipment and Systems –Part 5-1: Transmission Protocols. Transmission Frame Formats*, International Electrotechnical Commission.

[16] IEC (1992) IEC 60870-5-2. *Telecontrol Equipment and Systems –Part 5-2: Transmission Protocols. Data Link Transmission Services*, International Electrotechnical Commission.

[17] IEC (1992) IEC 60870-5-3. *Telecontrol Equipment and Systems –Part 5-3: Transmission Protocols. General Structure of Application Data*, International Electrotechnical Commission.

[18] IEC (1993) IEC 60870-5-4. *Telecontrol Equipment and Systems –Part 5-4: Transmission Protocols. Definition and Coding of Information Elements*, International Electrotechnical Commission.

[19] IEC (1995) IEC 60870-5-5. *Telecontrol Equipment and Systems –Part 5-5: Transmission Protocols. Basic Application Functions*, International Electrotechnical Commission.

[20] IEC (2006) IEC 60870-5-6. *Telecontrol Equipment and Systems –Part 5-6: Guidelines for Conformance Testing for the IEC 60870-5 Companion Standards*, International Electrotechnical Commission.

[21] IEC (1995) IEC 60870-5-101. *Telecontrol Equipment and Systems –Part 5-101: Transmission Protocols. Companion Standard for Basic Telecontrol Tasks*, International Electrotechnical Commission.

[22] IEC (2000) IEC 60870-5-101. *Telecontrol Equipment and Systems –Part 5-101: Transmission Protocols. Companion Standard for Basic Telecontrol Tasks*, Ed. 2, International Electrotechnical Commission.

[23] IEC (1996) IEC 60870-5-102. *Telecontrol Equipment and Systems –Part 5-102: Companion Standard for the Transmission of Integrated Totals in Electric Power Systems*, International Electrotechnical Commission.

[24] IEC (1997) IEC 60870-5-103. *Telecontrol Equipment and Systems –Part 5-103: Transmission Protocols. Companion Standard for Basic Telecontrol Tasks*, International Electrotechnical Commission.

[25] IEC (2006) IEC 60870-5-104. *Telecontrol Equipment and Systems –Part 5-104: Transmission Protocols. Companion Standard for the Informative Interface of Protection Equipment*, International Electrotechnical Commission.

[26] IEC (2003) IEC 60870-6-1. *Application Context and Organization of Standards*, International Electrotechnical Commission.

[27] IEC (2003) IEC 60870-6-2. *Use of Basic Standards (OSI Layers 1–4)*, International Electrotechnical Commission.

[28] IEC (1995) IEC 60870-6-501. *TASE.1 Service Definitions*, International Electrotechnical Commission.

[29] IEC (1995) IEC 60870-6-502. *TASE.1 Protocol Definitions*, International Electrotechnical Commission.

[30] IEC (2002) IEC 60870-6-503. *TASE.2 Services and Protocol*, International Electrotechnical Commission.

[31] IEC (1995) IEC 60870-6-504. *TASE.1 User Conventions*, International Electrotechnical Commission.

[32] IEC (1998) IEC 60870-6-601. *Functional Profile for Providing the Connection-oriented Transport Service in an End System Connected Via Permanent Access to a Packet Switched Data Network*, International Electrotechnical Commission.

[33] IEC (1998) IEC 60870-6-602. *TASE Transport Profiles*, International Electrotechnical Commission.

[34] IEC IEC 60870-6-701. *Functional Profile for Providing the TASE.1 Application Service in End Systems*, International Electrotechnical Commission.

[35] IEC IEC 60870-6-702. *Functional Profile for Providing the TASE.2 Application Service in End Systems*, International Electrotechnical Commission.

[36] IEC (2005) IEC 61970-1 *Ed.: Energy Management System Application Program Interface (EMS-API) Part 1: Guidelines and General Requirement*, International Electrotechnical Commission.

[37] IEC (2004) IEC 61970-2. *Energy Management System Application Program Interface (EMSAPI), Part 2: Glossary*, International Electrotechnical Commission.

[38] IEC (2005) IEC 61970-301. *Energy Management System Application Program Interface (EMSAPI), Part 301: Common Information Model (CIM) Base*, International Electrotechnical Commission.

[39] IEC (1999) IEC 61970-302. *Energy Management System Application Program Interface (EMSAPI), Part 302: Common Information Model (CIM) Financial, Energy Scheduling and Reservations*, International Electrotechnical Commission.

[40] IEC (2005) IEC TS 61970-401. *Energy Management System Application Program Interface (EMSAPI), Part 401: Component Interface Specification (CIS) Framework*, International Electrotechnical Commission.

[41] IEC (2009) IEC TS 61970-402. *Energy Management System Application Program Interface (EMSAPI), Part 402: Component Interface Specification (CIS) – Common Services*, International Electrotechnical Commission.

[42] IEC (2009) IEC TS 61970-402. *Energy Management System Application Program Interface (EMSAPI), Part 403: Component Interface Specification (CIS) – Generic Data Access*, International Electrotechnical Commission.

[43] IEC (2007) IEC 61970-404. *Energy Management System Application Program Interface (EMS-API), Part 404: High Speed Data Access (HSDA)*, International Electrotechnical Commission.

[44] IEC (2007) IEC 61970-407. *Energy Management System Application Program Interface (EMS-API), Part 407: Time Series Data Access (TSDA)*, International Electrotechnical Commission.

[45] IEC (2009) IEC 61970-407. *Energy Management System Application Program Interface (EMS-API), Part 453: Exchange of Graphics Schematics Definitions (Common Graphics Exchange)*, International Electrotechnical Commission.

[46] IEC (2006) IEC 61970-501. *Energy Management System Application Program Interface (EMS-API), Part 501: Specific Communication Service Mapping (SCSM) Common Information Model (CIM) XML Codification for Programmable Reference and Model Data Exchange*, International Electrotechnical Commission.

[47] IEC (2003) IEC61968-1. *Application Integration at Electric Ultilities-System Interfaces for Distribution Management-Part 1: Introduction and General Requirements*, International Electrotechnical Commission.

[48] IEC (2003) IEC61968-2. *Application Integration at Electric Ultilities-System Interfaces for Distribution Management-Part 2: Glossary*, International Electrotechnical Commission.

[49] IEC (2004) IEC61968-3. *Application Integration at Electric Ultilities-System Interfaces for Distribution Management-Part 3: Interface for Network Operations*, International Electrotechnical Commission.

[50] IEC (2007) IEC61968-4. *Application Integration at Electric Ultilities-System Interfaces for Distribution Management-Part 4: Interfaces for Records and Asset Management*, International Electrotechnical Commission.

[51] IEC (2008) IEC61968-9. *Application Integration at Electric Ultilities-System Interfaces for Distribution Management-Part 9: Interface Standard for Meter Reading and Control*, International Electrotechnical Commission.

[52] IEC (2008) IEC61968-11. *Application Integration at Electric Ultilities-System Interfaces for Distribution Management-Part 11: Common Information Model (CIM) Extensions for Distribution*, International Electrotechnical Commission.

[53] IEC (2008) IEC61968-13. *Application Integration at Electric Ultilities-System Interfaces for Distribution Management-Part 13: Common Information Model (CIM) RDF Model Exchange Format for Distribution*, International Electrotechnical Commission.
[54] IEC (1999) IEC 60834-1. *Teleprotection Equipment of Power Systems – Performance and Testing–Part 1: Command Systems*, International Electrotechnical Commission.
[55] IEC (1993) IEC 60834-2. *Teleprotection Equipment of Power Systems – Performance and Testing–Part 2: Analogue Comparison System*, International Electrotechnical Commission.
[56] Gao, H., Xiang, H. and Liu, G. (2006) Application analysis of IEC61850 protocol based on the ethernet technology. *Relay*, **34** (14), 46–57.
[57] Choi, J., Jang, H., and Vice, S.K. (2009) Integration method analysis between IEC 61850 and IEC 61970 for substation automation system. *Transmission and Distribution Conference and Exposition: Asia and Pacific (IEEE T&D Asia 2009).*
[58] Han, G., Bingyin, X. and Suonan, J. (2012) IEC 61850-based feeder terminal unit modeling and mapping to IEC 60870-5-104. *IEEE Transactions on Power Delivery*, **27** (4), 2046–2053.

第4章

智慧储能和电动汽车

4.1 简介

电能存储（ES）、分布式能源（DER）和电动汽车（EV）将在智能电网的发展过程中发挥越来越重要的作用。电能存储技术可以提高电网可靠性，并通过在低峰时段捕获廉价电能和在高峰时段发电来满足高负荷的要求，更有效地利用基本负荷发电。如本书第9章“多种可再生能源并网”所述，电能存储可能会使间歇性可再生能源资源广泛普及。分布式能源可以最大限度地减少输配电损失，并且通过在需要能源的区域发电而提供经济和生态效益。电动汽车的推广可以减轻因依赖石油而对经济、国家安全和环境所造成的一些负面影响。电动汽车也可以与电网相结合以推广更多的应用，例如，平滑可再生能源发电、峰值负荷转移、电压控制、频率调节和提供分布式能源。然而，尽管电能存储、分布式能源和电动汽车带来了显著的效益，但若要广泛应用仍面临诸多挑战。目前，为用于电力基础设施的电能存储系统并考虑了特定位置需求而制定的相关标准较少，且此类标准应能够适用于分布式能源发电的一些新的方式，例如虚拟电厂（VPP）和微电网，以实现更大收益。为了更广泛地推广电动汽车，需要克服应用范围有限、基础设施不足、缺乏相关法规和标准、成本高、使用不方便和缺乏安全性等问题，并且需要通过各方面利益相关者的合作来缩小涉及安全、性能和互操作性等问题的标准之间的差距。总的来说，电能存储、分布式能源和电动汽车所面临的许多挑战都是高度相关且相互依赖的。因此，了解电能存储、分布式能源和电动汽车所面临挑战之间的相互关系是至关重要的。本章概述了可选择的技术和应用，以及不同利益相关者为了缩小标准和技术要求之间的差距，而正在进行的研发项目和标准化工作。本章的结构如下：4.2节介绍标准发展组织研究的电能存储技术、应用和标准化工作，这些组织包括美国国家标准技术研究所（NIST）、美国电气电子工程师学会（IEEE）和国际电工委员会（IEC）；4.3节介绍其他组织研究的各种分布式能源技术、应用、研发以及标准化工作，这些组织包括美国电力科学研究院（EPRI）、NIST、欧洲电工标准化委员会（CENELEC）、分布式能源实验室、电力可靠性技术解决方案协会（CERTS）、IEC等；4.4节概述电动汽车的历史、电池技术、电网－车辆（G2V）和车辆－电网（V2G）技术，以及一些组织的研发及标准化工作，这些组织包括IEC、美国国家标准协会（ANSI）、NIST、欧洲标准化委员会－欧洲电工标准化委员会（CEN－CENELEC）、日本电动汽车快速充电器协会、国际汽车工程师学会和 EPRI 等机构。

4.2 电能存储

4.2.1 电能存储概述

电能存储是通过以电能形式直接存储或以其他能量形式间接存储电能的技术。当生产量超过消耗量时存储电能，当消耗量超过生产量时使用存储的能量。相比之下，传统电网很少进行电能存储，电能几乎是在产生的同时被消耗掉。

一般来说，电力需求在白天和傍晚的时候高，而在深夜和清晨人们处于睡眠状态时较低。但是，传统电网必须适应最高的电力需求，这便导致了资源利用不足。电能存储技术可以提高电网可靠性，通过在低需求时间段内获取廉价电力而在高峰时段发电，满足高负荷要求，从而更有效地利用基本负荷发电。

特别地，太阳能和风能等可再生能源可以从电能存储技术中获益。间歇性能源具有一些季节性和昼夜性的特点（在第 9 章中有所讨论），有时会根据可再生能源系统的规模和电网的灵活性产生过剩的能量。通过电能存储技术，这种过剩的能量可以在超额生产时被存储，并在以后被使用。因此，电能存储技术可以使能源生产适应能源消耗，从而提高效率和降低能源生产成本。

电能存储的规模可以分为大、中、小 3 种规格。集中式批量电能存储设施被直接连接到发电厂或配电网，以存储大量的电能。集中式批量电能存储设施的常见形式有水电抽水蓄能或抽水蓄能（PHS）及压缩空气蓄能（CAES）等。另一方面，中小规模的电能存储设施可以被设计成分布式电能存储设施。分布式电能存储设施可配置在发电厂，连接到输配电网或者集成到智能家居和建筑自动化系统中。分布式电能存储常见的形式有电池［包括插电式混合动力电动汽车（PHEV）］、飞轮、太阳能热存储、超导磁能存储（SMES）等。本节将介绍并比较集中式批量电能存储和分布式电能存储。

鉴于电能存储技术与智能电网之间的密切关系，各种国际和国家标准发展组织（SDO）一直致力于电能存储技术的标准化。本节还将介绍电能存储技术的最新标准化流程。本节的组织如下：4.2.2 节概述各种电能存储技术的形式；4.2.3 节介绍各国际/国家标准化组织的标准化项目和工作。

4.2.2 电能存储技术及应用

电能存储技术已经存在于许多电力系统中。电能的存储并非像天然气或燃油那么容易，电能通常转化为另一种形式的能量。例如，除了将电能转换为电池中的电化学能，还可以将电能转换为诸如飞轮、压缩空气蓄能和抽水蓄能等存储技术中的机械能。这种能量在需要时会被转换回电能。本节将介绍各种存储技术及其在电网中的应用。表 4.1 给出了各种电能存储技术在应用、容量和成本方面的比较。

4.2.2.1 抽水蓄能

抽水蓄能是指在非高峰时段使用来自煤或核能的廉价电力将水送至较高海拔的水库，而在高峰期，将水从较高海拔的水库中释放，进行发电。抽水蓄能是目前最具性价比的大规模储能技术形式。在现有技术基础上，将水送至更高海拔水库所消耗的能量可

回收约75%。2010年，全世界的安装容量已超过90GW。与2006年不到80GW相比，安装容量增加了12%以上[1]。

未来的可再生能源（RES），例如，风能或太阳能等均可用于抽水蓄能。然而，尽管抽水蓄能能够存储大量的能量，但其实施仍需要巨大的初始投资和两个邻近的不同高度的水库。如果建立的水库覆盖了野生动物栖息地，抽水蓄能就可能通过影响生态而破坏了环境。实际上，抽水蓄能有一部分容量由于环境原因而从未被商业化使用。

表4.1　几种电能存储技术的比较

技术	代表性应用	容量	每千瓦容量的成本
抽水蓄能	峰值调整、负荷转移、能源套利、平滑天气影响	数十到数千兆瓦、长时间放电	高
压缩空气蓄能	峰值调整、负荷转移、能源套利、平滑天气影响	数十到数千兆瓦、长时间放电	低
电池	峰值调整和负荷转移、备用电源（孤岛）、插电式混合动力电动汽车、电压控制和频率调节	每单位高达1MW，可以组合多个单位以实现更大的容量	中
飞轮	线路或局部故障、电压控制和频率调节、旋转存储	每单位约25kW，可以组合多个单位以实现更大的容量	高
热能存储	平滑天气变化、峰值负荷转移	数十到数千兆瓦	低
超级电容存储	电压控制和频率调节	达到数兆瓦	低
超导磁能存储	线路或局部故障、电压控制和频率调节	每单位可达到数兆瓦，可以组合多个单位以实现更大的容量	高

4.2.2.2　压缩空气蓄能

压缩空气蓄能技术通过利用过剩的廉价电能来压缩空气。空气通常被存储在盐丘或其他类型的地质形式中。在高峰期，当需求高并且电费昂贵时，压缩空气被天然气加热，然后用于驱动涡轮发电机。

4.2.2.3　电池

现在已经有各种电池存储技术和应用，基于这些技术，电池存储可以为智能电网提供多种不同的服务。以下应用和服务可用于智能电网：

- 为时变实时需求提供本地资源；
- 替代或推迟对额外发电、输电或配电能力的需求；
- 减轻诸如风能和太阳能等间歇能源变化的影响；
- 在电力孤岛状态下检测当地的备用电源；
- 增加间歇性可再生能源并网的普及。

电池存储的3个潜在服务以及与其他智能电网系统的接口总结如下：

• 电池存储可直接在发电厂或输电网中实现，用于电力控制和管理。这种电池存储通常由能量管理系统（EMS）控制，并与广域态势感知（WASA）系统连接。

• 电池存储可以集成到配电网中进行配电电压控制。这种电池存储通常由监控和数据采集（SCADA）控制，并与配电管理系统（DMS）连接。

• 电池存储还可以直接集成到智能家居或建筑自动化系统中，以实现需求响应、负荷控制以及电源备份等。这种电池存储通常由家庭能源管理系统（HEMS）或建筑物能源管理系统（BEMS）控制，并与能源服务接口（ESI）系统连接。

尽管电池存储的使用可以追溯到20世纪，但是电池通常是昂贵、难以修护的，并且其寿命有限。然而，随着技术的进步，人们对电池存储的兴趣越来越大，这使得电池存储成为智能电网中更加实用的电能存储方式。铅酸电池作为备用电源，已在发电厂中被使用了数十年，而钠硫和钒氧化还原液流电池在大规模电能存储技术中使用将更加有效。可充电电池如镍镉（NiCd）、镍氢（NiMH）、锂离子（Li－ion）和锂离子聚合物等都适用于PHEV。各种电池的技术特点和应用可参见4.4节。

4.2.2.4 飞轮

飞轮以旋转轮或圆盘中动能的形式存储电能。在存储模式中，旋转轮由电动机加速至更高的速度，其作用如同负荷从电网中获取电能。飞轮通常被放置在真空中，并且用先进的磁性轴承将摩擦力保持在最小程度。为了恢复电力，通过飞轮减速驱动发电机，从而使发电机发电。凭借目前的技术水平，独立的飞轮单元可以存储并提供25kW·h的电能。多个飞轮可以被组合并部署在集成阵列中，用以提供各种兆瓦级的电能容量。飞轮通常被认为是一种短期存储技术，用于解决电力质量扰动和频率调节等问题。

4.2.2.5 热能存储

热能存储（TES）包括诸多技术，它们一般可分为两类：蓄热储能和蓄冷储能[2]。蓄热储能的基本类型为显热储能和潜热储能，其中显热储能的存储材料的温度随存储的能量变化而变化，而潜热储能中的存储材料则会随存储能量的变化而发生状态变化（例如从冰到水）。对于显热储能，可以使用液体介质存储（例如水、油基流体、熔融盐）和固体介质存储（例如岩石、金属、建筑织物）。对于潜热储能来说，能量以相变材料（PCM）达到相变温度发生状态转换时所需相变潜热的形式存储。相变材料可以进行固体到固体、液体到气体和固体到液体的状态转变。蓄热储能的典型应用是太阳能热存储。在这种系统中，聚集的太阳能通过熔化盐而被存储。太阳能热量用于驱动蒸汽机产生蒸汽，随后蒸汽驱动电力涡轮发电。

蓄热储能也可用于将加热或冷却的电力负荷从电网高峰压力时段转移至其他时段。一般来说，在热能需求显著的情况下应用蓄热储能；在冷却需求明显的情况下，采用蓄冷储能。例如，制冷系统可以在非高峰时段的夜间通电储能，而在白天提供制冷服务以减少峰值时电网的压力。冷冻水、冰和共晶盐是3种最常用的蓄冷储能系统材料。通过使用蓄冷储能系统，虽然不能减少制冷负荷需求，但是会如上所述将其从高峰时段转移到非高峰时段。

4.2.2.6　超级电容储能

传统电容由于结构和材料的限制，无法匹配电池的电能存储容量。与常规电容相比，超级电容是具有多种优点的新型电容，其寿命更长、电能存储容量更大并且放电效率更高。与电能被存储为化学能的电池不同，超级电容以电荷积累在轴承表面上的电场形式存储能量。与内部发生电化学反应并且循环寿命有限的电池不同，超级电容具有循环数千次的能力。随着技术的进步，超级电容表现出比使用纳米复合材料的锂离子电池更好的性能。

4.2.2.7　超导磁能存储

超导磁能存储系统将能量存储在对超导线圈充电而产生的磁场中。为了恢复能量，超导线圈进行放电。目前已经开发了用液氦和液氮冷却的超导磁能存储系统。但是，超导体的高成本限制了超导磁能存储系统的商业应用。

4.2.3　标准化项目和工作

电能存储是智能电网的关键功能，相应的标准被视为标准发展组织和其他利益相关者优先关注的事项。随着技术的进步，特别是风能和太阳能等间歇性可再生能源的日益普及，电能存储将在智能电网中发挥越来越重要的作用。然而，现有的将电能存储系统与电力基础设施相结合的标准却很少。此外，电能存储功能和要求将取决于存储使用的电网域（例如传输、配送、用户终端），但是现存的标准很少将其考虑在内。因此，利益相关者和标准发展组织应该合作解决电能存储的互操作问题和发展问题。本节将介绍并总结有关电能存储的各种标准化项目和工作。

4.2.3.1　NIST能量存储互连指南（PAN 07）

美国国家标准技术研究所（NIST）已经启动了能源存储互连指南项目，并将其列为2007年优先行动计划（PAP 07）。本指南的目标总结如下[3]：

- 各利益相关方和标准发展组织合作解决电能存储与分布式能源（ES－DER）电力互连问题。
- 为所应用问题制定范围界定文件，以确定电能存储与分布式能源互连和操作界面要求，包括电能存储与分布式能源和插电式电动汽车（PEV）的高度普及。
- 研究使用案例，从而识别电能存储与分布式能源互连和项目建模要求，包括与插电式电动汽车和风能使用案例的协调。
- 更新或扩充IEEE 1547标准系列，适应电能存储与分布式能源互连要求和IEC 61850－7－420项目模型。
- 启动电能存储与分布式能源互连传输级标准的开发。
- 协调配送和传输级的标准。

NIST将与其他包括美国保险商实验室（UL）、（美国）全国电气规程（NEC）－美国消防协会（NFPA）70、加拿大标准协会（CSA）、国际电工委员会（IEC）、美国电气电子工程师学会（IEEE）和国际汽车工程师学会（SAE）等在内的关键利益相关方合作，以确保安全可靠地实现电能存储与分布式能源的互连。

4.2.3.2 IEEE 1547 标准化项目

电力系统互连分布式能源 IEEE 1547 标准于 2003 年由 IEEE 批准。它定义了分布式能源与电力系统（EPS）的互连性，并提供了与互连的性能、操作、测试、安全和维护相关的要求[4]。但是，IEEE 1547 是针对相关系统开发的，对分布式能源和可再生能源的考虑有限。IEEE 1547 的一些局限性总结如下：

- 能源存储设备之间没有区别，而且在分布式能源发电中已经指定了发电机。
- 仅适用于总容量 10MVA 及其以下的场合。
- 不提供电压支持，而且没有定义其最大容量。
- 没有支持混合发电 - 存储的缓变率规范来减轻可再生能源间歇性风险。
- 没有指定分布式能源的自我保护。

为了更新和修订 IEEE 1547 标准，已经设计了 9 个互补性标准，并且其中的 5 个已经发布。公布的标准和正在进行的草案总结如下：

- 电力系统分布式能源互连设备一致性测试程序标准 IEEE 1547.1 2005，该标准发布于 2005 年。它提供一致性测试程序，以检测分布式能源与电力系统互连的适用性。
- IEEE 1547 标准中的分布式能源与电力系统互连的应用指南 IEEE 1547.2 2008，该标准发布于 2008 年。它提供技术说明、应用指导和互连示例，以增强对 IEEE 1547 的使用。
- 电力系统与分布式能源互连的监控、信息交换和控制指南 IEEE 1547.3 2007。
- 电力系统分布式能源孤立系统的设计、运行和集成指南 IEEE 1547.4 2011，该标准发布于 2011 年。它为电力系统的需求响应（DR）孤立系统的设计、操作和集成提供了替代方法。
- 10MVA 以上电力资源与输电网互连技术准则草案 IEEE P1547.5，该标准于 2011 年被撤销。
- 电力系统分布式二级网络与分布式能源互连的建议实践草案 IEEE 1547.6 2011，该标准发布于 2011 年。它规定了用于分布式能源与电力系统分布式二级网络互连的标准、需求和测试方案。
- 分布式能源互连分布影响研究草案指南 IEEE P1547.7，该标准旨在研究分布式能源与电力系统互连的潜在影响及相关标准、范围和程度。
- 推荐实施的为 IEEE 1547 标准实施策略提供补充支持的扩展使用方法及程序 IEEE P1547.8，该标准旨在通过识别创新设计、流程和操作程序来扩展 IEEE 1547 的有用性和唯一性。
- 电力系统互连分布式能源标准 IEEE P1547a—修正 1，该标准旨在建立对电压调节的更新以及对 IEEE 1547 标准的其他必要更改。

4.2.3.3 IEEE P2030 标准系列

IEEE P2030 标准系列由 IEEE 开发，用来为智能电网的互操作性提供指导。与电力基础设施相结合的储能系统的互操作性指南草案 IEEE P2030.2，旨在为与电力基础设施相结合的离散和混合存储系统提供指导，包括应用终端和负荷[5]。电能存储设备和电

力系统应用系统测试程序标准定义了适用于两者的测试程序。连接到电力系统的存储设备和系统需要进行验证，以满足 IEEE 标准中相关规定的要求。IEEE 2030.2 和 2030.3 标准仍处于开发阶段。

4.2.3.4 国际电工委员会智能电网标准化路线图

国际电工委员会（IEC）智能电网标准化路线图介绍了现有标准的清单，并分析了现有标准与未来要求之间的差距。在此分析的基础上，介绍了未来发展的建议。IEC 规定的电能存储的要求总结如下[6]：

- 安全的操作和处理是其主要要求。
- 应提供有关存储单元容量和价格信息预测的信息。
- 需要存储单元的最佳调度。
- 数据模型和语义信息模型必须可用。
- 整个链路必须可以支持通信，包括电网、电池管理系统和电池模块。
- 需要传达电池类型、额定值、启动率、累计千瓦时、充电条件、温度、负荷历史、可用性和制造商等关键参数。

现有标准 IEEE 61850 -7 -410，即电力公用事业自动化通信网络和系统—7 -410 部分：水力发电厂—监测和控制通信定义了水电站与电力自动化的连接。它规定了在水力发电厂中应用 IEC 61850 所需的额外公共数据类别、逻辑节点和数据对象。

IEC 61850 -420 电力公用事业自动化通信网络和系统 7 -420 部分：基本通信结构，即分布式能源逻辑节点针对分布式能源资源的 IEC 61850 信息建模。用于分布式能源的 IEC 61850 信息模型将用于与分布式能源交换信息，包括往复式发动机、燃料电池、微型涡轮机、光伏（PV）、热电联产（CHP）和能量存储。这些信息模型与 IEC TC 57 开发的通用信息模型（CIM）概念完全兼容。

目前，除水电储能以外，其他的批量电能存储系统都不具备相关标准。大型分布式存储系统连接的等效标准应由 IEC TC 57 进行开发。指定所需交换数据的数量及种类的配置文件同样需要进行开发。对固定电池和移动电池及电池组的相关测试及验证程序也是必要的，应由 TC 21 和 TC 35 进行开发。

4.3 分布式能源

4.3.1 分布式能源概述

分布式能源通过在消费者附近产生能量来提供经济和生态效益。分布式能源可以最大限度地减少输配电的损失，并在发生停电时为客户提供连续可靠的电力供应。分布式能源对智能电网的设计有重大影响，如可靠性、电能质量和成本等重要问题应由各利益相关者进行良好的分析。许多标准化组织或行业利益相关者对分布式能源提出了不同的定义。在美国，美国国家标准技术研究所（EPRI）及其行业利益相关者定义的分布式能源通常是指小于 60MW 的“小型或模块化”发电或储能资源[7]。在澳大利亚，“分布式能源”一词被“分散能源”所取代，以实现“从目前大型集中式能源发电和配送模式向通信质量更佳、更直观的模式转变”。IEC 已经将兴趣转向虚拟电厂，并在参考文献［6］中规定了虚拟电厂成功运行的技术要求。相比之下，NIST 则专注于电能存储分布式能源互连性问题[9]。IEEE 已经修订和更新了 IEEE 1547 标准，用于解决与分布式能源和电能存储系统的互连性相关的问题。在参考文献［10］中，CEN/CENELEC/ETSI（欧洲电信标准化协会）建议相关技术委员会制定对于分布式能源的电气连接和安装规则的统一标准。

在本章中，4.3.2 节介绍了分布式能源的现状，包括应用、技术、成本和效益以及挑战。4.3.3 节介绍了包括公共服务部门、标准发展组织与政府机构在内的各利益相关者为制定与发展新的分布式能源标准与技术所做出的努力。

4.3.2 技术和应用

成功部署分布式能源系统的重要前提是明确某种特定的分布式能源在解决能源危机方面的特定作用，并且要能够在特定的条件下选择特定的分布式能源技术。本部分主要介绍了一些分布式能源方面的技术和它们在终端用户方面的应用。表 4.2 总结了一些目前可以使用的技术的优缺点及其应用。

表 4.2 分布式能源发电技术优缺点及应用

发电技术类型	优点	缺点	应用
微型燃气轮机发电技术	成本低、体积小、污染少	残余热量浪费、效率低	缓解高峰用电、CHP、备用电能、提高电能质量和用电可靠性
燃料电池技术	能源转化率高、污染少、能源密度大、噪声小	成本高、易高温腐蚀和击穿（SOFC、MCFC）、技术不成熟	备用电能、电动汽车、CHP、分布式发电
光伏发电技术	无污染、无可移动部件、维护成本低、无噪声	装机成本高、能量输出可变、转化效率低	分布式发电、缓解高峰用电
风力发电技术	技术成熟、无污染、无可变成本	能量输出可变、发电机组安装地点固定、转化效率低	分布式发电、缓解高峰用电
燃气轮机技术	技术成熟、效率高、运营成本低、可靠性高	环境问题（排放和噪声）、高耗能、缺少电力电子器件	CHP、缓解高峰用电、备用电能、提高电能质量和用电可靠性
往复式发电机技术	装机成本低、起动时间短、技术成熟、可靠性高	环境问题（排放和噪声）、维护成本高、效率低、缺少电力电子器件	备用电能、提高电能质量和用电可靠性

传统的分布式能源发电技术，诸如使用燃煤汽轮机和往复式发电机的发电技术，正在向低成本、高效率、减少污染物排放和提高可靠性方面发展。在未来，预测传统分布式发电将在许多应用中都保有竞争力并主导该领域。但是，由于缺少为分布式能源提供控制的电力电子设备，传统技术难以在智能电网中发挥重要作用。可再生能源，如太阳能和风能等，都对环境保护有重要意义。光伏电池板可以直接将太阳能转化为电能，这种设备一般安装在屋顶或是其他光照较强的区域。风电机组则主要安装在高的塔架之上，目的是最大化风力发电机转速和避免由于森林、山丘和建筑等障碍物引起的风力不稳定。微型燃气轮机是一种小型的燃气轮机，能够产生热能和电能，借助残余热能回收技术可以实现更高的能量转化效率。由于微型燃气轮机体积比较小，它的一次装机成

本、运营成本和维护成本都相对较低。

燃料电池是一种利用电化学反应将燃料中的化学能转化为电能的发电设备，它有着高效率、低排放的特点。质子交换膜燃料电池（PEMFC）可以利用纯氢气作为原料进行发电，从而吸引了很多大型汽车制造商的关注。高温燃料电池可以利用自然界中的气体进行发电，比低温燃料电池更加适合运用在热电联产系统中。诸如固体氧化物燃料电池（SOFC）、熔融碳酸盐燃料电池（MCFC）等高温燃料电池都已经被燃料电池公司（FuelCell Energy）、美国 Bloomenergy 公司、富士电机公司（Fuji Electric）和美国 ClearEdge Power 公司研发并生产。但是高昂的催化剂费用、高温腐蚀和高温成分裂解都使两种燃料电池的发展面临巨大的挑战。

图 4.1 由低到高总结了一些分布式能源技术的总成本[7]，这些总成本包含了资金成本、财务成本、原料成本、维护成本和残余热能回收成本[11]。图中的结果显示出，随着技术的发展，一些分布式能源的性价比能够比电力零售业的更高（为终端用户提供能量的成本）。有关分布式能源技术的安装成本、运营成本和维护成本以及电费的更多信息见参考文献[12]。

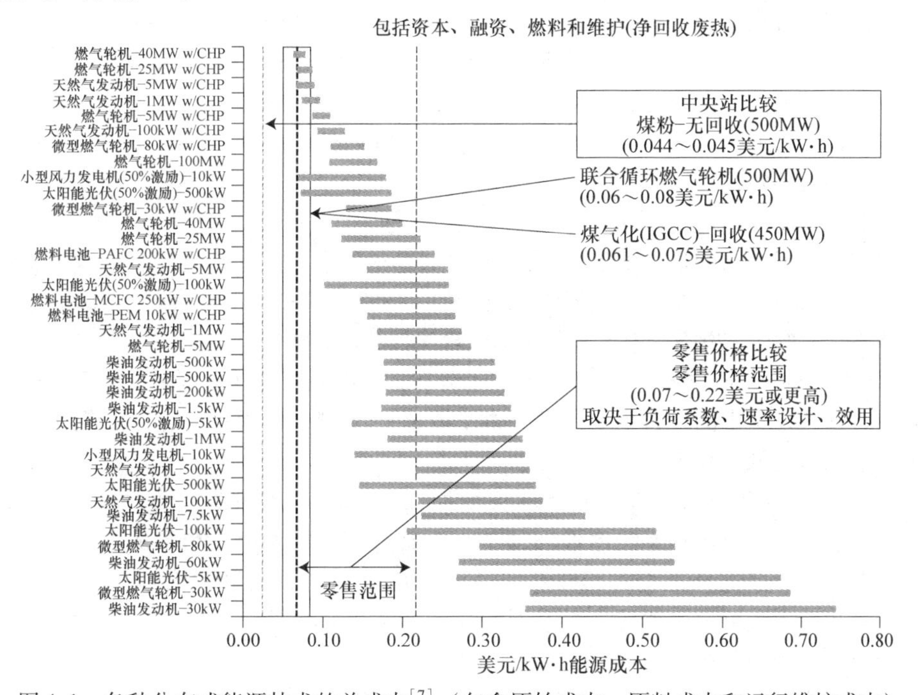

图 4.1　各种分布式能源技术的总成本[7]（包含原始成本、原料成本和运行维护成本）

4.3.3　相关标准化进程和项目

4.3.3.1　美国电力科学研究院项目

美国电力科学研究院（EPRI）在电力发、输、配、用以及电力管理和环保方面都有相关的研究项目。同时，在电能存储和分布式发电方面也进行了许多的研究。EPRI

正在组织一个7年期的智能电网示范工程研究所，该研究所主要研究智能电网核心网络和一些大型的智能电网项目。其合作的大型项目之一是夏威夷智能电网项目，该项目旨在找到分布式发电、需求侧响应和储能等智能电网组成部分的有机组合和互操作方法。参考文献［7］提及了一些2015年版的分布式能源使用途径。分布式能源主要有3种独立的使用形式，分别是发电并网、孤岛用户用电和转化为其他种类的能源；同时，分布式能源还有两种联合使用形式，分别是用户/配电网联合使用和转化/并网联合使用。

4.3.3.2 欧洲分布式能源实验室和欧洲电工委员会项目

欧洲分布式能源实验室成员包括欧洲各个国家的分布式能源研究所和相关机构，该实验室成立的目的是指定分布式能源发电并网的相关需求和电能质量的标准。目前，实验室正致力于相关分布式能源技术发展方面的研究及制定欧盟内部和国际的相关标准。实验室已经发表了众多的关于储能设备并网、电磁兼容和分布式发电保护的相关高水平论文，并联合CENELEC TC8X/WG3制定了在单相16Å的低压或中压配电网中并入分布式发电的相关技术需求报告。

4.3.3.3 CERTS的微网标准

美国电力可靠性技术解决方案协会（CERTS）为美国能源部制定的微网标准中将微网定义成一个自主供电和自主供热的实体电网。与传统分布式能源发电可能对大电网造成不良影响相比，微网的优势在于其可以被看成是一个受控的用户负荷，其内部有许多的电子设备来控制系统运行并进行内部通信。微网有缓解高峰期用电紧张、本地提供电压和控制负荷转移等优势。

4.3.3.4 欧洲分布式能源项目

“框架计划”是欧盟提出的为技术发展、科学研究和建立示范性工程提供资金的工业类计划。本节主要介绍在该计划的“五期”（1998－2002）、“六期”（2002－2006）和“七期”（2007－2013）中关于分布式能源项目的内容。

“五期”的DISPOWER项目主要研究了分布式发电在区域性电网中的体系结构，并为解决分布式发电中的一些主要问题提供了资金[13]，例如该项目研究了大规模分布式发电并入低压电网的技术[14]。

“六期”的EU－DEEP项目由欧洲八大供电商支持，旨在解决欧洲大规模分布式发电设备安装方面的技术和非技术性问题[15]，包括分布式能源电力市场的整合、不同制度体系的统一和分布式能源并网技术的研究。IRED[16]项目是2002年在“五期”项目中为了解决分布式可再生能源发电并网问题的大型研究项目，该项目在“六期”中旨在将可再生能源和分布式发电整合入未来的欧洲电网。“六期”中还有一个PENIX项目旨在利用虚拟电厂最大化分布式发电在欧洲电网中的占比[17]。

“七期”中的四年期iGREENGrid项目于2013年12月启动，旨在增加可再生能源发电的装机容量，并提高其配电网可靠性和电能质量[18]。ADDRESS项目旨在设计一个整合分布式能源发电和需求侧响应的配电网。

4.3.3.5 国际电工委员会智能电网标准化路线图

国际电工委员会（IEC）在智能电网标准化[6]之路上，对分布式能源的兴趣更多是

在虚拟电厂（VPP）上。VPP是小型或超小型分布式热电联产机组，其稳定运行需要预测系统、能源管理系统、能源数据管理系统等协调工作，并且需要强大的通信前端设备。VPP的模块单元可以根据IEC 61850-7-420标准进行建模，建立关于其中分布式能源的信息模型。对IEC 61850-7-420和相关的IEC 61850协议的介绍见4.2.3节。IEC 61850-7-420主要用于水力发电厂、风力发电机和光伏发电系统，与之相关的协议还有IEC 61850-7-410、IEC 61400-25和IEC 61727。IEC正在寻求和IEEE、CENELEC等相关领域的专业机构进行合作，促进分布式能源发电的标准化进程。

4.3.3.6　美国国家标准技术研究所优先行动计划和IEEE分布式能源互连标准

美国国家标准技术研究所（NIST）将“能源存储互连项目”列为其PAP 07项目。该项目旨在解决储能与分布式能源（ES-DER）互连问题。在该项目中，NIST为了适应ES-DER和满足IEC 61850-7-420对象互连的要求，更新了IEEE 1547系列标准，定义了分布式能源和电力供应网络互连的相关标准，并提出了在操作、性能测试、安全和维护方面的相关要求。为了完成上述更新，NIST对IEEE 1547做了九项大的增补，其中五项已经出版。关于NIST PAP 07和IEEE 1547的具体内容详见4.2.3节。

4.3.3.7　中国、德国、澳大利亚和日本的工作

中国国家电网公司从2013年1月启动了面向分布式能源发电和并网的为期两年的科研项目。德国已经启动的E-Energy项目则是为了研究能够提高供电可靠性和供电效率的信息通信技术，该项技术可以利用分布式能源并网满足用户的用电需求，从而更好地平衡电力供需关系。与此同时，英联邦科学和工业研究会发布了“澳大利亚能源权力下放路线图”，该路线图主要包含了澳大利亚能源下放的路线图和具体实施方案，尤其是在提高分布式能源发电渗透率方面的具体方案。“分布式”一词是较目前大型集中式发电而言的，“分布式”代替集中式大型发电是未来趋势。在这样的大背景下，日本新能源和工业技术开发组织在仙台和大田市八幡町等地开展了分布式发电示范性工程。

4.4　电动汽车

4.4.1　电动汽车概述

欧盟27国中29%的二氧化碳排放和美国33.1%的二氧化碳排放来自交通工具[20,21]。传统的石油类交通工具有着固有的高成本和不安全等弊端，而电动汽车可以在很大程度上缓解能源和经济方面的压力，减轻国家对石油的依赖，保护全球环境。电动汽车可以作为可调节负荷帮助电网消纳电量，并完成削峰填谷、电压控制和频率调节等相关任务。但是电动汽车和传统交通工具相比的劣势在于电池充电时间长、续航能力有限、电池寿命较短和并网安全无法保障。在本章中，我们将对电动汽车的技术和相关规范进行介绍，并会着重介绍电动汽车并网方面的相关内容。

本章的结构安排如下：4.4.2节主要介绍电动汽车的发展历史；4.4.3节主要介绍电动汽车的类型；4.4.4节主要介绍电动汽车的电池；4.4.5节主要介绍电动汽车并网方面的相关问题；4.4.6节主要介绍电动汽车相关的标准。

4.4.2 电动汽车的发展历史

1828年，匈牙利工程师Ányos Jedik发明了电动汽车模型车。1834～1835年，美国发明家Thomas Davenport建造了一款电池供电的电动汽车，并在一小段轨道上进行了测试。其他早期的电动汽车发明家还包括苏格兰的Robert Anderson以及荷兰的Sibrandus Stratingh等。这些发明家被认为是电动汽车发展的先驱。

在20世纪初期，在内燃机还没有被发明前，电动汽车占有汽车市场的绝大多数份额，据统计美国1912年约有30000辆电动汽车，其中约三分之一是商用车[22,23]。当时的电动汽车比其他类型的汽车具有行驶速度快、更加清洁和在雪地中行驶能力强等优点。但是从1920年开始，电动汽车就几乎从市场上消失了。原因是内燃机的发明使卡车、叉车和拖拉机等专业型车辆放弃电能转而使用石油；同时电动汽车售价比油耗型汽车高很多，使得民用消费者也放弃了电动汽车转而使用油耗型汽车。例如福特汽车公司的T型油耗型汽车在1908年售价约为850美元，而当时的电动汽车售价普遍在2000美元左右。而且随着石油工业的发展和生产流水线的出现，T型汽车后期的售价只有260美元，仅为电动汽车的十分之一左右。电动汽车相较油耗型汽车的另一个劣势在于续航能力，电动汽车充一次电只能行驶35英里㊀左右，但是油耗型汽车加一次油可以至少行驶200英里[24]，而且加油方便，加油耗时比电动汽车充电短很多。

除了上面提到的因素，电动汽车发展的障碍还有充电站数量不足、缺少相关监管标准、高昂的研发和运行成本、充电时间长且不方便、安全性能得不到保障等。我们对这些因素进行一一列举，进一步分析如下。

- 续航能力问题：续航能力即是一次充电之后运行的里程数，一般情况下一次充电电动汽车最多行驶100英里。在一项调查中消费者普遍认为续驶里程不足是他们放弃选择电动汽车的首要因素[25]。在一项调查[26]中，63%的受采访者表示续航能力在300英里左右可以使他们接受电动汽车，但是目前的技术暂时不能达到这样的续航能力。在提高续航能力方面，还可以从减少充电时间和建设更多的充电站方面间接入手，这些内容在4.4.4节和4.4.5节中会详细介绍。
- 充电基础设施问题：目前，电动汽车充电站数量不足也是电动汽车不能大规模推广的主要原因之一。然而，这个问题难以解决的症结在于没有数量众多的电动汽车就没有足够的充电站需求，也就没有足够的资金去建设更多的充电站。
- 政策问题：首先应该解决的是电动汽车并网的相关政策的制定，继而应该从政府补贴、降低成本和免费停车等政策手段方面对充电站建设和电动汽车进行刺激。
- 行业标准问题：相关标准发展组织需要更加致力于电动汽车并网行业标准的制定，从而保证电动汽车行业的安全性和标准化。同时还需要制定相关市场的标准和通信标准，保障市场的有效运行和数据的准确传递。
- 电池成本问题：电动汽车锂电池每千瓦时的成本在600美元左右，在2015年预计可以降到500美元[27,28]。然而电动汽车的成本价除非降至每千瓦时300美元，否则与

㊀ 1英里（mile）＝1609.344m。——译者注

油耗型汽车相比是没有成本竞争力的[29]。

- 方便性问题：消费者已经习惯了从经销商处购买车辆然后直接开回家使用。但是电动汽车需要获得在家安装充电桩的许可，并且从得到许可到安装线路再到使用还需要一段较长的时间，有时甚至需要两三个月，这取决于不同的运营商的办事效率。即使在配套设施都安装齐全的情况下，由于电动汽车的电池容量和充电设备的不同，电动汽车每次充电还需要少则一个半小时，多则一天的时间，这给消费者带来了极大的不便。而目前快速充电技术发展还面临诸多困难，消费者也面临负荷限制，这使得传统的本地配电网很难安装快速充电设备。因此快充设备更多地只能安装在公共充电站，这又带来了诸如车辆状态实时信息掌握、收费价格等方面的问题。
- 安全性问题：电动汽车有诸如电池安全、充电安全、操作安全、驾驶安全和消防安全等多方面的安全问题亟待解决。

4.4.3　电动汽车的类型

目前有相当多种类的电动汽车分类方法。一种是按照充电方式分为两类，一类是插入传统的充电桩进行充电，还有一类则是无线充电。插电式电动汽车通常是插入外部电源进行充电，无线充电汽车则是通过地面和车上两个电磁线圈进行感应充电。本书中的电动汽车是指传统插电式充电电动汽车。电动汽车的另一种分类方式是按照动力方式分为纯电动汽车和混合动力电动汽车两类。混合动力电动汽车是指采用诸如电池、内燃机等多个动力源混合供能的汽车，其优点是比纯电动汽车更加经济方便。图4.2列举了传统油耗型汽车和各类电动汽车的动力方式。

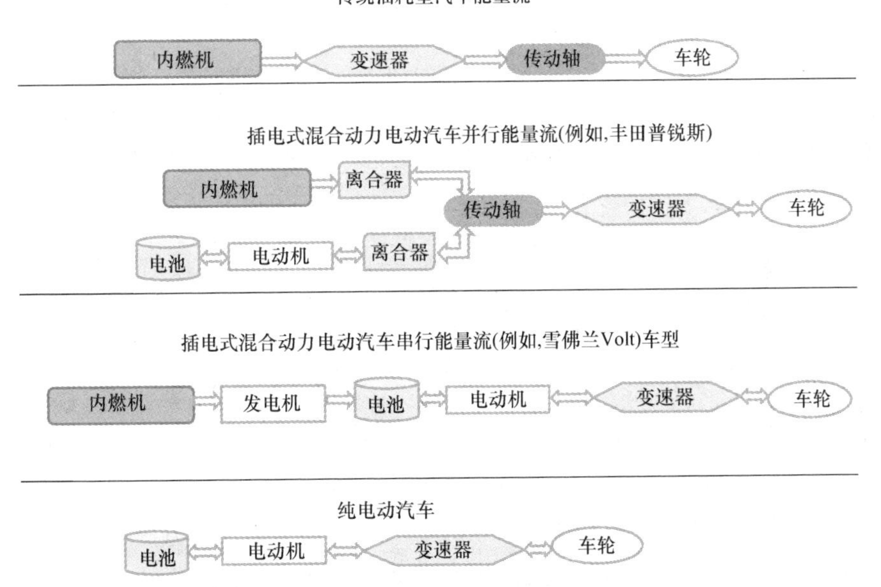

图4.2　国际电工委员会定义的传统油耗型汽车和一些有前景的电动汽车方案（经气候与能源方案中心允许转载）[30]

下面总结了各类汽车的能量转化方式。

- 传统油耗型汽车：传统油耗型汽车主要是通过化石燃料与氧化剂（通常为空气）燃烧产生膨胀的高温高压气体从而推动气缸运动。随着技术的进步，人们发明了氢气内燃机类汽车（HICEV）。氢气与氧气的燃烧只产生水，水又可以再次电离成氢气和氧气，因此该类汽车可以有效解决能源危机。
- 插电式混合动力电动汽车（PHEV）：PHEV 可以利用诸如石油和电力等多种能量同时驱动汽车行驶。
- 纯电动汽车（BEV）：纯电动汽车只利用电能驱动汽车行驶。
- 增程型电动汽车（EREV）：增程型电动汽车和 PHEV 相似，不同之处只在于石油类化石燃料不直接驱动汽车行驶，而是先进行发电，再将电能存储在电池中，从而增加汽车的续航能力（例如雪佛兰 Volt 车型）。

虽然 PHEV 中除了电力系统还增设了内燃机系统，但是由于 PHEV 比纯电动汽车动力成本更低，同时加入内燃机系统能够减少电池成本，因此 PHEV 比纯电动汽车更加具有价格优势。

4.4.4 电动汽车的电池

不同于用于照明和点火的电池，电动汽车的电池特征在于功率重量比、能量重量比和能量密度高。功率重量比决定了在相同重量的电池情况下电动汽车的加速能力，能量重量比决定了在相同重量的电池情况下电动汽车的续航能力。高功率重量比和能量重量比的电池将可以在相同重量的限制下具有更好的发展和使用空间。同时，得益于电池技术的进步，电动汽车将可以获得更亮的显示屏和更长久的电池寿命。但是在消费领域，电动汽车的成本依然较高，通常是油耗型汽车的一倍多。阻碍消费者选择电动汽车的另一个障碍则是电池的能量密度比汽油低得多，例如目前锂离子电池的能量密度仅为汽油的 1%[30]。但是随着电动汽车系统效率的提高，使得电动汽车比传统油耗型汽车能量使用率更高，从而在一定程度上弥补了能量密度低的弊端。

表 4.3 列举了由美国国家高级电池联盟（USABC）制定的高级电动汽车要求[31]，其组织成员有克莱斯勒有限公司、福特汽车公司和通用汽车公司。PHEV 的系统性能目标和电动汽车电池储能系统的寿命分别在参考文献［32］和参考文献［33］中可以找到。为了将联盟的要求与现有的电动汽车进行比较，诸如电化学电容器和燃料电池等各种电池的功率重量比和能量重量比在图 4.3 中展现出来[34]。USABC 要求电动汽车电池至少要符合图 4.3 的要求。锂离子电池可以轻松满足混合动力电动汽车的要求；但是铅酸电池的能量重量比太低，无法满足 USABC 的要求；镍氢电池因为技术相对成熟，目前广泛用于混合动力电动汽车，但是它的性能不能满足 USABC 的要求。与电池相比，电容器的放电时间太短。

表 4.3 USABC 为电动汽车高级电池设定的目标

全负荷运行系统的参数	长期商业化的最低目标	长期目标
功率密度/(W/l)	460	600
比功率 - 放电 80% DOD/30s/(W/kg)	300	400
比功率 - C/3 放电速率/(Wh/kg)	150	200
能量密度 - C/3 放电速率/(Wh/kg)	230	300
比能量 - C/3 放电速率/(Wh/kg)	150	200
比功率与比能量之比	2:1	2:1
总容量/kWh	40	40
使用寿命/年	10	10
循环寿命 - 80% DOD/周期	1000	1000
总容量损失(额定规格百分比)	20	20
价格 - 2500 单位@ 40kWh/(美元/kWh)	<150	100
额定温度/℃	-40 ~ +50 性能损失 20%(期望 10%)	-40 ~ +85
充电时间	6h(期望 4h)	3 ~ 6h
高速率充电	在 30min(期望小于 20min@ 270W/kg)内为 20% ~70% SOC	在 15min 内为 40% ~80% SOC
一小时充电电量(额定能量容量百分比)	75	75

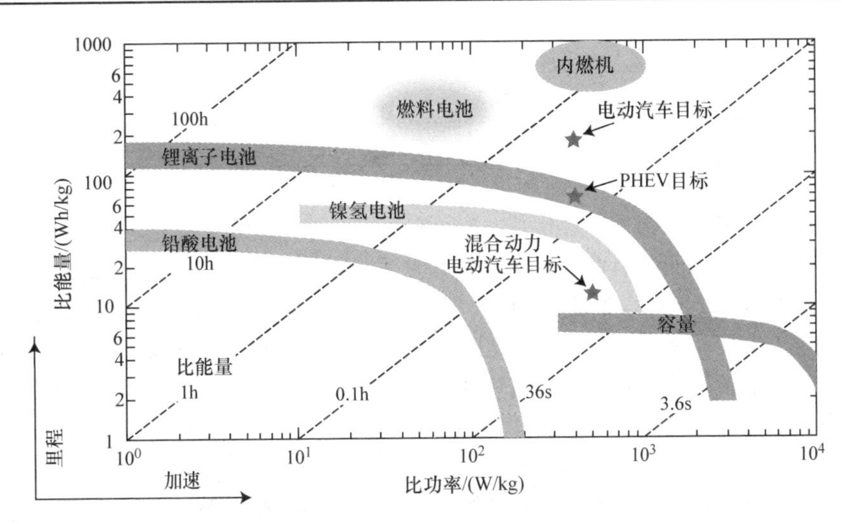

图 4.3 Ragone 曲线图［各种电化学能量存储和转换装置的比功率密度（Wh/kg）相对于比能量密度（W/kg）］[34]

尽管锂离子电池符合 PHEV 的要求，但诸如成本、寿命、安全等重要参数方面还需要进一步考虑。锂离子电池的主要问题之一是老化问题，也就是说，最大储能容量会随着时间的推移而减少。然而，锂离子电池是目前最适用于车载的电池，因为它具有较高的蓄能能力和功率容量，并且在将来成本可能降低。电池的能量密度在过去20年中一直在缓慢上升，因此，有很多改进的余地。锂电池的未来可以说非常乐观，实现理论上最大可能的能量限制并非不可能，尤其是在汽车电池系统商业化之后，研发出能量大、寿命长、安全性好、成本低的锂电池指日可待。

4.4.5 电动汽车并网技术的机遇与挑战

4.4.5.1 G2V技术的机遇与挑战

电动汽车发展的一大障碍是充电时间长，表4.4中的数据显示了电动汽车在不同输出功率和续驶里程的情况下需要的充电时间[35]。从表4.4中可以看出，通过消费者承担全额费用的家用慢速充电设备或是公共场所慢速充电设备，使用16A 230V单相线路进行电动汽车充电至少需要6～8h才能充满。在非高峰时段电价便宜时用户通常选择在家充电。表4.4表明家用充电设施充电一小时只够电动汽车行驶30～40km，难以满足大多数驾驶员的日常驾驶里程的要求。但尽管慢速充电设备不能提供足够的续驶里程，其比快速充电基础设施便宜的优势还是使得大多数家庭和公众都选择慢速充电设备，如IEC 60309规定的标准蓝色Commando接口或SAE J1772插座。

表4.4 充电总时间和输出功率以及续驶里程的关系[35]

充电模式	输出功率	充电时间/h	续驶里程/km
单相230V	16A/3kW	8	40
	32A/7kW	6	70
三相400V	16A/11kW	4	110
	32A/22kW	2	150
快速充电	500V/125A	0.3	150

表4.5展示了SAE J1772标准中包含的充电等级[36]。1级交流充电需要近17h将电动汽车充满电，这可能给消费者带来不便。为了使用户能够在过夜的时候为电动汽车充电，有必要升级成240V的2级交流电，但是在一些国家中购买这些设备的经销商并不多见。快速充电设备需要诸如450V及以上的高压，这不仅需要对家用插座更新换代，也需要对电网更新换代。在家庭安装快速充电的基础设施过于昂贵，因此可能只能在公共场所或大型充电站使用。由于焦耳第一定律的存在，对于特定的时间和电阻，导体上流过的电流所产生的热量与电流的二次方成正比。因此，对于快速充电所需要的大电流，车辆和充电器侧需要额外的冷却系统和温度传感器来提供保护。对于2级直流充电器，日本汽车产业运营商设计了专用的连接器，并制定了CHAdeMO标准。它允许充电器与汽车之间进行通信，在特定时期输送特定的电力。在4.4.6节将对CHAdeMO标准做详细的介绍。由于成本问题，目前没有官方的3级充电设备。

表 4.5　SAE J1772 标准规定的车辆充电等级[36]

<table>
<tr><th rowspan="2">级别</th><th rowspan="2">电压差/V</th><th rowspan="2">电流/A</th><th rowspan="2">功率/kW</th><th colspan="4">纯电动汽车充电时间/h</th></tr>
<tr><th>3.3kW 充电器</th><th>7kW 充电器</th><th>20kW 充电器</th><th>45kW 充电器</th></tr>
<tr><td rowspan="2">1 级交流</td><td rowspan="2">120</td><td rowspan="2">12/16</td><td rowspan="2">1.4/1.92</td><td colspan="4">纯电动汽车:17</td></tr>
<tr><td colspan="4">PHEV:17</td></tr>
<tr><td rowspan="2">1 级直流</td><td rowspan="2">200 ~ 450</td><td rowspan="2">80</td><td rowspan="2"><36</td><td rowspan="2">—</td><td rowspan="2">—</td><td>纯电动汽车:1.2</td><td rowspan="2">—</td></tr>
<tr><td>PHEV:0.37</td></tr>
<tr><td rowspan="2">2 级交流</td><td rowspan="2">240</td><td rowspan="2">80</td><td rowspan="2"><19.2</td><td>纯电动汽车: 7</td><td>纯电动汽车: 3.5</td><td>纯电动汽车: 1.2</td><td rowspan="2">—</td></tr>
<tr><td>PHEV:3</td><td>PHEV:1.5</td><td>PHEV:0.37</td></tr>
<tr><td rowspan="2">2 级直流</td><td rowspan="2">200 ~ 450</td><td rowspan="2">200</td><td rowspan="2"><90</td><td rowspan="2">—</td><td rowspan="2">—</td><td rowspan="2">—</td><td>纯电动汽车:0.3</td></tr>
<tr><td>PHEV:0.17</td></tr>
<tr><td>3 级直流</td><td>200 ~ 600</td><td>400</td><td><240</td><td>—</td><td>—</td><td>—</td><td>仅纯电动汽车: <0.17</td></tr>
</table>

尽管快速充电技术能够使纯电动汽车在 20 ~ 30min 内充满电，但是这样的充电时间还是比加油的时间更长。为了克服这一挑战，人们提出了电池交换技术，并对其进行了研究[37,38]。运用这种技术可以使充电时间和传统的加油时间一样长，借助这种交换技术，用户可以开车进入电池交换站，将他们的整个电池包从汽车上卸载并更换成一个完全充电的电池包，整个过程只需要几分钟而不是等候充电的几个小时。这种方式下消费者不再需要支付购买电池包的价格，只需要支付租赁电池的价格，其价格只有购买电池组的三分之一，从而降低了电动汽车的总成本。尽管应用电池交换技术带来了诸多好处，商业化的障碍仍然存在。例如，电池交换基础设施的纯资本成本高得令人难以置信，一个电池交换站的成本高达 500000 美元[39]。此外，启用电池交换技术会带来新的问题，如设计和安全方面的问题。设计问题是电池组对于特定的车型可能是唯一的，不能用于其他车型。安全问题则是当电池的重量超过 200kg 时整个交换过程将会很危险。

尽管有传统的化石能源，但充电站可设计为仅利用可再生能源。一个例子是采用太阳能充电的纯电动汽车充电站。在该充电站中用于充电电动汽车的功率全部来自太阳能光伏发电系统，这意味着电动汽车完全借助清洁能源在运行。

电动汽车并网的几个关键问题之一是充电基础设施的安装。充电基础设施使消费者可以在非高峰时段对电动汽车充电，有助于保持电网的可靠性。如果大量的电动汽车在同一时间充电，巨大的瞬时电力需求将增大电网的压力。这种压力在消费者希望采用 2 级快速充电基础设施来减少充电时间时尤为突出。充电等级越高，瞬时需求越大，电网压力越大。白天充电的电动汽车可能在高峰时段导致瞬时需求超过现有电力供应能力，此时电网需要提供额外的能力来满足需求的增长，这将是一笔难以估计的开支。因此，为了平衡供求，财政部门应该实施高峰额外收费措施以刺激消费者错峰充电。

G2V 技术使电动汽车可以和智能电网交换必要的信息，从而实现并网智能充电。这些信息包括充电状态、充电时间、价格、预计的行车范围等，每个车辆均可以远程计算这些信息并得到充电计划。为了满足公共服务部门的需要，可以设定一些约束条件，从而优化充电计划，减少电网负担。充电计划有许多优点，包括最大限度地降低能源成本、提高能源效率、减少瞬时需求等。欧洲的电动汽车充电计划设计了一个拥有分布式发电和使用可再生能源发电的开放一体化网络（EDISON）项目，如图4.4所示[40]。关于该项目的更多细节见4.4.6节。

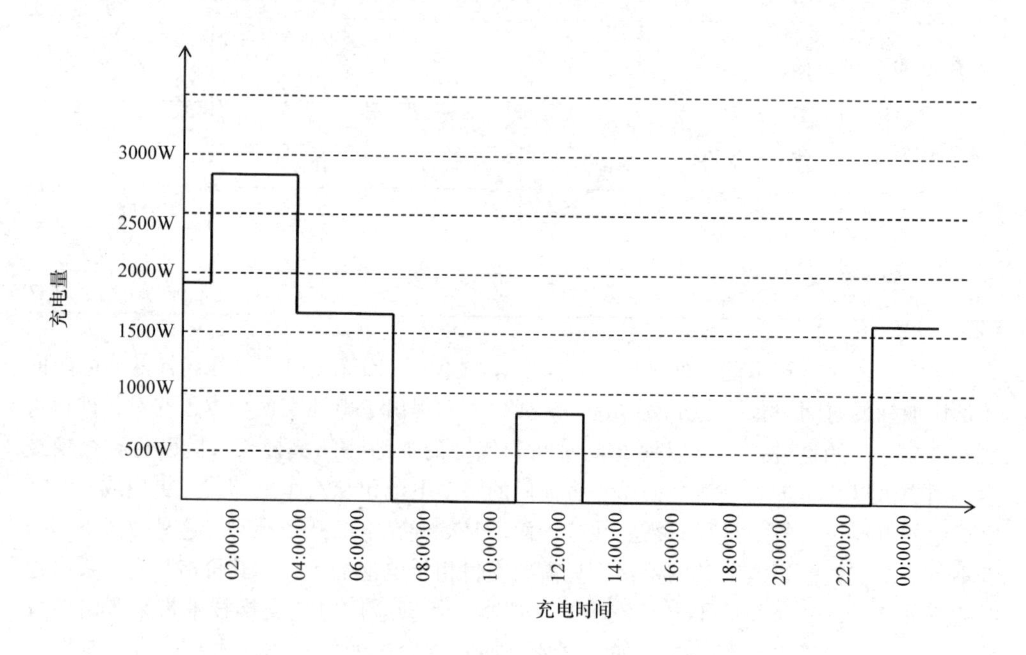

图4.4　EDISON充电计划[40]

4.4.5.2　V2G技术的机遇与挑战

V2G技术可以帮助调节供需失衡，同时电动汽车还可以作为电能存储设备，即可以用于满足突然增加的电力需求。在这种情况下，电动汽车可以被用作储能单元存储能量，在非高峰时段电价最低时进行储能，在高峰时段提供能量回馈电网。间歇性新能源发电本质上是不可预测的，但V2G技术可用于消纳新能源，使可再生发电能源变为平滑发电，从而促进可再生能源领域的发展，如太阳能和风能的消纳将极大地受益于V2G技术。然而，尽管V2G技术前途广阔，它也面临着许多发展方面的障碍，如基础设施费用昂贵、能源利用效率低、电池寿命短、对电网的影响未知、缺乏相关标准和安全问题等。因此各大汽车制造企业和充电基础设施运营商需要开发新的商业模式，占领新兴电动汽车市场，建立战略合作伙伴关系，从而促进电动汽车事业的标准化和长足发展。

4.4.6　电动汽车的标准化

4.4.6.1　国际电工委员会的相关标准

在国际电工委员会（IEC）提出的智能电网标准化路线中要求电动汽车必须满足以下这些条件：电池要有足够的生命周期且在周期中循环充电稳定，汽车运行必须安全稳

定，价格信息需要切实可行等。但是目前电动汽车行业的状况和现行标准之间还是有一定差距的。本节主要介绍与通信、充电系统和有线充电相关的标准，如表4.6所示。

表4.6　有关V2G通信、电动汽车充电系统和有线充电的IEC标准

内容	说明
通信	IEC/ISO 15118 电动汽车通信接口 第一部分：定义和用例 第二部分：系列表和信息交换层 第三部分：物理信息交换层
充电系统	IEC 61851 电动汽车充电系统 第一部分：一般要求 第二部分第1节：电动汽车交直流充电连接要求 第二部分第2节：交流电动汽车充电站 第二部分第3节：直流电动汽车充电站 第三部分第1节：交流电动汽车数据接口 第三部分第2节：直流电动汽车数据接口
有线充电	IEC 62196 电动汽车有线充电的插头、插孔以及充电器 第一部分：交流250A和直流400A的电动汽车充电 第二部分：交流引脚和接触管配件的尺寸互换性要求 第三部分：专用直流充电的额定直流工作电压为1000V和额定电流为400A的引脚和接触管、插头的尺寸互换性要求

ISO/IEC关于指定电动汽车（EV）和电动汽车供电设备（EVSE）通信的15118系列标准仍在制定中。ISO/IEC 15118－1已确定以下用例元素：插件过程、通信设置、识别及认证、支付、收费、增值服务、外挂程序。ISO/IEC 15118定义了物理层和更高层，这有别于IEC 61850，该协议只处理高层次通信协议。在ISO/IEC 15118中定义的数据模型可以兼容IEC 61850和IEC 61968。

IEC 61851系列标准是电动汽车标准。IEC 61851规定了有线和无线充电设备，定义了EV－EVSE通信数据接口，定义了4种不同的电动汽车充电模式。EV－EVSE通信数据接口通过使用脉冲宽度调制（PWM）信号和控制导频线以实现对不同电压等级的控制。4种不同的电动汽车充电模式如下所述：

- 模式1：使用标准插座进行慢速充电；
- 模式2：使用具有保护措施的标准插座慢速充电；
- 模式3：利用EVSE的慢速或快速充电；
- 模式4：利用无线充电设备的快速充电。

IEC 61851中规定的一些充电模式需要专用的电源、充电设备、控制和通信电路设备。IEC 62196系列标准给出了专用插头的机械、电气和性能要求，专用充电设备和电动汽车通过这种插头连接起来，进行一般的充电操作。IEC 62196－1定义了交流250A和直流400A的电动汽车的插头、插座、连接器和电缆组件的相关标准。2011年制定的

IEC 62196 - 2 定义了三相交流充电插头的类型如下。

• 类型 1：基于 SAE J1772/2009 的单相汽车插头。它是由 SAE 在国际上率先提出并由北美和日本在 120V 线路上首先使用的插头。

• 类型 2：基于 VDE - AR - E 2623 - 2 - 2 的单相和三相汽车插头。它是由德国电气电子和信息技术协会（DKE/VDE）制定标准并由连接器制造商曼奈柯斯开发的插头。

• 类型 3：基于电动汽车插头委员会规定的单相或三相插头，这类插头能够满足欧盟制定的安全标准。

正在起草的 IEC 62196 - 3 旨在制定快速直流充电插头的相关标准，下面一些插头类型在标准考虑范围内。

1）日本的 CHAdeMO 插头，该插头是由 CHAdeMO 协会制定的，采用了基于 CAN 总线的电动汽车和 EVSE 之间的通信协议。

2）美国和德国联合充电系统研究会开发的 SAE J1772 插头升级版，该插头采用 Homeplug greenPHY 通信用电力线载波（PLC）协议。

3）中国正在自主研制的基于 CAN 的通信协议的插头。

4.4.6.2 美国国家标准协会电动汽车标准部的相关标准

美国国家标准协会（ANSI）电动汽车标准部（EVSP）是 ANSI 为了跟上世界其他地区电动汽车发展趋势而专门设立的一个部门。该部门主要负责电动汽车方面的技术标准和相关市场标准的制定，旨在协调公共和私营部门间的利益，使在美国大规模部署电动汽车[41]和相关基础设施成为可能。该部门与包括汽车行业、电力行业、政府和高校等各个参与者在 2012 年 4 月联合颁布了《电动汽车标准化路线图第一版》和《ANSI EVSP 路线图标准纲要第一版》。

ANSI 的电动汽车研究方向主要集中在正在路上运行的电动汽车，而 IEC 规定的传统意义上的混合动力电动汽车不在研究范围内。为了使电动汽车得到更广泛的发展，ANSI 确定了几个主要的挑战，包括安全性、可承受性、互操作性、运行性能和环境影响。研究的主要目标是：

• 提高电动汽车发展的全面性、稳健性和一致性。

• 最大程度的与国际组织进行合作，达到标准的统一。

ANSI 确立的 3 个研究领域分别是电动汽车本身的研究、配套基础设施的研究和相关支持服务的研究，在这 3 个领域下又有 7 个更加具体的研究方向，分别是电能存储方向、车辆零部件设计方向、用户界面设计方向、充电系统研究方向、通信方向、车辆安装方向和相关人员培训方向。一个领域内的问题通常是相互关联的，在电动汽车安全性、运行性能和互操作性方面的空白目前还没有任何标准去填补，某些方面的部分空白则通过一些程序代码、规章制度和一致性程序加以弥补。总之，3 个研究领域和 7 个研究方向中一共有 36 个相关方面的空白需要加以填补。

此外，这个研究计划是以《ANSI EVSP 路线图标准纲要》为原则进行扩展的，因此可以通过电子表格查找等方法进行相关标准条例的评估和选择，从而为大规模部署电动汽车及其基础设施提供可靠的服务。

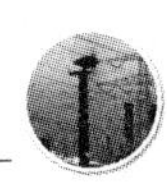

4.4.6.3 欧盟CEN－CENELEC电动汽车工作组的相关标准

由欧洲标准化委员会（CEN）和欧洲电工标准化委员会（CENELEC）成员国代表组建的欧盟电动汽车工作组致力于建立符合欧洲基本状况的电动汽车规范标准。在欧盟委员会的委托下，2011年10月工作组制定了《电动汽车和基础设施标准化》报告。为了更加深入地完成电动汽车相关标准的制定，工作组还设立了CEN－CENELEC电动汽车协调小组（eM－CG）来专门负责某些工作。

该报告中CEN－CENELEC电动汽车工作组考虑了诸多电动汽车相关的最重要的问题，如电动汽车充电模式、充电器连接系统设计、智能充电相关问题、通信问题、电磁兼容问题以及标准问题。报告还提供了具体的欧洲电动汽车标准化要求以及当前研究的概述，同时报告也提出了必要的国际合作和战略建议[42]。此外，该报告还提供了由标准发展组织制定的标准列表，其中列举了如CEN、CENELEC、ISO、IEC、SAE、UL等制定的标准方案，如表4.7所示[42]。表的“类型”一栏代表标准的类型，A代表一般信息，B代表测试方法，C代表安全问题；表的“等级”一栏代表标准的重要程度，1表示非常重要，4则表示可以被取代；表的“技术领域/标准语料库”一栏列举了相关机构提出的标准。综上所述，工作小组建议标准化过程中需要优先考虑：充电设备的安全性、插件的互操作性、充电站和车辆的EMC规定、V2G的通信协议和快速电池交换方案。

表4.7 EV－HEV的现行标准举例

类型	等级	技术领域/标准语料库	EN（CEN）	EN（CENELEC）	ISO	IEC	SAE	UL
A	2	电动道路车辆－词汇 电动道路车辆－词汇			ISO 8713：2005 正在修订中			
A	3	电动道路车辆－术语	EN 13447：2001		ISO 8713			
A	2	设备用图形符号				IEC 60417		
A	2	人机界面、标识和识别的基本原则和安全原则，导体颜色和数字识别		EN 60446		IEC 60446		
A	3	外壳防护等级（防护等级）		EN 60529		IEC 60529		

2012年12月，由CEN、CENELEC、ANSI举行了跨大西洋圆桌会议，并对4个关键领域进行了讨论：插头的安全性和互操作性、快速充电、V2G通信与无线充电以及电动汽车基础设施和电池的安全。标准组织，如IEC、ISO、SAE等之间的信息共享也正在努力进行之中。

4.4.6.4 美国国家标准技术研究所的电动汽车模型（PAP11）

美国国家标准技术研究所（NIST）已经启动了电动汽车建模项目并将其列为11号

优先计划（PAP11）。该计划在智能能源 2.0 的背景下建立了电动汽车的信息模型作为通用信息模型的扩展。该计划的目标总结如下[43]：

- 总结扩展接口的需求（基于 SAE 和 NIST 研讨会的用例）；
- 建立统一建模语言的高级信息模型草案（CIM/IEC 61850）；
- 与相关标准研究机构对于电动汽车信息协同交换进行深入合作；
- 与 IEC 对于 IEC 61968 和 IEC 61850 相关内容开展合作；
- 校验现行标准的局限性；
- 协调关于充电器充放电和电池重量方面的研究。

同时 PAP11 也对以能源储存和配电网研究为目的的 PAP07 提供支持，该计划在 4.4.1 节中具体介绍。

4.4.6.5 日本 CHAdeMO 的相关标准

CHAdeMO 是一种专用直流快速充电标准，可以使电动汽车充电 5 ~ 10min 而行驶 40 ~ 60km，不到 30min 就可以将电池充至满电的 80% 左右[44]。CHAdeMO 这个词源于日本，意味“一杯茶的功夫就可以充满电并行驶”。CHAdeMO 协会是由世界各地的 26 个国家、430 多个组织共同参与组建的，截至 2012 年 9 月，全世界共有 1600 多个专用充电器和超过 57000 辆符合 CHAdeMO 规定的电动汽车产生，为世界各地的电动汽车发展做出了贡献。2012 年 8 月，日本工业标准委员会（JISC）决定发布 CHAdeMO 标准，作为日本工业标准（JIS）的技术规范。IEC 在 2014 年 6 月 19 日参照这个标准发表了 IEC 61851 – 23（用于充电系统）、IEC 61851 – 24（用于通信）和 IEC 62196 – 3（用于连接器）标准。

4.4.6.6 SAE 的相关标准

美国汽车工程师学会（SAE）是一个由航空航天和汽车行业的工程专业人士和研究人员组成的全球性学会[45]。SAE 颁布的航空航天器和地面车辆标准比世界上任何组织都多。在电动汽车方面，SAE 公布的标准主要涵盖了电池性能评价、电池系统安全性、最大可用功率测定、电动汽车电池包装、电动汽车和电网之间的通信、电动汽车和客户之间的通信以及互操作性等。NIST 第二版路线图、SAE J2847 系列标准、SAE J1772 系列标准和 SAE J2836 系列标准已经确定了由 NIST 智能电网互操作委员会领导的电动汽车标准制定方案。

SAE J2847 标准规定了电动汽车和电网之间的通信，同时也制定了电动汽车并网充电和放电的相关要求。

SAE J1772 标准规定的有线充电方式已经在北美进行了应用，该标准同时也被列入了国际标准 IEC 62196 – 2。该标准涵盖了单相 SAE J1772 – 2009 连接器[46]的普通电气特征、功能和性能方面的要求。SAE 还规定了直流快速充电的复合耦合器的相关标准，其中的联合充电系统标准与日本的 CHAdeMO 标准相互竞争。联合充电系统规定了采用 PLC 技术的电动汽车与电网和 EVSE 之间的通信，与 CHAdeMO 采用 CAN 总线的通信不同。SAE 的联合充电系统可能被列入国际标准 IEC 62196 – 3。

表 4.8 列举了一些用于 V2G 和电池的关键的 SAE 标准。

表4.8 用于V2G和电池的关键的SAE标准

部分	标准
V2G 通信	SAE J2847 第一部分：电动汽车并网通信 第二部分：电动汽车和孤岛直流充电站间的通信 第三部分：电动汽车倒送功率的通信 第四部分：并网充电汽车故障诊断通信 第五部分：充电汽车和用户间的通信
V2G 通信举例	SAE J2836 第一部分：电动汽车并网通信的案例 第二部分：电动汽车和孤岛直流充电站间的通信的案例 第三部分：电动汽车倒送功率的通信的案例 第四部分：并网充电汽车故障诊断通信的案例 第五部分：充电汽车和用户间的通信的案例
V2G EVSE 通信	SAE J2931 第一部分：电动汽车通信设备建模 第二部分：电动汽车通信信号 第三部分：电动汽车可编译控制逻辑器 第四部分：电动汽车联网可编译控制逻辑器 第五部分：用户、电动汽车、充电设备和家用局域网之间的远程智能通信 第六部分：电动汽车无线充电的通信 第七部分：电动汽车的通信安全
V2G 互操作性	SAE J2953 电动汽车和供电设备之间的通信
V2G 能量传输系统	SAE J2293 电动汽车能量传输系统 第一部分：功能需求和系统结构 第二部分：通信需求和网络结构
V2G 可充式储能系统	SAE J2758 定义了混合动力电动汽车可充式储能系统的最大可用功率
V2G 安全性	概述了电动汽车的安全性
V2G 排放量和燃料成本的计算	SAE J1711 混合动力电动汽车排放量和燃料成本的计算
电池震动测试	SAE J2380 电池震动测试
电池使用测试	SAE J2464 电池使用测试
电池外包装	SAE J1797 推荐电池包装
电池运行状况	SAE J1798 推荐电池运行状况检测模块
电池循环次数	SAE J2288 电池循环次数测试模块
电池功能概述	SAE J2289 电动汽车功能概述
电池运行状况测量	SAE J551/5 9kHz~30MHz 电动汽车性能等级及电场和磁场强度测量方法
电池容量	SAE J537 电池容量
电池标签	SAE 2936 电池标签概述
电池系统安全	SAE J2929 混合动力电动汽车电池系统安全标准
电池控制系统	电池燃料安全厚度推荐

4.4.6.7 美国保险商实验室的相关标准

美国保险商实验室成立于1894年，是世界上最大的安全测试和认证机构。美国保险商实验室与相关领域的合作者合作制定了1000多个安全标准。美国保险商实验室一直致力于电动汽车的安全标准的制定，并力求与制造商开发更安全的电动汽车设备。美国保险商实验室还推出了电动汽车充电设备安装培训计划。

4.4.6.8　其他组织的相关标准

其他组织的相关项目见表4.9。

表4.9　电动汽车项目

项目名称	说　明
“开启V2G”项目	该项目为V2G通信接口方案提供了依据。该方案允许纯电动汽车或混合动力电动汽车通过DIN 70121标准进行信息交换
MERGE项目	该项目主要是评估电动汽车对欧洲电力系统规划、运营和市场运行的影响。项目开发了一种基于管理和控制的概念，称为MERGE概念[48]
G4V项目	该项目主要为了评估大规模电动汽车对电网基础设施的影响。这个计划还制定了一个2020年的电网发展线路图[49]
EDISON项目	该项目已经启动，旨在研究如何利用电动汽车提供所需的平衡动力，以便到2020年将可再生能源的产量增加到总发电量的50%。EDISON是“使用可持续能源和开放网络的分布式集成市场中的电动汽车”的英文缩写
十城市千辆车计划	中国政府的该计划在3年内将至少在中国10座城市投放1000辆新能源汽车
特拉华大学计划	该计划由Willett Kempton教授领导，旨在发展技术、政策和市场策略，希望通过电网集成车辆（GIV）和V2G创造价值
MOLECULES计划	该项目由欧洲委员会资助，旨在利用ICT服务来帮助实现在三个试点城市，即巴塞罗那、柏林和巴黎[50]的智能电动汽车运营
KAIST在线电动汽车（OLEV）项目	该项目由韩国科学技术研究院启动，旨在开发一种非接触式磁充电方法为电动汽车充电

4.5　小结

本章涵盖了电池储能、分布式能源和电动汽车应用状况和标准化状态的概述。如PHS和CAES等专业类技术标准已经在世界各地的各类讨论中日趋成熟，而其他一些新兴技术仍处于研究和发展阶段。然而，尽管PHS和CASE已经普及，但是它们仍需要特定的条件才能实现，其他技术也面临同样的情况。传统的分布式能源发电技术，如往复式发动机和燃气轮机技术，已广泛部署在世界各地，并可能在许多应用中保持竞争力；而一些新兴技术仍处于研究开发阶段，没有充分展示出自己的潜在优势。因此，在实际应用中，需要更多地考虑由技术改革带来的效益和其需要的成本之间的关系。随着技术的进步，一些新兴的电动汽车技术能够在与原有技术的竞争中找到平衡点。

我们相信，随着技术的进步，一些新兴的电池储能和分布式能源技术可以具有足够的成本效益，并被最终用户和公用事业公司广泛部署。本章还提供了各种电动汽车技术的概述。电动汽车可以减轻国家对石油的依赖，从而使国家在经济、国家安全和环境等方面占据优势；电动汽车可以连接电网使许多来自可再生能源的电力被吸纳；电动汽车

还有转移高峰负荷、电压控制和频率调节等优势。然而，尽管电动汽车有诸多优点，其大规模普及仍然面临着挑战，这些挑战诸如成本高、续航能力差、缺乏充电基础设施、安全问题、缺少规范和标准等。

电力系统、电动汽车和分布式能源相互关联并相互依存。分布式能源电力系统，即ES-DER，已被联邦能源监管委员会（FERC）认定为智能电网的关键技术[3]。此外，电动汽车在G2V模式下可以被视为是负荷，在V2G模式下可以提供电力，但是其中的智能电网系统设计互连和互操作性问题有待解决。因此，为了弥补智能电网的要求和现行标准之间的差距，美国国家标准技术研究所已经启动了07号优先计划（PAP07）。IEEE也已经更新和修改了现有的IEEE 1547标准和IEEE P2030.2互联发布标准来解决系统的互操作性问题。国际电工委员会也扩展了IEC 61850的信息模型。众多的V2G和G2V项目已经启动，IEC、IEEE、NIST、SAE、CEN/CENELEC、ANSI等机构也在共同促进电动汽车互操作标准的发展。在未来，为电动汽车行业的标准化工作继续努力已经成为汽车制造商们的共识，充电基础设施运营商、政府、标准化机构、客户等也在为整个电动汽车行业的发展做出自己的贡献。

参考文献

[1] U.S. Energy Information Administration (2013) *World Hydroelectricity Installed Capacity from 2006–2010*, www.eia.gov/cfapps/ipdbproject/iedindex3.cfm?tid=2&pid=33&aid=7&cid=ww,&syid=2006& yed=2010&unit=MK (accessed 2 December 2012).

[2] Hasnain, S.M. (1998) Review on sustainable thermal energy storage technologies. *Energy Converts*, **39** (11), 1127–1153.

[3] NIST.(2013) *NIST Energy Storage Interconnection Guidelines (6.2.3)*, www.nist.gov/smartgrid/upload/7-Energy_Storage_Interconnection.pdf (accessed 21 December 2012).

[4] Institute of Electrical and Electronic Engineering (2003) IEEE 1547. *Standard for Interconnecting Distributed Resources with Electric Power Systems*, IEEE.

[5] Institute of Electrical and Electronic Engineering (2013) IEEE P2030.2. *Draft Guide for the Interoperability of Energy Storage Systems Integrated with the Electric Power Infrastructure*, IEEE.

[6] IEC SMB Smart Grid Strategic Group (2010) *IEC Smart Grid Standardization Roadmap Edition 1.0*, www.iec.ch/smartgrid/downloads/sg3_roadmap.pdf (accessed 27 December 2012).

[7] Rastler, D. (2004) *Distributed Energy Resources: Current Landscape and a Roadmap for the Future*. EPRI Technical Update.

[8] Commonwealth Scientific and Industrial Research Organization (2011) *"THINK SMALL" The Australian Decentralised Energy Roadmap 1st Issue*, http://igrid.net.au/resources/downloads/project4/Australian_Decentralised%20Energy_Roadmap_December_2011.pdf (accessed 5 December 2012).

[9] National Institute of Standards and Technology (2012) *NIST Framework and Roadmap for Smart Grid Interoperability Standards, Release 2.0*, www.nist.gov/smartgrid/upload/NIST_Framework_Release_2-0_corr.pdf (accessed 2 December 2012).

[10] CEN/CENELEC/ETSI Joint Working Group (2011) *Final Report of the CEN/CENELEC/ETSI Joint Working Group on Standards for Smart Grids*, .ftp://ftp.cen.eu/CEN/Sectors/List/Energy/SmartGrids/SmartGridFinalReport.pdf. (accessed 27 December 2012).

[11] Rastler, D. (2004) *Economic Costs and Benefits of Distributed Energy Resources*. EPRI Technical Update, Energy and Environmental Economics Inc., San Francisco, CA.

[12] Herman, D. (2003) *Installation, Operation, and maintenance Costs for Distributed Gen-*

eration Technologies. EPRI Technical Report 1007675. (http://www.epri.com/abstracts/Pages/ProductAbstract.aspx?ProductId=000000000001007675)

[13] European Commission (2002) *Distributed Generation with High Penetration of Renewable Energy Sources Project*, www.dispower.org (accessed 10 December 2012).

[14] European Commission. (2002) *The EU Frame Programme 5 MICROGRIDS Project*, http://microgrids.power.ece.ntua.gr/ (accessed 10 December 2012).

[15] European Commission (2006) *The European Distributed Energy Partnership Project*, http://cordis.europa.eu/search/index.cfm?fuseaction=result.document&RS_LANG=ES&RS_RCN=12477109&q= (accessed 10 December 2012).

[16] European Commission (2006)*The Integration of Renewable Energy Sources and Distributed Generation into European Electricity Grid Project*, www.ired-cluster.org/ (accessed 10 December 2012).

[17] European Commission (2006) *The Flexible Electricity Network to Integrate the Expected "Energy Evolution" Project*, www.fenix-project.org/ (accessed 12 December 2012).

[18] European Commission (2013) *The Integrating Renewables in the European Electricity Grid Project*, www.iberdrola.es/ (accessed 12 December 2012).

[19] European Commission (2012) *The Active Distribution Networks with Full Integration of Demand and Distributed Energy Resources Project*, www.addressfp7.org/ (accessed 13 December 2012).

[20] Transport & Environment. (2012) *CO_2 Emissions from Transport in the EU27*, www.transportenvironment.org/sites/te/files/media/2009%2007_te_ghg_inventory_analysis_2007_data.pdf (accessed 15 December 2012).

[21] U.S. Energy Information Administration (2012) *US Emissions of Greenhouse Cases Report*, www.eia.gov/oiaf/1605/ggrpt/carbon.html#transportation. (accessed 15 December 2012).

[22] Ipakchi, A. and Albuyeh, F. (2009) Grid of the future. *IEEE Power and Energy Magazine*, **7** (2), 52–62.

[23] Vojdani, A.F. (2008) Smart integration. *IEEE Power and Energy Magazine*, **6** (6), 72–79.

[24] Ford (2012) *Model T Facts*, http://media.ford.com/article_display.cfm?article_id=858 (accessed 15 December 2012).

[25] Accenture (2011) *Plug-in Electric Vehicles: Charging Perceptions, Hedging Bets.*

[26] Deloitte Global Services Ltd (2011) *Gaining Traction: Will Consumers Ride the Electric Vehicle Wave?*

[27] Produced for the United States Securities and Exchange Commission (2010) *10-K: Annual Report Pursuant to Section 13 and 15 (d)*, Enerl, Inc., New York.

[28] Boston Consulting Group (2010) *Batteries for Electric Cars: Challenges, Opportunities, and the Outlook to 2020*, Boston Consulting Group,Detroit, MI.

[29] MIT Energy Initiative (2010) *Electrification of the Transportation System*, MIT, Cambridge, MA.

[30] Ralston, M. and Nigro, N. (2011) *Plug-in Electric Vehicles: Literature Review*, www.c2es.org/docUploads/PEV-Literature-Review.pdf (accessed 16 December 2012).

[31] USABC (2012) *USABC Goals for Advanced Batteries for EVs*, www.uscar.org/commands/files_download.php?files_id=27 (accessed 17 December 2012).

[32] USABC (2012) *FreedomCAR Energy Storge System Performance Goals for Power Assist Hybrid Electric Vehicles*, www.uscar.org/commands/files_download.php?files_id=83 (accessed 17 December 2012).

[33] USABC. (2012) *USABC Requirements of End of Life Energy Storage Systems for PHEVs*, www.uscar.org/commands/files_download.php?files_id=156 (accessed 17 December 2012).

[34] Srinivasan, V. (2012) *Battery Choices for Different Plug-in HEV Configurations*, .www.nrel.gov/vehiclesandfuels/energystorage/pdfs/40378.pdf. (accessed 17 December 2012).

[35] Periyaswamy, P. and Vollet, P. (2011) *The Electric Vehicle: Plugging in to Smarter Energy Management. Schneider Electric White Paper*, www2.schneider-electric.com/documents/support/white-papers/electric-vehicle-smarter-energy-management.pdf (accessed 18 December 2012).

[36] SAE International (2011) *SAE Charging Configurations and Ratings Terminology*, www.sae.org/smartgrid/chargingspeeds.pdf (accessed 18 December 2012).
[37] Becker, T.A., Ikhlaq, S., and Burghardt, T. (2009) *Electric Vehicles in the United States: A New Model with Forecasts to 2030.*
[38] Kohchi, A. (1996) System apparatus for battery swapping. US Patent US005585205A.
[39] Yarow, J. (2009) *The Cost of a Better Place Swapping Station: $500,000. Business Insider*, www.businessinsider.com/the-cost-of-a-better-place-battery-swapping-station-500000-2009-4 (accessed 20 December 2012).
[40] Andersen, P.B., Hauksson, E.B., Pedersen, A.B. *et al.* (2012) Smart charging the electric vehicle fleet, in *Smart Grid – Applications, Communications, and Security* (eds L.T. Berger and K. Iniewski), John Wiley & Sons, Ltd, Chichester, pp. 381–408.
[41] American National Standards Institute (2012) *ANSI Electric Vehicles Standards Panel (EVSP)*, www.ansi.org/standards_activities/standards_boards_panels/evsp/overview.aspx?menuid=3 (accessed 20 December 2012).
[42] CEN/CENELEC Focus Group on European Electro-Mobility (2011) *Standardization for Road Vehicles and Associated Infrastructure Version 2.0.*
[43] National Institute of Standards and Technology (2010) *NIST PAP11 Common Object Models for Electric Transportation*, http://collaborate.nist.gov/twiki-sggrid/bin/view/SmartGrid/PAP11PEV (accessed 12 December 2012).
[44] CHAdeMo (2012) *CHAdeMO Long Brochures* www.chademo.com/wp/wp-content/uploads/2012/12/Brolong.pdf (accessed 10 January 2013).
[45] SAE International www.sae.org/ (accessed 10 January 2013).
[46] SAE International (2012) SAE J1772. *SAE Electric Vehicle and Plug in Hybrid Electric Vehicle Conductive Charge Coupler*, SAE International.
[47] OpenV2G Project http://openv2g.sourceforge.net/ (accessed 14 January 2013).
[48] European Commission (2012) *Mobile Energy Resources in Grids of Electricity (MERGE) Project Homepage*, www.ev-merge.eu/ (accessed 14 January 2013).
[49] European Commission (2012) *Grid for Vehicle (G4V)*, www.g4v.eu/ (accessed 15 January 2013).
[50] European Commission (2012) *Mobility based on Electric Connected Vehicles in Urban and Interurban Smart Clean Environments (MOLECULES)*, www.molecules-project.eu/ (accessed 15 January 2013).

第5章

智慧能源消费

5.1 简介

需求响应（DR）、高级计量体系（AMI）以及智能家居和楼宇自动化是消费者进行智慧能源消费的重要系统。这3个系统之间有着紧密的联系，并且彼此之间相互依存。需求响应为客户提供根据供应条件（如电价）管理负荷需求的能力。高级计量基础设施通过各种传输媒介向用户和公用事业部门提供电力、天然气、水等能源消耗的数据记录。这些高级计量基础设施收集到的数据可以高效地反馈给消费者，使其更加了解自身能源的使用情况。智能家居和楼宇自动化系统根据供应条件（如电价）自动控制客户设备的运行。本章简要介绍不同组织开发的各种需求响应、高级计量基础设施、智能家居和楼宇自动化的相关技术、规格和标准。

本章还介绍在充分发掘需求响应、高级计量基础设施及智能家居和楼宇自动化等技术的潜在优势过程中遇到的主要障碍，以及国家标准技术研究所（NIST）、紫蜂联盟（ZigBee）、开放型自动化需求响应（OpenADR）、结构化信息标准促进组织（OASIS）、欧洲标准化委员会（CEN）、欧洲电工标准化委员会（CENELEC）和欧洲电信标准协会（ETSI）等组织为解决互操作性问题所做的工作。本章的组织结构如下：5.2节介绍了需求响应技术、应用障碍和标准化工作；5.3节介绍两个主要的高级计量基础设施标准：IEC 62056和ANSI C12标准（美国国家标准协会）以及由欧洲标准化委员会、欧洲电工标准化委员会、欧洲电信标准协会、国家标准技术研究所、国际电工委员会、国际电信联盟、UtilityAMI等组织机构发起的各种计量标准化项目和相关工作。5.4节介绍诸多智能家居和楼宇自动化的标准，包括ISO（国际标准化组织）/IEC信息技术—家庭电子系统（HES）、ZigBee/HomePlug智慧能源规范（SEP）2.0，Z－Wave联盟、节能减排及家庭护理网络（ECHONET）、ZigBee家庭自动化（ZHA）公共应用规范、楼宇自动化及控制网络（BACnet）、LONWORKS、INSTEON、KNX和ONE－NET。

5.2 需求响应

5.2.1 需求响应技术概述

需求响应是智能电网的重要特征之一，它与AMI、智能家居和楼宇自动化系统、分布式能源（DER）、电力存储等其他智能电网系统紧密相连。需求响应包括公共事业部

门实施的直接负荷控制（DLC）程序，它被用来调节或控制负荷以达到供需平衡的目的。直接负荷控制程序可以带来诸多好处，如转移高峰需求、降低电力成本、减少大量资本支出的需要等。然而，由于用户的隐私，它对各个负荷控制的影响有限。相比之下，间接负荷控制程序为客户提供了依据供电条件（如电价）来管理负荷需求的能力。在由公共事业部门采用的直接负荷控制程序中，家用电器的操作由相应单位或聚合器进行远程控制，并对控制信号做出积极响应。相比之下，在由客户实施的间接负荷控制程序中，家用电器的运行不是由公用事业部门直接控制的，而是由用户自己考虑成本后做出的决定，即通过在电价高的时候关闭一些设备来降低电费。总而言之，需求响应可以显著降低用电高峰负荷，从而降低总体设备和建设成本要求。

需求响应可以在以下两个方面进行：

- 快速需求响应：能量需求需要在近乎实时或实时条件下保持平衡，例如，频率稳定的应用需要在几秒内做出响应。
- 慢速需求响应：缓慢的响应，例如在日前的需求响应中，信号在事件被调用之前就已经被发送出去，并且其响应时间为若干天。

与慢速需求响应相比，快速需求响应需要用户设备与电网之间的无缝通信、全自动负荷控制以及针对需求响应的一致性信号。此外，其他智能电网技术，如分布式能源、电动汽车（EV）、储能方面的进步使得需求响应系统更加复杂并且难以实现。5.2 节简要概述了需求响应技术和为充分实现其潜在优势所面临的主要困难，以及解决互操作性问题的相关工作。5.2 节的组织结构如下：5.2.2 节简要介绍了需求响应技术及其障碍；5.2.3 节介绍了各种标准发展组织（SDO）为解决需求响应互操作性问题而提出的标准化项目和相关工作。

5.2.2 需求响应技术与障碍

为了激励客户参与需求响应，已涌现出了一系列的定价模型，如实时定价（RTP）、临界峰值定价（CPP）、可变峰值定价（VPP）、使用时间定价（TOUP）、日间定价（DAP）等。在所有的这些定价模式中，核心思想为以下两点：一是允许电价波动以反映电力供需变化；二是鼓励客户将高能耗家用电器的使用时间转移到用电低谷时段[1]。基于定价激励的需求响应决策不容易被预测，因其还取决于客户是否会根据设定的价格激励来改变自己的用电习惯。从长远来看，定价激励本身不足以实现需求响应设备的大规模应用。此外，最新的研究表明，用户之间缺乏关于如何应对复杂时变电价的知识，以及缺乏有效的自动化控制系统是实现需求响应项目增益最大化的两大主要障碍[2,3]。因此，对于需求响应系统与智能家居和楼宇自动化系统、高级计量基础设施系统、分布式能源系统的整合是非常重要的，这样可以使能量存储和用户发电方式选择更加灵活。

需求响应系统与这些智能电网系统的集成如图 5.1 所示。需求响应系统与分布式能源系统、高级计量体系系统以及智能家居和楼宇自动化系统紧密相连。分布式能源通过在消费者附近的区域发电来提供经济和生态效益，以最大限度地减少输配电损失，并在停电时向客户提供持续可靠的电力供应。高级计量体系通过各种传输媒介向用户和公共事业部门提供电力、天然气和水电等能源消耗的数据记录。这些高级计量基础设施收集到的数据可以高效地反馈给消费者，使其更加了解自身能源的使用情况。智能家居和楼宇自动化系统可以根据供电条件（如电价）自动控制客户设备的运行。家庭内的能源管理系统（EMS）负责精细管理调度每个家庭设备的能源消耗，以最大限度地减少总电费。家庭设备中的能源服务接口（ESI）能够通过与能源管理系统的双向通信及公共事业单位的自动控制和协调功能来实现需求响应应用。需求响应消息被发送到能源服务接口以标识即将参与需求响应事件的设备。已被识别的家庭设备接收由客户能源管理系统或公共事业单位启动的控制信号，并相应地调整负荷。因此，需求响应服务提供商和客户之间的双向通信是实现与定价相关的需求响应程序和与负荷管理相关的需求响应程序的最重要因素之一。几个标准发展组织已经启动了具有开放性、一致性和透明性的需求响应信号的标准化，并且该标准化工作正在进行中，下一节将对此进行介绍。

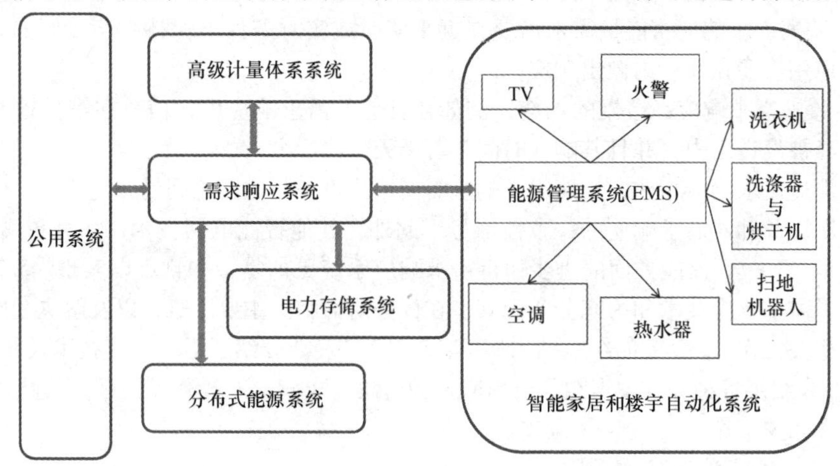

图 5.1　与需求响应系统相关的系统

5.2.3　需求响应相关标准化工作

5.2.3.1　OpenADR 2.0 规范

开放型自动需求响应（OpenADR）通信规范是由劳伦斯伯克利国家实验室和加利福尼亚能源委员会开发的，该规范定义了用来启用需求响应应用程序的通信协议。开放型自动需求响应通信规范 1.0 是结构化信息标准促进组织（OASIS）能源互操作（EI）标准的一部分，该标准定义了为启用需求响应和能源交易所需的信息和通信模型。开放型自动需求响应通信规范 2.0 定义了针对需求响应和分布式能源应用程序的配置文件。特别的，开放型自动需求响应通信规范 2.0 支持以下 8 项服务来启用需求响应和分布式能源应用程序：注册（EiRegisterParty），登记（EiEnroll），市场背景（EiMarketContext），事件（EiEvent），报价或动态价格（EiQuote），报告或反馈（EiReport），可用性（EiAvail）和选择或覆盖（EiOpt）。开放型自动需求响应通信规范 2.0 由以下 3 个不同的配置文件子集组成：

- OpenADR 2.0a：OpenADR 2.0a 功能集配置文件是为资源有限或低端的嵌入式设备开发的，它们只需要支持有限的 EiEvent 服务即可。

- OpenADR 2.0b：OpenADR 2.0b 功能集配置文件是为高级需求响应设备开发的，它们需要支持大多数服务，包括 EiEvent、EiReport、EiRegisterParty 和 EiOpt 等。
- OpenADR 2.0c：OpenADR 2.0c 功能集配置文件是为最复杂的需求响应设备开发的，它们支持所有需求响应服务。然而 OpenADR 2.0c 仍在开发中。

在开放型自动需求响应通信规范中，节点或设备可以分为虚拟顶层节点（VTN）和虚拟终端节点（VEN）两种。虚拟顶层节点负责宣布需求响应事件，虚拟终端节点控制需求响应事件相关的电能需求。虚拟顶层节点和虚拟终端节点之间的双向通信是启用需求响应服务所必需的。根据部署情况，虚拟终端节点可以在一个交互中作为虚拟终端节点，而在另一个交互中作为虚拟顶层节点。

5.2.3.2 ZigBee/HomePlug 智慧能源规范（SEP）2.0

ZigBee/HomePlug SEP 2.0 是一个应用层配置文件，用于在仪表、智能家电、插电式电动汽车（PEV）、能源管理系统、储能系统和分布式能源之间实现开放化、标准化和可互操作化的信息流。其指定了应用层业务目标对需求响应和负荷控制（DRLC）的技术要求。SEP 2.0 的更多细节将在 5.4 节智能家居和楼宇自动化中进行介绍。

5.2.3.3 OASIS 能源互操作 1.0 和能源市场信息交换 1.0 规范

OASIS 是一个旨在推动安全、云计算、智能电网和应急管理等领域开放性标准的发展、融合和采用的联盟组织。为实现需求响应和能源交易，OASIS EI 1.0 标准定义了相应的信息和通信模型。OASIS EI 1.0 规定了智能电网信号交互的要求，包括动态定价性信号、可靠性信号、紧急性信号和负荷可预测性信号。

OASIS EMIX（能源市场信息交换）1.0 已经开始研发，其用于标准化市场信息，包括能源价格、交付时间、特征、可用性和时间表。为实现需求响应决策的全面自动化，这些各种类型的信息都是必要的。EMIX 1.0 已经被纳入国家标准技术研究所优先行动计划（PAP）的一部分，现在由国家标准技术研究所智能电网互操作委员会（SGIP）进行推动。

5.2.3.4 欧洲标准化委员会/欧洲电工标准化委员会/欧洲电信标准化协会联合工作组

在欧洲标准化委员会/欧洲电工标准化委员会/欧洲电信标准化协会（CEN/CENELEC/ETSI）联合工作组[4]发布的最终报告中，已经确定了现有需求响应标准与智能电网要求之间的差距。用于定义一致性信号和程序接口的标准目前处于缺失状态，这部分缺失的标准是公共信息模型（CIM）、能量计量配套规范（COSEM）及 IEC 61850 协议的一部分，对成功部署需求响应应用至关重要。包括 ISO/IEC 联合工作组和专家组在内的不同标准化机构正在致力于将电动汽车与需求响应应用结合在一起，V2G 负责定义电动汽车与电网之间的通信接口，CEN/CENELEC/ETSI 等组织则对欧盟（EU）的电动汽车充电系统开展了相关工作。为了弥补这些不足，CEN/CENELEC/ETSI 建议相关标准发展组织在第一阶段把重点放在界定需求响应的子功能上，包括主系统级需求响应使用案例，而不是专注于广泛而依赖商业模式的规范。

5.2.3.5　NIST SGIP 优先行动计划 09

NIST SGIP PAP09 标准已经开始定义需求响应和分布式能源的一致性信号，包括定价性信号、电网安全或完整性信号以及分布式能源支持性信号。国家标准技术研究所与包括 Zigbee/HomePlug、OASIS、OpenADR、北美能源标准委员会（NAESB）和国际电工委员会（IEC）在内的多个国际标准化组织合作开发面向标准需求响应信号的通用语义模型。一致性需求响应信号对于提高整个发电和输电系统的响应能力、利用可再生能源和其他间歇性资源是十分必要的。PAP 09 工作组对现有的需求响应标准和研究现状进行了调查研究，确定了与需求响应信号相关的重叠部分和存在的差距。其标准化工作与 IEC 61968 相一致，并结合了 OpenADR 和 OASIS 的现有成果，即 OpenADR 2.0 和 OASIS EI 1.0。

5.3　高级计量体系标准

高级计量体系将智能电网基础设施与智能计量整合在一起，它不是单一技术的实施，而是一个完全配置的基础架构。不同的标准化组织或团体对高级计量体系有相似的定义。例如，在参考文献［5］中，高级计量体系是指通过先进的能源配送自动化设备（如配电网络监控和控制设备、网络交换设备、负荷/脱落装置、电/天然气/水表），依据各种通信媒体的请求或预定的时间表，测量、收集、分析和控制能源分配和使用的系统；在参考文献［6］中，高级计量体系是指将信息提供给服务提供商的完整的测量和收集系统。其包括客户站点仪表、客户与服务提供商（如电、天然气、水等）之间的通信网络以及数据接收和管理系统。

本节介绍了不同组织为高级计量体系提出的关键标准。为了智能电网的实现，必须解决如何在这些标准中建立一套通用的要求以促进机密和真实信息的跨标准交换问题。因此，IEC、ITU、IEEE、NIST、Utility AMI 以及 CEN、CENELEC、和 ETST 等欧洲标准组织（ESO）在内的各种组织和团体发起的计量标准化项目和相关工作也将包括在内。

表 5.1 包含所有这些标准，并根据其功能领域进行了分类。表中每个标准都有详细的说明。5.3 节介绍了高级计量体系系统。5.3.1 节描述了两个最流行的标准系列：IEC 62056 和 ANSI C12。5.3.2.2 节介绍了各种组织和团体发起的计量标准化项目和相关工作。

表 5.1　高级计量体系（AMI）标准清单

功能字段	标准名称	简要介绍
产品	IEC 62051	电力计量——术语表
产品	IEC 62052-11, 62052-21, 62052-31	电力计量设备（AC）的一般要求、试验及试验条件
产品	IEC 62053 系列	电力计量设备的特殊试验要求和试验方法
产品	IEC 62054-11, 62054-21	电力计量的电费和负荷控制要求
产品	IEC 62058-11, 62058-21, 62058-31	电力计量设备验收要求

（续）

功能字段	标准名称	简要介绍
产品	IEC 61968 - 9	仪表读数和控制的接口
传输	IEC 61334	使用窄带 PLC 的计量自动化
传输	EN 13757	基于 M - bus 远程读取仪表的通信系统
传输	PRIME	基于 Iberdrola 规格的智能电表电力线通信调制解调器标准
传输	ITU G3 - PLC	用于智能电表的基于 ERDF（法国配电公司）规格的 PLC 调制解调器通信标准
传输	HomePlug Netricity PLC	针对智能电表到电网应用的 HomPlug 电力线通信标准
传输	IEEE 802.15.4	无线个域网的物理层和媒体访问控制协议
传输	IEEE 802.11	无线局域网的物理层和媒体访问控制协议
AMI	实用 AMI 高级要求	AMI 高级要求
AMI	OPEN 仪表可交付内容	一套全面的和公开的 AMI 标准
支付	IEC 62055 系列	电力计费支付系统
可靠性	IEC 62059	电力计量设备的可靠性预测和评估方法
数据交换	IEC 62056 系列	用于抄表、电费和负荷控制的数据交换
数据交换	ANSI C12 系列	标准数据格式、数据结构以及 ANSI 为智能电表制定的相关通信协议
数据交换	EN 1434 - 3	热量表的数据交换和接口
数据交换	AEIC 指导 V2.0	针对采用 ANSI C12 标准的供应商和公共服务单位的指导方针
数据交换	NEMA SG - AMI	智能电表升级要求
安全性	AMI - SEC（安全）AMI 系统安全要求	由 AMI - SEC 工作组为 AMI 制定的安全要求

5.3.1　AMI 系统

AMI 系统由智能仪表、通信模块、数据集中器（DC）和仪表数据管理系统（MDMS）组成，系统图如图 5.2 所示。能源消耗数据通过智能仪表传送给用户和公共事业部门。智能仪表能够通过不同的媒介传输收集到的数据。仪表数据由数据集中器接收并发送到仪表数据管理系统。该系统管理数据存储和分析消费数据，以便将信息以有用的形式提供给服务提供商。详细和及时的仪表信息使服务提供商能够提供更好的停电检测，快速定位电网缺陷，提高对公用事业资产和资产维护的管理。智能仪表还可以通过家庭局域网络（HAN）与家庭显示器（IHD）进行通信，使消费者更加了解其能源消耗的情况。服务提供商也可以提供详细和及时的电价信息，使用户能够更改其能源消耗情况，从而降低成本和对环境的影响。在用户端，家庭局域网网关为服务提供商提供了与家用电器连接的能力，它可以提供一些附加功能，并能促进需求响应更为广泛的优势。例如，服务提供商可以远程关闭或打开某些负荷的功率来优化能源使用情况。

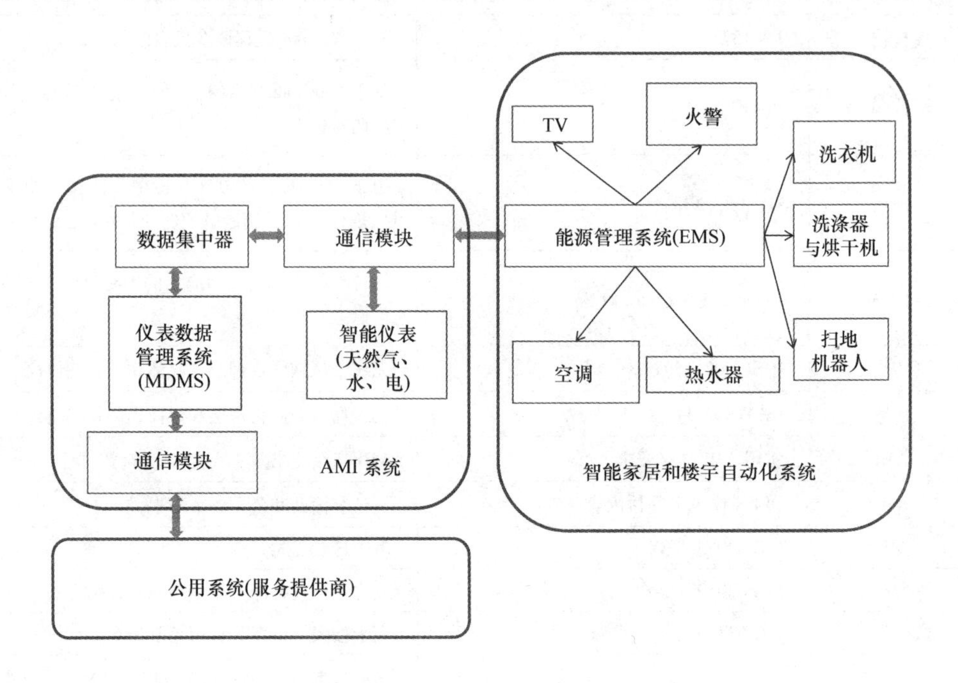

图 5.2　AMI 系统图

5.3.2　IEC 62056 和 ANSI C12 标准

5.3.2.1　IEC 62056 标准

IEC 61107 是广泛应用于欧盟智能仪表的通信协议，之后被 IEC 62056 所取代。IEC 61107 是使用双绞线 EIA－485 或光端口等串行端口发送 ASCII 数据的半双工协议，而 IEC 62056 系列标准是更为现代的抄表协议，在欧洲被广泛使用。IEC 62056 基于设备语言消息规范（DLMS），并且由设备语言消息规范用户协会进行开发和维护。设备语言消息规范与一组规则或通用语言相当，对通信配置文件、数据对象和对象识别码进行标准化。能量计量配套规范定义了一个应用层协议，该协议规定了能量计量配套规范客户机和服务器之间的应用程序的关联控制、认证和数据交换的信息传输过程。设备语言消息规范/能量计量配套规范定义了用于通过各种通信媒介进行数据交换的数据模型、消息和通信协议标准，例如公共交换电话网（PSTN）、全球移动通信系统（GSM）、通用分组无线业务（GPRS）、互联网和电力线通信（PLC）等。设备语言消息规范用户协会将设备语言消息规范/能量计量配套规范定义为 4 个技术报告，即绿皮书，黄皮书，蓝

皮书和白皮书：

- 绿皮书：能量计量配套规范架构和协议。

- IEC 62056 -53：能量计量配套规范应用层。

- IEC 62056 -47：基于互联网协议的第四版（IPv4）网络的能量计量配套规范传输层。

- IEC 62056 -46：使用高级数据链路控制（HDLC）协议的数据链路层。

- IEC 62056 -42：用于面向连接的异步数据交换的物理层（PHY）服务和过程。

- IEC 62056 -21：直接本地数据交换描述了如何在本地端口（光电或电流回路）上使用能量计量配套规范。

- 黄皮书：能量计量配套规范一致性测试流程。
- 蓝皮书：能量计量配套规范识别系统和接口对象。

- IEC 62056 -61：对象识别系统（OBIS）。

- IEC 62056 -62：接口类。

- 白皮书：能量计量配套规范术语表。

在所有的这些标准中，数据模型和数据识别标准，IEC62056 -61 和 IEC 62056 -62 是最重要的两个标准。它们不依赖于任何能源类型（电/天然气/水）、消息传递方式和通信媒介，可以对任何计量应用进行建模。在任何使用 IEC 62056 -53 标准规定的设备语言消息规范服务的仪表中，相同的数据可以以相同的方式访问，这确保了不同厂商之间测量的互操作性。IEC 62056 -61 定义的对象识别系统（OBIS）为兼容于设备语言消息规范（DLMS）/ 能量计量配套规范（COSEM）计量设备中的各种类型数据提供了一个明确的数据识别系统。对象识别系统（OBIS）代码用于识别计量设备显示器上的能量计量配套规范对象实例和数据，其中对象是属性和方法的集合。属性通过属性值表示对象的特征，方法指定检查或修改属性值的途径。具有共同特征的对象被概括为接口类。IEC 62056 -62 定义了 19 个接口类，用于对仪表的各种功能进行建模，包括需求注册、资费和活动调度、处理时间同步和电源故障、电能质量计量以及在计量设备上安全地访问信息的选定部分。除了用于电力计量的 IEC 62056，设备语言消息规范（DLMS）/ 能量计量配套规范（COSEM）还用于 EN 13757 标准系列中的气体、水和热计量。国际电工委员会一直致力于更新 IEC 62056 标准，并在 2013 年发布了如下所示的 IEC 62056 新标准：

- IEC 62056 -76：基于高级数据链路控制的三层面向连接的通信协议。
- IEC 62056 -83：电力线通信扩展频移键控（S -FSK）相邻网络的通信协议。

5.3.2.2　ANSI C12 标准

ANSI C12 标准是用于北美的计量协议，而在欧洲使用的是 IEC 62056 标准。ANSI C12 标准包括以下内容：

- ANSI C12.18：ANSI 类型 2 光端口协议规范。
- ANSI C12.19：公用事业行业终端设备数据表。
- ANSI C12.21：电话调制解调器通信协议规范。

- ANSI C12. 22：数据通信网络接口协议规范。

ANSI C12. 19 标准规定了支持天然气、水和电传感器及相关设备的数据表格元素。这些表的目的是通过对特定的表或表的一部分进行读取或写入，来定义终端设备之间传输数据的公共结构。这些表被分成几十个部分，这涉及特定功能集和相关功能，如使用时间和负荷配置文件的功能。与先前的 ANSI C12. 19 - 1997 相比，ANSI C12. 19 - 2008 包括新表、语法、基于 XML（可扩展标记语言）的表描述语言（TDL/TDL）和支持 AMI 需求的系列文档。ANSI C12. 18 详细说明了通过光端口在 C12. 18 设备和 C12. 18 客户端之间，传输 ANSI C12. 19 中定义的表所需要的标准。C12. 18 客户端可以是手持式读取器、便携式计算机、主站系统或其他一些用于实现 ANSI 类型 2 光端口通信的电子通信设备。相比之下，ANSI C12. 21 提供了在 C12. 21 设备和 C12. 21 客户端之间，通过连接到交换电话网络的调制解调器，传输 ANSI C12. 19 中定义的表格所需标准的细节。将 C12. 18 修改为 C12. 21 的原因是能够通过电话网络远程发送和接收 ANSI 表。与描述光端口物理属性（尺寸，波长等）每个细节的 C12. 18 不同，C12. 21 省略了许多低层的细节，以便实现与现有电信调制解调器的互操作性。

ANSI C12. 22 定义了通过各种网络传输 ANSI C12. 19 表数据的过程。它通过使用高级加密标准（AES）实现强大的安全通信，并且还具有可扩展性，可支持额外的安全机制。ANSI C12. 22 既提供会话通信，也提供无会话通信。与仅支持面向会话通信的 C12. 18 或 C12. 21 协议不同，无会话通信具有在通信链路两侧需要较少复杂处理的优点，并降低了信令的开销。ANSI C12. 22 具有通用应用层（开放型系统互连（OSI）参考模型中的第 7 层），它提供了支持 C12. 22 节点所需的最少的一组服务和数据结构，用于配置、编程和网络环境中的信息检索。应用层独立于底层网络技术，这使得 C12. 22 与现有的通信系统之间能够实现互操作。C12. 22 还定义了多个应用层服务，它们组合起来实现了 C12. 22 协议的各种功能。C12. 22 中提供的应用层服务包括：

- 识别服务：此服务用于获取有关 C12. 19 设备功能的信息，包括参考标准及其版本，现行参考标准的校订以及可选功能列表。
- 阅读服务：它用于将表数据传送到请求设备。它允许完整或部分表传输，包括额外的错误响应代码，以及添加超过 65535 字节容量的表数据。
- 写入服务：它用于将表数据传输到目标设备。它允许完整或部分表传输。
- 登录服务：它用于建立会话而不建立访问权限。
- 安全服务：它用于通过简单的未加密密码建立访问权限。
- 注销服务：它用于终止由登录服务建立的会话。
- 终止服务；它提供了由登录服务所建立的会话的有序终止。
- 等待服务：它用于在空闲时段内维护已建立的会话，以防止其自动终止。
- 断开服务：它用于从 C12. 22 网段中删除 C12. 22 节点。
- 注册服务：它用于添加和保持 C12. 22 继电器的路由表项目处于活动状态。
- 注销服务：它用于删除 C12. 22 继电器的路由表项目。
- 解决服务：它用于检索 C12. 22 节点的本机网络地址。

- 跟踪服务：它用于检索 C12.22 继电器列表，该列表将已指定的 C12.22 消息转发到目标 C12.22 节点。

5.3.3 计量标准化项目和相关工作

为了促进 AMI 的发展和应用以及智能电网的实现，必须解决如何在这些标准中建立一套通用要求来促进跨标准交换机密信息的问题。因此，本节着重介绍 CEN、CENELEC、ETSI、NIST、IEC、IEEE、ITU、和 UtilityAMI 等各种组织和团体发起的计量标准化项目和相关工作。

5.3.3.1 欧洲委员会 Mandate M/441

欧洲委员会向 ESO CEN、CENELEC 和 ETSI 发布了 Mandate M/441 指令，用于实现互操作性通信协议公用仪表的开放式架构的标准化，其总体目标是实现公用仪表（水，气，电，热）的互操作性。互操作性将促使欧盟市场上公用仪表的大规模生产和全方面竞争，从而降低仪表价格。CEN、CENELEC 和 ETSI 被要求开发欧洲标准，包括公用仪表的软件和硬件的开放式架构。架构必须可扩展以支持各种应用，并且必须适应未来的通信媒介。它应该支持安全的双向通信，并为消费者和服务供应商提供先进的信息管理控制系统。标准应该在可互操作的框架内提供协调一致的解决方案，并且该框架应建立在开放式架构内的通信协议上。CEN、CENELEC 和 ETSI 被建议考虑其他的国际、欧洲和国家标准，并且应指出所有重叠部分。如今，它们已经设立了智能仪表协调组（SM－CG）来响应这一建议。在 CEN/CENELEC/ ETSI 的智能电网标准联合工作组[4]的最终报告中，提出了以下建议：

- 包括 IEC 62056、EN 13757－1 和 IEC 61968－9 在内的各种标准正在被开发以涵盖计量数据的交换。然而，一些标准化举措超出了 M/441 的范围，有必要防止智能计量不同（竞争）标准的进一步发展。
- CEN/CENELEC/ ETSI 应考虑智能计量，楼宇/家庭自动化和电动汽车的用例以及这些领域的标准化工作。
- CEN/CENELEC/ ETSI 应共同对与智能电网和电子移动相关的接口进行调查，以确保与现有计量模式和其他相关标准化举措的相互协调。

5.3.3.2 欧洲开放型仪表项目

开放型仪表项目是欧洲的合作项目，旨在为 AMI 制定一套开放型和公共性标准，以便根据所有利益相关者的协议来支持计量。此外，本项目还研究了监管环境、智能计量功能、通信媒体、协议和数据格式等相关方面。该项目的结果将是一套新标准，它补充了现有和已接受的标准，如 IEC 62056 DLMS/COSEM 标准和 EN 13757，以形成新的 AMI 标准体系。该项目应通过制定涵盖所有公用事业商品、所有 AMI 要求以及所有通信媒体的综合开放型标准来消除障碍。开放型仪表项目可分为以下 7 个工作包（WP）：

- WP1：功能要求和监管问题。
- WP2：识别知识与技术差距。
- WP3：映射研究活动。
- WP4：测试。

- WP5：标准的规范和提案。
- WP6：传播。
- WP7：协调。

5.3.3.3 UtilityAMI 工作组

UtilityAMI 工作组由公共服务通信和架构国际用户组（UCAIUG）组成，旨在解决与 AMI 相关的实用性问题。UtilityAMI 将开发高级政策声明，从实用性角度定义 AMI 的可维护性、安全性和互操作性指南。规范开发应使用通用语言，以最大限度地减少公共服务和供应商之间的混淆和误解。UtilityAMI 工作组已经为 AMI 发布了以下高级要求：

- 标准通信板接口：适应各种通信协议和仪表的能力。
- 标准数据模型：具备使用同一系统在多个供应商的设备之间交换数据的能力。
- 安全性：保护客户数据和信息的能力。
- 双向通信：能够可靠地向客户端发送和接收数据。
- 远程下载：能够远程更新仪表设置和配置。
- 使用时间计量：记录仪表的使用信息的能力。
- 双向净计量：记录任一方向的能量流量并计算净使用量的能力。
- 长期数据存储：能够将仪表内的所有数据存储至少 45 天。
- 远程断开连接：能够远程断开或重新连接客户的电气服务。
- 网络管理：远程管理 AMI 通信网络的能力。
- 自愈网络：自动检测和修复网络问题的能力。
- HAN 网关：能够充当 HAN 设备的网关。
- 多客户端：允许多个客户端访问计量数据的能力。
- 电能质量测量：测量和报告电能质量信息的能力。
- 防篡改和盗窃检测：检测和报告篡改或盗窃的能力。
- 停电检测：能够检测和报告停电造成的故障。
- 可扩展性：可扩展到任何特定组件的能力。
- 自定位：定位测量仪表地理位置的能力。

5.3.3.4 IEC 智能电网标准发展

目前的 IEC 标准 DLMS/COSEM 主要集中在计量单位的仪表数据交换上，并没有满足智能电网的其他要求，如电能质量支持、欺诈检测和负荷/源切换。IEC 的 TC13 和 TC57 将针对智能仪表和智能仪表的功能定义和通信功能进行工作。IEC 61850 标准将扩大到包括 DLMS/COSEM 对象，这将促进智能仪表和智能电网应用的共存。TC8、TC13 和 TC57 将共同开发能源市场、输配电、分布式能源、智能家居、电动汽车等不同领域的通用接口对象和配置文件。IEC 还将与相关的 ISO/CEN TC 一起运行，以扩展 DLMS/COSEM 对象模型和架构，适应新的要求和新的通信技术。与 IEC 61334 PLC 标准共存的标准将继续保持，智能计量的最新发展也将纳入考虑范围。

5.3.3.5 NIST 优先行动计划

NIST 已经建立了优先行动计划（PAP），以解决与标准有关的差距和问题。AMI 相

关的 PAP 是仪表可升级性标准（PAP 00）和标准仪表数据简表（PAP 05），其中 PAP 00 已经完成。PAP 00 的目标是在监管机构、公用事业和供应商的 AMI 系统中定义对智能仪表固件可升级性的要求。PAP 00 标准的定义由美国电气制造商协会（NEMA）完成，标题为“NEMA 智能电网标准出版物 SG - AMI 1 - 2009 - 智能仪表升级要求”，标准的最终版本可以在参考文献［7］中随意访问。

标准仪表数据配置文件（PAP 05）行动计划是在标准配置文件中定义仪表数据，这将同时使公用设施和客户受益。在 ANSI C12.19 中定义的通用数据表中提供的仪表信息可以很容易地访问，减少了实现智能电网功能的时延，例如灾难恢复和实时使用信息。在 PAP 05 下创建的通用数据表将用于 PAP 06“将 ANSI C12.19 转换为 CIM 的通用语义模型”。NIST 将与爱迪生照明公司（AEIC）、ANSI WG、IEC TC 13 和 TC 57、IEEE 标准协调委员会（SCC 31）、NEMA 等标准化组织和用户小组共同协助 PAP 05。

5.4　智能家居与楼宇自动化标准

随着信息技术应用的发展，对于智能电网来说，智能家居与楼宇自动化标准的部署变得越来越重要。根据电量使用和电价的即时信息，终端用户可以管理他们的电量使用情况，提高能源利用效率和降低总体能源成本。智能家居与楼宇自动化系统将成为智能电网实现这一目标的核心部分。

各种不同的组织都为互操作性产品提供了标准，它们使智能家居与楼宇自动化系统控制应用、灯光、能源管理、环境安全成为可能，并具备连接到不同网络的扩展性。这些标准都是由不同组织平行开发而来，因此有必要以一种能够让潜在的读者更容易理解和选择他们感兴趣的特定标准的方式来排列这些标准，读者不必再深入研究每个标准，其篇幅通常从几百到几千页不等。

本节介绍由不同组织提出的智能家居与楼宇自动化的关键标准。这一部分对智能家居与楼宇自动化标准进行了概述，主要针对由 NIST 在《NIST 智能电网互操作性标准 2.0 版本框架和路线图》[8] 中确立的标准，包括 ISO/IEC 信息技术 - HES、ZigBee/HomePlug SEP 2.0、Open Home Area Network（Open - HAN）V2.0、BACnet，LONWORKS、Z - Wave 等，这些标准被 NIST 确立是因为它们支持智能电网设备与系统的互操作性。同样地，那些没有被 NIST 确立但已经在工业和消费领域广泛应用的标准，例如 KNX、INSTEON、ONE - NET、ZHA Public Application Profile 以及日本标准 ECHONET，也有涉及和相关说明。这部分相应的通信与安全标准将会在第 6 章智能电网通信和第 7 章智能电网防护与安全中进行详细介绍。

表 5.2 包含了所有这些标准，并根据其所应用的领域进行了分类。稍后将对每个标准进行解释说明。各小节对应标准如下，5.4.1 为 ISO/IEC HES；5.4.2 为 ZigBee/HomePlug SEP 2.0；5.4.3 为 OpenHAN 2.0；5.4.4 为 Z - Wave；5.4.5 为日本新提出的标准 ECHONET；5.4.6 为 ZHA；5.4.7 为 BACnet；5.4.8 为 LONWORKS；5.4.9 为 INSTEON；5.4.10 为 KNX；5.4.11 为 ONE - NET。

表 5.2　智能家居与楼宇自动化标准清单

ISO/IEC 信息技术 - 家用电子系统（HES）		
功能字段	标准名称	简要介绍
家用电子系统（HES）架构	ISO/IEC 14543 - 2 系列，14543 - 3 系列，14543 - 4 系列，14543 - 5 系列	标准规定了 HES 架构，包括通信层、用户进程、系统管理、媒体和与媒体相关的层、智能分组和资源共享等
家用电子系统（HES）网关	ISO/IEC 15045 - 1，15045 - 2	标准规定了 HES 住宅网关的架构和要求
家用电子系统（HES）应用模型	ISO/IEC 15067 - 1，15067 - 2，15067 - 3，15067 - 4	标准规定了 HES 应用服务和协议，照明和安全模型以及能源管理模型
家用电子系统（HES）概述	ISO/IEC JTC 1/SC 25/WG 1 N 1516	第一工作组制定的与智能电网相关的标准概述
家用电子系统（HES）互操作性	ISO/IEC 18012 - 1，18012 - 2	标准规定了互操作性和应用模型的要求
家用电子系统（HES）WiBEEM 标准	ISO/IEC 29145 系列	标准规定了 HES 的 WiBEEM 标准，包括物理层、MAC 层和网络层规范
ZigBee/HomePlug 智慧能源规范（SEP）2.0		
家庭局域网络	ZigBee/HomePlug SEP 2.0	在 ZigBee、HomePlug、Wi - Fi、以太网和其他具有 IP 功能的平台上实现 SEP 2.0 的技术要求
链路层	GSM/CDMA	第二代电信标准（2G）
链路层	IEEE 802.3 系列	确定有线以太网的 PHY/ MAC 层
链路层	IEEE 802.11 系列	WLAN 实施标准
链路层	IEEE 802.15.4	WPAN 的 MAC/PHY 规范
链路层	IEEE P1901 系列	电力线网络宽带标准
链路层	IEEE P1775	电力线通信设备标准
链路层	IEEE P1905	可互操作的混合家庭局域网络标准
链路层	ITU G.9960/9961（G.hn）	定义通过电力线、电话线和同轴电缆传输，数据速率高达 1 Gbit/s 的网络
链路层	ITU G.9954（HomePNA）	描述了家庭局域网络的通用传输架构以及与提供商接入网络的接口
链路层	HomePlug 系列	家庭局域网络 PLC 规格

（续）

ZigBee/HomePlug 智慧能源规范（SEP）2.0		
功能字段	标准名称	简要介绍
链路层	LTE	基于 OFDM 的下一代电信标准
链路层	WiMAX/WCDMA/CDMA2000/TD－SCDMA，时分同步码分多址	第三代（3G）电信标准
适配层	ID－6ND	6LoWPAN 相邻用户查询标准
适配层	IEEE 802.2	局域网和城域网第 2 部分：逻辑链路控制
适配层	RFC 2464	通过以太网传输 IPv6 数据包
适配层	RFC 4919	IPv6 低功耗无线个域网（6LoWPAN）
适配层	RFC 4944	通过 IEEE 802.15.4 网络传输 IPv6 数据包
网络层	RFC 1042	IP 数据报
网络层	RFC 4291	IETF IPv6 寻址架构
网络层	RFC 2460	IPv6
网络层	RFC 4443	IETF ICMPv6 服务
网络层	RFC 4861	IPv6 相邻用户查询
网络层	RFC 4862	IPv6 无状态地址自动配置
应用架构	REST	代表性状态转移
应用要求	ZigBee/HomePlug MRD	SEP 和下一代智慧能源用例的营销需求文档（MRD）
应用协议	EXI 1.0	高效的 XML 交换（EXI）格式 1.0
应用协议	RFC 2616	超文本传输协议 HTTP/1.1
数据模型	IEC 61850 系列	特定变电站自动化设计
数据模型	IEC 61970－301	基于能源管理系统应用程序接口（API）的 CIM
数据模型	IEC 61968 系列	定义进行配电管理的系统界面
PEV 应用要求	SAE J2836 系列	用于 PEV 和公用电网、供应设备、客户等之间的通信用例
PEV 应用要求	SAE J2847 系列	定义 PEV 与公用电网、供电设备和逆向功率流的公用电网之间的通信
预付款	IEC 62055	电力计量－支付系统
安全	RFC 2409	提供网络节点之间的安全关联

（续）

ZigBee/HomePlug 智慧能源规范（SEP）2.0		
功能字段	标准名称	简要介绍
安全	RFC 4279	用于传输层安全性（TLS）的预共享密钥密码套件
安全	RFC 4302	提供数据完整性、数据源认证及防重放攻击
安全	RFC 4303	提供机密性、数据完整性、数据源认证及防重放攻击
安全	RFC 4347	数据报传输层安全（DTLS）
安全	RFC 4492	用于 TLS 的椭圆曲线加密（ECC）密码序列
安全	RFC 5238	基于数据报拥塞控制协议（DCCP）的 DTLS
安全	RFC 5246	TLS 协议版本 1.2
安全	RFC 5247	可扩展认证协议（EAP）密钥管理框架（KMF）
安全	RFC 5288	面向 TLS 的 AES Galois 计数器模式（GCM）密码套件
安全	ANSI 系列	金融服务业公钥加密
安全	FIPS，联邦信息处理标准系列	定义加密模块、Hash 函数、高级加密、HMAC、基于 Hash 的消息认证码等的 NIST 标准
安全	SEC－1，SEC－4	标准定义了有效的加密组和 ECQV，椭圆曲线 Qu－Vanstone 及方案
OpenHAN 2.0		
HAN	UCAIug HAN SRS V2.0	由 UCAIug 开发的规范，为 HAN 提供通用的架构、语言和要求
Z－Wave		
HAN	Z－Wave	由 Z－Wave HAN 联盟开发的无线网状网络协议
ECHONET		
HAN	ECHONET	HAN 的日本标准序列

（续）

ZigBee家庭自动化（HA）公共应用协议		
功能字段	标准名称	简要介绍
家庭自动化	ZigBee家庭自动化公共应用协议	ZigBee控制家用电器、照明、环境、能源使用和安全的标准
BACnet		
楼宇自动化	ANSI/ASHRAE标准135-2008	由ASHRAE开发的楼宇自动化和控制网络协议
楼宇自动化	ISO 16484系列	楼宇自动化和控制系统的标准
LONWORKS		
楼宇自动化	ANSI/EIA-852	增强的IP隧道信道规范
楼宇自动化	ANSI/CEA-709.1	ANSI采纳的基于LONTALK的控制网络标准
楼宇自动化	ISO/IEC DIS 14908系列	信息技术设备互连标准
楼宇自动化	IEEE 1473-L	轨道车辆网络控制网络协议
楼宇自动化	LONWORKS	由Echelon公司开发的楼宇自动化标准
楼宇自动化	LONTALK	用于各种媒体网络设备的开放式控制协议
楼宇自动化	LONMAKER	用于开发本地控制网络的软件包
INSTEON		
楼宇自动化	INSTEON比较（2006）	白皮书将INSTEON技术与X10、UPB、通用电力线总线、LONWORKS、HomePlug、INTELLEON、CEBus、ZigBee、Wi-Fi、蓝牙等技术进行了比较
楼宇自动化	INSTEON细节（2005）	白皮书介绍了INSTEON概述、消息传递、信令细节、网络使用和应用开发
KNX		
楼宇自动化	KNXVol1	KNX系统概述
楼宇自动化	KNXVol2	提供有关如何开发基于KNX技术的产品的详细信息
楼宇自动化	KNXVol3	提供有关产品硬件和软件开发的信息
楼宇自动化	KNXVol4	KNX设备要求
楼宇自动化	KNXVol5	提供获得KNX商标的产品或服务的要求、步骤和程序

（续）

KNX		
功能字段	标准名称	简要介绍
楼宇自动化	KNXVol6	配置文件为每个系统规范类别定义了一组最低要求
楼宇自动化	KNXVol7	不同应用领域的功能块规范
楼宇自动化	KNXVol8	具体系统一致性测试
楼宇自动化	KNXVol9	指定标准化组件、设备和测试
楼宇自动化	KNXVol10	提供主要关于 HVAC 易扩展（HEE）部件的应用程序领域特定标准
楼宇自动化	GB/Z 20965	基于 KNX 的中国楼宇自动化标准
楼宇自动化	En 500090	欧洲家庭和建筑电子系统规范（HBES）
ONE - NET		
楼宇自动化	ONE - NET 规范 V1. 6. 2 2011	用于设计低成本和窄带宽无线控制网络的开放规范
楼宇自动化	ONE - NET 设备有效载荷格式 V1. 6. 2 2010	提供各种格式的 ONE - NET 设备有效载荷

5. 4. 1 ISO/IEC 信息技术——家庭电子系统（HES）

HES 是由 ISO/IEC JTC、联合技术委员会、SC25/WG 1 开发的标准，用于支持娱乐、照明、舒适控制、人身安全、健康和能源管理等应用。ISO/IEC JTC 1 SC25/WG 1 是 1983 年以来互连家用电器、电子设备和消费品的国际标准机构[9]。

HES 允许用户的电子产品、网络和服务作为一个关联系统在一定情况下进行互用或操作。HES 使所有利益相关者，包括制造商、开发商、服务提供商、安装商、公用事业和消费者受益。HES 包括针对产品互用性、住宅网关和能源管理方面的标准[10]。

ISO/IEC 18012 - 1《HES - 产品互操作性指南 - 第 1 部分：简介》提供了可以使来自多个制造商的产品组成统一网络以进行无缝互用的标准，并由此产生了各种各样的应用，举例来说，这些应用包括照明控制、环境控制、音视频设备控制和家庭安防等。如果有两个或更多不同的网络符合本标准且以某些物理方式连接，那么这些网络在逻辑上的表现是一致的。如图 5. 3 所示[11]。

ISO/IEC 18012 - 1 规定了互用性要求，包括安全性、寻址、应用程序、信息传输、家庭网络中设备/元件的设置和管理。ISO/IEC 18012 - 2《第 2 部分：分类和应用互操作性模型》规定了应用程序模型的要求，以实现一种用来描述应用程序且能够顾及透明互用性的常见方法。如果无法描述应用程序，应用程序级的互用性将难以实现。

ISO/IEC 15045 - 1《信息技术 - HES 网关 - 第 1 部分：HES 的 RG 模型》提供了对住宅网关的基础架构及功能的介绍。

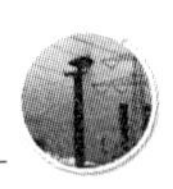

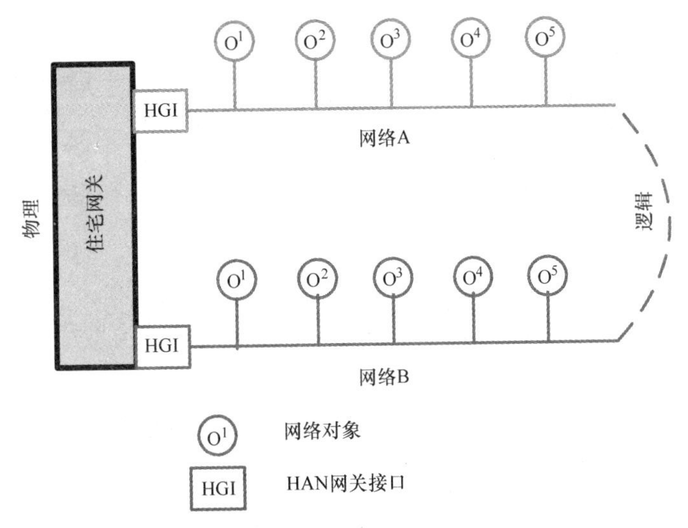

图5.3 两个互操作网络［经国际电工委员会（IEC）许可转载］
（ISO/IEC 18012 - 1 ed. 1.0 ©2004 日内瓦，瑞士 www.iec.ch[11]）

住宅网关（RG）是通过诸如广域网（WAN）等各种通信接口将家庭电子系统与外部网络域进行连接的家庭电子系统设备。住宅网关连接与接口图示如图5.4所示[12]。

物理连接和接口的规范超出了家庭电子系统标准的范围。ISO/IEC 15045 - 1适用于房屋内、外部环境之间的信息传输。住宅网关确保了信息可以以一种可靠、安全、透明的方式在网络之间传输。住宅网关架构有两个基本类别：单元架构和模块化架构。基于广域网和家庭局域网之间的固定接口的单元架构没有内部的住宅网关互联网协议（RGIP）和接口，如图5.5所示。利用直接转换协议使得单元架构比模块化架构成本效益更好。因此，单元架构也被称为黑盒法，应用在卫星天线助推器、数据服务单元（DSU）、综合业务数字网络（ISDN）、非对称数字用户线（ADSL）分离器等中。特定广域网接口（SWI）提供连接到广域网的符合标准及要求的接口。特定家庭局域网接口（SHI）提供连接到家庭局域网的符合标准及要求的接口。

另一方面，通过将广域网网关接口与家庭局域网网关接口相结合，模块化架构将更加灵活，足以适应用户需求，架构如图5.6所示。RGIP在模块化架构中具有能够处理多种信息的高性能要求。

ISO/IEC 15045 - 2《模块化和协议》为可替代的网关实现提供了3种具体的模块化架构[13]：①简单且不可扩展的网关互连一对一网络；②两个以上的多网络网关互连网络；③分布式网关互连的多个网关单元。

ISO/IEC 15067《HES - 应用模型》包括四个部分：

第一部分：应用服务和协议；

第二部分：HES的照明模型；

第三部分：HES的EMS模型；

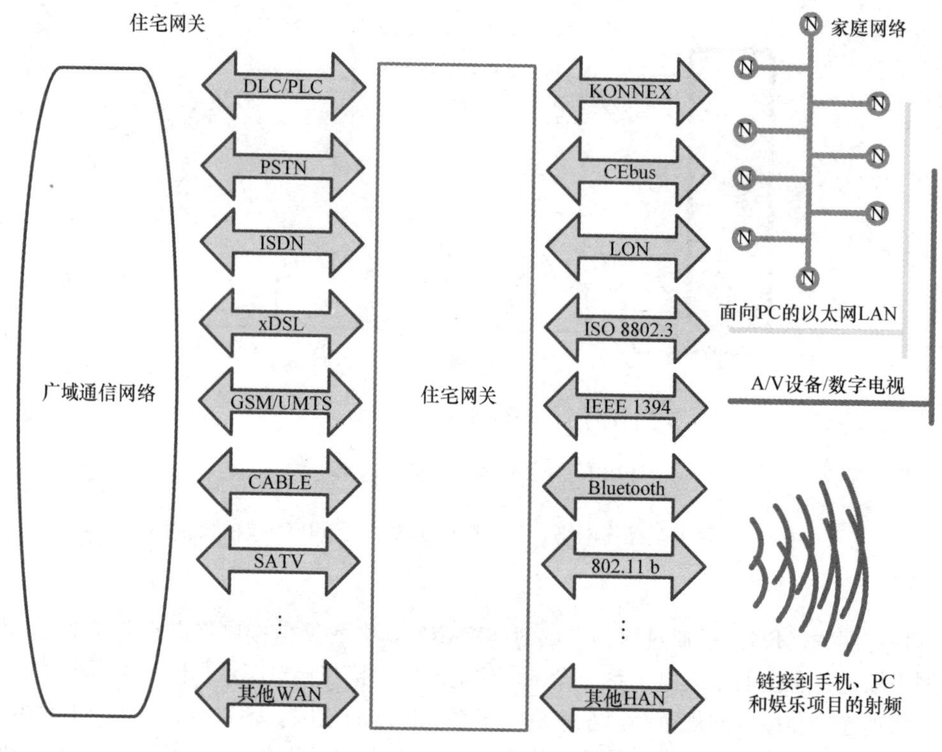

图 5.4 可能的住宅网关连接和接口图

［经国际电工委员会（IEC）许可后转载］（ISO/IEC 15045 - 1 ed. 1.0 ©2004 IEC 日内瓦，瑞士 www. iec. ch[12]）

图 5.5 单元架构

［经国际电工委员会（IEC）许可后转载］（ISO/IEC 15045 - 1 ed. 1.0 ©2004 日内瓦，瑞士 www. iec. ch[12]）

第四部分：HES 的安防系统模型。

ISO/IEC 15067 - 3 介绍了 EMS 住宅的高级模型，扩展了 HES 应用模型的范畴[14]。这些模型包括已经被接受的分别在 ISO/IEC 15067 - 2 和 ISO/IEC 15067 - 4 中被开发的照明和安防模型。这些模型在 ISO/IEC 15067 - 1 中应验证了为 HES 专用的语言，以促进竞争或互补的产品制造商之间的互用性。图 5.7 显示了 HES 能源管理的逻辑模型。电价数据通过 WAN 实时发送到所有地方，如收音机、电话和有线电视。房屋里的能源管理控制器接收电费信息，并将其与存储的与电能需求和客户信息有关的数据相结合。

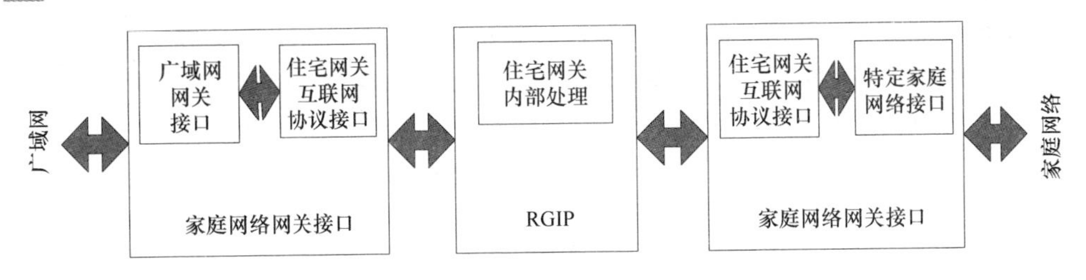

图 5.6 模块化架构
[经国际电工委员会 (IEC) 许可后转载] (ISO/IEC 15045 - 1 ed. 1.0
©2004 IEC 日内瓦，瑞士 www.iec.ch[12])

处理完此信息后，控制器向相关设备发出控制信号。控制器可以连接到其他家庭控制系统或家庭控制协调器，该协调器负责提供通用的调度和子系统交互。该协调器包含一个用户接口，允许用户覆盖某些实现的控制信号，但代价是覆盖的惩罚。

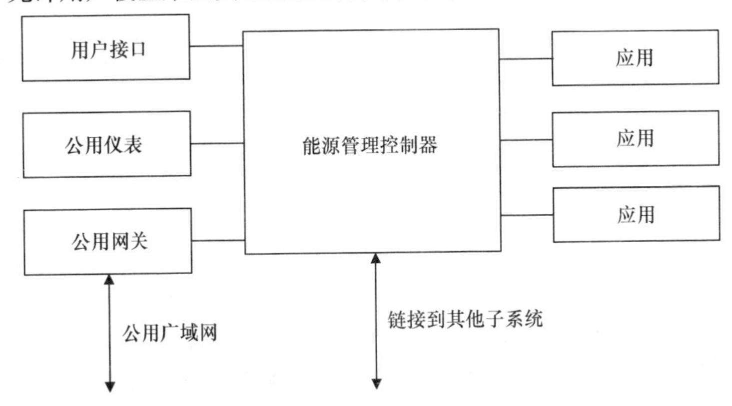

图 5.7 家庭电子系统能源管理逻辑模型（由参考文献 [14] 许可转载）

5.4.2 ZigBee/HomePlug SEP2.0

ZigBee 和 HomePlug 联盟共同提出了一种智慧能源标准，叫作 ZigBee/HomePlug SEP 2.0 技术要求文件（Technical Requirements Document，TRD）[15]。该标准的目的是通过 IEC 61968 标准、UCAIug、OpenSG、OpenHAN 以及 OpenADE 的输入合并智能能源需求[16]，其与行业模式和最佳实践相结合，促进了可互操作标准的广泛使用。ZigBee 联盟、Wi - Fi 联盟和 HomePlug 联盟已经于 2011 年 10 月成立了智慧能源规范 2.0 互操作性联盟（Consortium for Smart Energy Profile 2 Interoperability，CSEP）。CSEP 为联盟成员提供了一个互相合作紧密的平台，以制定常见的检测文件并确保不同供应商生产的产品的互操作性。2012 年 7 月 31 日，CSEP 发布了第一个 SEP 2.0 互操作性插件[17]。有关 Wi - Fi 联盟产品的更多详细信息，请参见第 6 章。

5.4.2.1 链路层

智慧能源管理对于配电网消费者的可持续能源供应来说是至关重要的。有线和无线通信都可以在家用电器、用户接口、控制器、传感器和网关间的通信中被使用。

ZigBee/HomePlug 营销需求文件（Marketing Requirement Document，MRD）列出了各种各样的与不同部署场景相关的需求[18]。例如，它支持所有可行的物理层协议，如 IEEE 802.3、802.11、802.15.4、宽带 HomePlug、HomePlug Green PHY（GP）和 IEEE P1901 等。另外，它在能源服务接口（ESI）方面支持无线和 PLC，可配置成组合或独立运行。同样，它支持无线和 PLC HAN 之间的桥接，同时满足兼容性要求。

SEP 2.0 中建立了一些技术要求，与 MRD 提出 ESI 应支持 IEEE 802.15.4 或 HomePlug 物理接口的要求一致。此外，ESI 可以支持其他替代 MAC（介质访问控制）/PHY，包括 ITU G.9960/9961［G.hn（千兆家庭网络）］、ITU G.9954（家庭电话线网络联盟）、G3、IEEE 802.3、IEEE 802.11、IEEE P1901、MoCA（同轴电缆多媒体联盟）、LTE（长期演进技术）、WiMAX、GSM/CDMA（码分多址）、Prime、ISO 14908 以及蓝牙。同 MRD 一样，SEP 2.0 制定了一些对 IEEE 802.15 的要求，它规定 802.15.4 网络应在 2.4 GHz 频带内使用 IEEE 802.15.4 - 2006，这是对互操作性的核心要求之一。802.15.4 MAC/PHY 实现也可以与 900 MHz 频段的 SEP 2.0 一起使用[19]。但是其不应以任何方式标记或销售，否则会引起想要购买非可互操作的 MAC/PHY 产品的零售消费者的误购。

对于 SEP 2.0，HomePlug 联盟定义了多个 MAC/PHY 组合。HomePlug 联盟目前正在开展一项工作，即实现一个完整的基于互操作性的功能以促进零售市场，HomePlug AV 和 HomePlug GreenPHY 目前被认为是合适的候选对象，并可提供完整的可互操作的运作模式。

在 SEP 2.0 中，智慧能源系统应该支持由 HomePlug 联盟提供的一套特定可互操作的 PLC MAC/PHY 的系统实现。与 IEEE 802.15.4 网络类似，HomePlug MAC/PHY 的实现也可以与 SEP 一起使用，但不会以任何方式进行品牌化或市场化而误导客户购买错误互操作性的 MAC/PHY 产品，此外，HomePlug MAC/PHY 的互操作集应该通过外部 SDO 进行标准化，就像 IEEE 一样。智慧能源系统还应支持 HAN 设备请求使用其本地 MAC/PHY 加入 HAN。

当多个 MAC/PHY 共存时，网络准入可能需要路由。网络准入请求可以从一个网段路由到另一个网段。智慧能源管理应支持在 HAN 设备发出指令主动或被动退出网络情况下的重新接入。只有在初始授权后保留安全材料的情况下，设备才能以获得服务供应商授权且在安全密钥建立的状态下重新接入。系统可以支持设备请求使用可选的 MAC/PHY（如 IEEE 802.3、802.11）或任何其他可支持的 MAC/PHY 加入网络。SEP 规范应在 ESI 退出或复位时提供引导。

用来支持 SEP 2.0 应用程序的一些要求被制定、部署在不同的网络拓扑中，例如，大多数个人局域网（PAN）设备将在产品实例中使用单个 PHY 标准。为获得更好的性能，PAN 设备安装程序应该支持具有多个不同的 PHY 及路由器的网络。同样，PAN 设备应该提供一种便利的方式来发现可用网络，例如 IEEE 802.15.4 或 IEEE P1901 根据其对物理接口的支持，选择一个自主加入的网络作为默认的操作模式。根据其物理接口支持类型，PAN 设备可以提供发现可用网络并允许用户手动选择一个网络加入的功能。

在某些安装情况中，单个 HAN 的一部分设备可能不会为了便于可靠的通信而被紧密地配置。一般来说，这样的网络应与通过路由器连接的备用网络基板连接在一起，但是，也可能需要使用专门的扩展设备，例如，一个多户住宅可能需要位于 ESI 处的扩展设备，从而能够连接到客户的房屋。IEEE 802. 15. 4 和 HomePlug 网络可以通过网络层互连而非桥接或者链路层互连，对于某些网络安装可能需要提供 ESI 和房屋之间的扩展设备，只要这些设备将 ESI 连接到前台，它们就可以作为桥接器或路由器运行。

邻域网（NAN）的网络或架构限制目前并不清楚。在现有的 IEEE 802. 15. 4 寻址中，网络上最多有 65000 个设备。实际上，包含几千个设备的网络非常少见，较大的网络则被分成更小的子网络。通常情况下，这些较小的网络由数百到数千个设备组成。限制这些网络的通常是网络网关的数据吞吐量，具有较小数据传输量的网络可以用单个网关扩大，然而，在遵循 IEEE 802. 15. 4 的前提下，由于本地链路层寻址预期为 2 个字节，所以没有实际的理由对这些网络的大小施加最大限制。

5. 4. 2. 2　适配层

图 5. 8 为适配层的概览。大多数目前使用和标准化的链路层技术，可用于在 HAN 中进行通信，但是它不兼容 IPv6。为了启用 IPv6，在这样的网络中的网络层通信，需要使用适配层。适配层作为链路层技术和 IPv6 网络层之间的接口，所以，实际的适配层是依赖于链接层技术的。在这一部分中，将会对最常见的链路层技术的适配层进行概述。

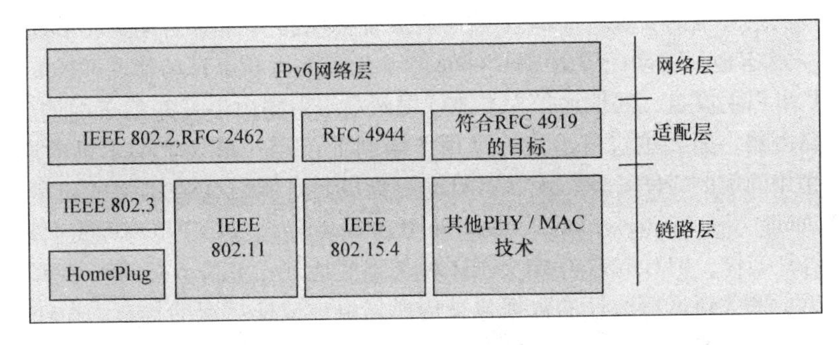

图 5. 8　适配层概览

1. 针对 IEEE 802. 15. 4 网络的 6LoWPAN 适配层

互联网工程任务组（Internet Engineering Task Force，IETF）用于低功耗无线个域网的 IPv6（IPv6 over Low Power Wireless Personal Area Networks，6LoWPAN）适配层[20]为 IPv6 数据包的传输定义了一种帧格式，并为 IEEE 802. 15. 4 PHY/MAC 标准定义的低功耗无线个域网（LoWPAN）中的包传送定义了报头压缩方案，它同时描述了 IPv6 本地链接地址的格式。

6LoWPAN 适配层还负责支持邻居发现，这是 IPv6 网络层的重要机制，并在 IETF 互联网草案[20]中进行了描述。

2. HomePlug 适配层

HomePlug 网络允许通过家庭现有的电缆进行通信。HomePlug MAC 层与以太网 IEEE 802.3 帧格式兼容，并且使用逻辑链路控制（LLC）子层，IEEE 802.2[21] 其代表一个互联网协议（IP）网络层接口。RFC2464[22] 提供以太网 IPv6 数据包传输规范。

3. 其他网络

其他网络的适配层取决于实际使用的 PHY/MAC 技术。一般来说，提供 IP 连接很重要，所以应与参考文献［23］中给出的通过 IP 传输的 LoWPAN 的目标一致。连接在网络中的大量设备需要较大的地址空间，而 IPv6 地址可以满足这些要求。然而，鉴于许多当前的家庭自动化通信解决方案的分组大小有限，用于 IPv6 和上述各层的报头应尽可能地被压缩。

许多当前的 HAN 技术（例如 INSTEON、X10 等）与 IP 是不兼容的。为了在这些网络和 IPv6 兼容设备之间提供互通，家庭网关必须支持桥接功能、地址映射、协议转换和其他功能（例如 INSTEON 到 IP 桥接）。

5.4.2.3　网络层

为了顺利通信，确保高安全性和网络灵活性，网络层采用了 IPv6。IPv6 在由 IETF 开发的互联网标准文件 RFC 2460[24] 中定义，是广泛使用的 IPv4 网络层协议的后继者。它通过使用 128 位长度的地址来解决 IPv4 地址耗尽的问题。另外，IPv6 还支持扩展选项以提供更高的灵活性和更简化的报头格式，IPv6 提供扩展以支持认证并以 IPSec[25] 作为基础实现网络安全的要求。HAN 中的所有设备都应具有自动配置寻址系统，并支持定义 IPv6 无状态地址自动配置的 RFC 4862[26]。IPv6 的无状态自动配置不需要手动配置主机，主机可以生成自己的地址作为本地可用信息与由路由器发布的子网信息的组合。如果没有路由器，那么主机将生成一个用于限制处于同一链接上的主机的通信地址，IPv6 地址租用固定的时间长度，无状态自动配置机制可能与 IPv6 网络的动态主机配置协议（Dynamic Host Configuration Protocol for IPv6 networks，DHCPv6）[27] 同时使用。

对于寻址架构，RFC 4291 中定义了 3 种类型的地址：单播、任播和多播[28]。在单播的情况下，发送到单播地址的数据包被传递到由该地址标识的接口。在任播的情况下，数据包被传递到由该地址标识的其中一个接口。通常，任播地址被识别为一组接口。多播地址也标识一组接口，但是，发送到多播地址的数据包被传送到由多播地址标识的所有接口。

HAN 中的所有设备都应支持多播，无论是在网络层（IPv6）还是在应用层。这对于需要多播事务的功能（例如服务发现）来说是很有必要的。多播在应用层是通过向多播组的所有成员发送一系列单播消息来实现的。

在 RFC 4861[29] 的定义中，HAN 中的设备的另一个要求是支持 IPv6 邻居发现。邻居发现允许确定附近主机的链路层地址。邻居发现也可以检测到邻居主机的访问能力和链路层地址的更改。

在 HAN 中，各种不同的网络配置和拓扑可能会组合在一起。因此有必要支持不同的路由策略和路由器。边缘路由器应该能够交换 HAN 和外部路由器间的控制信息。这

是通过使用互联网控制报文协议（Internet Control Message Protocol，ICMP）[30]和路由器广播来实现的。路由器应该通过使用路由器广播的路由度量来支持IPv6网络掩码[18]。一个示例场景如图5.9所示。HAN中的通信，应能够支持LoWPAN路由器，并且IETF RPL 5548[31]路由协议应用于单个6LoWPAN接口。

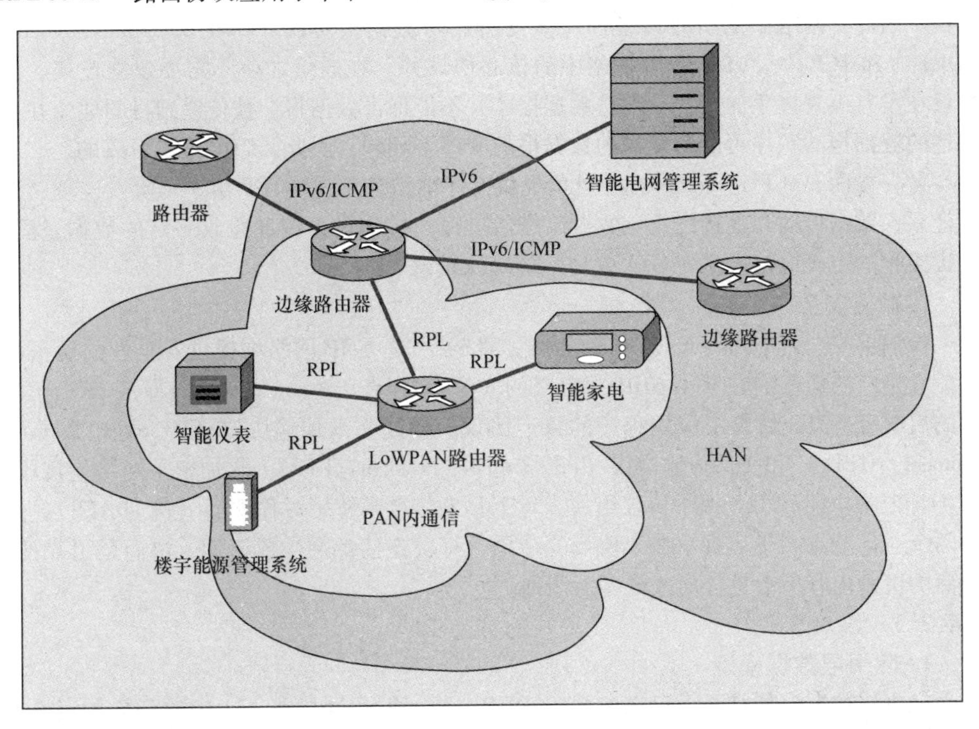

图5.9 网络层的IPv6路由－一个示例场景

LoWPAN网络MAC标准[19]没有定义任何对网络层的限制和建议，并且不提供本机网络划分解决方案。因此，PAN内的信息路由取决于所选择的路由协议。SEP 2.0需要支持定义为IETF互联网草案[18]的低功耗有损网络（Low Power and Lossy Networks，LLN），低功耗有损网络的IPv6 RPL路由协议[31]支持包括点到点、点到多点和多点到点的各种流量。路由器在运行时通常有能耗、内存和处理能力的限制，其通常是通过有损链路相互联系，只支持低数据速率。这些网络可能由数百个甚至数千个节点组成。

IP层安全性

IP层安全性由IPSec提供，IPSec是一种开放标准协议套件，用于保护网络中两个节点之间的数据流。它在通信会话中为所有的IPv6数据包提供相互认证和加密。IPSec套件的关键组件之一是认证报头（AH）[32]，为IPv6报文提供无连接完整性和数据源认证并防止重放攻击。IPSec套件的另一个关键组件是封装安全有效载荷（Encapsulating Security Payload，ESP）[25]，其提供机密性、数据源认证、数据完整性和防止重放攻击。ESP报头插入到IP报头后和下一层协议报头（传输模式）之前或封装的IP报头（隧道模式）之前。在传输模式下，IPv6 报头未加密，而整个 IPv6 数据包被加密并且（或者）在隧道模式下进行认证。

5.4.2.4　传输层

与 IP 层类似，传输层也应符合传输控制协议（Transmission Control Protocol，TCP）/IP 堆栈。因此，网络中的所有设备都应该支持用户数据报协议（User Datagram Protocol，UDP）[33] 和 TCP[34]。UDP 是 IP 网络中的核心协议并且在通信之前不需要建立连接。该协议在没有事先握手的情况下发送数据报，并不能保证数据报会被传递到目的地，并且到达的数据报的顺序可能与发送的数据报的顺序不相同，因此，UDP 是不可靠的。

另一方面，TCP 是可靠的，并且可提供有序的信息传递。TCP 由 3 个阶段实现：连接建立、数据传输和连接终止。数据流是通过窗口控制的，因此接收一定的数据量后，负责接收的主机应该发送“发送成功”的确认信息。

传输层安全

传输层安全（Transport Layer Security，TLS）[35] 是在 IP 网络中提供安全性的通信协议。它是广泛使用的在 RFC 6101 中定义的安全套接层（Secure Sockets Layer，SSL）协议的后继者。TLS 封装了应用程序的特定协议，如超文本传输协议（Hypertext Transfer Protocol，HTTP）和文件传输协议（File Transfer Protocol，FTP），它加密了网络连接段，由 TLS 记录协议和 TLS 握手协议组成。对于私人信息则使用对称密钥（例如 AES），作为两个通信节点间 TLS 握手协议协商的结果，每次连接都会生成密钥。协商是可靠的，协商的机密内容不会被任何攻击者探测到。

5.4.2.5　应用层

1. 应用层数据模型

应用层数据模型是基于定义在 IEC 61970 - 301 和 IEC 61968 - 11 中的 CIM 和定义在 IEC 61850 中的变电站通信网络与系统。

IEC 61970 系列指定了 EMS 的应用程序接口（Application Program Interface，API）。API 的目标是促进由不同的供应商独立开发的 EMS 应用程序的集成，CIM 指定了 API 的语义。它是一个通过提供一种将电力系统资源表示为对象类别和属性的标准方式来表示电力企业中的所有主要对象以及它们之间的关系的抽象模型。CIM 规范使用统一建模语言（Unified Modeling Language，UML）符号，将 CIM 分为一组包。

IEC 61968 旨在促进应用程序间的整合而非应用程序内部的整合。应用程序内部的整合旨在实现同一个应用系统中的程序整合。相比之下，IEC 61968 旨在支持不同的应用系统之间的整合。它为不同的计算机系统、平台和编程语言提供互操作性。IEC61968 - 9指定了一组可以被用于支持与仪表读数和控制相关的许多业务功能的一系列消息类型的信息内容。消息类型的典型用途包括仪表读数、仪表控制、仪表事件、客户数据同步和客户切换。

根据参考文献［18］，IEC 61850 数据模型被用于 CIM 数据模型不存在的地方，以及 IEC 61968 和 IEC 61850 之间进行协调计划的地方。IEC 61850 是变电站自动化系统（SAS）的设计标准。IEC 61850 中定义的抽象数据模型可以映射到多个协议，包括制造

报文规范（Manufacturing Message Specification，MMS）、面向通用对象的变电站事件（General Object Oriented Substation Event，GOOSE）、抽样测量值（Sampled Measured Value，SMV）等。目前由于IEC使用CIM的对象模型不同，协调这些补充标准势在必行[36]。IEC 61850通信协议被映射到适当的CIM数据类。然而，并不是所有的数据字段都可以被直接映射，因为在IEC 61850中定义的数据类型和数据格式与在CIM中定义的有差异。

2. 家庭局域网结构

HAN结构如图5.10所示。所有的HAN设备在加入HAN后，必须在应用程序信任中心注册，才能获得用于特定功能集的特定授权。网络中的设备与服务提供商的关系可以为以下四种之一：联网（或未经授权）、订阅、注册或受控。这些与OpenHAN 2.0定义的未调试、调试和注册等状态类似。未经授权的设备或许存在于网络中，但与服务提供商没有任何关系。订阅设备已经被服务提供商授予访问客户特定信息的权限，但可能不会在任何特定的服务提供商程序中注册。注册设备已被授予对数据的访问权限，并被注册在服务提供商程序中，但是客户尚未向服务提供商授予控制权限。对于受控设备，客户已经注册了一个程序并授予服务提供商管理或控制设备的权限，受控设备则被认为已经注册，并且认定登记的设备也已经被订阅。

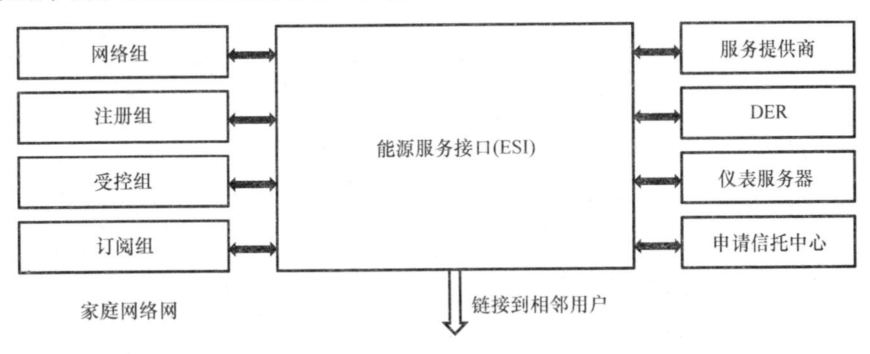

图5.10 家庭局域网架构

ESI使服务提供商资源可用于HAN中的设备。每个配备实用程序或服务提供商的HAN设备均应提供由客户注册的注册组列表，并对接收到的引用这些注册组的消息进行操作。一般来说，ESI负责在服务提供商或受信任的控制权限与HAN设备之间转发消息，ESI可以从服务提供商的后台接收消息并在有效期开始时传送给HAN中的设备，已经协商接收消息的设备将接收这些消息。如果信息无法传送给某个设备，ESI必须以指数趋势衰减时间重试发送，直到成功或消息过期。定向消息应能解决一个特定的预设目标。这些消息将被发送到所有为接收来自ESI所发送的消息而配置的设备中。

消费者可以授权服务提供商控制一个HAN设备或与其通信。这些授权是通过带外（Out of Band，OOB）通信提供的，例如电话或互联网，通过正确的认证以确认设备的身份。

3. 功能集

功能集定义了一组行为需求以支持给定的应用程序要求。与给定功能集有关的要求可能是强制的或可选的。设备要实现一个特定功能集需要实现该功能集的所有强制性要求。供应商根据市场需求可以选择用单个设备实现多个功能集。目前，定义的功能集有：

DRLC：DRLC 应用的目标是在峰值负荷期间有效地降低能耗。DRLC 信号直接通过 PEMS（Premise Energy Management System，前提能量管理系统）或间接地从 ESI 发送到 HAN。其中稳定的认证和安全性是必需的。在某些情况下，需要来自 HAN 设备的反馈通知服务提供商有关给定 DRLC 事件的 DRLC 消息失败的响应。还要求消费者应该始终能够重写 DRLC 事件。

Messaging：消息传递由服务提供商发送以通知消费者公共服务公告、商品可靠性事件、营销和保护咨询等信息。如图 5.11 所示。

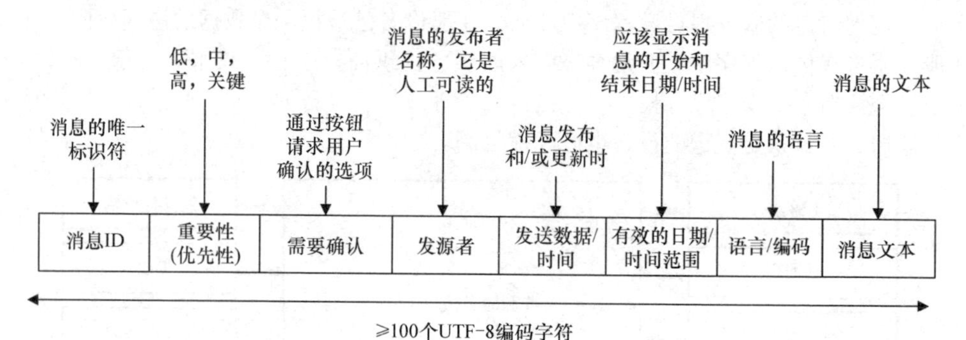

图 5.11　一个消息示例

Price：定价的功能是发布来自实用程序或服务提供商的商品定价信息。价格信息应包含事件 ID、身份文件、供应商标识符、货币、开始和结束的日期或时间、计量单位、最大瞬时需求、消费或供应价格以及替代价格等。

Prepayment：预支付允许客户支付由执行结算功能的仪表显示的能源用量。它支持 3 种模式：在服务提供商系统内、在 ESI 内或在 IEC 62055 系列标准内执行结算功能。

Metering：计量信息为客户提供能源用量信息。它将从终端使用测量设备（End Use Metering Devices，EUMD）、ESI 或其他设备发送到计量服务器，然后从计量服务器发送到特定显示设备。它包括消费、最后一次读表时间、需求、使用时间和测量标识单位等信息。

Mirroring：镜像功能提供从计量设备向 ESI 推送数据的功能以向服务提供商返回报告。因此一套用来管理并确保镜像过程的控件是必需的。

PEV：PEV 结合了许多功能领域（例如 DRLC、定价、能量存储/DER 和消息传递）以及具有移动性的逻辑组件。特别地，来自 PEV 的双向能量流可被视为计量和 DER 功能。SEP 2.0 中定义的 PEV 要求部分来源于汽车工程师协会（Society of Automotive Engi-

neers，SAE）文件，即SAE J2836和SAE J2847系列标准。

DER Management：DER是一种小型发电技术，如一块太阳电池板、一台小型风力发电机或位于消费者区域附近的PEV，DER与传统电力系统一起供电。

Billing：计费信息为消费者提供其消费的财务视图。计费功能集应支持以下信息的通信：服务提供商的计费属性、目前的账单日期、结算周期剩余天数、预测账单估计、账单决定因素、使用比较、以前的顺序和年度结算周期数据等。

5.4.3　OpenHAN 2.0

OpenHAN工作组于2007年由UtilityAMI建立，目的是发展指导原则、使用案例和HAN的平台独立需求[37]。

OpenHAN工作组启动了初始版本的UtilityAMI 2008 HAN系统要求规范（System Requirements Specification，SRS）的开发。后来由于UCAIug委员会已经确定了其他用例和要求，所以在2009年重新设立了OpenHAN工作组。OpenHAN 2.0工作组由OpenHAN工作组组建，用以创建下一版本的HAN SRS，它被命名为Unclog HAN SRS v2.0。

通过提供通用的架构、语言和要求，UCAIug HAN SRS v2.0的使用能够通过下调成本、增加互操作性并最大限度延长使用寿命和可维护性来确保在竞争激烈的市场中占有一席之地。其主要目的是定义开放标准HAN系统的系统要求并确保可靠和可持续的HAN平台。HAN的受众SRS包括实用程序、供应商、服务提供商、政策制定者、政府活动小组、标准工作组和检测认证委员会等。

NIST认可OpenHAN作为智能电网与客户设备[8]之间数据通信接口的要求。HAN SRS是从由Grid Wise架构委员会（Grid Wise Architecture Council）（见图5.12）提供的8层互操作性框架[37]发展而来的。HAN SRS的重点在于组织和信息互操作性类别8～4。高级政治和监管活动通过制定新政策、法律和规定以确定政治和经济目标。剩余的互操作性类别（第7～4层）已经被多个参加标准化活动的组织提出。

5.4.3.1　总体描述

UCAIug HAN SRS为HAN设备如何参与到服务提供商中提供了基础。一些指导性原则总结如下。

1. 确保双向沟通

HAN设备（包括AMI仪表）必须能够通过使用ESI与HAN通信。ESI可以实现HAN设备和服务提供商之间的双向通信。

2. 支持负荷控制集成

负荷控制意味着负荷正在被管理，例如延迟、消除、循环和减少等。因此，负荷控制使HAN设备能够在直接或间接控制下降低峰值功耗。

3. 访问消费者特定的使用数据

HAN应该可以通过AMI仪表访问消费者特定的使用数据（例如瞬时使用、间隔使用、电压、电流和功率因数等）。

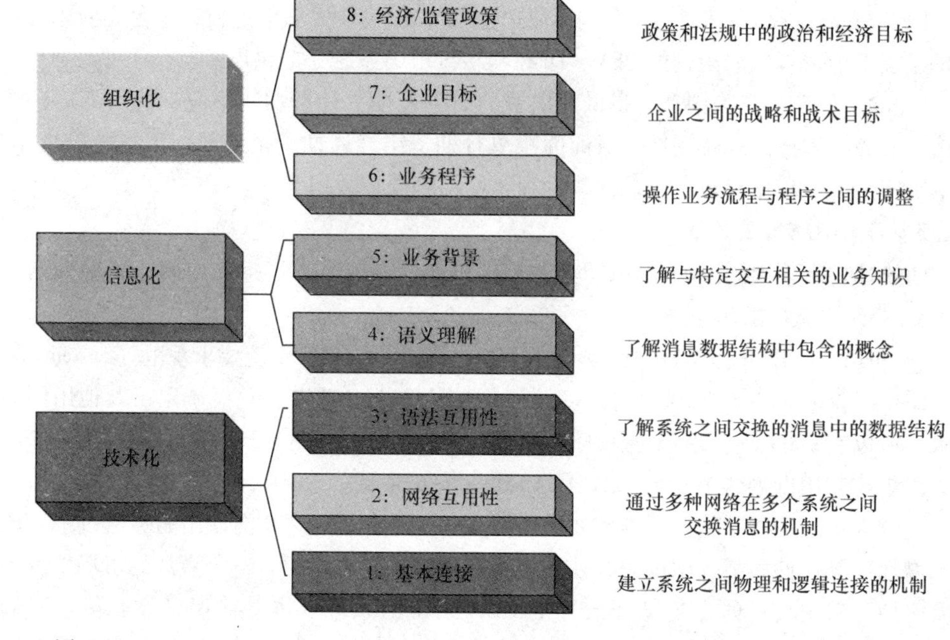

图 5.12　UCAIug HAN SRS v2.0 互操作性框架（在 GridWise 架构委员会的许可下，从“GridWise® Interoperability Context－Setting Framework”转载，2008 年 3 月，第 5 页，“GridWise® Interoperability Context－Setting Framework” 是 GridWise 架构委员会的一个项目）

4. 支持 3 种消息传递类型：公共、消费者指定和控制

为了支持 HAN 市场的预期增长，系统必须提供用于各种类型的消息传递，包括公共、消费者指定和控制消息。

5. 支持开放和互操作的标准

标准应通过协作过程制定和维护，协作过程是向所有相关团体公开的，而不是由一个单一的组织控制或主导的。两个或更多的 HAN 可以直接安全无缝地交换信息。

5.4.3.2　架构

在 HAN SRS 中，没有关于 HAN 架构的具体要求。HAN 架构允许在消费场所中提供多个 ESI，其提供在 HAN 中特定的逻辑功能。

Utility ESI 非常重要，因为它提供了从 AMI 仪表到 HAN 设备的实时能源使用信息，并使用加密方法进行保护。在某些司法管辖区，Utility ESI 可以提供两种通信模式：需要在 UtilityAMI 通信网络上进行注册的双向通信；或者不需要注册，但只允许单向通信（即公共广播）。

图 5.13 显示了 HAN 设备可能存在的 4 种状态。创建一个 HAN，启动 HAN 设备的安装程序将启动一个被称为调试的过程，这允许设备交换有限数量的信息（例如网络密钥、设备类型、设备 ID、初始路径等），并接收公共广播信息。一旦调试过程完成，

一个HAN设备可能会经历一个被称为注册的额外过程。

注册过程在HAN设备和ESI之间创建信任关系，并授予HAN设备与其他注册设备、与ESI交换安全信息的权限。在某些情况下，调试和注册被组合在一起，称为配置。

最终过程是注册，消费者在其中选择服务提供商程序，并授予服务提供商特定的权限使其可以与之通信或控制他们的HAN设备。HAN设备必须在启动注册过程之前进行调试和注册。

如果单向通信信道需要调试HAN设备，但不需要注册，则这个通道可以作为一个公共广播信道，并且应该仅用于一般保护信息。

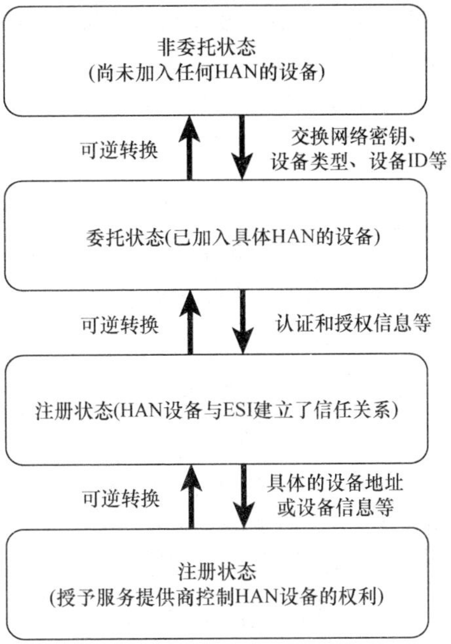

非委托状态
(尚未加入任何HAN的设备)
可逆转换
交换网络密钥、
设备类型、设备ID等
委托状态(已加入具体HAN的设备)
可逆转换
认证和授权信息等
注册状态(HAN设备与ESI建立了信任关系)
可逆转换
具体的设备地址
或设备信息等
注册状态
(授予服务提供商控制HAN设备的权利)

图5.13　HAN设备的4种运行状态[37]

HAN SRS除了Utility ESI之外还支持HAN的外部接口。价格信息、控制信号和消息可以由非通用性服务供应商提供。客户还可以由外部接口与HAN上的设备进行通信，以实现远程配置、监控和其他应用。

5.4.3.3　HAN的系统要求

HAN系统要求是HAN SRS的主要关注点，它可以为各种HAN利益相关者成功实现功能性。每一组要求都映射到表中的功能性HAN设备。表格显示了调试过程（Commissioning Process，CP）、注册过程（Registration Process，RP）、安全性（Security，S）和基本功能（Basic Functionality，BF）所必需的要求。这些要求也可以是可选的（Optional，O）或不适用（Not Applicable，NA）于设备的功能。

调试过程（Commissioning Process，CP）：支持HAN上的HAN设备调试过程的最低要求。

注册过程（Registration Process，RP）：支持在ESI上注册HAN设备过程的最低要求。

基本功能（Basic Functionality，BF）：支持逻辑HAN设备功能的最低要求。假设设备已经被调试。

安全性（Security，S）：保护HAN的保密性、完整性和可用性的最低要求。

可选的（Optional，O）：一个包括支持服务供应商程序或允许供应商区分其产品的可选要求。

不适用（Not Applicable，NA）：这个要求在这个逻辑HAN设备上不可用。

逻辑设备及其主要功能如表5.3所示。这些设备可能包含多个功能，但映射由主要功能决定。

表5.3 逻辑HAN设备类型

逻辑设备	主要功能
能源服务接口（ESI）	网络控制和协调
Utility ESI	网络控制和协调
可编程通信恒温器（PCT）	HVAC控制
家庭显示（IHD）	显示能源信息
能源管理系统	控制终端设备能量
负荷控制	资源控制
AMI仪表	能源计量
HAN非电类仪表	能源计量
智能家电	智能响应
电动汽车供应设备（EVSE）	给PEV充电
插电式电动汽车（PEV）	电力交通工具
最终用途计量装置（EUMD）	测量终端设备负荷

需求框架包括以下类别：

1）HAN应用程序。需求定义HAN设备应该做什么，包括控制、测量与监控、处理和人机界面（Human - to - Machine Interfaces，HMI）。

2）通信。需求旨在确保授权方（例如实用程序、服务提供商、EMS等）和消费者的HAN设备之间的可靠消息传输。通信要求包括调试和控制。

3）安全性。需求旨在验证用户的身份、维护用户隐私，并保证负责任地使用。安全要求包括访问控制保密、认证、问责和注册。

4）性能。需求旨在保证HAN通信质量，其特点是可靠性、可用性和可扩展性。

5）运营维护逻辑。需求给HAN设备提供系列标准，包括制造、配置、标签、包装、安装帮助、用户手册、在线支持、自检和故障排除。表5.4给出一个示例，显示了如何将通信委员会1（Communication Commission 1，Comm. Commission. 1）要求映射到HAN设备。

表5.4 调试要求映射

ID	HAN系统要求	Utility ESI	ESI	PCT	IHD	EMS	负荷控制	AMI仪表
1	通信委员会1	CP	CP	CP	CP	CP	CP	CP

6）通信委员会1。HAN设备应接受网络配置数据，这允许其进入新的或现有的网络（例如网络ID等）。

5.4.4　Z－Wave

Z－Wave 是由 Z－Wave 联盟开发的家庭自动化专有标准，Z－Wave 联盟是一个围绕由丹麦 Zensys 公司[38]开发的专有无线网络协议建立的集团。Z－Wave 标准旨在提供一种简单但可靠的方法通过无线方式控制房屋中的电器，它用于工业科学与医学（Industrial Scientific and Medical，ISM）频带［868MHz（欧洲）频带和 908MHz（美国）频带］，使用频移键控（Frequency Shift Keying，FSK）调制方案，两个频带的吞吐量均为 40kbit/s。基于 Z－Wave 标准的网络每个最多可包含 232 个节点，可以通过配置每个节点重发数据，保证住宅房屋在多路径环境中的连通性[39]。

Z－Wave 标准协议栈如图 5.14 所示，其中有负责控制访问射频媒体的 PHY/MAC 层，有负责数据包路由的网络层和进行帧完整性检查、确认和重传的传输层。

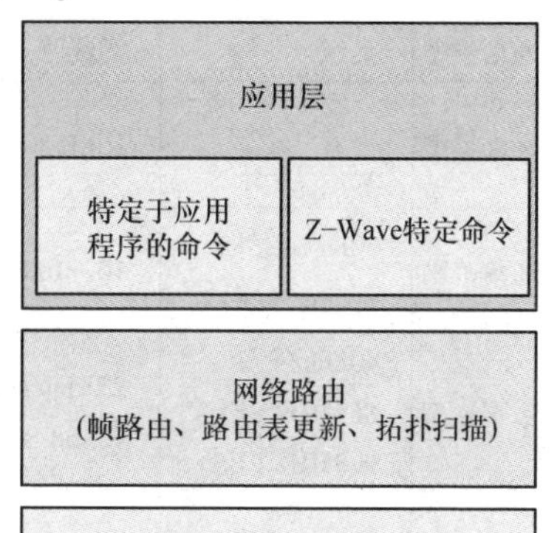

图 5.14　Z－Wave 标准协议栈

Z－Wave 协议结构类似于 ZigBee 协议结构，后者包括 4 层，即 PHY 层、MAC 层、网络层和应用层。协议结构如图 5.15 所示。PHY 层由 Zensys 独有的无线电技术组成，它使用 ISM 频带，并且免费公开使用。在下一代集成芯片中，Zensys 提到他们也将支持 2.4GHz 操作，虽然细节尚未公布[40]。

MAC 层控制射频媒体，其数据流编码方式为曼彻斯特编码，它由前置码、起始帧（Start of Frame，SOF）、帧数据和停止帧（End of Frame，EOF）组成，如图 5.15 所示，数据帧是传输到传输层的帧的一部分，MAC 层支持 ACK 和重传。用在 MAC 层的 Z－Wave 标准有 4 种类型的帧，即单播、多播、广播和 ACK，它们都使用类似的结构，由报头、有效载荷和校验组成，使用一种简单的冲突避免机制，如果检测到流量，那么将进行随机退避等待，并再次尝试检测。为了避免冲突，MAC 层使用了一种机制：当其他节点正在传输数据时该节点不传输数据。避免冲突是这样实现的：节点在不传输数据时保持接收模式，并且当接收机接收到数据时延迟传输。当无线电被激活时，该机制作用在所有类型的节点上。

图 5.15　Z－Wave 协议结构

两个节点之间的数据传输包括重传、校验和核对及确认，由传输层控制。在传输层中，有 4 种基本的帧格式用于传输网络中的命令。Z－Wave 的路由层控制帧从一个节点到另一个节点的路由。

在Z-Wave协议栈中，应用层负责解码并且执行网络中的命令。它通过使用命令类和应用帧来完成这个任务。这些命令类与ZigBee配置文件类似。实际上它们是一组针对特定应用程序的相关命令。典型的例子是先进照明控制和恒温控制。应用程序帧嵌入在Z-Wave帧内，解码后发送命令到应用层。这些帧包含与命令、命令类和命令参数有关的信息。表5.5列出了Z-Wave与当下标准的比较。

表5.5　Z-Wave与其他标准的比较[42]

	Z-Wave	ZigBee	HomePlug	Ethernet	Wi-Fi
通信类型	无线	无线	有线（PLC）	有线	无线
标准类型	专有	IEEE 802.15.4	IEEE P1901	IEEE 802.3	IEEE 802.11a/b/g/n
通信范围	30m（室外） <30m（室内）	10~100m	300m	100m	100m（室内）
数据速率	40kbit/s 868MHz（EU） 908MHz（US）	250kbit/s(2.4GHz) 40kbit/s(915MHz)	200Mbit/s	10~1000Mbit/s	11~300Mbit/s
安全性	128位高级加密标准（AES）加密	128位AES加密	56位数据加密标准（DES）加密	—	Wi-Fi（受保护的访问）WPA2
属性	IP支持、无家庭干扰、数据传输速率低	低功耗、更长的电池寿命和低成本	通过现有电力线通信（低成本）降低速度，支持IP	相对简单、廉价、抗噪声、专用电缆	广泛的支持、可用于所有设备
拓扑	网状形	星形、网状形、树形	总线型	星形、网状形、树形、总线型、环形	星形、网状形、树形
在建筑和家庭自动化中的应用	家庭和建筑的照明和自动化	自动化、感应和控制，适用于住宅、商业和工业场所	使用现有的交流电力线进行双向通信的自动化	用于计算机网络（有线）	家用电器和计算设备内的无线通信

有两种类型的Z-Wave设备，即控制机和从机。控制机是Z-Wave网络中的主设备。它们负责启动传输，并且对网络有完整的感知。它们也维持网络和控制配置。网络中只能有一个主控制机，负责路由表的所有配置和维护。基于加入网络的设备，主控制机构建并控制路由表。它将请求节点的邻居列表，邻居列表由加入网络后广播范围内的所有节点组成，它使用此信息来构建路由表。另一方面，从机是无源装置，不能主动采取任何类型的传输并且不包含任何路由表。如果控制机和从机的位置都是静态的，那么它们可以发送帧，并且始终处于“监听模式”。控制机和从机负责传输含有正确中继器

列表的帧，并确保帧完整地从一个节点传到另一个节点。此外，它们负责扫描网络拓扑并维护控制机中的路由表。

5.4.4.1 Z-Wave的现况

现在Z-Wave联盟基本上涉及各种家用控制设备。例如，Z-Wave联盟成员Z-Wave.Me在2012年3月展示了通过网络组织建立和运营基于Z-Wave的家庭控制设备，非常简单方便，其关注点主要在Z-Way控制机软件的演示，该软件可由来自本地控制单元的用户操作，例如PC（Personal Computer，个人计算机）、笔记本电脑、iPad等[40]。

5.4.5 ECHONET

ECHONET是一家日本公司，成立于1997年，旨在推动开发用于家庭控制和监控的软件和硬件。ECHONET用于直接控制家用电器和通过网关连接到家庭的电子设备[41]。这种设计使行业参与者在保持最佳性价比的同时，可开发具有不同通信速率和级别的各种复杂技术系统。ECHONET的目标是制造一种不需要专门去重新布线的标准，这套标准可以适用于现有的家庭，并且可以容易地被很多设备控制。该标准规定了无线技术的使用和普通家庭的电气布线，无需特殊的重新布线并允许网络用于现有住房和新房。另外，由不同供应商生产的设备可以建立互联并受到控制。而且，即插即用功能的集成，可以方便地将新设备添加到现有网络。ECHONET发布规范，准备中间件，并提供开发和配套工具，鼓励发展高可靠性的应用软件和网络兼容设备。网络通过通信线路连接到外部系统提供高级服务，并与外部组织合作。

5.4.5.1 ECHONET开发领域

ECHONET的整体开发领域如图5.16所示。如图所示，API和协议标准的公开将会促进应用程序开发并产生一个开放的系统架构，可以促进外部扩展和新条目的产生。PHY被设计为可接受各种传输介质。

ECHONET的开发进度分为3个阶段，可以在图5.17中看到。第一阶段是建立基础的ECHONET技术；第二阶段是促进ECHONET的采用，而第三阶段是为ECHONET创造市场。

5.4.5.2 ECHONET现在的状况

在2011财政年度，ECHONET Lite标准被日本智能社区联盟（JSCA）的智能房屋标准化研究组评为“家庭能源管理系统（Home Energy Management System，HEMS）中的众所周知的标准接口”。ECHONET公司抓住机会，采用各种方法推广ECHNET，包括努力应用制定标准的成果和开发辅助工具。同时，它正在努力设计具体的ECHONET应用实例，并继续开展活动提高标准，以使其满足实际需要。ECHONET公司旨在开发能够创建、存储和节约能源的设备，这些设备同时实现IPv6兼容性，完成ECHONET Lite标准化，将此标准开发成为一个用户友好的标准。在2012财政年度，针对ECHONET Lite标准在智能仪表采购中的应用制定了政策，并推动发展建筑能源管理系统（Building Energy Management System，BEMS）/HEMS补贴制度。ECHONET公司也专注于研究ECHONET Lite和ZigBee/HomePlug SEP 2.0、KNX、IPTV（互联网协议电视）、论坛等之间的联系。

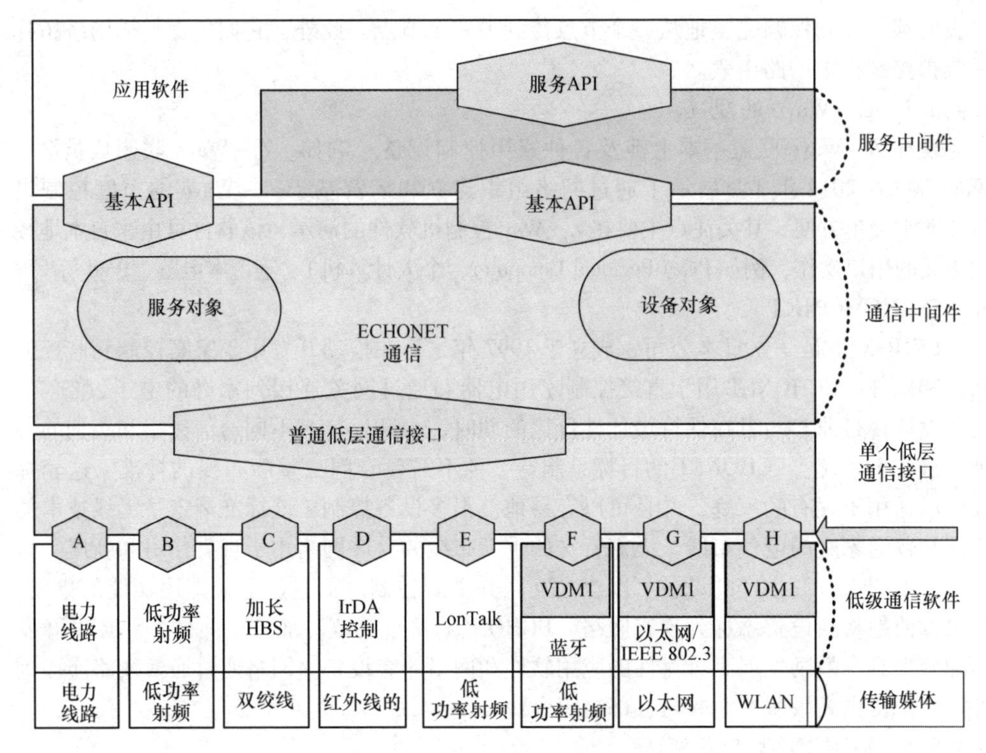

图 5.16　ECHONET 开发领域

此外，ECHONET 公司正试图进行公开宣传，增加公司成员人数，以支持相关标准的制定活动。

5.4.6　ZigBee 家庭自动化（ZHA）公共应用程序配置文件

ZigBee 针对的应用有各种各样的类型，其中包括家庭自动化、环境和工业监测、监控、货物和人员跟踪以及自动抄表。为了满足这些系统的需求，ZigBee 提供了一个接口，这个接口可以让不同配置文件使用同一组功能和服务。一个 ZigBee 应用程序配置文件被定义为可以由给定类别设备使用的一组标准属性、功能和参数值。这个接口可以作为 ZigBee 网络层与应用程序（配置文件）之间的链接，如图 5.18 所示。

ZHA 公共应用程序配置文件是用于家庭自动化应用程序的 ZigBee 配置文件。随着 ZHA 文件的引进，家庭自动化（HA）可以从目前在业余爱好者和高端家庭中有限的实现过渡到传统市场上的大批量产品。ZHA 文件支持多种家用设备，包括照明、供暖和制冷，甚至窗帘控制。它提供来自不同供应商的互操作性，允许家庭中不同设备的更大范围的控制和集成，主要处理设备零星的实时控制。

ZHA 网络由基于 ZigBee 特性的节点组成，这些节点基于 ZigBee 功能集或 ZigBee PRO 功能集，或两者兼容。消费者将需要建立一个 HA 系统，这个系统基于单一制造商认证的 ZHA 产品套件，然后用具有来自其他供应商的认证 ZHA 产品来扩展该系统。也

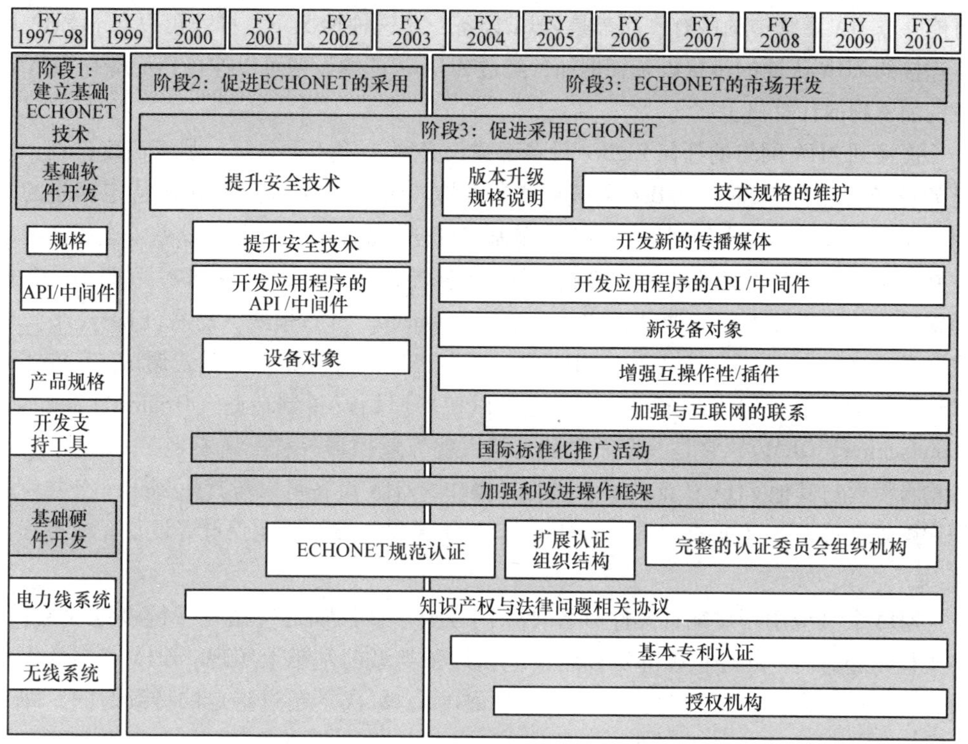

图 5. 17　ECHONET 的开发阶段

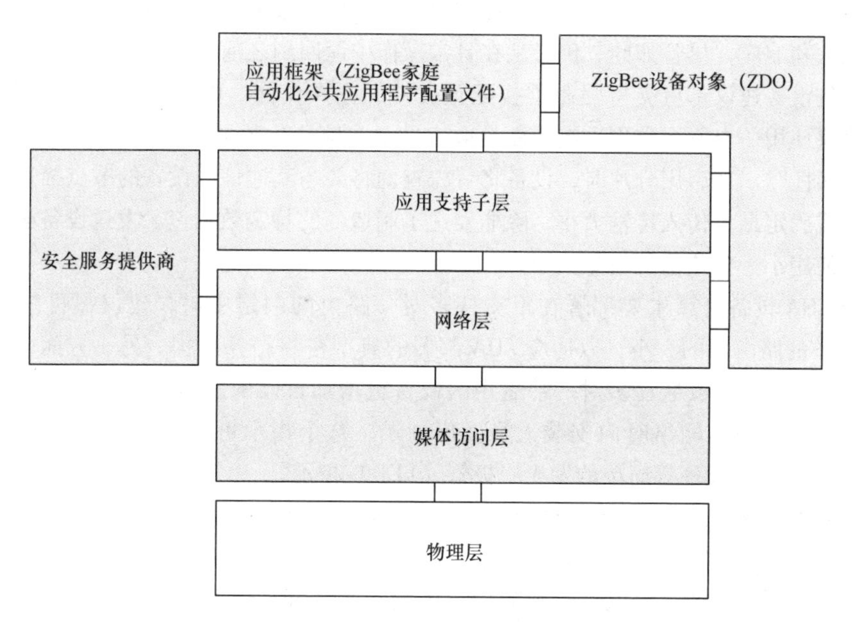

图 5. 18　具有应用程序配置文件的 ZigBee 层协议栈

可能并非 HA 系统中的所有产品都是 ZHA 设备，在这种情况下，推荐可以与非 ZHA 网络连接的 ZHA 认证的桥接设备，例如，经过 ZHA 认证的设备可以连接到配备有 ZHA 认证的加密狗的计算机上[13]。

连接到 ZHA 网络的任何 ZigBee 设备都建议必须有 ZigBee 认证。尽管高度推荐，但是 ZHA 产品依然不需要 ZigBee 调试集群的支持。调试是 HAN 设备访问特定网络的过程，允许设备用于特定的网络，其中涉及基于安全凭证的信息交换。这些安全凭证是建立网络协调，分配设备地址和定制路由网络数据包所需要的。在 ZigBee 联盟中，我们通常讨论的有 3 种不同的调试模式：自动（Automatic，A）模式，简易（Easy，E）模式和系统（System，S）模式。在 ZHA 中，所有产品都需要支持 E 模式调试。E 模式调试通常涉及一个按钮或两个按钮，但也可以使用原始设备制造商（Original Equipment Manufacturer，OEM），它是一个简单的工具，就像遥控器一样。所有经 ZHA 认证的设备均将需要与其他 ZHA 认证的设备进行互操作，ZHA 设备可以与其他 ZigBee 公共应用程序配置文件设备（如 ZigBee/HomePlug 智慧能源和 ZigBee 卫生保健等设备）进行互操作。

ZHA 公共应用程序配置文件有各种强制性要求，例如对应用程序链接键（接口）的支持是必需的，此外，源绑定和组群应在设备类型的基础上实现。ZHA 终端处于正常运行状态的设备将进行轮询（发送消息许可），每次不超过特定的持续时间，即每 7.5s 一次。但是，有一些例外，例如，ZHA 终端设备在网络维护、报警和调试时，轮询速率可能高于 1/7.5 Hz。它们也可能在发送消息后以较低速率运行、以确定能够迅速接收确认和响应，尽管如此，仍必须在日常操作中返回到之前指定的标准速率。

所有设备建议都应支持强制堆栈配置文件的互操作性。由于 ZHA 不支持碎片化，因此建议使用一个不要求更大响应而是适应一个非碎片化数据包的设备，特别是在读/写多个属性时。当启用分片时，设备将首先查询将要与其通信的设备的节点描述符，以这种方式确定最大传入传输大小，除非发送了制造商的特定数据包。发送设备必须在调整期间使用小于指定值的信息大小。

当 ZHA 设备打算主要部署在不支持多对一路由的网络中时，建议尽可能地增加 ZHA 设备的路由表的大小，以适应 ZHA 部署的典型密集拓扑结构。另一方面，如果可能的话，建议主要安装在多对一部署中的设备也增加自己的路由表大小。ZHA 协调员应该在新设备加入网络时向安装人员发出指示，这个指示可以通过 PC 客户端、LCD（液晶显示器）、屏幕等简单的发光二极管（LED）指示。

为确保互操作性，所有 ZHA 设备均应当实施兼容启动属性集（Startup Attribute Sets，SAS）。这并不意味着该集必须是可以通过调试集群进行修改，而是设备必须在内部实施这些堆栈设置，以保证一致的用户体验和兼容性，由调试集群描述的 SAS 参数也为能够指定 HA 启动集提供了良好的基础。

除了上述建议外，ZHA 配置文件中还对 HA 提出了一些要求和最佳实践。当形成新

网络时，HA设备在扫描其余信道之前，应该使用信道掩码进行信道扫描，以避免占用最常用的Wi-Fi信道。这可以改善安装过程中的用户体验，也可能提高带宽。

在ZHA中，除了控制组或调用场景，不鼓励HA设备进行分组广播。设备被限制在9s内9次广播的最大广播频率，不过，强烈建议不要频繁地进行广播。

在ZHA中，根据每个设备处理的终端应用领域提供设备描述。这些设备被归类为通用、封闭、照明、入侵者报警系统和暖通空调（HVAC）。

ZHA公共配置文件利用ZigBee集群库（ZCL）中指定的集群。ZCL提供了一个机制用于报告各种属性值的变化，并指定了配置报告参数的命令。在ZCL规范中，列出了特定集群能够为每个集群报告的属性，产品应支持ZCL中提到的产品在给定集群内实现的所有属性的报告机制[44]。

5.4.7 BACnet

BACnet是由美国采暖、制冷和空调工程师学会（American Society of Heating, Refrigeration and Air-Conditioning Engineers，ASHRAE）开发的楼宇自动化与控制网络协议。BACnet是专门为BAC系统设计的数据通信协议，用于采暖、通风、空调和制冷（Heating, Ventilating, Air-Conditioning and Refrigerating，HVAC&R）控制、照明控制、门禁和火灾检测系统。该协议的目的是定义用于监测和控制HVAC&R等建筑系统的计算机设备的数据通信服务和协议，此外，它还定义了在这些设备之间传达信息的抽象的、面向对象的表示。BACnet于1995年成为了ASHRAE/ANSI的标准135，并且在2003年被国际ISO 16484-5标准所采纳[45]。

BACnet是一个开放的多厂商标准，允许来自不同厂家的楼宇自动化实现互操作。类似于计算机的网络，开放协议（如TCP/IP）使终端用户能够选择来自不同厂家的硬件（网卡/适配器和调制解调器）组件和软件（操作系统和应用程序）组件。但是，OSI的七层基于模型的协议的成本对于大多数楼宇自动化应用来说是非常高的。如果不使用OSI模型的所有七层，而是只使用OSI功能，应该包括实际需要，这样七层架构将会收缩。在收缩折叠后的架构中，仅使用OSI模型的所选层，而不使用其他层，这可以降低消息开销，降低成本，提高系统性能。

BACnet基于四层折叠架构，如图5.19所示[46]。对于数据链路和PHY，BCAnet为不同的通信协议组合提供了6个选项。选项1是由ISO 8802-2类型1定义的LLC协议，结合ISO 8802-3 MAC/PHY层协议。选项2是ISO 8802-2类型1协议与ARCNET、附属资源计算机网络（ATA 878.1）相结合。选项3是主/从/令牌传递（MS/TP）协议结合EIA-485 PHY协议。选项4是点对点协议与EIA-232相结合，其中点对点协议为硬连接或拨号串行异步通信提供机制。选项5是LONTALK协议。选项6是与UDP和IP结合的BACnet/IP。总之，这些选项提供了各种各样的选项，即主/从MAC、确定性令牌传递MAC、高速争用MAC，拨号接入、星形和总线拓扑，以及双绞线、同轴电缆或光纤介质的选择。参考文献［46］对这些细节进行了描述。

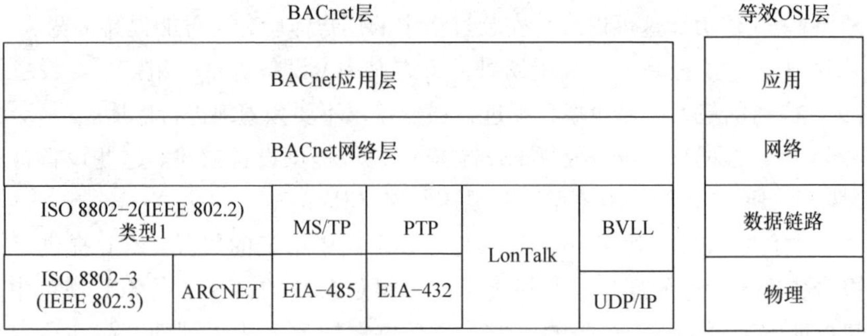

<table>
<tr><th colspan="6">BACnet层</th><th>等效OSI层</th></tr>
<tr><td colspan="6">BACnet应用层</td><td>应用</td></tr>
<tr><td colspan="6">BACnet网络层</td><td>网络</td></tr>
<tr><td colspan="2">ISO 8802-2(IEEE 802.2)
类型1</td><td>MS/TP</td><td>PTP</td><td rowspan="2">LonTalk</td><td>BVLL</td><td>数据链路</td></tr>
<tr><td>ISO 8802-3
(IEEE 802.3)</td><td>ARCNET</td><td>EIA-485</td><td>EIA-432</td><td>UDP/IP</td><td>物理</td></tr>
</table>

图 5.19　BACnet 收缩体系结构

在仔细考虑 BAC 网络的特定特性和要求之后，选择了四层折叠架构，并尽可能减小所需的开销。PHY 层提供了连接 BAC 设备和用于传输数据的传输信号。数据链路层将数据组织成帧或数据包，调节对介质的访问，提供寻址及处理一些错误恢复和流量控制。对于网络层，在单个网络的情况下，大多数网络层功能是不必要的或是重复的数据链路层功能。尽管如此，如果两个或多个 BACnet 互联网络使用不同的 MAC 层选项，需要网络层功能来区分本地和全局地址及路由消息，因此，通过让网络层的开始处含有必要的地址和控制信息来让 BACnet 提供有限的网络层。对于传输层，由于 BACnet 是基于无连接的通信模式，所需服务的范围非常有限，可以在更高层实现这些服务，因此，节省了单独传输层的通信开销。协议的应用层提供应用程序执行其功能所需的通信服务，在这种情况下，可以对 HVAC&R 和其他楼宇系统进行监控执行。由于 BACnet 中的大多数通信非常简短，不需要更改格式或压缩数据，所以不需要单独的会话层和表示层。

BACnet 标准定义了“对象”的含义，在 BAC 网络中与各个设备及其功能进行通信。该对象可以包含以下信息：

- 二进制输入/输出值（例如“开/关”和“打开/关闭”）；
- 模拟输入/输出值（例如电流和电压）；
- 调度信息、报警和事件信息；
- 控制逻辑。

每个 BAC 设备均被定义为一组数据结构或对象，并且针对每个对象定义某些属性（例如，名称和当前状态）。对象使一个设备从特定设备接收信息时，不必知道其内部集群或者是配置情况，这是实现互操作性的关键。

5.4.8　LONWORKS

LONWORKS 是由美国 Echelon 公司开发的分布式控制系统，可以满足 BACnet 的点对点（P2P）或主/从通信需求，也可同时满足两者需求。在美国，LONWORKS 是较为领先的市场解决方案，而 KNX 的影响力较小。在 5.4.10 节中将对 KNX 进行说明。

LONWORKS 使用平面架构，可以满足整个系统的地址要求，同时也支持逻辑分段。通过对节点中应用程序开放的网络级路由器实现分段，并且路由器通过网络中连接在任

何地方的安装、诊断或监控工具来提供直接地址访问。传统的控制网络使用带有专用网关的封闭孤岛控制链路，这些网关难以进行安装、维护和互操作。最终，这种设计方法的高成本限制了其在控制系统中的市场。LONWORKS 系统因其具有互操作性、强大的技术支持、更快的发展速度和更大的经济规模，逐渐超越了这些专有控制方案和集中式系统。网络中的分散处理和对每个设备的开放型访问从整体上降低了安装和生命周期的成本。系统还通过避免单点故障来提高可靠性，并使系统可以灵活地适应不同种类的应用。

LONWORKS 已被 ANSI/CEA－709.1、ANSI/EIA－852 和 ISO/IEC DIS（国际标准草案）、14908 系列标准所接受。LONWORKS 技术包括 5 个互联元件，Neuron Chip、LONTALK 协议、LONWORKS 收发器、LONWORKS 工具和 LONMARK。

LONWORKS 系统的核心是由东芝和赛普拉斯公司制造的微控制器，名为 Neuron Chip。这种 Neuron Chip 包括 3 个内部处理器，每个内部处理器执行不同的功能。CPU 1 负责物理访问 ISO/OSI 模型的层 1（物理层）和层 2（数据链路层）的传输介质。CPU 2 进行网络变量的传输，负责 ISO/OSI 模型的 3~6 层。CPU 3 负责应用程序，它以访问共享内存的方式与其他两个 CPU 交换数据。

LONTALK 协议是一种公开的标准（也称为 ANSI/CEA 709.1 和 IEEE 1473－L），可以确定设备如何通过网络与其他设备发送和接收消息[47]。LONTALK 协议作为固件嵌入 Neuron Chip 中，确保同一网络上的所有节点兼容。LONTALK 协议可以提供 ISO/OSI 七层参考模型中描述的所有服务[48]。

LONWORKS 收发器是 LONWORKS 设备和 LONWORKS 网络之间的物理通信接口。可以使用包括双绞线、电力线、射频和光纤在内的不同传输介质进行通信。表 5.6 列出了允许 LONWORKS 设备通过物理网络与其他设备通信的收发器的类型[49]。其他可以使用的传输媒体类型包括 RS－485/EIA－485 双绞线、900MHz/2.4GHz 射频、400~450MHz 射频、1.25Mbit/s 同轴电缆和红外线。Echelon 等制造商开发了各种用于 LONWORKS 技术的编程和集成工具。在开发工具方面，Echelon 设计了 LONBUILDER 和 NODEBUILDER 用于 Neuron Chip 的编程。用户可以通过在个人计算机上使用 Neuron C 编程语言来编写自己的程序。在网络集成工具方面，LONMAKER 集成工具作为一种多功能的 LONWORKS 网络工具，可在 Windows 2000/NT4.0/98/95 等操作系统（OS）下的个人计算机上运行，并使用 Visio 2000 作为其图形界面[50]。LONMAKER 工具可作为网络生命周期中所有阶段的一种一站式解决方案：从初始设计和调试到持续运行和维护，包括网络设计、网络安装、网络记录和网络操作。

LONMARK 互操作协会，现称 LONMARK 国际（LMI），负责 LONWORKS 设备的互操作性。LMI 的使命是实现基于 LONWORKS 网络的多供应商系统的简单集成。全球有数百万台基于 LONWORKS 技术的设备，LMI 为其成员公司提供了一个开放型论坛来共同开展营销和技术规划，以促进开放型和可互操作控制设备的可用性[51]。现有的整套指导方案已经可以用于界定设备的基本功能和最低要求。包含 LONMARK 徽标并由 LMI 认证的设备可以保证与其他不同公司制造的 LONMARK 认证设备进行互操作。

表 5.6 常见媒体和网络拓扑中的收发器

介质	收发器	传输速率	网络拓扑	传输距离/m	能量供给
双绞线	FTT-10A	78kbit/s	自由拓扑结构总线	500，2700	单独
双绞线	LPT-10	78 kbit/s	自由拓扑结构总线	500，2700	通过总线
双绞线	TPT/XF-78	78 kbit/s	总线	1400	单独
双绞线	TPT/XF-1250	1.25 Mbit/s	总线	130	单独
电力线	PLT-22	5 kbit/s	自由拓扑	①	通过专用的电源适配器

① 取决于衰减和干扰。

5.4.9 INSTEON

INSTEON 是一种用于连接照明开关和负荷而无需额外接线的系统，是由 SmartLabs 公司设计的家庭自动化网络技术[52]。INSTEON 是一种自动化协议，使设备可以通过网络连接到一起。这个概念可以通过电力线通信以及无线电接口实现。INSTEON 消息具有固定长度，并与交流电（AC）和过零点电力线同步。INSTEON 标准消息的大小为 10 个字节，也可以扩展到 24 个字节。在这种情况下，任意用户数据均可以使用 14 个字节的长度。这为各种智能家居应用的开发人员创造了空间。另外，如果要传输更多的数据信息，可以向目的地发送几个扩展消息。在需要的情况下，还可以加密用户数据（例如家庭安全系统）。INSTEON 设备可以发送和接收 X10 命令，允许与早期广泛使用的家庭自动化协议兼容。该协议允许超过 65000 个设备类型和相同数量的命令，这为各种设备和功能的实现创造了广阔的空间。INSTEON 技术确定了两种协议，即 INSTEON 电力线协议和 INSTEON RF 协议，两者可以同时使用。INSTEON 技术定义了设备之间的对等通信。每个设备（即对等节点）可以发送、接收和中继消息。

为了达到与其他家庭自动化技术相互配合的目的，可以使用桥接的方法。INSTEON 可以通过网桥与其他通信设备进行互操作，这些设备采用无线、蓝牙、ZigBee、Z-Wave、HomePlug、HomeRF、INTELLON、KNX、LONWORKS、CEBus、WiMAX 等通信技术[53]。标准 INSTEON 消息包含“来源”和“去向”地址，每个地址占用 3 个字节，可以识别超过 1600 万个不同的设备。INSTEON 技术还允许广播到特定类型的设备或指定的设备组。基于这种情况，“去向”地址中包含了设备类型或组号。在单向中继且没有应答时，使用瞬时电力线和持续电力线的最大数据传输速率能分别达到 13165bit/s 和 2880bit/s。

5.4.10 KNX

KNX，原来被称为欧洲安装总线（EIB），由 KNX 协会开发。如图 5.20 所示，KNX 是由信息技术连接传感器、执行器、控制器、操作终端和监视器等设备组成的楼宇控制通信系统[49]。

与 LONWORKS 相比，KNX 的传输速率较低，但传输切换和控制命令十分有效。与具有较高传输速率和高处理能力的 LONWORKS 不同，KNX 不能用于控制类似 LON-

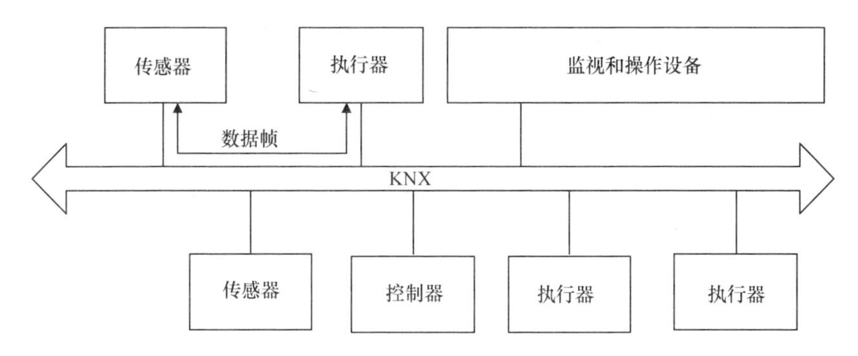

图 5.20　通过 KNX 连接的楼宇控制设备

WORKS 的操作系统。KNX 通常在现场使用，并在一些标准中都有涉及，如中国标准 GB/Z 20965、ISO/IEC 14543－3、14908，美国标准 ANSI/ASHRAE 135 以及欧洲标准 EN 500090 和 13321－1。

KNX 模型的概述如图 5.21 所示[54]。模型的顶部是家庭和楼宇自动化的互通和（分布式）应用模型。KNX 对一个应用程序进行建模，并将其作为一个向 KNX 设备发送或从 KNX 设备接收数据点的集合。数据点可以是输入、输出、参数、诊断数据等[55]。例

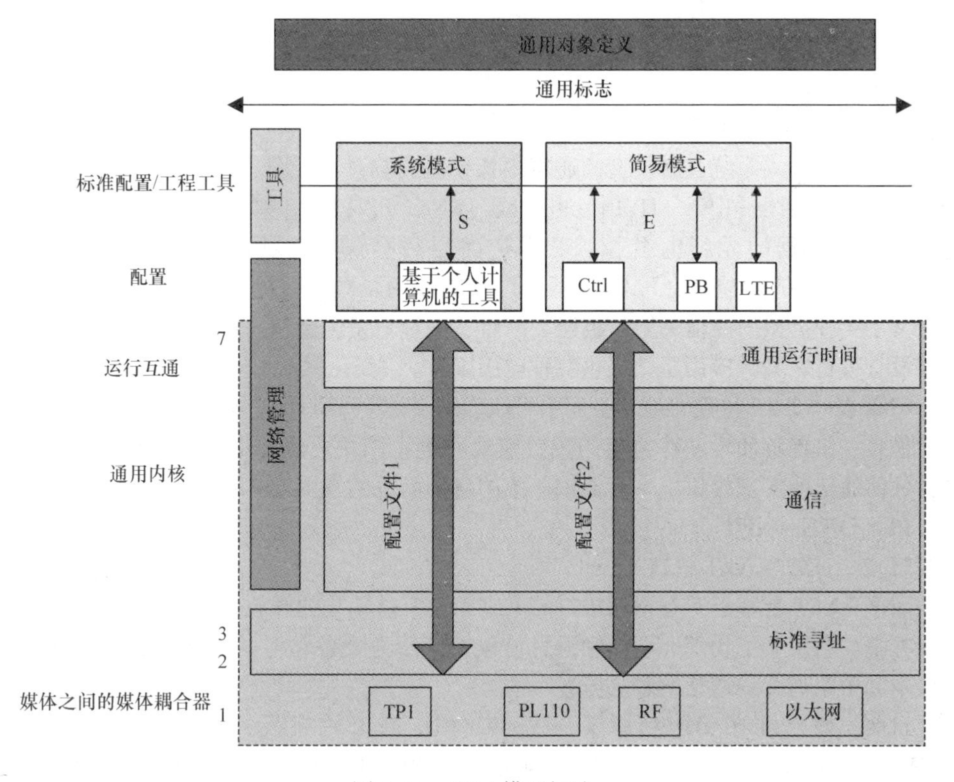

图 5.21　KNX 模型概述

如，如果设备中的本地应用程序想要向发送数据点写入新值，则该设备将发送具有相应地址和新值的“写入”消息。该值将由具有相同地址的数据点进行接收。接收应用程序将对该值进行更新操作，例如，对内部状态进行改变，更新或修改某些物理输出状态，或上述操作的任意组合。

在互通和分布式应用模型之下的是配置模式。KNX 指定不同的配置模式，为不同的市场、本地用户习惯、培训水平和应用环境提供多种选择。KNX 设备的配置模式可分为以下几种：

1）系统模式：系统模式用于创建核心楼宇自动化系统，必须由专业技术人员进行编程和安装。借助基于个人计算机的能量传输系统（ETS）项目工具，系统模式支持配置各种功能，包括绑定、参数化和应用程序下载。

2）简易模式：简易模式又包括控制器模式（Ctrl），按钮模式（PB）和逻辑标签扩展模式（LTE），其被定义为支持在物理介质的一个逻辑段上安装有限数量的设备。简易模式可以不借助个人计算机工具，而是根据结构化的约束原理或简单的操作来配置。在控制器模式中，需要一个称为控制器的特殊设备负责支持配置过程。然而，在按钮模式中，不需要控制器等专用设备来进行配置，而是通过单个应用层服务启用设备（例如传感器或执行器）之间的配置数据的交换。另一方面，逻辑标签扩展模式受限于 HVAC 应用，这需要一组更长的结构化数据。

通用运行时间互通是被这些配置模式共享，以允许创建全面的多层家庭和楼宇通信系统。

通信系统定义了 KNX 网络的物理通信介质、消息协议和模型。所有设备共享一个包括七层的开放式系统互联模型的通用内核模型。物理层定义了 KNX 支持的不同传输介质，包括双绞线（KNX. TP 1）、电力线（KNX. PL 110）、射频（KNX. RF）和用于向设备发送数据的光纤电缆[54]。数据链路层每个媒介/整体均提供媒体访问控制（MAC）和逻辑链路控制（LLC）。网络层控制帧的跳数，并提供分段应答电报。传输层定义了 4 种类型的通信关系：组播、广播、一对一无连接和一对一连接。会话层和表示层没有进行定义。应用层则提供各种应用服务。

KNX 在一个 16 位独立地址空间中可以容纳多达 65536 个设备。在 KNX 规范中，配置文件是一组能够使设备在给定的配置模式和整个网络内进行交互的功能[56]。配置文件为任何通信的实现提供了一套要求一致的自上而下的视图。

5.4.11 ONE - NET

5.4.11.1 ONE - NET 概述

ONE - NET 是基于专有物理接口的家庭和楼宇自动化的开放型标准和开放型资源的解决方案。它定义了物理、网络和消息协议，以便为设备和电器提供低功耗、低延迟、低成本和中距离无线通信的解决方案[57]。

目前，该标准在美国利用了 902 ~ 928MHz 的 ISM 频段，在欧洲利用了 865 ~ 868MHz 的 ISM 频段，并且其他频率也可以被实现。目前，其允许的原始数据传输速率高达 230kbit/s，并且可以在具有分组优先级的媒体访问控制层上使用载波侦听多路访

问（CSMA）技术。其定义了不同的拓扑类型（对等、多跳和星形），并且通过主机/客户端设置来实现通信。

根据分组类型，ONE－NET 分组的范围是 120～472bit。通常，单个分组有效载荷为40 位，由4 个消息字段[58]组成，如图5.22 所示。

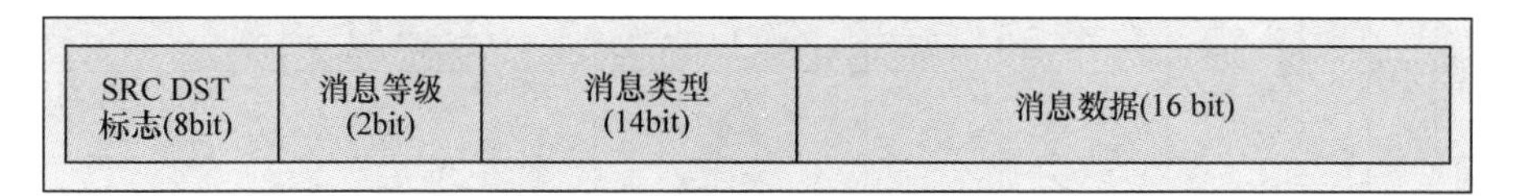

图5.22　单个分组有效载荷

通信协议为与电力、天然气、用水及环境相关的不同消息类型提供14bit 数据长度，并且可与 INSTEON 和 X10 标准进行互操作。

5.4.11.2　ONE－NET 与 INSTEON 以及 X10 技术的互操作性

ONE－NET 与 INSTEON 之间的互操作应由一个 ONE－NET/INSTEON 网桥实现，该网桥解读从一个网络设备发送到 INSTEON 设备的特殊消息。该特殊消息由两个 ONE－NET 消息组成，其中第一个消息定义了 INSTEON 的地址信息（16bit），第二个消息定义了 INSTEON COMMAND 的数据格式。INSTEON COMMAND 的数据消息如图5.23 所示，且其包含 INSTEON 标准消息的一个标记字段和两个控制字段。

SRC DST 标志(8bit)	消息等级 (2bit)	消息类型 (14bit)	命令1 (8bit)	命令2 (8bit)

图5.23　INSTEON COMMAND 数据消息格式

X10 技术由 X10 SIMPLE STATUS 消息和 X10 SIMPLE COMMAND 消息支持。前者用于报告 ONE－NET/X10 接收到的由 X10 设备发送给 ONE－NET 的 X10 消息。后者由 ONE－NET 设备所创建，以便通过该网桥向 X10 兼容设备发送消息（用于中继 X10 命令）。X10 SIMPLE 数据信息格式如图5.24 所示。

填充 (8bit)	消息等级 (2bit)	消息类型 (14bit)	住宅 (4bit)	单元 (5bit)	命令 (5bit)	填充 (2bit)

图5.24　X10 SIMPLE 数据信息格式

5.4.12　智能家居与楼宇自动化标准的比较

智能家居与楼宇自动化标准的比较如表5.7 所示。其中，对这些标准在通信类型、无线电/通信范围、数据传输速率、频带、安全性和网络拓扑等方面进行了比较。我们还根据每个标准的特质分析了这些标准的特点。

表 5.7　智能家居与楼宇自动化标准的比较[42]

	Z - Wave	ZHA	INSTEON	LONWORKS	ECHONET	ONE - NET	BACnet
通用类型	无线	无线	无线/有线	无线/有线	无线/有线	无线	有线
标准类型	专有	IEEE 802.15.4	专有	专有	专有	开放标准	ASHRAE、ANSI、ISO
无线电/通信范围	30m（户外）	10～100m	45m	30～120m	<100m	500m	1200m［针对 MSTP（主从令牌传递）］
数据传输速率/频率	40kbit/s/868MHz（EU）908MHz（US）	250kbit/s/(2.4GHz)、40kbit/s（915MHz）	13.165kbit/s/902～924MHz	5kbit/s～1.25Mbit/s/400MHz、450MHz、900MHz、2.4GHz	4k～36kbit/s/426MHz、429MHz、2.4GHz230kbit/s	230kbit/s/902～928MHz，865～868MHz	9.6～76.8kbit/s（MSTP）78.8kbit/s（LonTalk）100+Mbit/s（BACnet IP）
拓扑	网状型	星形、树形、网状型	对等网络	对等网络、树形、总线型	对等网络	对等网络	对等网络、星形、树形
安全性	128bit（高级加密标准（AES）加密	128bit AES 加密	独立 24bit 地址，所有传输过程都被编码到网络上	256bit AES 加密，NIST 认证 FIPS 140－2 level－2	私钥加密功能	扩展小型加密算法（XTEA2）	面向 BACnet 网络安全的 BACnet 互操作性建模（NS－SD，网络安全－安全设备）（BIBB）
属性	支持 IP，免受家庭干扰，数据传输速率低	低功耗，更长的电池寿命和低成本	不限于单一物理网络技术，同时支持 RF 和电力线通信	来自 Echelon 公司的两个物理层信令技术，即双绞线和电力线通信，以及路由器，网络管理软件等	同时支持 RF 和电力线通信	低功耗、低延迟和低成本，中等无线电范围，与 INSTEON 和 X10 可实现互操作	设计用于加热、通风、空调控制、照明控制、访问控制、火灾探测及与其相关的设备
在家庭和楼宇自动化中的应用	家庭和楼宇的照明及其自动化	自动化、感应和控制，适用于住宅，商业和工业场所	家庭管理网络技术，提供安全性、高可用性、经济实惠的强大的家庭管理网络	家庭和楼宇自动化及控制网络的对等和/或主从通信	开发家庭自动化的关键软件和硬件，家庭网络系统中各种服务的通用传输标准，将不同厂家的家电组成一体	开放型资源解决方案，基于专有的物理接口	楼宇自动化和控制网络的数据通信协议

据估计，未来的智能电网通信网络应该是基于知识产权的，正如国家标准技术研究所路线图所描述的那样。这是因为，向基于知识产权的标准转变会带来以下好处：

- 简化的系统架构与控制；
- 端到端的可见性；
- 不同网络之间的互操作性；
- 支持现有的基于知识产权的网络。

5.5　小结

本章介绍了不同组织开发的各种需求响应、AMI、智能家居和楼宇自动化的技术、规范和标准。为了成功实现需求响应技术，关键因素之一是开发和采用一致的需求响应信号。信号的一致性是必要的，其可以提高整个发电和输送系统的响应能力，以利用可再生资源和其他间歇性资源。几个标准发展组织和行业联盟一直致力于开发可操作的需求响应标准。除了技术壁垒之外，还有一些社会障碍，如用户缺乏如何应对复杂时变电价的知识。对于AMI，本章介绍了两个主要的AMI标准，即IEC 62056和ANSI C12标准。IEC 62056标准基于设备语言消息规范，其用于标准化通信配置文件、数据对象和对象识别码；还能用于能量计量配套规范的标准化，用于指定能量计量配套规范客户机和服务器之间的应用关联的控制、认证和数据交换的信息传送过程。另一方面，北美的计量协议使用ANSI C12标准，而不是欧洲使用的IEC 62056标准。AMI可以通过向客户提供如实时计费、能源使用监控和客户端控制在内的优质服务，为公用事业和消费者带来好处，并且支持更好的停电检测，更快速的电网缺陷处理，以及更好地管理和维护公用事业资产。然而，AMI标准仍然面临互操作性问题，例如如何描述一组通用的要求，以促进不同标准发展组织进行标准之间的机密和真实信息的交换。对于智能家居和楼宇自动化，本章引入了不同标准制定和行业联盟开发的各种标准和技术。这里主要关注的是对于智能电网互操作性标准2.0版本的NIST框架和路线图中NIST所确定的智能家居和楼宇自动化标准。然而，虽然NIST尚未定义那些标准，但是被行业和消费者广泛部署的标准也得到了详细的介绍和解释。所有的这些标准都是由不同组织并行开发的，每个标准都有自己的优点和缺点。因此，读者做出决策前需要全面了解相关领域的最新成果和进行中的科技工作以及智能家居和楼宇自动化标准的相关信息。标准化进程需要持续地研发完善并努力提高客户意识，以此推动需求响应、AMI、智能家居以及楼宇自动化系统与其他智能电网系统［(如分布式能源和电力存储（ES)］的集成。

参考文献

[1] Hamed, M.R.A. and Alberto, L.G. (2010) Optimal residential load control with price prediction in real-time electricity pricing environments. *IEEE Transactions on Smart Grid*, **1** (2), 120–133.

[2] Quantum Consulting Inc., Summit Blue Consulting, LLC Working Group 2 Measurement and Evaluation Committee, *et al.* (2005) *Demand Response Program Evaluation Final Report*.

[3] Piette, M.A., Ghatikar, G., Kiliccote, S. *et al.* (2009) Design and operation of an open, interoperable automated demand response infrastructure for commercial buildings. *Journal of Computing Science and Information Engineering*, **9** (2), 1–9.

[4] CEN/CENELEC/ETSI Joint Working Group (2011) *Final Report of the CEN/CENELEC/ETSI Joint Working Group on Standards for Smart Grids*, ftp://ftp.cen.eu/CEN/Sectors/List/Energy/SmartGrids/SmartGridFinalReport.pdf (accessed 27 December 2012).

[5] IEC SMB Smart Grid Strategic group (2010) *IEC Smart Grid Standardization Roadmap Edition 1.0*, www.iec.ch/smartgrid/downloads/sg3_roadmap.pdf (accessed 27 December 2012).

[6] Electric Power Research Institute (2010) *A Perspective on Radio-Frequency Exposure Associated with Residential Automatic Meter Reading Technology*, www.ferc.gov/eventcalendar/Files/20070423091846-EPRI%20-%20Advanced%20Metering.pdf (accessed 15 September 2012).

[7] National Electrical Manufactures Association (NEMA) (2009) *NEMA Smart Grid Standards Publication SG-AMI 1-2009- Requirements for Smart Meter Upgradeability*, www.nema.org/standards/Pages/Requirements-for-Smart-Meter-Upgradeability.aspx#download (accessed 20 September 2012).

[8] National Institute of Standards and Technology (2012) *NIST Framework and Roadmap for Smart Grid Interoperability Standards, Release 2.0*, www.nist.gov/smartgrid/upload/NIST_Framework_Release_2-0_corr.pdf (accessed 2 March 2012).

[9] International Organization for Standardization/International Electrotechnical Commission (2002) *Smart Grid Standards for Residential Customers*. ISO/IEC JTC 1/SC, Subcommittee, 25/WG 1 N 1516.

[10] Schoechle, T. (2009) *Energy Management Home Gateway and Interoperability Standards*, The Grid Wise Architecture Council (GWAC), www.smartgridnews.com/artman/uploads/1/Schoechle.pdf (accessed 5 March 2012).

[11] International Organization for Standardization/International Electrotechnical Commission (2004) ISO/IEC 18012-1. *Information Technology-Home Electronic System (HES)-Guidelines for Product Interoperability-Part 1: Introduction*, International Organization for Standardization.

[12] International Organization for Standardization/International Electrotechnical Commission (2004) ISO/IEC 15045-1. *Information Technology-Home Electronic System (HES)-Part 1: A Residential Gateway Model for HES*, International Organization for Standardization.

[13] International Organization for Standardization/International Electrotechnical Commission (2012) ISO/IEC 15045-2. *Information Technology-Home Electronic System (HES)-Part 2: Modularity and Protocol*, International Organization for Standardization.

[14] International Organization for Standardization/International Electrotechnical Commission (2000) ISO/IEC TR 15067-3 *I*nformation Technology-Home Electronic System (HES) Application Mode-Part 3: Model of an Energy Management System for HES, International Organization for Standardization.

[15] Itron, Inc. (2011) *ZigBee/HomePlug Smart Energy Profile 2.0 Technical Requirements Document*. SEP 2.0 TRD.

[16] Open Smart Grid User Group (2008) *Open SG*, http://osgug.ucaiug.org/default.aspx (accessed 20 March 2012).

[17] Consortium for Smart Energy Profile Interoperability (2012) *First Interoperability Plugfest*, www.csep.org/media/uploads/documents/csep_incorporation_pr_120731.pdf (accessed 3 March 2013).

[18] ZigBee/HomePlug Joint Working Group (2009) *Smart Energy Profile Marketing Requirements Document (MRD)*.

[19] IEEE (2006) IEEE 802.15.4 Standard. *PHY/MAC Layer Control for Low Rate Wireless Personal Area Networks (LR-WPANs)*, IEEE.

[20] Montenegro, G., Kushalnagar, N., Hui, J., and Culler, D. (2007) *Transmission of IPv6 Packets Over IEEE 802.15.4 Networks*. RFC 4944.
[21] IEEE (1998) IEEE 802.2. *IEEE Standard for Information Technology-Telecommunications and Information Exchange Between Systems-Local and Metropolitan Area Networks-Specific Requirements-Part 2: Logical Link Control*.
[22] Crawford, M. (1998) *Transmission of IPv6 Packets over Ethernet Networks*. RFC 2464.
[23] Kushalnagar, N., Montenegro, G., and Schumacher, C. (2007) *IPv6 over Low-Power Wireless Personal Area Networks (6LoWPANs): Overview, Assumptions, Problem Statement, and Goals*. RFC 4919.
[24] Deering, S., Hinden, R. (1998) *Internet Protocol, Version 6 (IPv6) Specification*. RFC 2460.
[25] Kent, S. (2005) *IP Encapsulating Security Payload (ESP)*. RFC 4303.
[26] Thomson, S., Narten, T., and Jinmei, T. (2007) *IPv6 Stateless Address Autoconfiguration*. RFC 4862.
[27] Droms, R., Bound, J., Volz, B. *et al*. (2003) *Dynamic Host Configuration Protocol for IPv6 (DHCPv6)*. RFC 3315.
[28] Hinden, R. and Deering, S. (2006) *IP Version 6 Addressing Architecture*. RFC 4291.
[29] Narten, T., Nordmark, E., Simpson, W., and Soliman, H. (2007) *Neighbor Discovery for IP version 6 (IPv6)*. RFC 4681.
[30] Conta, A., Deering, S., and Gupta, M. (2006) *Internet Control Message Protocol (ICMPv6) for the Internet Protocol Version 6 (IPv6) Specification*. RFC 4443.
[31] Dohler, M., Watteyne, T., Winter, T., and Barthel, D. (2009) *Routing Requirements for Urban Low-Power and Lossy Networks*. RPL 5548.
[32] Kent, S. (2005) *IP Authentication Header*. RFC 4302.
[33] Postel, J. (1980) *User Datagram Protocol*. RFC 0768.
[34] Postel, J. (1981) *Transmission Control Protocol*. RFC 0793.
[35] Dierks, T. and Rescorla, E. (2008) *The Transport Layer Security (TLS) Protocol Version 1.2*. RFC 5246.
[36] Naumann, A., Komarnicki, P., Buchholz, B.M., and Brunner, C. (2011) *Seamless Data Communication and Management over All Levels of the Power System. Proceedings of 21st International Conference on Electricity Distribution (CIRED)*, paper 0988, 1–5. Frankfurt, June 6–9, 2011..
[37] UCA, Utility Communications and Architecture, International Users Group (2010) *UCAIug Home Area Network System Requirements Specification*. OpenHAN 2.0.
[38] Jorgensen, T. (2006) *Z-Wave as Home Control RF Platform*, www.zen-sys.com (accessed 8 May 2012).
[39] Zensys, A.S. (2006) *Z-Wave Protocol Overview*, Zensys, Copenhagen.
[40] Z-Wave Alliance (2012) www.Z-Wave.com/modules/iaCM-ZW-PR/readMore.php?id=577765376 (accessed 10 May 2012).
[41] ECHONET Consortium (2012) www.echonet.gr.jp/english/index.htm (accessed 15 April 2012).
[42] Tariq, M., Zhou, Z., Wu, J., Macuha, M. and Sato, T. (2012) *Smart grid standards for home and building automation,* Proceedings of IEEE Powercon, 1-6. Auckland, New Zealand.
[43] ZigBee Alliance (2010) *ZigBee Home Automation Public Application Profile*. http://ZigBee.org/Markets/Overview/tabid/223/Default.aspx (accessed 7 December 2012).
[44] Jamieson, P. (2008) *ZigBee Cluster Library Specification*.
[45] International Organization for Standardization/International Electrotechnical Commission (2007) ISO/IEC 16484-5 *Building Automation and Control Systems – Part 5: Data communication Protocol*, International Organization for Standardization.
[46] American National Standards Institute/American Society of Heating, Refrigerating and Air-conditioning Engineering. (2008) *A Data Communication Protocol for Building Automation and Control Networks*. BACnet ANSI/ASHRAE 135-2008.
[47] Palo, A. and Echelon Corporation (1994) *LONTALK Protocol Specification Version 3.0*.
[48] Echelon Corporation (2003) *Building Automation Technology Review*.

[49] Merz, H., Hansemann, T., and Hubner, C. (2009) *Building Automation-Communication Systems with EIB/KNX, LON, and BACnet*, Springer, New York.
[50] Palo, A. and Echelon Corporation. *LONMAKER User's Guide Release 3.*
[51] LONMARK International (2012) *LONMARK International Overview*, www.lonmark.org/about/ (accessed 20 March 2012).
[52] INSTEON (2012) *INSTEON – The Details, Smart Home Technology*, www.INSTEON.net/pdf/INSTEONdetails.pdf (accessed 24 April 2012).
[53] INSTEON (2006) *INSTEON – Compared, Smart Labs Technology*, www.INSTEON.net/pdf/INSTEONcompared.pdf (accessed 24 April 2012).
[54] KNX Association (2009) *KNX System Specifications-Architecture Version 3.0-1.*
[55] KNX Association (2010) *KNX System Specifications-Interworking-Datapoint Types Version 1.5.00.*
[56] KNX Association (2010) *KNX Profiles.*
[57] Threshold Corporation (2011) *ONE-NET Specification, Version 1.6.2*, www.ONE-NET.info/spec/ONE-NET_Specification_v1.6.2.pdf (accessed 2 May 2012).
[58] Threshold Corporation (2011) *ONE-NET Device Payload Format, Version 1.6.2*, www.ONE-NET.info/spec/ONE-NET%20Device%20Payload%20Format%20v1.6.2.pdf (accessed 2 May 2012).

第6章

智能电网通信

6.1 简介

智能电网的本质就是创建一个完整的有机体，其控制系统类似于大脑，负责整个系统的运行和维护；输配电线路类似于血管用来运输血液，将能量传输到所需要的地方；通信体系架构，类似于中枢神经系统，将所有器官、四肢连接到大脑并实现交互。

近年来，借助集成的通信设施，电力公司致力于电网现代化建设。由标准发展组织（SDO）开发的各种标准以及由制造商、供应商、服务提供商组成的联盟、协会和论坛创建的技术规范涵盖了许多通信技术，以确保互操作性、成本效率和可靠性。由于智能电网是一个非常复杂的系统，通信架构能否满足各种应用的需求是至关重要的。通信技术的主要特点包括：

- 可靠性。智能电网系统关键是要保证全天候运行，因此，其通信架构还必须满足至少相同的可靠性要求，以防止过载、停电等事故的发生。
- 安全性。通信体系架构传输客户的隐私信息，包括地址、账单等，需要高度的安全性，以防止潜在的攻击和欺诈行为。
- 可扩展性。智能电网将随着数以万计的设备以及应用的投入而快速发展。然而，通信设施的使用周期较长，更新换代较慢。
- 低时延。不同应用程序对时延的需求不同，举例来说，远程防护服务要求最低时延小于10ms，远远低于一般数据、语音业务以及当前通信技术能够达到的实际时延。
- 服务质量。最低比特率、最低错误率以及时延等要求对智能电网应用来说是非常重要的。
- 互操作性。标准化解决方案对于全球不同通信技术之间的互操作性至关重要。
- 低成本。通信基础设施及其维护不应产生过高的成本和运营开支。

本章关注通信技术作为实现智能电网运行及其应用数据传输的一种手段。针对智能电网的不同领域，其通信内容、互操作性、安全性等相关标准，将在其他章节中进行介绍。另一方面，面向应用的通信技术，其特点是协议栈都包含一个相应的应用层，比如家庭自动化和控制相关的技术，在5.4节智能家居与楼宇自动化标准中进行了详细介绍。为了简化和统一，本章不考虑这些面向家庭区域网络（Home Area Network，HAN）和建筑/商业区域网络（Building/Business Area Network，BAN）应用的标准。

本章首先对智能电网应用的通信要求进行概述，然后介绍通信架构和端到端连接的重要性。第二部分介绍有线通信系统的标准和技术，包括电力线通信（Power Line Communication，PLC）、光纤通信以及其他技术。第三部分重点介绍未来智能电网部署中关键的无线通信标准和技术。

6.1.1 智能电网通信要求

智能电网是一个很宽泛的概念，需要许多不同应用程序的支持，而这些应用程序对通信链路和网络拓扑都有不同的特定要求。在分布式能源（Distributed Energy Resource，DER）和储能、电动汽车（Electric Vehicle，EV）、需求响应（Demand Response，DR）与实时支付、高级计量体系（Advanced Metering Infrastructure，AMI）与分布式自动化、负荷管理和变电站自动化、故障管理及停电事故预防等关键应用中，恰当的通信链路状态起着重要的作用。OpenSG[1]以及美国能源部[2]中对具有特定要求的总计超过1400个不同的数据流通信要求进行了详细的分析，如有效载荷大小、有效载荷类型、数据传输频率及要求的可靠性、安全性、延迟和重要性。

AMI位于配电网和用户之间，因此，AMI传输的信息主要包括计量、测量、支付信息和停电通知。AMI的典型通信应用包含：智能家电自动化能耗的监测、能耗的历史分析、电动汽车、小型发电如现场太阳能系统等这些小型通信系统。每个通信设备的数据信息为10~100kbit/s[1]，这不会对链路的容量造成很大的影响。但是，由于通信设备的数量可能非常大，因此办公楼和工业园区等较大的房屋应该适当扩展。计量对通信可靠性要求不是很高，但是，现场小型发电及配电网系统的过载预防需要超高的通信可靠性。计量对于时延要求也不是很高，通常为秒的量级。需求响应对时延和带宽的要求和计量类似，因此它不是一个“关键任务”的应用。分布式能源因带有故障预防机制而需要相当低的时延（20ms），然而，对于非紧急操作，300ms的时延已经足够。分布式能源作为一个“关键任务”应用，其运行高度可靠，带宽要求类似于AMI或者需求响应。广域情景感知（Wide Area Situational Awareness，WASA）用于监测覆盖范围宽广的电力系统，以提高整个系统的可靠性，防止潜在的电力供应中断的发生。因此，AMI是典型的“关键任务”应用，需要较低的通信时延和较高的通信可靠性。变电站自动化和配电自动化必须快速应对潜在的可能危及生命的高压线路和绝缘等故障，时延应低于100ms[2]。这使得变电站和配电系统在选择通信技术时受到限制。电动汽车和电网之间的双向通信可能不需要预期的大带宽，因为与电网的通信主要涉及负荷平衡和计费。同样的，电动汽车也不是一个关键的应用，时延要求不是很高。智能电网各种应用的通信要求如表6.1所示，通信标准如表6.2所示。

表6.1 各种智能电网应用的通信要求

应用	带宽	延迟	可靠性①
AMI	500kbit/s的回程 （建筑物内每台设备为10~100kbit/s）	2s或者更长	中等
需求响应	每台设备/节点为14~100kbit/s	500ms到几分钟	中等

（续）

应用	带宽	延迟	可靠性①
分布式能源	9.6~56kbit/s	300ms~2s	高
广域情景感知	600~1500kbit/s	故障保护 20ms 20~200ms	高
变电站自动化	9.6~56kbit/s	15~200ms	高
配电自动化	9.6~56kbit/s	20~200ms	高
电动汽车	9.6~56kbit/s	2s~5min	中等

① 可靠性：低（<99%），中等（>99%），高（>99.99%）。

6.1.2 标准列表

表 6.2 标准列表

标准	组织	详细说明
电力线		
HomePlug AV	HomePlug 联盟	HomePlug AV 在媒体控制访问层可提供 80Mbit/s 的峰值数据传输速率。HomePlug AV 设备需要与 HomePlug 1.0 设备共存，并可实现互操作性
HomePlug AV2	HomePlug 联盟	它可与 HomePlug AV 和 HomePlug Green PHY 设备互操作，符合 IEEE 1901 标准。它采用省电模式，数据传输速率可达吉比特，且支持多输入多输出技术
HomePlug Green PHY	HomePlug 联盟	它可与 HomePlug AV 和 HomePlug AV2 设备互操作，符合 IEEE 1901 标准。HomePlug Green PHY 规范隶属于 HomePlug AV，它们是在智能电网中应用的规范。它的峰值传输速率为 10 Mbit/s，从而能够应用于智能仪表和较小的电器中，如 HVAC 恒温器、家用电器和插电式电动汽车
IEEE 1901	国际电信联盟	该标准适用于高速（在物理层 >100Mbit/s）电力线通信，宽带电力线通信技术是其关键技术
HD-PLC	HD-PLC 联盟	HD-PLC 采用高频小波-正交频分复用（OFDM）调制方式，理论最大数据传输速率高达 210Mbit/s
ITU-T G.9955	国际电信联盟	它定义了窄带正交频分复用电力线通信收发器的物理层规范，该收发器通过频率低于 500kHz 的交流和直流电力线进行通信
PRIME	PRIME 联盟	它是基于电网的窄带 PLC 数据传输系统，整个架构成本低但性能高，它在窄带频率范围内使用正交频分复用（OFDM）技术
G3-PLC	G3-PLC 联盟	在现有电力线网络上提供高速、高可靠性、远程通信，它具有通过变压器的能力并支持 IPv6

（续）

标准	组织	详细说明
电力线		
IEEE P1901.2	电气与电子工程师协会	该标准适用于智能电网应用中的低频（小于500kHz）窄带电力线通信
Netricity PLC	HomePlug联盟	Netricity PLC与IEEE 1901.2协议兼容，它还支持与PRIME和G3-PLC技术的互操作
IEC 61334	国际电工技术委员会	该标准适用于通过电表、水表和数据采集与监控系统进行低速可靠的电力线通信
ITU-T G.9960（G.hn）	国际电信联盟	该标准定义了数据传输速率高达1Gbit/s的电力线、电话线和同轴电缆的网络，它采用正交频分复用（OFDM）技术和高达4096正交幅度调制（QAM）的调制技术
光纤		
ITU-T G.651.1	国际电信联盟	适用于具有50/125μm多模渐变折射率光缆的光纤接入网络
ITU-T G.652	国际电信联盟	适用于具有单模光纤和电缆的网络
ITU-T G.959	国际电信联盟	适用于光传输网络的物理层接口
ITU-T G.693	国际电信联盟	适用于内部系统的光纤接口
ITU-T G.692	国际电信联盟	适用于具有光放大器的多通道系统的光纤接口
T1.105.07	美国国家标准协会	定义了同步光网络（SONET）-Sub-STS-1接口速率和格式规范
ITU-T G.707	国际电信联盟	推荐G.707/Y.1322为同步数字体系（SDH）网络节点接口
ITU-T G.783	国际电信联盟	建议了同步数字体系设备功能块的特点
ITU-T G.784	国际电信联盟	同步数字体系传输网络的管理方面
ITU-T G.803	国际电信联盟	建议了基于同步数字体系的传输网络架构
ITU-T G.983.x	国际电信联盟	建议了基于无源光纤网络（PON）的宽带光纤接入系统以及宽带无源光纤网络
IEEE 802.3ah	电气与电子工程师协会	该标准也被称为“第一英里以太网”，定义了以太网链路的物理层规范，该链路在至少10km（1000BASE-PX10）和20km（1000BASE-PX20）的无源光纤网络中可提供1000Mbit/s的数据传输速率
ITU-T G.984.x	国际电信联盟	给出了千兆无源光纤网络（GPON）的一系列建议
IEEE 802.3av	电气与电子工程师协会	建议了10Gbit/s以太网无源光纤网络（10GE-PON）的物理层规范和管理参数
ITU-T G.987	国际电信联盟	规定10Gbit以太网无源光纤网络（XG-PON）系统：定义、缩略语和首字母缩略词；并给出一系列针对千兆无源光纤接入网络的建议
NG-PON2	全业务接入网论坛	NG-PON2：下一代无源光纤网络2

（续）

标准	组织	详细说明
短距离/非接触式		
ISO 10536	国际标准化组织	用于紧耦合卡的国际标准化组织的射频识别标准
ISO 11784	国际标准化组织	国际标准化组织的射频识别标准定义了射频识别标签上数据被结构化的方式
ISO 11785	国际标准化组织	国际标准化组织的射频识别标准定义了空中接口协议
ISO 14443	国际标准化组织	国际标准化组织的射频识别标准定义了近距离系统中使用的射频识别标签的空中接口协议，该系统旨在与支付系统一起使用
ISO 15693	国际标准化组织	国际标准化组织的射频识别标准用于邻近式卡
ISO 15961	国际标准化组织	国际标准化组织的射频识别标准定义了项目管理方面［包括应用接口（第1部分），射频识别数据结构的注册（第2部分）和射频识别数据结构（第3部分）］
ISO 18000	国际标准化组织	国际标准化组织的射频识别标准适用于全球射频识别频率的空中接口
ISO 24753	国际标准化组织	该标准定义了电池辅助和传感器功能的空中接口命令
UHF Class 1 Gen 2	全球产品电子编码组织	定义了在860~960MHz频率范围内运行的无源反向散射、优先询问（ITF）、射频识别（RFID）系统的物理和逻辑要求
EPC Class-1 HF	全球产品电子编码组织	定义了在13.65MHz频率运行的无源反向散射、优先询问（ITF）、射频识别（RFID）系统的物理和逻辑要求
ASTM D7434	美国试验材料协会	标准测试方法确定了码垛或整合负荷上的无源射频识别（RFID）应答器的性能
ASTM D7435	美国试验材料协会	标准测试方法确定了装在集装箱上的无源射频识别（RFID）应答器的性能
ASTM D7580	美国试验材料协会	标准测试方法适用于旋转拉伸包装方法，从而确定无源RFID应答器在均匀码垛或单位载荷上的可读性
JIS X 6319-4	日本工业标准	也称为“Felica”，日本工业标准（JIS）规定了高速非接触式接近式集成电路卡的物理特性、空中接口、传输协议、文件结构和命令
ISO/IEC 21481	国际标准化组织	该标准规定了实施ECMA-340、ISO/IEC 14443或ISO/IEC 15693的设备的通信模式选择机制，该机制不干扰13.56MHz频带的通信
ISO/IEC 18092	国际标准化组织	也称为“ECMA-340”，该标准定义了近场通信接口和协议（NFCIP-1）的通信模式，其使用13.56MHz中心频率工作的感应耦合器件，该器件用于计算机外围设备

（续）

标准	组织	详细说明
无线局域网和无线个域网		
IEEE 802.11	电气与电子工程师协会	由IEEE开发的无线局域网（WLAN）技术包含许多关于安全性、服务质量、数据传输速率、互操作性等方面的改进，它是由Wi-Fi联盟制定且广泛传播的Wi-Fi技术的基础标准
IEEE 802.15.1	电气与电子工程师协会	用于连接外围设备的无线个域网（WPAN）技术由IEEE开发，它是广泛使用的蓝牙技术的基础，已经由蓝牙特别兴趣小组进一步增强
IEEE 802.15.4	电气与电子工程师协会	用于低速率传输的无线个域网（WPAN）技术由IEEE开发，是许多传感器网络和包括ZigBee联盟的M2M通信中应用广泛的通信技术的基础
IEC 62591	国际电工技术委员会	工业通信网络-无线通信网络和通信配置文件-WirelessHART™
蜂窝/广域网/城域网		
GSM	欧洲电信标准化协会	标准由欧洲电信标准化协会（ETSI）开发并在3GPP下保持为TS 45.001（PHY）和TS.23.002（网络架构），它属于第二代蜂窝系统
EDGE	欧洲电信标准化协会	提高了全球移动通信系统演进的数据传输速率，它属于全球移动通信系统系列，且向后兼容，其物理层通过3GPP保持与GSM（TS 45.001）相同的标准
CDMAone	电信工业协会	由高通公司开发的IS-95，它定义了800MHz蜂窝移动通信系统和1.8~2.0 GHz码分多址（CDMA）个人通信服务（PCS）系统的兼容性标准
CDMA2000	电信工业协会	该标准是国际电联IMT-2000（也称3G）的批准标准。由电信工业协会（TIA）定义，与CDMAone（IS-95）向后兼容
UMTS	第三代移动通信合作计划	通用移动电信系统，由3GPP在Release99中定义并经国际电联IMT-2000（也称3G）批准，应用的无线网络技术是W-CDMA
HSPA	第三代移动通信合作计划	高速分组数据接入是W-CDMA技术的增强。Release5中定义下行链路增强（HSDPA），Release6中定义上行链路增强（HSUPA），HSPA技术的进一步增强在Release7和更高版本中定义，称为HSPA+
WiMAX	电气与电子工程师协会/WiMAX论坛	WiMAX是一项基于IEEE 802.16标准系列的技术，由WiMAX论坛维护和推广，移动WiMAX与LTE是国际电联IMT-advanced（也称为4G）技术的候选技术
LTE	第三代移动通信合作计划	长期演进（LTE）是由Release8中规定的3GPP开发的技术，并在后期版本中进一步增强。因为其进一步增强（高级LTE）满足国际电联IMT-advanced技术定义的要求，所以它是国际电联IMT-advanced（也称为4G）的候选技术

（续）

标准	组织	详细说明
卫星		
GMR	欧洲电信标准化协会	地球静止轨道移动无线电接口（GMR）支持接入GSM/UMTS核心网络，由欧洲电信标准化协会开发并由3GPP维护
EN 302 977	欧洲电信标准化协会	卫星地球站和系统（SES）；与运行于14/12GHz频带的车载地面站（VMES）的EN协调，该频带涵盖了R&TTE指令第3.2条的基本要求
TS 102 856 -1	欧洲电信标准化协会	卫星地球站和系统（SES）；宽带卫星多媒体（BSM）；卫星互通多协议标签交换（MPLS）第1部分：基于MPLS的功能架构
TS 102 856 -2	欧洲电信标准化协会	卫星地球站和系统（SES）；宽带卫星多媒体（BSM）；卫星互通多协议标签交换（MPLS）第2部分：MPLS标签的协商与管理和带有连接网络的MPLS信令
EN 302 550 -1	欧洲电信标准化协会	卫星地球站和系统（SES）；卫星数字无线电（SDR）系统；第1部分：无线电接口的物理层
TS 102 550	欧洲电信标准化协会	卫星地球站和系统（SES）；卫星数字无线电（SDR）系统；无线接口外部物理层
EN 302 574	欧洲电信标准化协会	卫星地球站和系统（SES）；1980~2010MHz（地对空）和2170~2200MHz（空对地）频带运行的MSS的卫星地球站统一标准
TR 101 865	欧洲电信标准化协会	UMTS/IMT-2000的卫星组件；通用方面和原则；1~6部分
TS 101 851	欧洲电信标准化协会	UMTS/IMT-2000的卫星组件；G系列
TS 102 442	欧洲电信标准化协会	UMTS/IMT-2000的卫星组件；多媒体广播/组播服务；1~6部分
ITU-R M.1854	国际电信联盟	关于卫星移动业务（MSS）系统的无线电频率范围的信息
ITU-R S.1001-2	国际电信联盟	关于用于紧急和救灾行动的卫星固定业务（FSS）系统的无线电频率范围的信息

6.2 智能电网的通信系统架构

智能电网通信系统是分层的，并且与传统的信息与通信技术（Information and Communication Technology，ICT）网络架构有一定的区别。一种简化的通信系统架构如图6.1所示，它包含了本书所提到的诸多潜在技术，可以适用于不同类型的区域网络。HAN作为最小的网络类型，主要部署在用户侧，连接诸如个人计算机（Personal Computer，PC）、娱乐设备、安全装置、智能家电以及智能仪表等不同设备。同样，BAN包括建筑管理系统、供暖通风与空气调节（Heating Ventilation and Air Conditioning,

HVAC）系统、本地发电机和存储单元，而工业区域网络（Industrial Area Network，IAN）主要是机械工业自动化系统。用户侧的智能仪表则属于AMI的重要部分。在社区，多个AMI系统通过互联可以组成邻域网（Neighborhood Area Network，NAN），从而有效地聚合来自家庭局域网络的数据流量。同样，多个邻域网在场域网（Field Area Network，FAN）的聚合也连接了分布式能源、配电自动化系统以及变电站网络。整个通信架构的最顶层是广域网（Wide Area Network，WAN），它使所有彼此分离独立的网络互联，并提供与诸如AMI数据中心、电网调度中心、应用服务器中心等集中式控制中心的通信连接。

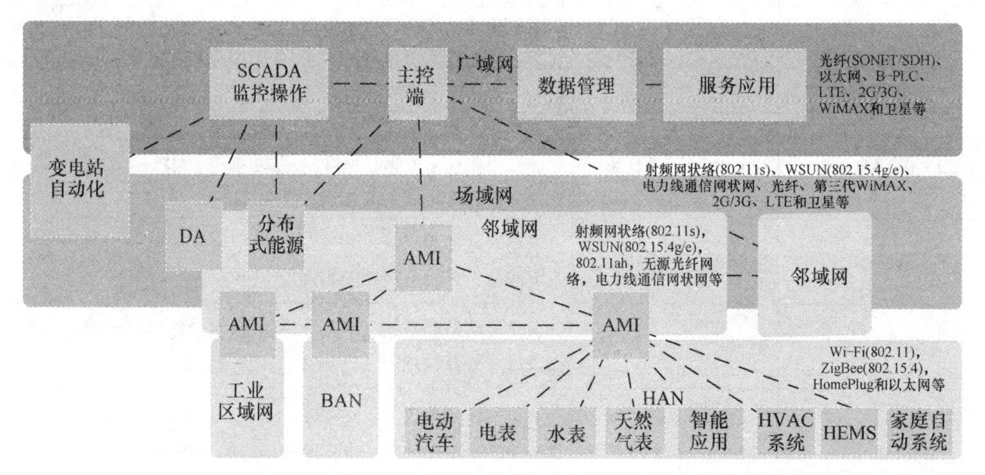

图6.1　使用所选技术作为不同类型区域网络的候选的简化体系架构

6.2.1　智能电网中的互联网协议

互联网协议（Internet Protocol，IP）在智能电网设计中起着关键性作用，是实现智能电网的端到端互联及互操作的关键协议之一。例如，可控性，网络可见性，分布式系统中各种传感器的可寻址性，自动化，分布式能源（DER）的控制；甚至可以通过IP端到端连接来控制AMI内的能量发生器，智能仪表和恒温器。IP使智能电网应用独立于物理媒体和数据链路通信技术，只要这些技术能满足给定应用的需求。这大大减少了开发上层应用的复杂度，并且保证了互操作性。IP提供了良好的可扩展性，这是集成数百万设备的智能电网网络的另一个重要要求。

众所周知，IP当前的问题是IPv4寻址范围不足，因此需要IPv6路由协议的支持。这在设计上与传感器网络的当前技术以及家庭自动化技术相矛盾，后者试图通过使用他们自己的专有寻址方案来最小化开销。为了使众多有线和无线通信技术支持IPv6，互联网工程任务组（IETF）已经设计了多种适配层，包括IPv6报头压缩、邻近对象发现优化以及其他多种功能。

表6.3给出了基于统一网络层的分层架构，以及为了保障端到端互联与互操作性所涉及的诸多通信技术以及对应的适配层。

表6.3　智能电网通信的分层架构

<table>
<tr><td>应用</td><td colspan="8">IEC 61850、IEC 60870、通用信息模型（CIM），简单网络管理协议（SNMP）等</td></tr>
<tr><td rowspan="4">网络层</td><td colspan="8">传输控制协议/用户数据报协议（TCP/UDP）</td></tr>
<tr><td colspan="8">雷达处理语言（RPL）</td></tr>
<tr><td colspan="8">IPv4/IPv6</td></tr>
<tr><td colspan="8">可扩展认证协议－传输层安全（EAP－TLS）</td></tr>
<tr><td>适配层</td><td colspan="6">6LoWPAN　RFC 2464</td><td>RFC 5072</td><td>RFC 5121</td></tr>
<tr><td rowspan="2">媒体访问控制层</td><td rowspan="3">IEEE 802.15.4</td><td colspan="2">IEEE 802.15.4e</td><td rowspan="3">Wave2M</td><td rowspan="3">IEEE 802.11b/g/n（2.4GHz），a/n/ac（5GHz）ah（次千兆赫）</td><td rowspan="3">IEEE 802.3以太网</td><td rowspan="3">2G/3G/LTE</td><td rowspan="3">IEEE 802.16/WiMAX</td></tr>
<tr><td>IEEE 802.15.4</td><td rowspan="2">IEEE P1901.2</td></tr>
<tr><td>物理层</td><td>IEEE 802.15.4g</td></tr>
<tr><td>媒介</td><td>无线电</td><td>无线电</td><td>电力线</td><td>无线电</td><td>无线电</td><td>同轴电缆/双绞线/光纤</td><td>无线电</td><td>无线电</td></tr>
</table>

6.2.1.1　基于IPv6的低功耗无线网络以及低功耗有损网络路由协议

基于IPv6的低功耗无线个域网（IPv6 over Low－Power Wireless Personal Area Network，6LoWPAN）是由互联网工程任务组定义的一种开放式标准，其关键作用是确保基于6LoWPAN不同应用间互操作性的实现[3]。6LoWPAN最初旨在为IEEE 802.15.4的物理层/媒体访问控制层（PHY/MAC）提供一个适配层，并定义了为实现基于IPv6的通信传输所必需的优化方案[4]。除了IEEE 802.15.4，6LoWPANs适配层也被Wave2M，IEEE P1901.2，低功耗蓝牙等技术所采纳。6LoWPANs被视为部署基于IP的无线传感器网络和扩展全球不同设备间端到端互联的一个必要标准[5]。IPv6组播地址压缩[6]、基于IPv6的邻近对象发现优化[7]以及低功耗链路路由协议[8]等需求被密切关注。低功耗链路的默认路由协议是低功耗有损网络路由协议（RPL），由IETF的低功耗有损网络路由（ROLL）工作组定义[9]。它是为低功耗有损网络（LLN）设计的基于IPv6的距离矢量路由协议结合众多指标来选择出最佳路径。距离矢量协议不仅能够针对一个物理网络创建逻辑拓扑，并且包括流量服务质量（Quality of Service，QoS）以及特定图形创建的各种约束。RRL在网状网中起到了重要作用，因为多跳路径的选择对端到端吞吐量和延迟有很大影响。

6.3　有线通信

6.3.1　电力线通信

6.3.1.1　综述

与无线通信和诸如数字用户线（Digital Subscriber Line，DSL）和光纤通信等有线通信技术相比，电力线通信（PLC）通过现有的电力设施传输数据，可以提供高性价比解决方案。PLC 不需要安装双绞线、同轴电缆等额外线路即可实现设备互连，从而大幅降低系统成本。PLC 在电力监控、需求响应、负荷控制和 AMI 应用中具有天然优势，因为几乎每个家用电器都连接到电力线。

PLC 可分为两类：窄带电力线通信（Narrowband Power line Communication，NB - PLC）和宽带电力线通信（Broadband Power line Communication，BB - PLC）。NB - PLC 通常在 3 ~ 500kHz 的低频带运行，适合广域访问应用或对低成本和高可靠性有较高要求的智能电网应用。另一方面，BB - PLC 通常工作在诸如 2 ~ 100MHz 的高频带，适合于家庭宽带应用，如 HPTV、VoIP、视频游戏和因特网及对高速宽带网络连接要求较高的互联网等。各种 PLC 标准和技术被分为 NB - PLC 和 BB - PLC 两类，如图 6.2 所示。最新的 BB - PLC 技术，例如 HomePlug AV2 通过采用多输入多输出（Multiple Input Multiple Output，MIMO）和预编码技术等无线通信领域先进的信号处理技术，可以提供超过 1Gbit/s 的峰值传输速率。然而，这些技术也增加了系统的复杂度、功耗和成本。相比之下，NB - PLC 技术的主要目标是满足长距离室外应用的需求，同时保障低复杂度、低功耗和高可靠性特点。因此，BB - PLC 和 NB - PLC 技术应该被联合部署，从而实现室内宽带应用和广域访问应用。

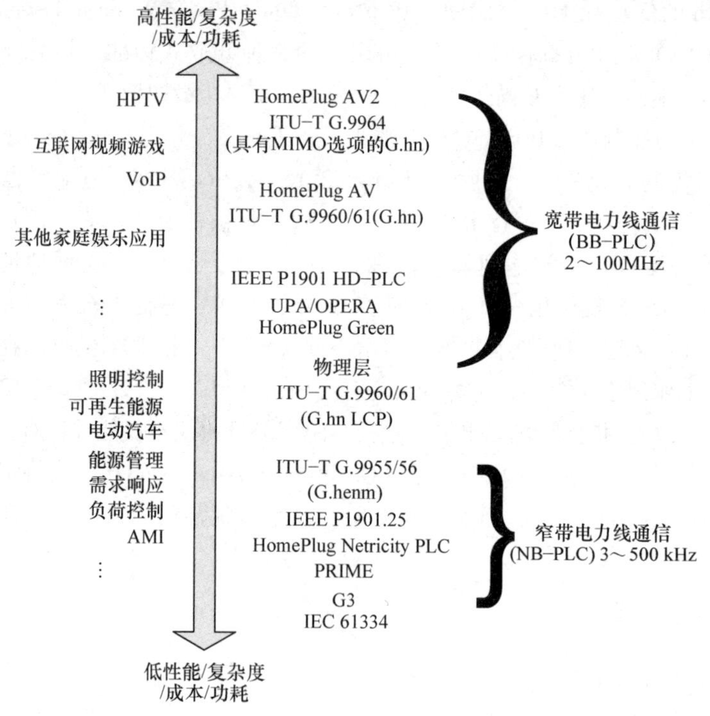

图 6.2　将各种 PLC 技术和标准分为两类：窄带电力线通信（NB - PLC）和宽带电力线通信（BB - PLC）

尽管PLC技术带来了显著效益，但仍面临许多挑战，特别是由于电力线电缆这种传输介质的物理特性所引起的挑战尤为突出。电力线电缆的设计并非用来传输通信信号。PLC信道特性很大程度上取决于应用场景和用例，一般来说，多径衰落、频率选择性衰落、时变信道和干扰是部署PLC所面临的主要技术挑战。当PLC信号通过多条路径到达接收机，尤其在发射机和接收机间存在多条支路时，就会产生多径衰落现象。接收机所合并的多径信号，由于每条路径长度的不同，其所经历的延迟和衰减也会不同。当信号通过不同路径在接收机合并时会产生部分抵消，从而引起频率选择性衰落。PLC信道的时变特性是由负荷的接入和断开所引起的。干扰是由业余无线电或电视广播信号在与PLC信号相同频带上运行引起的。NB－PLC和BB－PLC的电磁兼容性（Electromagnetic Compatibility，EMC）规则如表6.4所示。

表6.4 为窄带电力线通信（NB－PLC）和宽带电力线通信（BB－PLC）定义的电磁兼容性（EMC）规则

与窄带电力线通信相关的电磁兼容性规则		
国家/地区	频带	负责机构/标准化组织
美国	10～490kHz	联邦通信委员会（FCC）
日本	10～450kHz	无线电工业与商业协会（ARIB）
欧盟	3～148.5kHz	欧洲电工标准化委员会（CENELEC）
中国	3～90kHz	中国电力科学研究院（CEPRI）
与宽带电力线通信相关的电磁兼容性规则		
欧盟	1.6～30MHz	欧洲电工标准化委员会（CENELEC EN EN 50561－1）
世界范围	限制在9kHz～400GHz的规定范围	国际电工委员会（CISPR 22 ed6.0）

不同地区的标准化组织或联盟已经提出了不同的PLC解决方案，以满足该地区的特殊需求。一些国家或国际标准化组织一直试图将不同的PLC技术合并为统一的国际标准，以保障不同供应商之间的互操作性。本节将介绍各种PLC技术之间的相互关联与技术细节对比。

6.3.1.2 电力线通信技术、规范和标准

NB－PLC技术广泛应用于智能家居、楼宇自动化以及智能计量应用。对于智能家居和楼宇自动化应用，NB－PLC技术已经包含在各种区域/国际标准中，如ISO/IEC 14543（KNX）标准系列、BACnet协议（包含在ASHRAE/ANSI 135和ISO 6484－5中）、LONWORKS系统（包含在ANSI/CEA 709、ANSI/EIA 852和ISO/IEC DIS 14908中）等。有关以上标准的详细介绍和解释可参见5.4节智能家居和楼宇自动化标准。

对于智能计量应用，不同联盟或标准化组织已经开发出一组技术和标准，如电力线智能计量演进（PoweR line Intelligent Metering Evolution，PRIME）、G3、HomePlug Netricity PLC、ITU－T G.hnem（ITU－T G.9955/9956）和IEEE P1901.2等。表6.5详细地给出了用于智能计量的NB－PLC标准的技术细节比较。

表 6.5 用于智能计量的 NB - PLC 标准在技术细节上的对比

技术	PRIME	G3	ITU - T G. hnem	IEEE P1901. 2	IEC 61334
调制	OFDM 技术	OFDM 技术	OFDM 技术	OFDM 技术	扩频频移键控（SFSK）
编码	卷积	RS + 卷积	RS + 卷积	RS + 卷积	没有
峰值传输速率/(kbit/s)	130	34	1000	500	2. 4
带宽/kHz	3 ~ 95	3 ~ 95/150 ~ 490	32 ~ 490	10 ~ 490	20 ~ 95
访问机制	载波监听多路访问（CSMA）/CA + TDM	CSMA/CA	CSMA/CA + TDM	CSMA/CA	中转电话（IEC 61334 - 5 - 1）
安全性	AES 128	AES 128	AES 128	AES 128	没有
ROBO 模式	不是	是	是	是	不是
汇聚子层	IEC 61334 - 4 - 32/IPv4	6LoWPAN/IPv6	IPv4/IPv6/以太网/L3 灵活协议	6LoWPAN/IPv6	IEC 61334 - 4 - 32

PRIME 是由 PRIME 联盟开发的，用于定义智能电网 NB - PLC 系统的物理层和 MAC 层[11]。正交频分复用（OFDM）具有高数据传输速率以及对抗多径衰落和频率选择性衰落的稳定性，因此被选为电力线智能计量演进的基本调制方案。特定服务汇聚子层（CS）映射了正确定义在 MAC 层服务数据单元（SDU）中不同类型的流量。由 G3 - PLC 联盟开发的 G3 - PLC 是基于 NB - PLC 规范的另一个 OFDM 技术。G3 - PLC 旨在支持真实 IPv6 地址和 ROBO 模式[12]。在 ROBO 模式中，相同信息在多个子载波上重复传输，从而在恶劣信道环境下保障信息传输的可靠性。PRIME 和 G3 - PLC 构成了如 IEEE P1901. 2[13]和 ITU - T G. hnem（也称为 ITU - T G. 9955/9956）的主要国际 NB - PLC 标准的基础。ITU - T G. hnem 是由国际电信联盟联合 ISO（国际标准化组织）/IEC（国际电工委员会）以及 SAE（汽车工程师学会）作为下一代智能电网 NB - PLC 标准而开发的[14]。ITU - T G. hnem 通过扩展可以与 IEEE P1901. 2 兼容。IEEE P1901. 2 与 ITU - T G. hnem 同时开发，主要目标与 ITU - T G. hnem 相同，支持如 AMI、电动汽车（EV）、太阳能面板等智能电网的应用。为促进采用并提供基于 IEEE P1901. 2 的合规性和互操作性测试的产品，HomePlug 联盟已经宣布了 Netricity PLC 认证品牌和营销方案[15]。上述 NB - PLC 标准采用 OFDM 作为调制方案，与之不同的是，IEC 61334 采用扩频频移键控（SFSK）作为调制方案以提供可靠的低速率电力线通信[16]。IEC 还基于 IEC 61334 标准定义了应用层标准（IEC 62056），以允许开发可互操作的解决方案。尽管 SFSK 广泛流行，但是日益增长的数据需求需要更健壮的调制方案和多载波调制方案，例如 OFDM。

另外，宽带电力线通信（BB - PLC）技术广泛应用于宽带网络应用，如互联网、

网络语音电话业务（VoIP）和HPTV等。不同标准化组织或联盟在并行开发一组全面的宽带电力线通信技术和标准。HomePlug联盟开发的HomePlug AV规范可与IEEE P1901标准完全进行互操作。HomePlug AV的信号带宽是28MHz，可分别提供在ROBO模式下10Mbit/s和自适应比特加载模式下200Mbit/s的峰值物理层数据传输速率[17]。自适应比特加载可使每个子载波根据给定的信道环境使用最合适的调制方案。HomePlug AV2支持HD（高清）/3D视频以及其他对带宽要求较高的应用，同时与HomePlug AV和HomePlug Green PHY（GP）保持完全的互操作性[18]。通过使用波束形成的多输入多输出和额外的30~86MHz的带宽，HomePlug AV2的物理层峰值数据传输速率超过了1Gbit/s。HomePlug GP是HomePlug AV的简化版，它可以降低成本和功耗[19]。HomePlug BB-PLC规范的物理层参数比较如表6.6所示。除了HomePlug BB-PLC技术，BB-PLC技术还包括使用小波OFDM和M-PAM调制方案的高清晰度电力线通信（HD-PLC）[20]、通用电力线协会（UPA）/开放式电力线通信欧洲研究联盟（OPERA）规范[21]等。

表6.6 HomePlug宽带电力线通信规范的PHY参数比较

技术	HomePlug AV	HomePlug Green PHY	HomePlug AV2
带宽/MHz	2~30	2~30	2~86
调制	OFDM技术	OFDM技术	OFDM技术
子载波调制	二进制相移键控（BPSK）、正交相移键控（QPSK）、16/64/256/1024QAM	只有（QPSK）	可达4096QAM
编码	速率1/2或速率16/21 turbo码	只有速率1/2 turbo码	可达速率8/9 turbo码
峰值传输速率	ROBO：10Mbit/s 自适应比特加载：200Mbit/s	仅有ROBO模式：10Mbit/s	1.8Gbit/s（2个流）

为了实现多个电力线通信供应商之间的互操作性，ITU-T和IEEE一直在努力制定国际通用宽带电力线通信标准，分别是国际电信联盟千兆家庭网络（G.hn）（G.9960/9961）和IEEE P1901。千兆家庭网络是为包括电力线、电话线、同轴电缆等主要有线通信媒体所定义的第一个标准[22]。G.9964扩展规范中包括多输入多输出的支持技术。IEEE P1901以两个不同物理层/媒体访问控制层规范为基础：HomePlug AV和HD-PLC[23]。为了使ITU-T G.hn和IEEE P1909之间能够共存，美国国家标准技术研究所（NIST）智能电网互操作委员会（SGIP）始创了协调家用电力线通信设备通信标准密码认证协议（PAP）15。现已开发名为跨系统协议（Inter System Protocol，ISP）的共存机制，其允许4个互操作系统在时域和频域上实现频带共享。实现互操作协议的设备可通过使用跨系统协议而共存，这些协议包括IEEE 1901小波、IEEE 1901 FFT、低速宽带业务（Low-Rate Wide-Band Services，LRWBS）和千兆家庭网络等。

6.3.2 光纤通信

自20世纪90年代以来，光纤通信已经被用于高需求、高可靠性和远程性的应用中。然而，光纤网络部署的真正繁荣时期开始于10年之后，因为当时光纤的价格在不断降低，与此同时，其他组件的性价比也在提升。目前，光纤网络主要用于核心网络。智能电网支持光纤而不使用 LTE、WiMAX 和分布式射频网等宽带技术，一个特别的原因是在大城市和人口密集地区，智能电网相关数据的双向通信能够聚集带宽数据。当为成千上万甚至更多用户服务时，其总带宽会增加至每秒几千兆[24]。当光纤网络部署引起人们特别关注时，其他使用案例则成为智能城市部署和多种服务的解决方案（如公用事业，结合了包括语音、视频网络和由服务商或电力行业提供商提供的各种服务）[25]。光纤的另一个优点是其带宽高，在未来不需要更换或升级设备即可容纳各种带宽需求应用。

一般来说，目前的光纤网络由光发射机、光放大器和光接收机组成。光发射机通过使用发光二极管（LED）或激光二极管发光，并将电信号转换为光信号，然后通过光纤传输。光放大器置于光发射机和光接收机之间，以处理因长距离传输导致的光信号的衰减和失真。光放大器通过对一段光纤掺铒，并用比通信信号光波短的光波做泵，以此直接对光信号进行放大。光接收机包含用以检测光信号的光电二极管，并通过光电效应将光信号转换成电信号。

光纤有多模光纤和单模光纤两种类型。多模和单模光纤的区别在于纤芯的直径。多模光纤纤芯直径较大，可允许几种不同波长模式进行传输。纤芯直径通常是 50 ~ 100μm。一般来说，较大直径的纤芯所需的成本和设备精度较低，但多模光纤受由多个空间模式引起的多模失真的影响，限制了光纤链路的长度和带宽。对于多模发射机，发光二极管可用作光源，但单模发射机需要更精确的激光发射机。G. 651. 1 ITU - T 建议中定义了最常见的直径为 50/125μm 多模光纤的特性[26]。G. 652 ITU - T 建议中定义了单模光纤及其特性[27]。单模光纤纤芯直径非常接近信号的光波长度，通常在 8 ~ 10. 5μm 之间。多模光纤用于相对较短的距离传输，如建筑的核心应用，而单模光纤用于数十或数百 km 的长距离高带宽传输。

波分复用（Wavelength Division Multiplexing，WDM）是允许使用多路并行信道的常用技术，每个信道只传输特定波长的光。在传输之前，信道在发射机完成多路复用，然后在接收机完成多路分用。在单模光纤电缆和设备中波分复用应用非常普遍，这些电缆和设备可同时用作多路复用器和解复用器，其被称为分插复用器。国际电信联盟（ITU）认定了 6 个波段[28]：

O（原始）波段，1260 ~ 1360nm	C（常规）波段，1530 ~ 1565nm
E（扩展）波段，1360 ~ 1460nm	L（长波）波段，1565 ~ 1625nm
S（短波）波段，1460 ~ 1530nm	U（超长波）波段，1625 ~ 1675nm

在过去，国际电信联盟也建议光学系统运行的第一波段应接近 850nm。然而，该波段（800 ~ 900nm）在现行标准范围之外，因该波段损耗较高，现被用于个人网络短距离通信。

6. 3. 2. 1　同步光纤网络/同步数字体系

同步光纤网络（Synchronous Optical NETworking，SONET）和同步数字体系（Synchronous Digital Hierarchy，SDH）最初设计是为支持电路交换通信，尤其是脉冲编码调

制（Pulse - Code Modulation，PCM）格式中语音信号的传输[29]。SONET由美国国家标准协会（ANSI）标准化为T1.105[30]，而SDH被视为它的竞争对手，SDH首次是由欧洲电信标准化协会（ETSI）定义并由欧洲电信联盟标准化[31-34]。SONET和SDH是对于相同特征使用不同术语的几乎相同的标准。SONET/SDH是复用结构，为异步传输模式（Asynchronous Transfer Mode，ATM）、以太网、TCP/IP或传统电话等多种技术定义了一组传输容器。SONET/SDH取代了名为准同步数字体系（Plesiochronous Digital Hierarchy，PDH）的早期标准。由名称显而易见，虽然准SDH网络几乎同步，但在SONET/SDH网络中需要通过原子钟实现整个网络的严格同步。

虽然SDH具有以155.52Mbit/s运行的名为STM - 1（同步传输模块，级别1）的基本单元，但是SONET具有以51.84Mbit/s运行的名为STS - 1（同步传输信号1）的基本传输单元。SDH的STM - 1即为STS - 3c/OC - 3c，它是通过复用3个STS - 1信号（STS - 1帧的交叉字节）实现的，以形成SONET分级的下一级。

6.3.2.2 FTTx和PON

FTTx指的是Fiber - to - the - x，其中x可以由任何字母替换，这取决于光纤网络装置的部署和端点。它主要是指最后一英里通信，并且除了许多“FTT”（例如，FTTP（光纤到驻地）、FTTC（光纤到路边）、FTTD（光纤到桌面）等，最广为人知的术语是光纤到家庭（FTTH）和光纤到楼宇（FTTB）。FTTx架构可以通过端点处光纤链路的多种分布方式实现。在有源光网络（Active Optical Network，AON）中，光信号通常通过有源设备在几个端点之间分布，从而实现光电转换、交换、路由到适当的接口并再次转换为可见光，以便发送到光网络终端（Optical Network Terminal，ONT）。无源光网络（Passive Optical Network，PON）通过无源光分路器实现通信分配。ITU[35-37]对许多PON类型进行了标准化，在此之前其主要由名为全业务接入网络（FSAN）的电信服务提供商论坛指定[38]。不同类型的PON的比较如表6.7所示。

表6.7 各种类型无源光网络的比较

	A - PON	B - PON	E - PON	G - PON	10 GE - PON	XG - PON1	NG - PON2	WDM - PON
标准	ITU - T G.983.1	ITU - T G.983.x	IEEE 802.3ah	ITU - T G.983.x	IEEE 802.3av	ITU - T G.987	FSAN NG - PON2	没有标准
多路传输	时分复用（TDM）	时分复用（TDM）	时分复用（TDM）	时分复用（TDM）	时分复用（TDM）	时分复用（TDM）	时分复用（TDM）	波分复用（WDM）
组帧	异步传输模式	异步传输模式	以太网	GEM	以太网	GEM	GEM	可变
带宽	155Mbit/s	622Mbit/s	1.25Gbit/s	2.5/1.25Gbit/s	10Gbit/s	10/2.5Gbit/s	10Gbit/s	1 ~ 10Gbit/s
每个用户带宽	10 ~ 20Mbit/s	20 ~ 40Mbit/s	30 ~ 60Mbit/s	40 ~ 80Mbit/s	>100Mbit/s	>100Mbit/s	>100Mbit/s	1 ~ 10Gbit/s
用户数	16 ~ 32	16 ~ 32	16 ~ 32	32 ~ 64	≥64	≥64	≥64	16 ~ 32
费用	低	低	低	中等	高	高	高	高

6.3.3 数字用户线和以太网

数字用户线（DSL）具有悠久的历史，并且通过本地电话线实现数据或互联网接入。多年来已经开发了许多数字用户线系统，例如高速率数字用户线（High bit rate Digital Subscriber Line，HDSL）或对称数字用户线（Symmetric Digital Subscriber Line，SDSL）和最近的非对称数字用户线（Asymmetric Digital Subscriber Line，ADSL）[39]、甚高比特率数字用户线（Very high bit rate Digital Subscriber Line，VDSL）[40]系统及其演进系统 ADSL2[41]、ADSL2 +[42]、VDSL2[43]。数据传输速率已经从 ADSL 链路的几 Mbit/s 发展到 ADSL2 +的下行链路上的 24Mbit/s 峰值传输速率以及距离源 500m 的 VDSL2 的 100Mbit/s。数字用户线通常部署在最后一英里处接入，并在客户端将数字用户线调制解调器与数字用户线接入复用器（DSLAM）单元进行连接，距离通常从几百米到几千米远。数字用户线接入复用器用于聚合大量用户的链路。数字用户线接入复用器对聚合带宽要求通常很高，并且光纤技术被用于电信提供商的总公司。尽管数字用户线是一种过时的技术，但是它仍然通过为 4 亿用户提供服务而占据了大部分的全球固定宽带市场[44]。由于数字用户线在许多国家的普及率很高，其可以为从家庭到公用事业的智能电网数据提供高效的回程链路。

以太网是最初用于局域网（LAN）的计算机网络技术，在 20 世纪 80 年代由 IEEE 标准化为 802.3 系列标准。虽然第一个标准只假定了同轴电缆，但后来的标准又包括了许多其他物理介质，如双绞线、光纤、甚至是无线电。以太网因其简单性而非常流行，并且该技术可以以 10Mbit/s、100Mbit/s、1Gbit/s 运行，最近也以 40Gbit/s 和 100Gbit/s 运行[45]。虽然通常通过双绞线电缆在无线局域网内部署 100Mbit/s 的速度，但核心网络的无线局域网则需千兆速率使其互联。以太网在无线局域网上允许多种特定业务，为了也可以在广域网上提供这些业务，现已定义运营商以太网。它被定义为一种普遍存在的、标准化的、运营商级业务和由 5 个属性定义的网络，这些属性可用来区分运营商以太网和熟知的基于无线局域网的以太网[46]：标准化服务、可扩展性、可靠性、服务质量和服务管理。运营商以太网适用于容量超过 10Gbit/s 的公用网络，而在这些地方部署 SONET 价格昂贵或不够灵活[47,48]。

6.4 无线通信

6.4.1 概述

无线通信技术和无线标准已经存在了几十年。然而，消费市场仅在十几年前开始广泛利用无线技术，并且其仍在逐渐增长。无线技术近年来经历了巨大的发展，其容量在增加，同时硬件尺寸、成本得以逐渐减小，能源效率也在提高。相较于有线技术，无线技术在基础设施建设成本、部署的简单性和快捷性、灵活性、移动性及远程站点的可访问性等方面具有主要优势。

无线技术在电网和电力系统方面的应用也不是一个新话题，它已被用于家庭和楼宇自动化、监控、数据收集和计量。然而，正如本章开头所述，智能电网在需求方面存在很大差异。因此，没有“适合所有”的解决方案，在选择任何技术之前应分析技术和

经济可行性。为此，国家和国际组织以及标准化组织正在制定可能在智能电网系统中使用的无线通信技术。典型的例子是“国家技术标准研究所优先行动计划2”：作为评估智能电网无线标准的指南，它可以提供业务功能和应用的定量需求、无线技术特性、数学和仿真模型以及测试平台[49]。

本节介绍了在智能电网应用中具有潜在利用价值的主要无线通信技术和标准。首先介绍了机器对机器（Machine - to - Machine，M2M）的概念及其在智能电网中的应用。然后对无线技术及其特性以及在智能电网中的潜在应用领域进行概述。最后基于通信范围将其他无线技术分类，并描述每种技术或标准的特征。

6.4.1.1　M2M通信

M2M通信是与设备相关的术语，这些设备可以彼此进行通信而不需要人为交互。M2M通信的主要特征是自主运行、节能、可靠性、自组织性和可扩展性。

在无线通信中，无线传感器和执行器网络（WSAN）研究领域提供了符合M2M通信的主要特征的各种不同通信技术，M2M通信被视为是无线传感器和执行器网络的主要驱动应用。其理念是：各种设备均具有通信能力并且可以共享它们的活动状态或者一些其他信息，这些设备的主要功能不是通信，而是执行从家用电器、运动和健身用品到工业和重型机械以及结构和建筑物这些范围内的活动。这些设备通常采用多种传感器来提供测量服务，传感数据的通信传输可以是周期性的，也可以是状态出发性的。通信既可以发生在相对频繁更新的接近实时应用（如：水、气、电测量），也可以发生在较不频繁的更新的应用，（如：嵌入到桥接结构的传感器对桥稳定性测量）。从这一点来说，通信设备在许多情况下由电池供电，此时能源效率是关键因素。在嵌入式传感器的生命周期内更换电池可能会非常低效、昂贵甚至不可能。

除了可以为各种M2M系统提供标准化通信平台的无线传感器和执行器网络之外，欧洲[50]、美国[51]和日本[52]在通过蜂窝系统实现M2M通信方面也有重要的活动和进展。这主要由蜂窝网络运营商和服务提供商驱动。蜂窝M2M系统的主要优点之一是：在已经被蜂窝网络基础设施覆盖的稀疏和农村地区，其仍可长距离传输并具有非常好的可达性。而且，蜂窝网络主要为连接数百万台设备并以相对较高的数据传输速率进行通信而设计。此外，通过作为任何蜂窝网络重要部分的QoS供应，它还可以提供用于实施控制和监视的相对低的时延。

虽然在M2M通信中仍存在许多挑战，但是这样的自动化系统可以使网络智能化，从而为许多流程、大规模系统和解决方案的优化打开了空间。M2M通信被认为是智能电网系统，特别是智能计量系统的基本组成部分。

6.4.1.2　当前无线通信技术和标准的分类

无线通信技术的多种特性会极大地影响智能电网的运作、效率和可靠性。设计智能电网时，选择不当的通信技术可能对整个系统产生有害影响。表6.8对各种无线技术及其特性进行了概述，这些技术在智能电网的各种元件和节点的通信中会发挥重要作用。表6.9对智能电网应用环境下的技术进行了概述。

表 6.8　各种无线技术及其特性概述

无线技术						通信特性							
技术	标准开发组织（SDO）/联盟	频谱	频率	数据传输速率	范围/覆盖范围	安全性	延迟	服务质量	可扩展性	费用	市场渗透率	网络类型	移动性
射频识别（RFID）	ISO/IEC，ASTM，EPCGlobal	未授权	125kHz ~ 5.8GHz	100kbit/s	10cm ~ 200m	中等 ~ 高	低	否	否	低	高	PAN，BAN	否
近场通信（NFC）	NFC 论坛	未授权	13.56MHz	~ 424kbit/s	1 ~ 10cm	高	低	否	否	低	中等	PAN	否
IEEE 802.15.4	IEEE	未授权	868MHz，915MHz 2.4GHz 等	20 ~ 250kbit/s	10 ~ 100m	高	中等	否	是	低	中等	PAN	低
ZigBee	ZigBee 联盟	未授权	868MHz，915MHz 2.4GHz 等	20 ~ 250kbit/s	10 ~ 100m	高	中等	否	是	低	中等	PAN	低
Wave2M	Wave2M	未授权	433MHz，868MHz，915MHz	5 ~ 20kbit/s	~ 100m	高	中等		是	低	低	PAN，LAN	低
无线 HART	HART	未授权	2.4GHz	详见 802.15.4	~ 100m	高	中等	否	是	低	低	LAN	低
IEEE 802.11	IEEE	未授权	次千兆赫，2.4GHz，3.6GHz，5.8GHz，60GHz	~ Mbit/s，~ Gbit/s	10m ~ 1km	中等 ~ 高	低	是	是	低	高	LAN	低
Wi - Fi	Wi - Fi 联盟	未授权	详见 802.11	详见 802.11	详见 802.11	中等 ~ 高	低	是	是	低	高	LAN	低
蓝牙（BT）	蓝牙特别兴趣小组	未授权	2.4GHz	~ 1Mbit/s ~ 10Gbit/s	1 ~ 100m	中等	低	是	否	低	高	PAN	低
2G（GSM，GPRS）	ETSI	授权	900MHz，1800MHz 等	~ kbit/s ~ 10kbit/s	~ 数十 km	高	中等	否	是	高	高	WAN	高
3G（UMTS，HSPA）	3GPP	授权	2100MHz 等	~ 100kbit/s，~ Mbit/s	~ km	高	低 ~ 中等	是	是	高	高	WAN	高
LTE	3GPP	授权	700MHz ~ 2.7GHz	10 ~ 100Mbit/s	~ km，~ 10km	高	低	是	是	高	中等	WAN	高
IEEE 802.16	IEEE	授权/未授权	700MHz ~ 66GHz	10 ~ 100Mbit/s	~ km，~ 10km	高	低	是	是	高	低	MAN	高
WiMAX	WiMAX 论坛	授权/未授权	700MHz ~ 66GHz	10 ~ 100Mbit/s	~ km，~ 10km	高	低	是	是	高	低	MAN/WAN	高
GMR - 1 3G	ETSI/ITU/TIA	授权	L 频段，S 频段	~ 100kbit/s	北美	中等	中等	是	是	高	低	GEO	高
DVB - S2	ETSI/TIA	授权	C，Ku，Ka	~ 10Mbit/s	全球	高	中等	是	是	高	低	GAN	否
RSM - A	ETSI/TIA	授权	Ka	~ 10Mbit/s	北美	高	高	是	是	高	低	NGSO	否
Inmarsat BGAN	ITU/ETSI/TIA	授权	L 频段	~ 100kbit/s	全球	高	高	是	是	高	低	GAN	高

表6.9 各种无线技术及其在智能电网中的应用概述

无线技术标准系列	智能电网特性通信类型	智能电网中的应用示例
RFID	IAN，BAN，HAN	智能抄表
NFC	IAN，BAN，HAN	智能抄表
IEEE 802.15.4	HAN，BAN，IAN，NAN	家用电器的控制和自动化，直接负荷控制
ZigBee	HAN，IAN，BAN，NAN	AMI，家庭和楼宇自动化与控制，传感器和网状网络，直接负荷控制
Wave2M	HAN，IAN，BAN，NAN	计量，传感器网络
IEEE 802.15.4	HAN，IAN，BAN，NAN	AMI，家庭和楼宇自动化与控制，传感器和网状网络，直接负荷控制
无线 HART	HAN，IAN，BAN，NAN	工业设备的控制和自动化，直接负荷控制，网状传感器网络
IEEE 802.11	HAN，IAN，BAN，NAN	AMI，家庭和楼宇自动化与控制，传感器网络，AMI 到 AMI 通信
Wi－Fi	HAN，IAN，BAN，NAN	AMI，家庭和楼宇自动化与控制，传感器网络
蓝牙	HAN，BAN，IAN	AMI，家庭和楼宇自动化与控制，传感器网络
射频网	NAN，FAN	AMI，配电自动化，劳动力自动化，AMI 到 AMI 通信
2G	WAN，NAN，FAN	远程 DER 监控和计量，远程配电变电站的 SCADA 接口
3G（UMTS，HSPA）	WAN，NAN，FAN	远程 DER 监控和计量，远程配电变电站的 SCADA 接口
LTE	WAN，NAN，FAN	远程 DER 监控和计量，远程配电变电站的 SCADA 接口，现场远程视频监控
IEEE 802.16	WAN，NAN，FAN	远程 DER 监控和计量，远程配电变电站的 SCADA 接口，现场远程视频监控
WiMAX	WAN，NAN，FAN	远程 DER 监控和计量，远程配电变电站的 SCADA 接口，现场远程视频监控
GMR－1 3G	WAN，FAN	遥感，远程配电变电站的 SCADA 接口
DVB－S2	WAN，FAN	遥感，远程配电变电站的 SCADA 接口
RSM－A	WAN，FAN	遥感，远程配电变电站的 SCADA 接口
国际海事卫星宽带全球区域网	WAN，FAN	遥感，远程配电变电站的 SCADA 接口

6.4.2 无线超短距离通信

射频识别（Radio－Frequency Identification，RFID）技术因其简单性和低成本而广泛用于识别和追踪事物。特别地，射频识别技术最常见的应用是商店/仓库产品识别、生产控制、牲畜识别和车辆跟踪。射频识别概念识别两个实体：读取器/写入器和标签。

射频识别读取器/写入器与射频识别标签通信从/向标签读取/写入信息。射频识别标签有3种不同类型：无源、半无源和有源。无源射频识别不需要任何电池并具有几乎无限的寿命，所以成本极低，因此占据了主要的市场份额。无源射频识别标签由读取器/写入器设备的天线供电。半无源标签由电池供电，用于内部操作，然而，读取或写入过程使用与无源标签（由读取器/写入器的天线供电）相同的方法。最后，有源射频识别标签由电池供电，可支持更长距离的通信。

有几个标准定义了射频识别技术和两个实体交互的方式（天线耦合机制）。最常见的方法有射频识别电感耦合、射频识别电容耦合和射频识别反向散射。每种耦合方法均具有不同的特征，并且在范围、频率和数据传输速率上均有所不同。有20多个国际标准定义了射频识别技术。ISO 18000标准定义了射频识别技术的空中接口及在不同地区的允许频率。除了各种国际标准化组织定义的标准，还有电子产品代码全球标准化机构定义了电子产品代码（EPC）1类HF RFID标准[53]和更新的UHF 1类“第2代”标准[54]。

EPC Class-1 HF空中无线电接口是另一个重要的国际标准化组织定义的标准，与ISO 15693兼容并利用了基于近场效应的射频识别电感耦合。为了给标签电路供电，读取器/写入器和标签之间的距离（范围）必须在所用频率波长的0.15倍以内。在标准中定义了两个频率，135kHz和13.56MHz。

近场通信（Near-Field Communication，NFC）可实现4cm或5cm的极短距离（或非接触式）通信。近场通信技术利用电感耦合在未经授权的13.56MHz下运行。NFC论坛聚集了制造商、供应商和服务提供商，并认证了具备NFC功能的设备以保持互操作性。当前NFC定义了3种操作模式：近场通信卡仿真模式、对等模式和读取器/写入器模式。在卡仿真模式中，NFC的行为类似于射频识别，并且NFC标准可以看作射频识别技术的扩展。NFC最初由索尼和恩智浦（NXP）半导体公司开发。目前，有几种NFC技术和标准。NFC已经按照ISO/IEC 18092国际标准（在ECMA-340中的镜像）进行了标准化，并且与若干用于通信的专有以及开放式的射频识别技术标准兼容。FeliCa是索尼制定的日本工业标准（JIS）X 6319-4（也称为NFC-F），它被广泛应用于日本，并通过智能手机和智能卡在便利店、购物中心、公共汽车、地铁站等地进行支付。MIFARE（米克朗售检票系统）由恩智普半导体公司开发，并且符合ISO/IEC 14443标准的A型。ISO/IEC 14443也定义了B型标准，主要在调制和编码方案方面与A型不同。ISO/IEC 21481（在EMCA-352中的镜像）指定了通信模式选择机制，该机制为不干扰在13.56MHz中任何正在进行的NFC而设计，从而使设备实施ECMA-340、ISO/IEC 14443或ISO/IEC 15693。

NFC被用于各种要求高安全性的应用，例如非接触式支付[55]、不同的无线技术认证[56]和位置访问。NFC技术的一个巨大优势是：智能手机和其他具有嵌入式NFC功能设备的快速增长，为直接向最终用户提供各种服务创造了基础条件。

射频识别和NFC技术被认为是消费者和公用事业公司从智能仪表读取数据和许多其他应用的关键解决方案，如跟踪插电式混合动力电动汽车（PHEV）等设备的电池充

电信息、安全且方便的公用事业预付等。

6.4.3 无线个域网和未授权频谱中的相关技术

目前在未授权频谱运行的大多数无线通信技术，通常被分为无线局域网（WLAN）和无线个域网（WPAN）两类。无线局域网可连接邻近的两个或多个设备，通常应用在家庭、办公室、仓库或者建筑物内。这样的网络范围通常从几十米到100m。相反，而无线个域网在个人区域内的设备，覆盖从几厘米到几十米的距离。

最近，这两个领域都有了巨大的发展，无线局域网和无线个域网之间的界线变得越来越不清晰。此外，无线局域网和无线个域网技术不仅在数据传输速率、可靠性、安全性和服务质量方面不断改进，而且在覆盖率方面也得到了提高。因此，许多原来的无线局域网和无线个域网技术现都可支持远程通信，可被分为无线城域网（WMAN）或无线区域网（WRAN）。典型的例子是新修正的IEEE 802.11和IEEE 802.15.4标准系列，也有一些技术可提供基于次千兆赫兹无线电的物理层，其传输半径可达数千米，或者提供一种可以利用空闲模拟电视信道频带的技术。

对于智能电网系统，无线局域网和无线个域网技术和标准是客户端中各种应用的极好候选者，如智能家居和楼宇自动化、家庭能源管理系统（EMS）等。类似地，无线城域网和无线区域网技术可以在通信方面发挥关键作用，包括邻域或社区内通信、AMI到AMI通信、远程计量和监控、NAN和FAN内不同逻辑块之间的通信。

本节将介绍利用未授权频带的主要无线通信标准和规范。

6.4.3.1 WPAN－IEEE 802.15.4标准系列和ZigBee技术

IEEE 802.15.4标准定义了物理层和MAC层要求，其为低速率无线个域网（LoW-PAN）而设计，旨在实现低功耗、低数据传输速率、短距离的通信。通信范围通常为10～75m，数据传输速率可低至几十kbit/s，或高达250kbit/s[57]。

除了使用ALOHA媒体接入的超宽带（UWB）物理层之外，IEEE 802.15.4标准在MAC层使用了具有冲突避免的载波监听多路访问（CSMA/CA）。个域网（PAN）的通信由PAN协调器控制，且PAN协调器周期性地发出名为信标的短帧，用于同步技术和媒体接入技术。此外，通信可以由超帧构成，超帧是由较小时隙组成的大时隙并受信标限制。PAN协调器可以分配每个超帧中用于网络节点通信的时隙，用于保证较短的分组延迟和所需的数据传输速率。在需要时，这种结构可以允许一定水平的服务质量。超帧结构的另一个重要因素是，根据流量需求，超帧结构可被分为活跃期和非活跃期，可允许PAN协调器进入功率安全模式。

IEEE 802.15.4 物理层和MAC层修订版

除了最初定义的2.4GHz、915MHz和868MHz的3个频带物理层之外，还增加了各种备用物理层，以覆盖802.15.4技术下的不同应用和用例，同时将该技术的应用扩展到中国和日本的可用频带。接下来将简要介绍这些无线技术和编写本书时正被标准化的规范。

IEEE 802.15.4a规定了两种不同的高速率无线技术，可以用它选择性地代替IEEE 802.15.4－2006中定义的物理层。第一个是线性调频，自20世纪中叶以来，它一直被用于雷达系统。线性扩频（CSS）物理层工作在2450MHz，并且使用差分正交相移键控（DQPSK），可提供1Mbit/s的数据传输速率和250kbit/s的可选数据传输速率。

IEEE 802.15.4a修订版中定义的另一个备用物理层是基于脉冲无线电的超带宽。超带宽物理层支持在3个独立频段运行。第一个频带是次千兆赫兹频带，其具有500MHz带宽的信道并在249.6MHz和749.6MHz之间运行。第二个频段是分布在3.1～4.8GHz的频谱，可被分为4个信道。第三个频段由11个信道组成，这些信道覆盖了从6.0～10.6GHz的频谱。

IEEE 802.15.4c－2009修订版规定了两个备用物理层的运行，每个备用物理层在779～787MHz频段中均具有8个信道。两者都具有250kbit/s的数据传输速率，并且其中一个使用偏移四相相移键控（OQPSK），而另一个使用多进制相移键控（MPSK）调制技术[58]。本标准仅限于在中国使用。

IEEE 802.15.4d－2009在日本的950MHz频段（950～956MHz）中定义了备用物理层，其使用二进制相移键控（BPSK）和高斯频移键控（GFSK）调制技术。二进制相移键控可提供20kbit/s的数据传输速率，而高斯频移键控可提供100kbit/s的数据传输速率[59]。

IEEE 802.15.4g－无线智能公用网络

2012年，一个920MHz的无线电频带已经被标准化为IEEE 802.15.4g－2012的修订版。IEEE 802.15.4g是协调大型智能公用网络（SUN）的物理层、功率电平、数据传输速率、调制技术、频带以及其他技术属性的全球标准。IEEE 802.15.4g物理层无线电可实现智能仪表、各种其他智能电网设备和智能家电之间的互操作通信。它也被称为无线智能公用网络（Wi－SUN）标准，并且启用的设备正通过最近建立的Wi－SUN联盟来认证，该联盟是参与智能公用事业市场的大公司和企业的联盟，现正在进行广泛的测试，以证明适用于日本、北美、澳大利亚/新西兰、拉丁美洲和其他区域市场的次千兆赫兹频带的互操作性。基于这些努力，日本内务省通信部为智能仪表分配了920MHz的频带，以通过国际合作和竞争带来益处[60]。此外，IEEE 802.15.4 MAC层已经通过802.15.4e MAC层子层得到改善，并且802.15.4g物理层和802.15.4e MAC层子层的组合为SUN创建了高能效和可靠的解决方案。

IEEE 802.15.4ak－低能耗关键基础设施监控（LECIM）

本技术规范旨在覆盖大量的无线关键基础设施应用，而现有技术不能满足这些应用的需求[61]。低能耗关键基础设施监控（LECIM）主要是针对室外环境，且由成千个低数据传输速率的通信节点组成。同时，节点会被部署较长的时间，并且能够容忍较大的延迟。关键基础设施应用的例子有电力和天然气的生产、运输和配送以及供水等。IEEE 802.15.4k的关键技术进步是简化了MAC层，从而可以处理大量设备并且可以优先进行紧急通信。

紫蜂（ZigBee）

ZigBee是一种被广泛应用的无线技术，旨在利用低功耗设备和传感器进行通信，其在嵌入多个用于控制和监视应用的设备方面具有很大潜力，且成本较低。由于它是一种

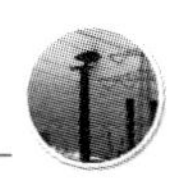

低功耗技术，所以通信芯片可以由像纽扣电池这样的小型电池供电长达几年。因此，它还适用于在设备的生命周期内更换电池困难（例如，辐射泄漏）、昂贵（例如，海洋水下传感器）或不能更换电池（例如，桥梁监测）的设备。

ZigBee 可以形成网状网络拓扑或者可以创建树形或星形拓扑。ZigBee 无线技术利用了工业、科学和医疗（ISM）频带。虽然在欧洲的次千兆赫兹频带的工业、科学和医疗无线电频带是 868MHz，但是在美国和澳大利亚使用的是 915MHz 频带。此外，2.4GHz 频带与其他几种无线个域网和无线局域网技术类似，均在世界范围内被使用。在 2.4GHz 频带中有 16 个信道，每个信道都具有 5MHz 带宽。虽然欧洲的 868MHz 可以提供20kbit/s 的最大数据传输速率，但美国和澳大利亚的915MHz 频带受限于40kbit/s的数据传输速率。公用 2.4GHz 允许的数据传输速率可高达 250kbit/s。

ZigBee 主要是一套高级通信协议，而不是单纯的无线技术标准。它基于应用规范使用和特定应用信息的传输和处理。

目前存在多种公共规范和特定制造商规范。公共规范由 ZigBee 联盟制定，并且确保来自不同制造商的产品之间的互操作性。众所周知的公共应用规范有家庭自动化、商业楼宇自动化、AMI、医疗、电信服务和智慧能源规范（SEP）1.0 和 2.0。有关用于智能电网的应用规范的更多细节可以参见本书相关章节（例如，5.4 节智能家居和楼宇自动化中对 SEP 2.0 进行了讨论）。

IEEE 802.15.4 标准被认为是用于无线传感器网络，特别是 M2M 通信的基本无线电技术。因此，除了 ZigBee 联盟和具有开放倡议和标准的其他联盟之外，还存在利用 IEEE 802.15.4 无线电的几种专门解决方案（例如，SynkroRF 或具有简单媒体访问控制的 IEEE 802.15.4 物理层）[62]。

6.4.3.2 WirelessHART

WirelessHART（无线 HART）是对高速可寻址远程传感器（Highway Addressable Remote Transducer，HART）协议的无线补充增强[63]，并已被标准化为 IEC 62591 标准[64]。它支持使用 IEEE 802.15.4 物理层/媒体访问控制层无线技术在 2.4GHz 频带运行。WirelessHART 采用信道跳频方案来避免干扰，并利用传动功率适配，它还监控退化的路径并具有自愈功能。其另外一个特征是，它可以调整通信路径以获得最佳网络性能和对网状网络的高效利用。WirelessHART 专为对可靠性和安全性有很高要求的工业应用而设计[65]。有关 WirelessHART 技术安全方面的更多信息，请参阅第 7 章。

6.4.3.3 ISA100.11a

ISA100.11a 是由国际自动化协会（ISA）开发的无线网络技术标准[66]。它可以为非实时监控、监控控制和警报提供安全可靠的通信，这些应用可以容忍很高的延迟（几百毫秒）。ISA100.11a 对恶劣工业环境中的干扰具有鲁棒性，并且可以与 IEEE 802.11 和 IEEE 802.15 等其他网络技术共存。该标准定义了无线链路操作以及基于以太网和现场总线的有线操作。它可以构成星形和网状等多种拓扑，并定义了安全体系结构，第 7 章对此有更详细的描述。

6.4.3.4 WLAN - IEEE 802.11 标准系列和 Wi - Fi 技术

无线局域网（WLAN）最常用的无线标准是 IEEE 802.11 及其修订版。该系列中广为人知且部署广泛的标准有 802.11a、802.11b、802.11g、802.11n 和新发布的标准 802.11ac。在 IEEE 802.11 标准中定义了两种基本网络架构：基础设施网络架构和自组织网络架构。在 IEEE 802.11 网络中，能够通信的设备称为站（STA），能够创建基础设施网络的设备称为接入点（AP）。

基础设施网络要求网络中的站应该与接入点关联以便进行通信。因此，通常网络中两个站之间的所有通信都通过接入点进行中继。此网络旨在提供与接入点后面资源的连接，例如连接到因特网或企业网络。网络中的所有站（包括接入点）创建了基本服务集（BSS）。该服务集由基本服务集标识符（BSSID）标识，基本服务集标识符是基础设施网络中接入点的 MAC 层地址。此外，每个无线局域网均由人们可读的基于文本的服务集标识符（SSID）表示，服务集标识符是最多 32 个字符的字符串值。在需要比常规 802.11 网络更大覆盖范围的情况下，使若干物理无线局域网构成逻辑无线网络的一部分，从而创建扩展服务集（ESS）。一个或多个基本服务集组成的扩展服务集是由一个服务集标识符标识的。相比之下，自组织网络也称为独立基本服务集（IBSS），允许站点在不涉及接入点的情况下以对等方式进行通信。

IEEE 802.11 网络的目的是在非许可频段上运行，现已在具有 2.4GHz 和 5GHz 载波频率的 ISM 频段上运行。此外，目前正在考虑将 60GHz 和次千兆频段用于物理层标准化过程。毫米波（60GHz）标准 IEEE 802.11ad 旨在实现超高吞吐量短程通信[67]，次千兆标准 IEEE 802.11ah 旨在实现低功耗远程通信[68]。

IEEE 802.11 网络采用称为 CSMA/CA 的 MAC 技术，它是以太网中载波侦听多址接入（CSMA）技术的一种改进。当在信道上检测到没有传输（信道空闲）时，该信道接入便基于载波感测和传输。此外，当在信道上检测到有传输（信道忙）时，站开始等待一个名为争用期的间隔，直到传输结束。当有多个站愿意同时时，系统会更具有公平性，并且有助于避免信道变为空闲时多个站立刻同时传输所引起的冲突。在争用期结束后，上述过程会一直重复，直到信道处于空闲状态。

在 IEEE 802.11 网络中可选择使用的另一个特征是：在传输实际数据之前，会进行准备发送（RTS）和清除发送（CTS）消息的交换。这用于防止隐藏终端问题，其示例场景如图 6.3 所示。当存在两个或更多个站（例如，站 A 和 C），以及另一个站或中间接入点（站 B）时，就会出现该问题。然后，如果那些站距离较远，则它们彼此之间不能通信，但是所有站都可以与中间站（站 B）通信。因此，当站 A 和站 C 同时向站 B 发送数据时便会发生冲突。这种冲突可以通过准备发送和清除发送消息来避免。如果站 A 愿意发送，则它发送一个准备发送消息，然后站 B 通过发送一个清除发送消息，以确认接收到准备发送消息，清除发送消息会被站 B 半径内的所有站接收。之后，所有其他站（在本例中是站 C）将禁止传输。

IEEE 802.11e - 2005 是 IEEE 802.11 标准的修订版，IEEE 802.11 标准在 MAC 层上定义服务质量。它是提高延迟约束业务的一组重要的因素。最初，MAC 层具有分布式

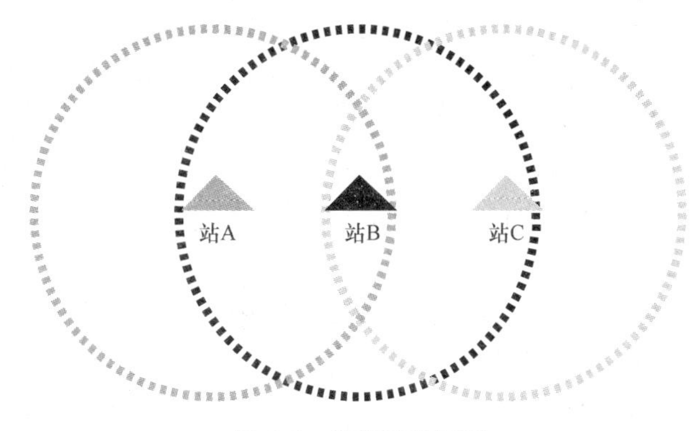

图 6.3　隐藏终端问题

协调功能（DCF）和点协调功能（PCF），该修订版则引入了新的混合协调功能。该功能具有两种不同的信道接入方式，HCF 控制式信道接入（HCCA）和增强型分布式信道接入（EDCA）。HCCA 与原始的点协调功能类似，均将两个信标之间的周期划分为争用期和非争用期，其可以被分配给站以保证资源。目前大多数 IEEE 802.11 网络的实现均不使用 HCCA 方式。HCCA 和 EDCA 都使用称为传输机会（TXOP）的功能，其允许站连续发送若干帧，帧数由传输机会周期的最大值界定。接收帧通常在传输机会周期结束时通过块 ACK 消息得到接收机确认。HCCA 的关键特性是资源分配和调度，而 EDCA 却基于流量优先级。在 EDCA 中定义了 4 个接入类别：背景、代销协议、视频和语音。这四个类别的差异是竞争窗口（CW）最小值和最大值，其给予语音业务最高的优先级（短 CW）和背景业务最低的优先级（长 CW）。

IEEE 802.11s 是基于 802.11 系列（即 IEEE 802.11a/b/g/n）中主要的 PHY/MAC 标准的修订版。它扩展了 MAC 功能以支持基于无线电传播属性的组播和广播，并且定义了用于网状网络消息传播的多跳路由协议。802.11s 支持基于自组织灵活性距离矢量（Ad hoc On-demand Distance Vector，AODV）的混合无线网状协议（Hybrid Wireless Mesh Protocol，HWMP）。AODV 是 802.11s 的强制性特征，并且可选择性地支持其他网状和自组织路由协议。IEEE 802.11s 网络通常用于户外场景，其中网状网络可以提供良好的覆盖，并且部署在 NAN 中用于智能仪表到智能仪表的通信[69]。

IEEE 802.11ah 是一项正在进行的标准化工作，它是 IEEE 802.11 网络在千兆赫兹频段上的低功耗、远程通信方面的修订版。这一新兴标准可能在 M2M 和物联网（IoT）中发挥重要作用。IEEE 802.11ah 标准的典型用例是在智能电网中，将计量设备与数据聚合点（DAP）和用于 IEEE 802.15.4g 网状传感器网络的回程连接。因为次千兆赫兹频段在不同的地区和国家之间有所不同，所以它为每个地区分别定义了信道化。可能在标准发布之前扩展的主要地区的当前指定的信道带宽和信道数（括号内）[70]，如下所示：

- 欧洲（863~868MHz）：1MHz（5c.）或 2MHz（2c.）。

- 中国（755～787MHz）：1MHz（24c.）或2MHz（4c.）或4MHz（2c.）或8MHz（1c.）。
- 日本（917～927MHz）：1MHz（11c.）。
- 韩国（917.5～923.5MHz）：1MHz（6c.）或2MHz（3c.）或4MHz（1c.）。
- 美国（902～928MHz）：1MHz（26c.）或2MHz（13c.）或4MHz（6）或8MHz（3c.）或16MHz（1c.）。

物理层利用具有64个子载波的正交频分复用技术，支持二进制相移键控和256QAM调制，也支持多用户MIMO以及单用户波束成形。在MAC层中，主要改进关于由电池供电的一些设备的功率节省模式，以及关于信道接入方法的可扩展性以处理大量连接设备。IEEE 802.11ah针对用于基础设施模式的星形拓扑。然而，IEEE 802.11s网状网络标准可能在未来进行更新以支持次千兆赫兹标准，从而创建具有超广覆盖范围的大型网状网络。

IEEE 802.11af是完全重新定义物理层和MAC层的另一修订版和持续的标准化工作。其关键目标是利用最初分配给模拟电视频道的电视空白空间（TVWS）频谱片段，由于电视传输的数字化而不再使用。它利用正交频分复用技术并提供远程通信。该标准已于2014年完成，并被认为是TVWS频谱中最有前途的技术之一[71]。

Wi－Fi

术语Wi－Fi由Wi－Fi联盟提出，其目的是为IEEE 802.11技术提供一个技术性较低且更具吸引力的名字[72]。

Wi－Fi联盟是大量制造商、供应商、服务提供商、运营商和其他公司的联合。满足技术规范中Wi－Fi联盟要求的设备被称为Wi－Fi认证设备。除了推广Wi－Fi技术，Wi－Fi联盟还负责确保不同制造商产品之间的互操作性。

虽然Wi－Fi网络和IEEE 802.11网络是经常互换使用的术语，但是二者之间仍存在微小的差异。Wi－Fi联盟发布技术规范，其主要依据IEEE 802.11标准并关注桥接标准和功能之间的差距（即超出IEEE 802.11标准系列范围的功能），同时开发简单的和用户友好的特色产品，而IEEE 802.11是定义物理层/MAC层、协议、联盟、认证、服务质量和许多其他基础功能的一系列标准。通过引入Wi－Fi Direct技术，Wi－Fi联盟已经简化了两个Wi－Fi认证设备彼此之间直接通信的方式，Wi－Fi Direct技术现已嵌入在几乎每个智能手机或平板电脑中[73]。Wi－Fi联盟也非常积极地改进两个设备之间的简单且安全的连接方式[74]、如何在网络中提供服务质量、如何提高能量效率[75]以及如何通过无线信道实现高清视频流[76]。Wi－Fi联盟具有专注于不同方面、场景及用例的多种技术和营销任务组，其中Wi－Fi技术将发挥重要作用。它还与各种协会和联盟（如ZigBee联盟）保持联系，以便在互补技术之间提供更好的互操作性。

从智能电网的角度看，一个非常重要的活动是Wi－Fi智能能源规范（WSEP）2.0与SEP2.0的互操作性，SEP2.0与ZigBee和Homeplug实现兼容。为了实现这一点，Wi

-Fi 联盟必须定义 Wi-Fi 认证设备的技术规范，这将满足传输技术的 SEP2.0 要求。SEP2.0 在 5.4 节中有更详细的描述。

这种无线局域网技术的关键优势之一是高普及率，自 2009 年以来，已经售出了 90 亿台设备[77]。值得注意的是，全球四分之一的家庭已经拥有 Wi-Fi 连接[78]。Wi-Fi 技术将可能在智能家居自动化和控制解决方案、智能计量和智能能源应用和服务中发挥重要作用。

6.4.3.5 Wave2M

Wave2M 开放性标准是一种专门用于 M2M 通信的多重射频无线标准，其最初被命名为 Wavenis 无线技术。物理层由用于无线传感器网络和 M2M 通信的三个主要 ISM 频段组成，即 433MHz、868MHz 和 915MHz。Wave2M 可以根据应用需要提供多种数据传输速率。一般来说，较低的数据传输速率（通常为每秒几千字节）通过利用具有高灵敏度的窄带接收机允许较长的传输范围。

尽管端到端延迟会随着网络中集群数量的增长而增长，但 Wave2M 技术仍支持具有较高可扩展性的网状网络拓扑配置。Wave2M 技术基于具有数据交织和前向纠错的快速跳频扩频（FHSS）功能。MAC 层可实现超低功耗，网络层支持 IPv6 和用于路由的 RPL 协议。Wave2M 开放性标准的主要目标市场是 AMI 到 AMI 通信、家庭和楼宇自动化以及智慧城市。

6.4.3.6 Weightless

Weightless 是为 M2M 通信设计的另一种远程技术。该技术标准由 Weightless 特别兴趣小组（SIG）进行维护，虽然该标准可用，但其专利仅授权给合格的设备，因此该技术可以被视为专有解决方案。它使用低频未经授权的频谱，其关键目标是 TVWS 频段。当前物理层在英国和美国的电视频道频段中大约 470MHz 和 790MHz 频率范围内运行。Weightless 标准的其他有趣特性包括非常低的功率消耗和大量可连接终端的可扩展性。Weightless 具有与蜂窝技术非常相似的设计，并且使用跳频时分双工（TDD）技术。下行链路（从基站到终端的通信）使用时分多址（TDMA）技术，并且信道带宽分别为 6MHz 和 8MHz。上行链路使用频分多址（FDMA）技术。

Weightless 通信标准的关键应用是典型的 M2M 应用，例如智能计量、工业机器监控、车辆跟踪、智能家电、健康和健身、流量传感器和资产跟踪等。

6.4.3.7 WRAN-IEEE 802.22

本标准属于在 TVWS 频谱上运行的技术类别。它是无线区域网络标准，并且利用认知无线电技术以避免干扰电视信号。IEEE 802.22 的传输覆盖距离可达 100km，并且物理层在调制和编码技术中可以提供非常高的灵活性。MAC 层支持大量的连接设备。另一方面，较大的传输覆盖范围会引起传输延迟并限制密集环境中有效接入方案的使用。IEEE 802.22 技术可用于智能电网应用，如远程智能计量、牲畜和动物监测、基础设施监控和社区宽带接入等。

6.4.3.8 蓝牙

开发蓝牙技术的目的是为了替换 PAN 内部设备之间的电缆。它是一种基于主从设备的技术，包括两种类型的连接：单点对单点的连接和单点对多点的连接。在单点对单点连接中，仅连接两个设备用于通信。相比之下，在单点对多点连接中，1 个主机可以连接多达 7 个从机。该网络类型被命名为微微网，可提供多种不同的网络拓扑。每个微微网都可以与其他微微网连接以创建一个分布网，这是当一个微微网的从机用作另一个微微网的主机时实现的。在实践中，大多数蓝牙网络都具有点对点连接并且仅包含两台设备（例如，PC 和鼠标/键盘、移动电话和耳机等）。

与 802.11 网络类似，蓝牙占用 2.4GHz（2.402GHz ~ 2.480GHz）的非授权频带。它基于 IEEE 802.15.1 标准，并且物理层利用 FHSS 技术来减轻该频带中的同频干扰。这是通过将 79MHz 带宽分离为 79 个 1MHz 的信道来实现的，并且这些信道频繁地从一个信道跳到另一个。跳频信道序列是伪随机序列，由主蓝牙设备的地址[80]确定。蓝牙最初使用高斯频移键控调制方案。然而，为实现更高的数据传输速率，后续版本（从蓝牙 2.0 之后）则使用 π/4 - DPSK 和 8DPSK 调制方案。此外，由于 IEEE 802.11 网络技术在蓝牙 3.0 中被采用作为高速（HS）交替 PHY/MAC 层，这使得数据传输速率从原来的 3Mbit/s 提升到 24Mbit/s[81]。

蓝牙 4.0 是一个新的标准，它没有与以前版本[82]的向后兼容性。因此，为实现无缝通信，需要双模式支持蓝牙 4.0 和以前的标准。蓝牙 4.0 也被称为蓝牙低功耗或蓝牙智慧能源。支持设备由 Bluetooth SIG 认证为蓝牙智能或蓝牙智能就绪设备。蓝牙 4.0 支持高达 50m 的通信范围和大约 200kbit/s（空中最大原始数据速率为 1Mbit/s）的数据传输速率，并且在与先前蓝牙版本（即 2.4GHz 频带）相同的 ISM 频带上运行。蓝牙 4.0 的主要特点是具有非常低的功耗，在仅有一个纽扣电池供电的情况下仍可运行几个月甚至几年。通过使用智能节电和休眠管理系统可以实现该功能。

蓝牙 4.0 面向多种市场，如医疗保健（即心率监测器）、运动（即生命体征的监测、训练、健身）和消费者（即电子手带）。除了这些市场，其在智能电网中将发挥重要作用，可用来实现具有低成本和低功耗特性的智能仪表。

6.4.3.9 无线局域网和无线个人局域网技术的干扰问题

ISM 频带已被多种技术使用，其中最拥挤的频率在 2.4GHz 频带。这是由各种广泛应用的设备（例如微波炉、无绳电话、汽车警报器、婴儿监视器和安全摄像头）大量占用该频带而造成的。此外，由蓝牙技术供电的设备被广泛应用，并且该技术被嵌入在市场上的大多数智能手机中。基于 ZigBee 技术的传感设备占用了相同的频率范围，并且广泛应用的便携式和移动设备提供了到因特网的连接以及基于 Wi - Fi 技术的对等通信（即 Wi - Fi 直连）。

所有的这些技术均已经在具有有限数量信道的 Wi - Fi AP 的密集部署中引起了严重的问题。此外，大多数系统通常使用相同的默认信道进行通信。将来，Wi - Fi 和蓝牙

供电的设备预计会迅速增长，并且许多家庭和办公室将具有几个 Wi-Fi 和蓝牙网络（例如，通过基于 Miracast 的 Wi-Fi 直连连接的屏幕、同时具有通过 Wi-Fi 连接同步内容的智能手机和平板电脑、连接的智能设备）也是能够现实的。

当使用相同的2.4GHz 频带时，Wi-Fi、蓝牙和 ZigBee 的最新标准提供了多种方式以避免或最小化相互干扰。Wi-Fi 设备也可以使用5GHz 频带，它没有2.4GHz 频带拥挤。经典蓝牙利用跳频技术在79个信道之间快速跳跃（每秒高达1600跳）。信道带宽为1MHz，不会对 Wi-Fi 的22MHz 带宽信道造成严重干扰。此外，最新的蓝牙规范利用自适应跳频以避免来自 Wi-Fi 或2.4GHz 频带中的其他技术带来的同频干扰，并且实现与其他通信设备的信道映射协商。

6.4.4 授权频谱中的蜂窝网络和 WiMAX 技术

最近，蜂窝网络被认为是智能计量、配电自动化、智能家居以及智能电网中其他应用的关键技术[83]。一些蜂窝运营商和服务提供商已经提供了智能电网解决方案和服务，因为存在若干因素使得这些技术非常适合智能电网。

- 蜂窝网络可以提供先进和广泛部署的基础设施，这可以显著降低公用事业公司的成本；
- 蜂窝网络技术成功地满足了对网络可靠性、延迟性、安全性和大多数智能电网应用整体性的严格要求；
- 最新的蜂窝网络技术可以提供宽带接入功能，并且提供适合实时视频监控和其他宽带需求业务的更好性能；
- 授权频带可确保网络的可靠性；
- 蜂窝技术针对大量连接设备和不同密度进行了扩展，因此消除了大规模智能电网部署的潜在可扩展性问题。

随着时间变化，蜂窝系统的简单演进如图6.4所示。在下面的部分中，我们将介绍现代蜂窝技术及其特征。

第二代蜂窝系统通过创建首个数字系统、小型终端和相当低成本的大规模市场生产，而被人们认为是蜂窝系统应用的突破。

然而，2G 蜂窝网络的开端并不简单，2G 网络从美国、日本和欧洲的不同路径的模拟系统演变而来。在美国，2G 蜂窝网络通过数字化高级移动电话系统（Advanced Mobile Phone System，AMPS）和发展中的 D-AMPS 而被标准化，其将30kHz 的信道分为3个时隙，并通过压缩语音将信源容量相较于先前的模拟蜂窝系统增加了3倍。与 D-AMPS 类似，日本已经开发了基于时分多址的2G 系统，称为个人数字蜂窝（Personal Digital Cellular，PDC）。个人数字蜂窝使用频分双工-时分多址（FDD-TDMA）技术，它具备25kHz 载波间隔，并且每个载波具备3个全速率（或6个半速率）信道。个人数字蜂窝在800MHz 和1.5GHz 频带运行，可提供语音和数据业务、补充业务，如呼叫等待、呼叫转移和语音邮件。分组交换数据业务的最大数据传输速率是28.8kbit/s，电路交换数据业务传输速率为9.6kbit/s。

同时，全球移动通信系统（GSM）在欧洲被部署，后来也被美国采用。虽然D-AMPS和PDC数字蜂窝系统已经被关闭，但是全球移动通信系统仍然存在，并且仍然受到全世界的服务提供商欢迎。

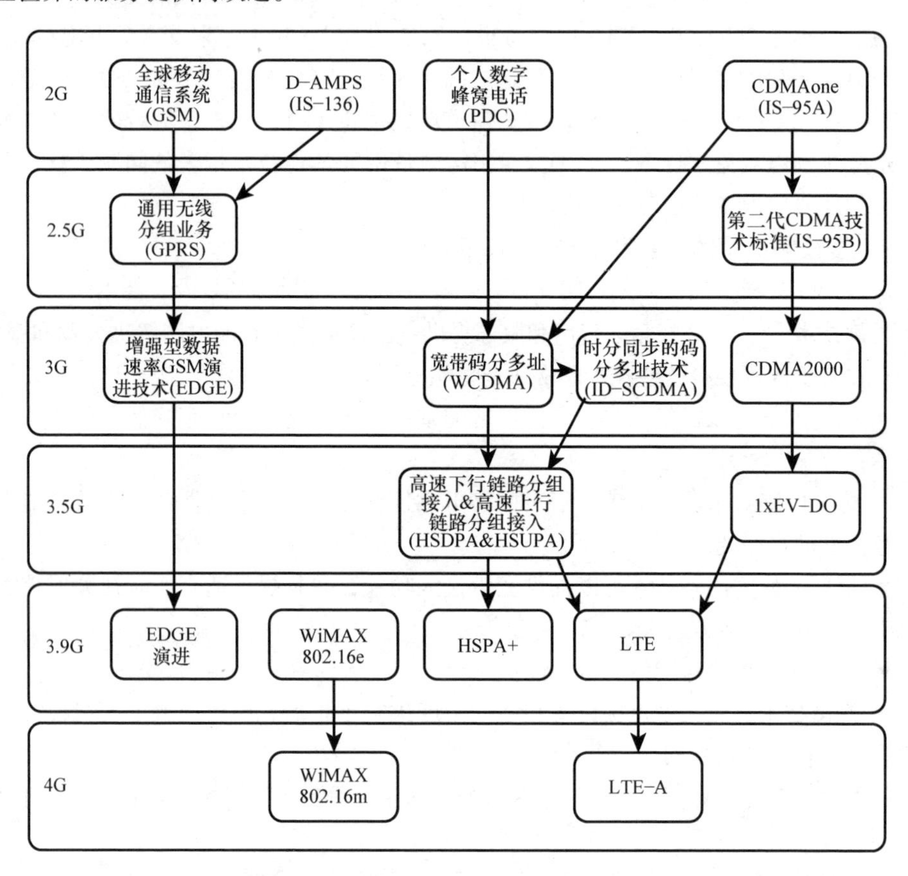

图6.4　蜂窝系统的演进

6.4.4.1　GSM标准系列

全球移动通信系统（GSM）是当前分布最广泛和被全球接受的系统。它为当今世界上绝大多数移动用户提供服务[84]。GSM标准系列由欧洲电信标准化协会在欧洲开发[85]。它最初被提议在900MHz频带运行，后来扩展到欧洲、亚洲和澳大利亚的1800MHz频带，以及美国和加拿大的850MHz和1900MHz频带。GSM采用窄带时分多址提供语音和短信服务（SMS）。从GSM的架构来看，存在由各种设备组成的几个关键实体。基站子系统覆盖了基站和无线网络控制器，网络交换子系统也称为核心网络，它是GSM网络的大脑，用于交换网络、存储用户资料、信令等。网络的维护由操作支持子系统实现。最初，GSM网络仅可以通过使用信令信道处理语音业务和短信服务业务。

后来，通过使用通用分组无线业务（GPRS）核心网络（也称为分组核心网），它也可支持数据业务。

GPRS技术是基于蜂窝网络的分组数据业务，且蜂窝网络与GSM兼容。它最初由欧洲电信标准化协会标准化，目前由3GPP维护[86]。GPRS技术被认为是2.5G蜂窝技术，其可提供56～114kbit/s的数据传输速率。与以每单位时间（分钟或秒）计费的GSM面向馈线系统相反，GPRS技术以每单位传输的数据（字节）计费。由GPRS系统提供的每个数据业务均由特定的接入点名称（APN）定义。多媒体消息服务（MMS）和无线应用协议（WAP）是典型的和众所周知的GPRS。

EDGE是GPRS技术的进一步增强。它也是后向兼容的，并且也称为增强型GPRS（EGPRS）系统。EGPRS通过利用更高的调制方案——8相移键控（8PSK）来实现更高的数据传输速率，其中8相移键控的数据传输速率可高达384kbit/s。EDGE满足国际电信联盟对IMT－2000的要求，并且是3G标准之一，但因为典型的EDGE实现不能获得3G网络的数据传输速率，所以有时被称为2.75G技术。与GPRS技术类似，3GPP保持了EDGE标准和在版本7中的最新的进步（称为演进型EDGE）[87]，这进一步提高了数据传输速率并减小了延迟。

6.4.4.2　码分多址标准系列

码分多址（CDMA）是另一种主要的接入技术，与时分多址相反，其允许终端始终处于活跃状态，并通过相同的通信信道同时发送信息。CDMA利用扩频技术，在相同的发射功率下均匀地扩展整个带宽。此外，为了共享相同的频率，发送的数据必须以这样的方式“编码”，使得这些数据不干扰其他用户的信号。传输信号的码元可以是正交的或伪随机的。同步码分多址系统使用具有正交特性的Walsh码。异步码分多址采用伪噪声（PN）序列。伪噪声序列是伪随机的，因此在不知道伪噪声序列的情况下，伪噪声序列在终端看起来是随机的（就像噪声一样）。

CDMAone也被通信联盟称为IS－95，由Qualcomm提出并由电信工业协会（TIA）进行标准化。CDMAone属于2G标准，并在下行链路中使用正交相移键控（QPSK）调制。长度为64的Walsh码和长度为2^{15}的伪噪声序列可用于创建64个可能的通信信道。上行链路使用偏移四相相移键控（OQPSK）调制。除了电路交换话音通信，CDMAone还可提供高达14.4kbit/s的数据传输速率。用于高速数据通信的IS－95B标准，通过组合7个数据信道，其数据传输速率可高达115kbit/s。

CDMA2000是CDMAone的演进，其符合国际电信联盟（ITU）的IMT－2000的要求，且已经被TIA标准化。CDMAone演进成多个版本。CDMA2000 1xEV－DO通常被称为演进数据优化（EV－DO），是码分多址3G标准的3GPP2系列的一部分，其被广泛应用于各个国家。EV－DO采用多路复用技术，并将时分复用（TDM）与码分多址结合。信道带宽与CDMAone相同，均为1.25MHz。EV－DO可以提供多种数据传输速率，通过采用正交相移键控调制可以传输38.4kbit/s，采用16QAM则可以达到3.1Mbit/s的数据传输速率。

6.4.4.3 WCDMA/HSPA/HSPA +

WCDMA（Wideband Code Division Multiple Access，WCDMA）是属于3G网络系列的另一种无线技术。WCDMA由NTT Docomo在日本开发，在日本被称为Foma。WCDMA已经被3GPP标准化为版本99的一部分，并且是通用移动电信系统（UMTS）中应用最广泛的无线接口。通用移动电信系统陆地无线电接入（UTRA）可识别3种不同的无线电技术，其中两种采用TDD，第三种则采用WCDMA，其基于频分双工（FDD），有时被称为UTRA - FDD。WCDMA是基于直接序列扩频（DSSS）的码分多址技术，具有5MHz的信道带宽。它为用户提供了384kbit/s的最大数据传输速率。WCDMA标准在后来的3GPP的版本（从版本5开始）中演进为高速分组接入（HSPA）。高速分组接入对原始WCDMA的物理层引入了若干改变，包括更高效的调制方案、更短的传输时间间隔（TTI）、多输入多输出天线技术和其他几个特征，从而使数据传输速率显著提高。下行链路（HSDPA）的最大数据传输速率是14Mbit/s，上行链路（HSUPA）的最大数据传输速率是5.76Mbit/s。HSPA和名为HSPA +的演进版本（从版本7开始的3GPP标准）被认为是实现国际电信联盟对IMT - Advanced（有时也称为第四代蜂窝系统）要求的转换蜂窝技术。然而，术语“4G”未被国际电信联盟正式承认，其仅用于和原始的3G技术系列相比可以显著提高性能的技术中[88]。HSPA +蜂窝技术随着每个新版本的3GPP标准而进一步演进。最新版本（版本11）在下行链路中可以提供高达672Mbit/s的峰值数据传输速率，通过使用64QAM调制和使用多载波聚合技术同时组合8个载波（40MHz）与多输入多输出技术，即可在理论上实现该峰值传输速率[89]。尽管这些新扩展的应用可以提供非常高的数据传输速率，但是它通常不仅要求运营商网络中的软件升级，而且由于许多国家缺乏规章和频谱，因此难以广泛应用和维护。

6.4.4.4 长期演进（LTE）

长期演进（Long - Term Evolution，LTE）在3GPP[90]的版本8中进行了定义，并且在以后的版本中进一步演进。LTE继承了全球移动通信系统和高速分组接入蜂窝技术的许多功能和特性。然而，它的目的是进一步演进到LTE - Advanced并且满足国际电信联盟对IMT - Advanced要求的新标准。LTE也被称为3.9G，被认为是实现“真正4G”蜂窝系统之前的最后一步。与之前的3G技术和从3G演进而来的技术相比，LTE有几个主要的改进。LTE的核心网络被称为演进分组核心，其可提供非常低的延迟，语音和数据服务无缝切换到其他蜂窝系统的功能，以及LTE和非3GPP技术（如CDMA或WiMAX）之间的互操作性。它还允许创建策略，以便将数据业务从LTE网络卸载到类似Wi - Fi的非3GPP网络上。它的另一个重要的功能是，实现要求非常低的延迟或保证某一数据传输速率业务服务质量的供应。LTE的空中接口被称为演进型通用移动通信系统陆地无线接入（E - UTRA），与3G技术相比，它有了显著的变化。首先，虽然CDMA2000和WCDMA均使用了码分多址，但在中国和一些其他国家，LTE已经从使用了时分双工的TD - SCDMA 3G标准中演进而来。因此，LTE标准定义了两种模式，频分双工和时分双工（也被称为TD - LTE）。LTE在下行链路使用正交频分多址（OFDMA），在上行链路使用单载波频分多址（Single - Carrier Frequency Division Multiple Ac-

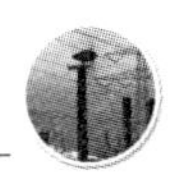

cess，SC－FDMA）。其他重要的特性是利用发射机和接收机侧的多天线的多输入多输出技术和动态信道分配技术。

正交频分多址（OFDMA）将频谱分离为若干个窄带信道，即彼此正交的子载波，以避免跨信道干扰。然后，通过在时域中具有保护间隔的较低符号速率选定调制方案（例如，正交相移键控）来调制每个子载波，这使得整个系统对选择性频率衰落、码间串扰和其他效应具有稳定性。载波的子集被分配到每个用户。虽然正交频分多址使用多载波传输方案，但是上行链路上的 SC－FDMA 使用单载波传输信号。这是一个优点，因为单载波传输信号具有较低的峰值平均功率比（PAPR）和对载波频率偏移具有较低的灵敏度。

6.4.4.5　WiMAX

WiMAX 是由 IEEE 在 IEEE 802.16 标准系列中开发的城域网（MAN）技术。WiMAX 论坛通过 WiMAX 技术认证产品，以确保产品的互操作性和兼容性，同时推广了该技术[91]。IEEE 802.16 标准有几个主要版本。第一个是 IEEE 802.16－2004 或 802.16d 标准，旨在实现用固定无线通信替代数字用户线路。它可以在数万千米的范围内提供高达 70Mbit/s 的数据传输速率，因此也适合作为无线回程技术。该标准的游牧版本在版本 IEEE 802.16－2005 中进行了定义，也被称为 802.16e 或 WiMAX 版本 1。它可以提供 15Mbit/s 的峰值传输速率并支持切换。版本 IEEE 802.16m－2001 定义了高级空中接口，称为移动 WiMAX 版本 2。它被认为是 LTE 技术的主要竞争技术，因为它已经被 ITU－R 批准为 IMT－Advanced 技术之一[92]。

与 LTE 的无线技术类似，WiMAX 物理层也使用了正交频分复用技术。WiMAX 具有从 2GHz 到 66GHz 的非常宽的运行频谱范围，共有 128 个子载波，并且带宽可以从 1.25MHz 变化到 20MHz。在真实分布中，实际授权频带因国家的中心频率和带宽而不同。对于固定无线（802.16d）最常用的频率是 3.5GHz 和 5.8GHz，对于移动 WiMAX（802.16e）最常用的频率是 2.3GHz、2.5GHz 和 3.5GHz。

WiMAX 的 MAC 层的关键作用之一是将不同的物理层（PHY）适配到网络层。WiMAX 支持单点对多点通信，其通过 CSMA/CA 信道接入方法实现，与 IEEE 802.11 WLAN 技术类似。MAC 层的另一个重要特征是支持 QoS。QoS 类定义如下：主动授权服务、实时轮询服务、扩展实时轮询服务（仅在 WiMAX 中）、非实时轮询服务和尽力服务的非 QoS 业务。

6.4.5　卫星通信

卫星通信已被用于连接远程变电站，并提供监控和数据采集（SCADA）以及其他与智能电网相关的应用多年。然而，卫星通信的主要限制是成本非常高，这迫使卫星通信仅在边缘（即没有更好的成本效益选择）情况下使用。

当前的卫星技术已经通过降低成本和延迟以及增加可靠性和数据传输速率而显著发展。这些改进将这种远程通信技术带回智能电网市场中。卫星通信的主要优势是其能够保持区域覆盖，并且能够在如地震、海啸等灾害期间提供通信服务。卫星通信链路的性能取决于卫星的轨道。

地球静止轨道（GEO）卫星系统看起来是静止的，因为它们以与地球相同的角速度运动。因此它的轨道周期是24h。覆盖全球所必需的星座中有3颗卫星，其轨道高度为35786km。这种全球可见性使地球静止轨道卫星系统非常受欢迎。另一方面，在高海拔地区非常高的安装成本和非常长的通信延迟使地球静止轨道卫星不太适合于双向通信。地球静止轨道卫星系统中最著名是电视和电台广播系统，例如Astra、Inmarsat和Hispasat。

中地球轨道（MEO）的覆盖范围从2000km到35000km，轨道周期为10h，因此覆盖整个地球需要较少的卫星。中地球轨道卫星系统在终端侧的双向通信成本更高。广泛使用的全球定位系统（GPS）由在接近27000km高度的全球定位系统卫星群提供服务。

低地球轨道（LEO）的高度在160km和2000km之间，低地球轨道卫星不需要具有天线指向的终端，这使得这些系统非常适合于手持设备和便携式终端。由于轨道周期非常短（小于2h），所以低地球轨道卫星创建了由数十颗卫星组成的卫星星座以提供所需的覆盖范围。这样系统的例子有全球星、铱星和第二代铱星，第二代铱星于2015年发射并取代其祖先[93]。另一个低地球轨道卫星系统Orbcomm在137 ~150MHz VHF频带运行，并为资产跟踪、管理和远程控制提供全球M2M平台。

高椭圆形轨道（HEO）是一个椭圆轨道，近地点高度为1000km，远地点高度约为40000km。椭圆轨道的主要优点是停留时间长、可见度高，在远地点停留时间可以超过12h。这个轨道利用的起源可以追溯到苏联时代和Molniya卫星系统。目前，高椭圆形轨道被美国天狼星卫星广播用于卫星无线电广播。

IEEE定义卫星在1GHz到40GHz的不同频带范围内运行。通常，低频带的射频设备比高频带的便宜，并且终端天线指向精度也更低。同样，由于相同的原因，它更适合于移动卫星服务（MSS）系统。卫星电视通常使用更高的频率，这些频率对降雨衰减很敏感，并且需要更高的天线指向精度，这增加了终端设备的成本。IEEE认证了L波段（1 ~ 2GHz）、S波段（2 ~ 4GHz）、C波段（4 ~ 8GHz）、X波段（8 ~ 12GHz）、Ku波段（12 ~ 18GHz）、K波段（18 ~ 26.5GHz）和Ka波段（26.5 ~ 40GHz）。

甚小孔径终端（Very Small Aperture Terminal，VSAT）是公共卫星地面天线，其具有3m的盘，通常在对角线上大约为1m。VSAT通常配置为星形拓扑。该配置使用专用上行链路节点来中继其他卫星的通信。由于通信通过地面站中继，因此对于涉及多个卫星的通信可能引起大的延迟。另一方面，网状拓扑允许经由卫星直接连结终端。这通常通过卫星链路连接星座中的卫星来实现，这增加了卫星系统的成本，但是同时允许相对较低的远程终端通信延迟。这对于低地球轨道卫星系统尤为重要，因为它们的覆盖范围相当小，并且通信时可能经过多个卫星间跳。

卫星通信已经用于公用设施以在远程地区（例如，SCADA和远程监视）之间提供通信多年。卫星通信技术的部署成本和进步的这些变化正在将卫星系统转移到智能电网市场中，它将作为提供具有高可靠性、安全性和全球覆盖的连通性的潜在候选者。这符合许多智能电网应用中的通信要求，例如偏远地区的仪表聚合节点的AMI回程，远程可再生发电站点的监视和控制，远程变电站的视频监控等。这些只是智能电网卫星系

统[94]实现的许多潜在应用中的一些例子。许多当前的卫星系统最近开始向公共事业提供M2M服务。例如，Inmarsat已经推出BGAN M2M服务[95]，Iridium的短突发数据服务正用于M2M和遥感[96]，Orbcomm最近推出了Satellite M2M服务[97]。除了主要连接提供商的作用，卫星系统也为备灾基础设施、紧急服务、灾难发生地区和没有足够通信基础设施的地区的稳健通信提供了良好的解决方案。

6.5 小结

智能电网的不同应用需求从定期计量的低宽带和延迟容忍流量需求变化到停电预防和紧急情况下的“关键任务”的低延迟流量。如何为每个应用选择最合适的通信技术的决策过程需要深入分析、精确建模以及针对智能电网系统每个部分的当前和未来流量预期进行校验。由对智能电网应用的要求可知，通信网络可能不仅包含一种通信技术，而更可能将几种技术组合起来以满足给定应用的要求。同时，必须考虑整体环境、安全性、系统复杂性、经济可行性和未来趋势。不管使用的技术如何，都应该考虑能源运输和分配系统的紧密集成。此外，通信系统的设计必须提供非常高水平的互操作性，并且可能需要优化。考虑到这些限制，许多国际和国家委员会以及标准发展组织，如国家标准技术研究所、IEEE、CEN（欧洲标准化委员会）/CENELEC（欧洲电工标准化委员会）、NEDO（新能源和工业技术开发组织）等，正在努力精确地制定智能电网通信系统的优先行动计划、需求、复杂性和策略，以便制定新的标准和规范或为现有标准提出建议。

一个主要需求是实现系统中不同实体和节点之间的端对端双向通信。这急需如分布式智能能量存储、插入配电网场所的可再生能源和需求响应系统等的新功能。为了实现端到端的连接，自然的选择是IP，它是互联网和许多信息通信系统的核心部分。IP实现了互操作性，并使通信技术和传输介质对通过这些通信链路传送的智能电网相关数据流完全透明。

如光纤、数字用户线路或以太网等有线通信技术可能需要较高的安装费用，然而，根据传输介质，许多有线技术可以提供非常可靠、高容量和低延迟的通信链路。此外，利用用于数据通信和电能输送的已部署的基础设施，可以实现高效且经济可行的解决方案。

毫无疑问，我们现在生活在无线技术的社会，其中便携性、移动性、开箱即用的无线解决方案和部署正在影响着我们生活的方方面面以及许多行业和社会领域，如医药、农业、交通和许多其他领域。无线通信技术也有可能在智能电网的许多应用中发挥关键作用。前端的可扩展蜂窝网络和无线网络已经具有多年的技术进步和商业部署。网状网络可提供具有相对较高系统容量的低成本解决方案。卫星网络随着最近的技术改进变得更经济可行。

大量多样的通信技术可能会给人带来假象：智能电网的完整架构只是精确设计和技术选择的问题。正如本章开头所述，系统复杂性、安全性、经济可行性和特定应用要求也是非常重要的因素，这会使专为智能电网及其应用要求而设计和优化的新通信技术得以发展。

参考文献

[1] OpenSG (2010) *SG Network System Requirements Specification*, OpenSG, SG-Network Task Force Core Development Team.
[2] DOE (2010) Communication Requirements of Smart Grid Technologies, Department of Energy, United States of America, Washington, DC.
[3] Kushalnagar, N., Montenegro, G., Schumacher, C. (2007) *IPv6 over Low-Power Wireless Personal Area Networks (6LoWPANs)*. RFC4919, IETF.
[4] Montenegro, G., Kushalnagar, N., Hui , and D. Culler, (2007) *Transmission of IPv6 Packets Over IEEE 802.15.4 Networks*, RFC 4944. IETF.
[5] Sarwar, U., Sinniah, G.R., Suryady, Z., and Khosdilniat, R. (2010) Architecture for 6LoWPAN mobile communicator system. *International Multi Conference of Engineers and Computer Scientists, Hong Kong*.
[6] Kim, E., Kaspar, D., Vasseur, J.P. (2012) *Design and Application Spaces for IPv6 over Low-Power Wireless Personal Area Networks (6LoWPANs)*. RFC6568, IETF.
[7] Kim E. (2012) *Neighbor Discovery Optimization for IPv6 over Low-Power Wireless Personal Area Networks (6LoWPANs)*, RFC6775, IETF.
[8] Winter, T. (2012) *RPL: IPv6 Routing Protocol for Low-Power and Lossy Networks*. RFC6550, IETF.
[9] IETF (2012) *Routing Over Low Power and Lossy Networks (Roll): Description of Working Group*, http://datatracker.ietf.org/wg/roll/charter/ (accessed 09 January 2013).
[10] IEC (2008) IEC CISPR22. *Edition 6. Information Technology Equipment-Radio Disturbance Characteristics-Limits and Methods of Measurement*. International Electrotechnical Commission.
[11] PRIME (2008) *Technology Whitepaper: PHY, MAC and Convergence Layers*, PRIME.
[12] G3-PLC *G3-PLC Overview*, www.g3-plc.com/content/g3-plc-overview (accessed 10 January 2013).
[13] IEEE (2010). P1901.2. *Standard for Low Frequency (less than 500 kHz) Narrow Band Power Line Communications for Smart Grid Applications*, Institute of Electrical and Electronics Engineers.
[14] ITU (2011) ITU-T G.9955. *Narrow-band OFDM Power Line Communication Transceivers - Physical Layer Specification*, International Telecommunication Union.
[15] HomePlug Alliance (2011) *HomePlug® Alliance Announces Netricity™ Power line Communications Targeting Smart Meter to Grid Applications*, www.homeplug.org/tech/Netricity/ (accessed 10 January 2013).
[16] IEC (2001) *Distribution Automation Using Distribution Line Carrier Systems – Part 5–1: Lower Layer Profiles – The Spread Frequency Shift Keying (S-FSK) Profile*, International Electrotechnical Commission.
[17] HomePlug (2005) *HomePlug AV White Paper*, HomePlug Alliance.
[18] HomePlug (2012) *HomePlug® AV2 – The Specification for Next-Generation Broadband Speeds Over Power line Wires*, HomePlug Alliance.
[19] HomePlug (2012) *HomePlug Green PHY™ Specification*, HomePlug Alliance.
[20] HD-PLC *Originalities of HD-PLC*, HD-PLC Alliance, www.hd-plc.org/modules/about/original .html (accessed 10 January 2013).
[21] EKOPLC (2007) *Universal Power line Association (UPA) and OPERA Announce Joint Agreement on Power line Access Specification*, EKOPLC.
[22] ITU-T (2011) *Unified High-Speed Wireline-Based Home Networking Transceivers – System Architecture and Physical Layer Specification*. ITU-T Recommendation G.9960.

[23] IEEE (2010) IEEE Std 1901. *IEEE Standard for Broadband over Power Line Networks: Medium Access Control and Physical Layer Specifications*, Institute of Electrical and Electronics Engineers.

[24] Berger, L.T., and Iniewski, K. (2012) Smart Grid: Applications, Communications, and Security, John Wiley & Sons, Inc., Hoboken, NJ.

[25] Baker, L. (2012) *EPB Deploys America's Fastest Fiber-optic Smart Grid*, www.electricenergy online.com/?page=show_article&mag=68&article=550 (accessed 5 January 2013).

[26] ITU (2007) *Characteristics of a 50/125 μm Multimode Graded Index Optical Fibre Cable for the Optical Access Network*. ITU-T G.651.1.

[27] ITU (2009) *Characteristics of a Single-Mode Optical Fibre and Cable*, G.652 ITU-T.

[28] ITU (2009) *Optical Fibre, Cables and Systems*, ITU-T Manual.

[29] Horak, R. (2007) Telecommunications and Data Communications Handbook, John Wiley & Sons, Inc., Hoboken, NJ.

[30] ANSI (1996) T1.105.07-1996. *Synchronous Optical Network (SONET) – Sub-STS-1 Interface Rates and Formats Specification*. American National Standards Institute, New York.

[31] ITU (2007) *Network Node Interface for the Synchronous Digital Hierarchy (SDH)*. Recommendation G.707/Y.1322, ITU, Geneva.

[32] ITU (2006) *Characteristics of Synchronous Digital Hierarchy (SDH) Equipment Functional Blocks*. Recommendation G.783, ITU-T, Geneva.

[33] ITU (2008) *Management Aspects of the Synchronous Digital Hierarchy (SDH) Transport Network Element*. Recommendation G.784, ITU-T, Geneva.

[34] ITU (2000) *Architecture of Transport Networks based on the Synchronous Digital Hierarchy (SDH)*, Recommendation G.803, ITU-T, Geneva.

[35] ITU (2005) *Broadband Optical Access Systems Based on Passive Optical Networks (PON)*. Recommendation G.983.1, ITU-T, Geneva.

[36] ITU (2006) *A Broadband Optical Access System*. Recommendation G.983.x, ITU-T, Geneva.

[37] ITU (2008) *Gigabit-capable Passive Optical Networks (GPON)*. Recommendation G.984.x, ITU-T, Geneva.

[38] FSAN (2012) *Full Service Access Network*, www.fsan.org/ (accessed 5 January 2013).

[39] ITU (1999) *Asymmetric Digital Subscriber Line (ADSL) Transceivers*. ITU-T G.992.1.

[40] ITU (2004) *Very High Speed Digital Subscriber Line Transceivers (VDSL)*. ITU-T Recommendation G.993.1.

[41] ITU (2009) *Asymmetric Digital Subscriber Line Transceivers 2 (ADSL2)*. ITU-T Recommendation G.992.3.

[42] ITU (2009) *Asymmetric Digital Subscriber Line 2 Transceivers (ADSL2)– Extended Bandwidth ADSL2 (ADSL2plus)*. ITU-T Recommendation G.992.5.

[43] ITU (2012) *Very High Speed Digital Subscriber Line Transceivers 2 (VDSL2)*. ITU-T Recommendation G.992.5.

[44] Snyder, B. (2012) *Readwrite: The Future of Broadband is… DSL*. SAY Media Inc., http://readwrite.com/2012/06/28/the-future-of-broadband-is-dsl (accessed 10 January 2013).

[45] IEEE (2010) 802.3ba-2010. *Media Access Control Parameters, Physical Layers, and Management Parameters for 40 Gb/s and 100 Gb/s Operation*, IEEE Standard, New York.

[46] MEF *What is Carrier Ethernet?* Metro Ethernet Forum, http://metroethernetforum.org/page_loader.php?p_id=140 (accessed 10 January 2013).

[47] LightRiver *Carrier Ethernet for Smart Grid Communications Modernization*. LightRiver Technologies, www.lightriver.com/index.php?p=Carrier_m (accessed 10 January 2013).

[48] CEN (2010) *Why the Smart Grid needs Carrier Ethernet*, Carrier Ethernet News, 23 December 2010, www.carrierethernetnews.com/articles/158846/why-the-smart-grid-needs-carrier-ethernet/ (accessed 10 January 2013).

[49] NIST (2010) *NIST Priority Action Plan 2: Guidelines for Assessing Wireless Standards for Smart Grid Applications*, NIST.

[50] Orange *Innovate and be competitive with M2M*, Orange Business Services, www.orange-business.com/en/machine-to-machine (accessed 2 February 2013).
[51] Wallen, J. (2013) *M2M is One of Verizon's Key Business Tech Trends*, Techrepublic (Jan. 7, 2013), www.techrepublic.com/blog/smartphones/m2m-is-one-of-verizons-key-business-tech-trends/6068 (accessed 13 January 2013).
[52] NTT Docomo (2012) *DOCOMO to Launch Global M2M Platform*, 5 December 2012, www.nttdocomo.com/pr/2012/001622.html (accessed 13 January 2013).
[53] EPCglobal (2011) *EPC Class-1 HF RFID Air Interface Protocol for Communications at 13.56 MHz*, GS1 EPCglobal.
[54] EPCglobal (2008) *Class-1 Generation-2 UHF RFID Protocol for Communication at 860 MHz – 960 MHz*, GS1 EPCglobal.
[55] Google (2012) *Google Wallet*, www.google.com/wallet/how-it-works/in-store.html (accessed 2 January 2013).
[56] NFC (2011) *Bluetooth Secure Simple Pairing Using NFC*. NFCForum and Bluetooth SIG.
[57] IEEE (2011) IEEE 802.15.4. *Low-Rate Wireless Personal Area Networks (WPANs); Standard*, Institute of Electrical and Electronics Engineers, New York.
[58] IEEE (2009) IEEE 802.15.4c. *Amendment 2: Alternative Physical Layer Extension to Support One or More of the Chinese 314–316 MHz, 430–434 MHz, and 779–787 MHz bands; Standard*, Institute of Electrical and Electronics Engineers, New York.
[59] IEEE (2009) IEEE 802.15.4d. *Amendment 3: Alternative Physical Layer Extension to support the Japanese 950 MHz bands; Standard*, Institute of Electrical and Electronics Engineers, New York.
[60] NICT (2012) *World's First Small-sized, Low-power "Smart Meter Radio Device" Compliant with IEEE 802.15.4g/4e Standards for Japan's new 920 MHz Band Allocation*, 5 April 2012, www.nict.go.jp/en/press/2012/04/05en-1.html (accessed 5 January 2013).
[61] IEEE (2013) IEEE 802.15.4. *Amendment: Physical Layer (PHY) Specifications for Low Energy, Critical Infrastructure Monitoring Networks (LECIM); Draft Standard*, Institute of Electrical and Electronics Engineers, NewYork.
[62] Freescale (2010) IEEE® 802.15.4. *Technology from Freescale*, Freescale Semiconductor, Inc.
[63] WirelessHART *The First Simple, Reliable and Secure Wireless Standard for Process Monitoring and Control* HART Communication Foundation, Austin, TX, 2009.
[64] IEC (2010) IEC 62591. *Industrial Communication Networks – Wireless Communication Network and Communication Profiles – WirelessHART™ Standard*. International Electrotechnical Commission, Geneva.
[65] Song, J., Han, S., Mok, A.K., *et al.* (2008) WirelessHART: Applying Wireless Technology. *IEEE Real-Time and Embedded Technology and Applications Symposium, St. Louis, Mo*.
[66] ISA (2011) ANSI/ISA-100.11a-2011. *Wireless Systems for Industrial Automation: Process Control and Related Applications*, ANSI/ISA, Durham, NC.
[67] IEEE (2012) *IEEE 802.11ad, draft*, www.ieee802.org/11/Reports/tgad_update.htm (accessed 2 January 2013).
[68] IEEE (2013) *Status of Project IEEE 802.11ah*, 16 January 2013, www.ieee802.org/11/Reports/tgah_update.htm (accessed 22 January 2013).
[69] RedpineSignals (2010) *WinergyNet™: Wireless Communications Architecture for the Smart Grid*, http://redpinesignals.com/Solutions/Reference_Designs/Smart_Grid_Comm/index.html (accessed 20 January 2013).
[70] IEEE (2013) IEEE 802.11ah. *Proposed Specification Framework for TGah*, IEEE, New York.
[71] NICT (2013) *World's First TV White Space Prototype Based on IEEE 802.22 for Wireless Regional Area Network*, 30 January 2013, www.nict.go.jp/en/press/2013/01/30-1.html (accessed 12 February 2013).
[72] Graychase, N. (2007) *ITBusinessEdge: "Wireless Fidelity" Debunked*, 27 April 2007, www.wi-fiplanet.com/columns/article.php/3674591 (accessed 2 January 2013).
[73] In-Stat (2011) *Wi-Fi Direct: It's All About the Software*, In-Stat/MDR.

[74] WFA (2011) *Wi-Fi Simple Configuration Technical Specification*, Wi-Fi Alliance.
[75] WFA (2012) *Wi-Fi Multimedia Technical Specification*, Wi-Fi Alliance.
[76] WFA (2012) *Wi-Fi Display Technical Specification*, Wi-Fi Alliance.
[77] ABIresearch (2012) *Wi-Fi Enabled Device Shipments will Exceed 1.5 Billion in 2012, Almost Double that Seen in 2010*, 11 October 2012, www.abiresearch.com/press/wi-fi-enabled-device-shipments-will-exceed-15-bill (accessed 5 January 2013).
[78] Wu, J. (2012) *Strategy Analytics: A Quarter of Households Worldwide Now Have Wireless Home Networks* 4 April 2012, www.strategyanalytics.com/default.aspx?mod=pressreleaseviewer&a0=5193 (accessed 2 January 2013).
[79] Wave2M *Wave2M Specification: Technology Overview*, www.wave2m.com/the-specification (accessed 2 January 2013).
[80] Bluetooth (2004) *Specification of the Bluetooth System; Covered Core Package version: 2.0 + EDR*, BluetoothSIG.
[81] Bluetooth (2009) *Covered Core Package Version: 3.0 + HS*, BluetoothSIG.
[82] Bluetooth (2011) *Covered Core Package Version: 4.0*, BluetoothSIG.
[83] Torchia, M. and Sindhu, U. (2011) *Cellular and the Smart Grid: A Brand-New Day*, IDC Energy Insights, Framingham, MA.
[84] ZTE (2010) *Overview of Global GSM Market*, 19 April 2010, http://wwwen.zte.com.cn/endata/magazine/ztetechnologies/2010/no4/articles/201004/t20100419_182951.html (accessed 2 January 2013).
[85] 3GPP (2000) *Digital Cellular Telecommunications System (Phase 2+); Physical Layer on the Radio Path*. 3GPP TS 45.001.
[86] ETSI/3GPP (2011) *General Packet Radio Service (GPRS) Enhancements for Evolved Universal Terrestrial Radio Access Network (E-UTRAN) Access*. ETSI TS 123 401/3GPP TS 23.401 Version 8.14.0 Release 8, ETSI, Sophia Antipolis Cedex.
[87] 3GPP (2007) *Feasibility Study for Evolved GSM/EDGE Radio Access Network (GERAN)*. 3GPP TR 45.912; Release 7, 3GPP.
[88] ITU (2011) *IMT-Advanced*, www.itu.int/net/newsroom/wrc/2012/reports/imt_advanced.aspx. (accessed 7 January 2013).
[89] 3GPP (2011) *High Speed Downlink Packet Access (HSDPA); Overall description*. 3GPP TS 25.308; Release 11, 3GPP.
[90] 3GPP (2010) *Evolved Universal Terrestrial Radio Access (E-UTRA) and Evolved Universal Terrestrial Radio Access Network (E-UTRAN); Release 8*, 3GPP Specification, TS 36.300.
[91] WiMAX (2012) *WiMAX Forum Certification Program*, www.wimaxforum.org/certification (accessed 2 January 2013).
[92] IEEE (2011) *IEEE approves IEEE 802.16m™ – Advanced Mobile Broadband Wireless Standard*, 31 March 2011, http://standards.ieee.org/news/2011/80216m.html (accessed 5 January 2013).
[93] Iridium *Iridium NEXT*, Iridium Communications Inc., www.iridium.com/About/IridiumNEXT.aspx (accessed 6 January 2013).
[94] Gohn, B. and Wheelock, C. (2010) Smart Grid Network Technologies and the Role of Satellite Communications, Pike Research LLC, Boulder, CO.
[95] Inmarsat (2012) *BGAN M2M*, Inmarsat plc, www.inmarsat.com/services/bgan-m2m (accessed 5 January 2013).
[96] Iridium (2010) *Iridium Short Burst Data Service*, Iridium Communications Inc.
[97] Orbcomm (2013) *Satellite M2M*, www.orbcomm.com/services-satellite.htm, (accessed 6 January 2013).

第7章

智能电网防护与安全

7.1 简介

智能电网的控制网络和监测网络构成了全国的支柱，几乎影响到现代社会所需的每一个基本服务。智能电网控制网络应用于发电配电、供气供水、运输和离散制造、批量制造、过程制造等领域。根据智能电网控制网络的类型和用途，其组件分布在本地、广域，甚至全球范围内。通信链路和设施是这种监控和数据采集（SCADA）系统的重要组成部分。过去，自动化和电力系统并没有相互联系，并没有连接到像互联网这样的公共网络。今天，市场对公司施加压力，要做出快速和具有成本效益的决策。为此，不仅在工厂场地，而且在企业甚至供应链合作伙伴的管理层面都必须提供关于工厂和流程状态的准确和最新的信息。这导致不同自动化系统之间以及自动化和办公系统之间的互连增加。最初，这种互连是基于专有通信机制和协议。今天，开放和标准化的无线网络技术和有线网络技术越来越多地用于此目的。

防护/安全是无线和有线智能电网控制网络的关键问题之一。在本章中，我们概述和分析了现有智能电网安全通信标准中的安全技术。有关防护/安全的相关标准如表7.1所示。

本章的其余部分组织如下。7.2节介绍了智能电网的威胁和脆弱性。7.3节介绍了智能电网现有的无线网络标准和有线网络标准。7.4节分析了无线智能电网的防护机制。有线智能电网的防护/安全机制的分析在7.5节。7.6节讨论了这些防护/安全机制的关键问题和开放性问题。最后，7.7节总结了本章。

表7.1 智能电网防护/安全标准表

功能领域	标准名称	简　介
无线控制数据交换	WirelessHART	基于高速可寻址远程传感器协议（HART）的无线传感器网络技术
无线控制数据交换	ISA100.11a	工业自动化无线系统：过程控制和相关应用
有线控制数据交换	PROFIBUS	自动化技术现场总线通信标准
有线控制数据交换	PROFINET	用于自动化的PROFIBUS和PROFINET International（PI）的开放式工业以太网标准
有线控制数据交换	通用工业协议（CIP）	工业自动化应用的工业协议，由Open DeviceNet供应商协会（ODVA）支持

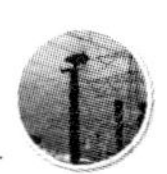

（续）

功能领域	标准名称	简　　介
有线控制数据交换	CC - Link	能够同时处理控制和信息数据的高速领域网络
有线通信	Powerlink	用于标准以太网的确定性实时协议
有线控制数据交换	EtherCAT	最初由 BECKHOFF 开发的开放实时以太网，它为实时性能和拓扑灵活性设定了新的标准
安全协议	PROFIsafe	PROFIBUS 和 PROFINET 的安全扩展
安全协议	CIP - Safety	CIP 的安全扩展
安全协议	CC - Link Safety	CC - Link 的安全扩展
安全协议	Powerlink Safety	Powerlink 的安全扩展
安全协议	TwinSAFE	EtherCAT 的安全扩展
TC 57 系列功能防护	IEC 62351	处理 TC 57 系列协议安全性的标准，包括 IEC 60870 - 5 系列、IEC 60870 - 6 系列、IEC 61850 系列、IEC 61970 系列和 IEC 61968 系列
功能安全	IEC 61508	电气/电子/可编程电子安全相关系统的功能安全

7.2　智能电网的威胁性和脆弱性

7.2.1　网络脆弱性

有线网络技术和无线网络技术的使用虽然为智能电网带来了益处，但是却招致了受到网络攻击的威胁。攻击可能由厂外人员或内部人员发起。需要一些安全功能处理这些漏洞，包括机密性、完整性、可用性、身份认证、授权和不可否认性等。一些常见的攻击类型如下：

拒绝服务（DoS）攻击和分布式拒绝服务（DDoS）攻击：尝试使目标用户无法连接到计算机或网络资源。尽管实施 DoS 攻击的手段、动机和目标可能各不相同，但通常包括一个或多个人暂时或无限地中断或暂停一台连接到网络的主机的服务。攻击者的目标是降低系统的可用性使其无法达到其预期用途。

窃听：攻击者的目标是违反通信的机密性，例如通过在局域网上嗅探数据包或拦截无线传输。

中间人：在中间人攻击中，攻击者朝通信的两个端点同时通信，装作是合法的预期通信对象以同时欺骗通信的两端。除了违反保密规定之外，这也允许修改通信的内容（完整性）。通过中间人攻击，实施中的弱点或某些密钥交换和认证协议的使用，甚至可以在加密的会话中被利用来获得控制权。

病毒：基于病毒的攻击通过操纵合法用户来绕过身份验证和访问控制机制，以便执行攻击者注入的恶意代码。在实践中，病毒攻击通常是无目标的，并在易受攻击的系统和用户中传播。病毒攻击通常通过消耗大量的处理能力或网络带宽直接或间接地降低受感染系统的可用性。

7.2.2 通信错误

为了防止对人员和机器造成任何损害，必须及时完整地传输机器和工厂安全敏感区域的数据。故障可能由各种原因产生，例如，如果数据分组被发送到错误的接收者，或者由于传输量过载而在网关处延迟。不利条件也可能导致数据包的错误传输顺序，或不正确的数据插入。最后，电磁干扰也会威胁到信息传输的完整性。在基于总线的安全系统中，协议必须确保性能无缺陷，协议必须能够对与安全相关的网段进行循环检查，并检查相关设备。如果通信中断或数据传输不完整，则应启动机器或设备的安全停机。

IEC SC65C/WG12 委员会针对功能安全现场总线编写了 IEC 61784－3 工业通信网络－简介－第 3 部分[1]。该标准定义了智能电网中的通信错误。相关的通信错误包括传输失败、意外重复、错误序列、丢失、不可接受的延迟、插入、伪装和寻址。

7.3 智能电网通信网络标准

7.3.1 无线网络标准

随着无线通信技术的发展，一些针对智能电网的无线通信标准被提出。过程自动化和制造业目前有两个独立且相互竞争的标准，专门为无线领域的仪器设计，每个标准都由不同的行业参与者支持[2]。这两个标准是 WirelessHART 和 ISA 100. 11a。2007 年 9 月，HART 通信基金会（HCF）发布了 HART 通信协议规范 7. 0 版，其中定义了现场设备的无线接口，称为 WirelessHART[3]。WirelessHART 于 2010 年 4 月获得国际电工委员会（IEC）的一致认可，成为 IEC 62591[4] 的第一个无线国际标准。与 HCF 开发的 WirelessHART 类似，国际自动化协会（ISA）也使用了一系列定义工业自动化和控制应用无线系统的标准。出现的第一个标准是 ISA100. 11a[5]，该标准在 2009 年 9 月被认为 ISA 标准。事实上，WirelessHART 和 ISA100. 11a 都旨在为非关键性监视和控制应用提供安全可靠的无线通信。

7.3.2 有线网络标准及其安全扩展

对于有线智能电网，存在几种通信标准及其安全扩展。

PROFIsafe 是 IEC61784－3 标准[6] 中描述的 4 种安全协议之一。PROFIsafe 系统是 PROFIBUS 与 PROFINET 系统的一个扩展。安全控制器和安全总线设备通过 PROFIsafe 协议互相通信，PROFIsafe 协议则叠加了标准的 PROFIBUS 或者 PROFINET 协议，并包含安全的输入输出数据以及数据安全信息。

通用工业协议（CIP）是工业自动化应用的工业协议[7]。它由 ODVA 支持。CIP 在所有制造商中提供一个统一的通信架构。CIP 在 EtherNet/IP、DeviceNet、CompoNet 和 ControlNet 中得到应用。

CC－Link[8] 是一种能够同时处理控制和信息数据的高速现场网络。在通信速度高达 10Mbit/s 的条件下，CC－Link 可实现 100m 的最大传输距离并连接 64 个工作站。CC－Link Safety 与标准 CC－Link 兼容。

以太网 Powerlink[9] 是标准以太网的一个确定性实时协议。它是由以太网 POWERLINK 标准化组（EPSG）管理的开放性协议。它由奥地利自动化公司 B&R 在 2001 年提

出。这个协议与通过以太网布线配电、以太网供电（Power over Ethernet，PoE）、电力线通信或 Bang & Olufsens PowerLink 电缆无关。Powerlink 安全协议总的来说具有 3 个主要特征：数据传输的定义、在其上层的配置服务和最显著的将其与安全性相关的数据（例如 CRC 校验）封装成一个灵活的报文格式。

EtherCAT 是最初由 BECKHOFF 开发的开放式实时以太网[10]。EtherCAT 为实时性能和拓扑灵活性设定了新的标准。基于 EtherCAT，BECKHOFF 的 TwinSAFE[11] 提供了一致的硬件和软件技术，实现了集成和简化利用，包括从安全输入和输出端子以及用于总线终端系统到 AX5000 伺服驱动器的安全微型控制器。

7.4　智能电网无线网络防护机制

7.4.1　无线标准化智能电网防护机制概述

WirelessHART 和 ISA100.11a 通过有效负载加密和消息身份验证对单跳（逐跳）消息和端到端消息应用安全保护。对于这两种标准，单跳保护发生在数据链路层（Data Link Layer，DLL）上，而端到端消息保护由 ISA100.11a 中的 WirelessHART 和传输层（Transport Layer，TL）中的网络层（Network Layer，NL）处理。DLL 安全防御系统外的攻击者，而 NL/TL 安全防御可能在源和目的地之间的网络路径上的攻击者。WirelessHART 和 ISA100.11a 的基本堆栈模型和安全措施如图 7.1 所示。

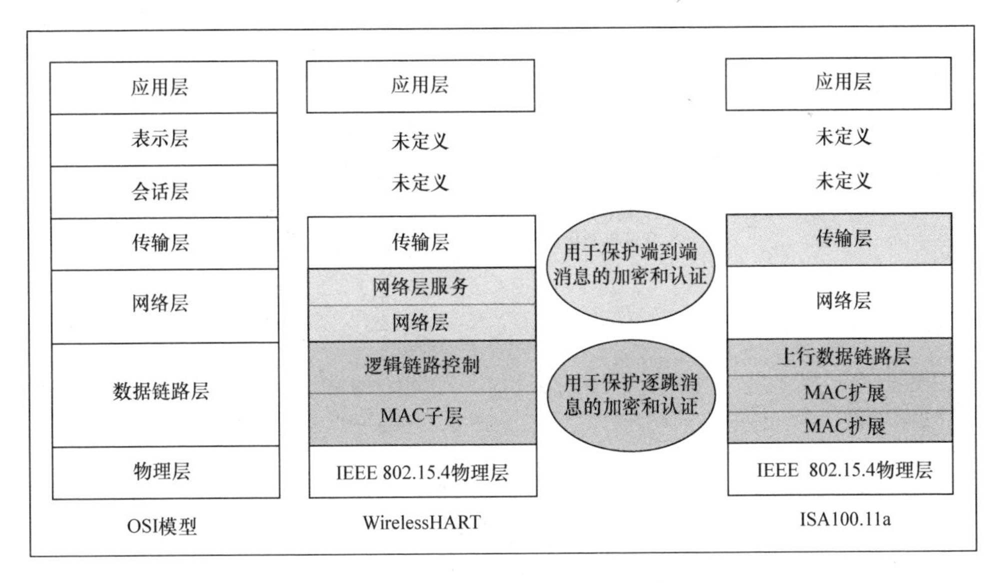

图 7.1　WirelessHART 与 ISA100.11a 安全基本框架

7.4.2　设备接入

7.4.2.1　设备接入的状态转换

在无线智能电网中，接入（join）是网络设备认证并允许参与网络的重要过程。基于带外（OOB）机制，每个设备都必须在接入过程之前执行会员注册。基于系统管理器的非对称密钥，可以在未连接设备和系统管理器之间建立安全信道，并通过建立的安全信道将具有由认证机构（CA）生成的数字签名的未连接的设备（例如 EUI-64）的个人信息传送给系统管理员。会员进行注册后才可以执行相关的接入操作。

在无线智能电网中，有多条路径（和状态转换）可用于未连接的设备被配置并最终加入智能电网。这些路径通过图中的状态转换图用图 7.2 来说明。在实际系统中，可以选择下列其中一种模式来实现连接过程。

对称密钥连接：该模式的路径为 S0 - > S1 - > S2.1 - > S3 - > S4。在此模式下，使用 OOB 或预安装机制为未连接的设备提供目标控制网络连接密钥和网络信息。这里加入密钥作为加入目标控制网络的密码。进一步的对称密钥协商可以基于连接密钥来执行。

非对称密钥连接：该模式的路径是 S0→S1→S2.2→S3→S4。未连接的设备可以基于 OOB 或预安装机制获取非对称密钥证书，可基于非对称密钥生成用于进一步通信的对称密钥。

无安全连接过程：该模式的路径是 S0→S1→S5。无安全选项使用全局密钥传输连接密钥。全局密钥是一个全网已知的密钥，它的值是静态的并已发布。

在 ISA100.11a 中，加入设备可以使用以下安全选项之一加入目标网络：对称密钥、非对称密钥和无安全性。与 ISA100.11a 不同，WirelessHART 的加入过程只有两个选项，即对称密钥和非对称密钥。

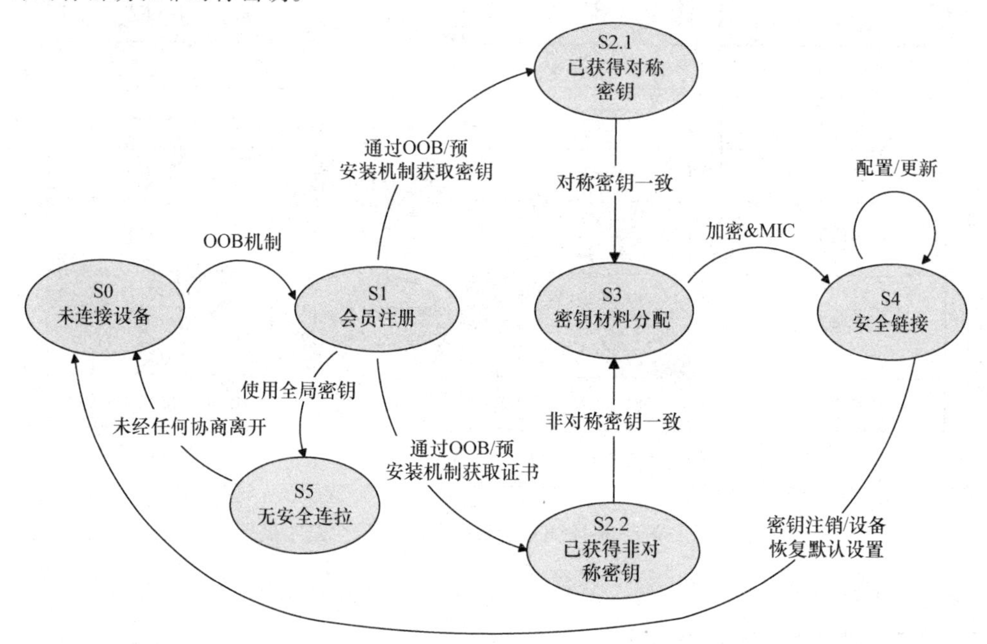

图 7.2　连接过程的状态转换图

7.4.2.2 设备接入的密钥模式

在设备接入过程中，WirelessHART 和 ISA100.11a 的安全体系结构中使用了 4 种类型的密钥。

非对称密钥用于执行会员注册。网络和数据链路密钥由所有网络设备共享，并由网络中的现有设备分别在 WirelessHART 和 ISA100.11a 中生成 MAC MIC。连接密钥对于每个网络设备均是唯一的，并且在接入过程中使用系统管理器来认证接入设备。用于进一步通信的对称会话密钥由系统管理器生成，并且对于两个网络设备之间的每个端到端连接均是唯一的。

为了清楚描述，我们以非对称密钥接入模式为例。WirelessHART 和 ISA100.11a 的非对称密钥接入模式如图 7.3 所示。当新设备加入智能电网时，接入设备将使用非对称

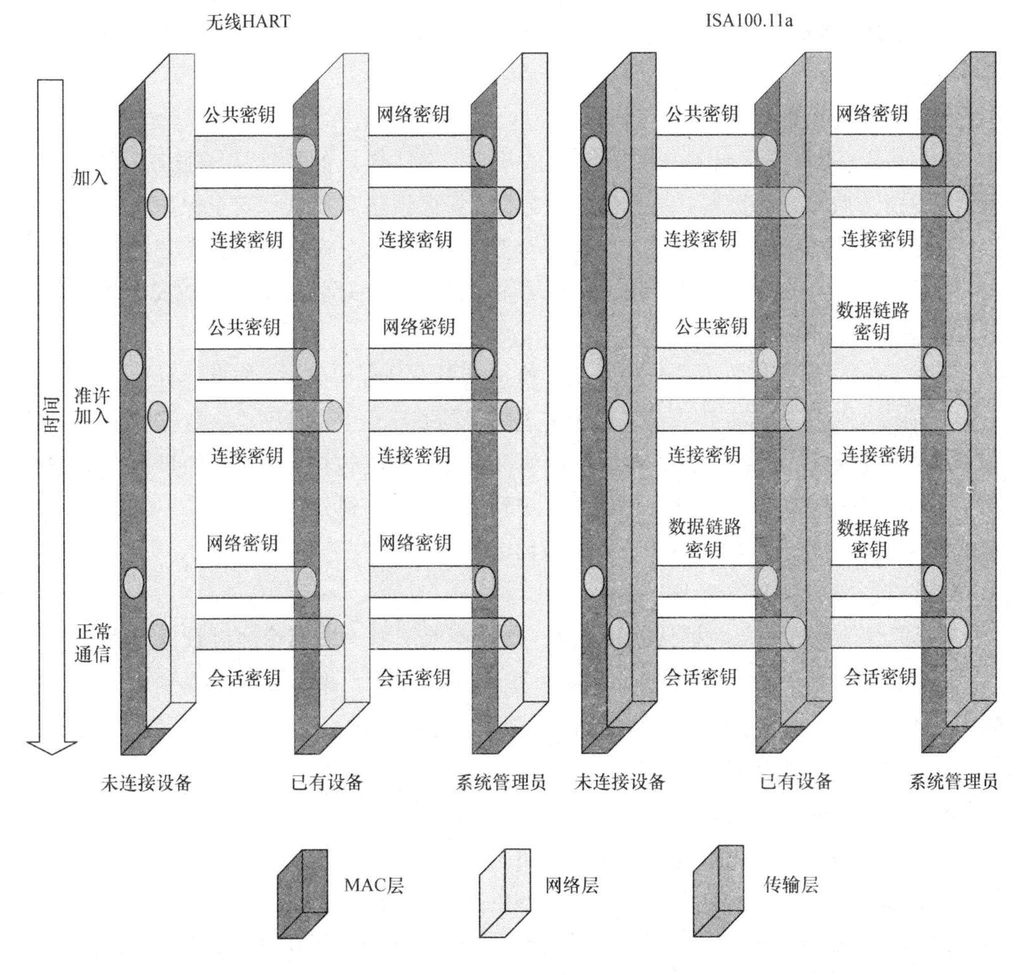

图 7.3 WirlessHART 和 ISA.100.11a 中的非对称密钥接入过程模型

密钥在智能电网中的非接入节点与已有节点之间建立安全信道。在密钥协商之后，MAC层上的MIC使用连接密钥生成MIC，并在网络层或传输层加密接入请求。接入设备通过身份验证后，系统管理员将为设备创建一个会话密钥，从而建立它们之间的安全会话。然后，未连接的设备成为与已有设备相同的认证节点。因此它可以与系统管理员进行正常的通信。

7.4.3 保护正常通信

在进行完加入流程后，加入设备可以与智能电网中已有设备交换正常流量。在这些通信过程中，WirelessHART和ISA100.11a都使用CCM*模式［具有CBC－MAC（校正）的计数器（CTR）］以及高级加密标准（AES）－128作为基础块密码来生成和比较MIC[12]。CCM*是CCM的一个较小变体，CCM*包括CCM的所有功能，并且还提供加密和完整性功能。该认证加密算法用于提供数据认证和隐私。本节分析了加入流程后的通信安全机制。

7.4.3.1 安全操作流程

WirelessHART和ISA100.11a网络提供基于CCM*模式的数据认证服务，如图7.4所示。发送方收集现场数据并打算发送此数据。如果该层需要执行安全保护，它将获得该特定数据包的安全级别并构建相关的安全头。然后，基于安全级别，有效负荷可以被加密，并且可以生成MIC并将其添加到分组的结尾。另一层将处理类似的安全操作。最后，数据包将在MAC层发送。

收到数据包后，接收方分析报文头，检查该报文是否被保护。如果此分组不是安全分组，则该层将转发此有效载荷，而无需进一步的安全交互。否则，该数据包需要经过安全检查。如果安全检查失败，数据包处理将停止，数据包将被丢弃。如果检查操作成功，则有效载荷将被解密，结果也将被传送到下一层。直到到达最后一层，它将使用类似的安全操作来处理该数据包并获取字段数据。

7.4.3.2 加密和数据完整性

CCM*算法旨在提供数据认证和隐私。该设备使用对称密钥算法对数据包进行加密并发送。接收分组的设备将通过对称密钥算法解密分组，并将数据转发到较高层。在MAC层中，使用网络密钥/数据链路密钥对PDU进行认证；在网络/传输层上，通过会话密钥认证和加密数据包。

7.4.3.3 随机数的结构

在CCM*模式中使用的随机数代表仅使用一次以区分相同明文的密文。它通常是随机数或伪随机数或时变量（其值包括适当粒度的时间戳）。通过在使用时间戳时检查随机数的重用或限制接收时间范围，还可以确保旧的随机数不能在重放攻击中重复使用。

基于IEEE 802.15.4，随机数可以按照图7.5中的结构构建。CCM*引擎需要13个8位字节的随机数。随机数应被构造为从数据字段的第一（最左）到最后（最右）8位

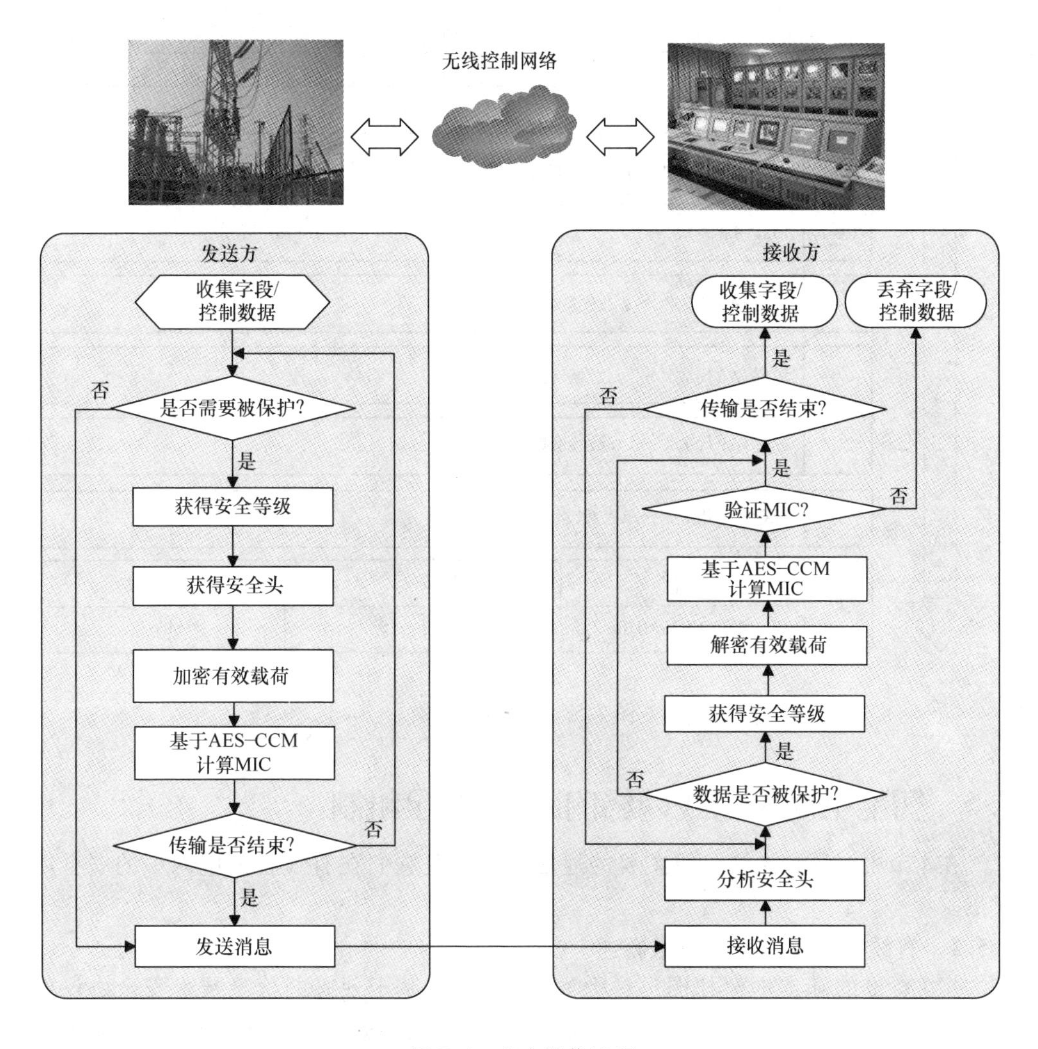

图7.4　安全操作流程

字节的级联EUI-64（64位扩展唯一标识符）应用作8个8位字节的数组和截短的国际原子时间（TAI）］和计数器作为4个8位字节的数组。如图7.5所示，TAI将由2^{-10}s为单位的TAI的最低32位有效位组成。

最后一个字节的构造如下。对于MAC层，位7应为0，对于网络层（在WirelessHART中）或传输层（在ISA100.11a中）为1。对于MAC层，位6～3（4位）指示传输的无线电信道，范围为0～15，对应于IEEE标准802.15.4信道号11～26。按照相同的顺序，位2～0应从序列号MHR（MAC报头）的相应低3位复制。另一方面，对于网络层或传输层，保留位1～6。

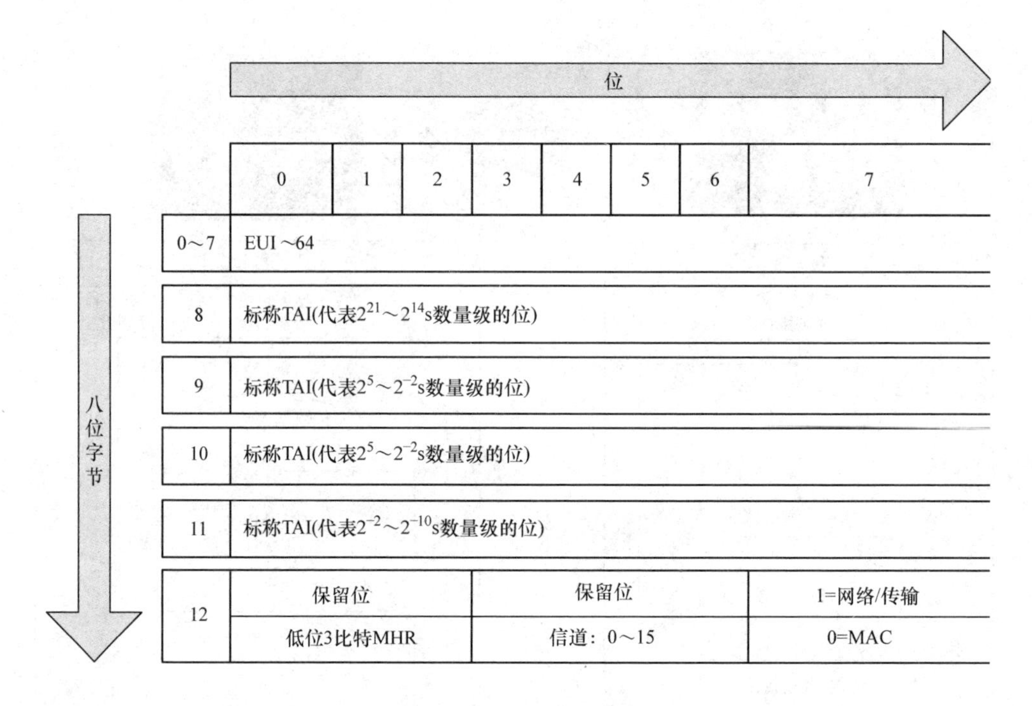

图 7.5　随机数的结构

7.5　智能电网中有线网络的防护/安全机制

在本节中，我们详细分析主要的通信标准以及它们在有线智能电网中的安全性扩展。

7.5.1　有线智能电网安全技术概述

相关标准的基本框架如图 7.6 所示。一方面，基于现有的信息技术安全协议如 MAC 安全、IP 安全、传输层安全以及安全套接层（TLS/SSL）[13-15]等，有线通信标准能为有线智能电网提供基本的安全保障。另一方面，在智能电网中，大部分安全标准都可以认为是相关通信标准的扩展。

现有安全标准基本包括 3 个主要特性：1）它们使用能在标准传输机制基础上提供高水平的安全服务的黑色信道。2）在安全层，它们将与安全相关的数据（如循环冗余校验和时间戳等）压缩成灵活的电报格式。3）它们在通信标准的安全机制上互补。这些通信标准在下层的安全基础（如 MAC 安全、IP 安全和安全套接层等）上运行。这些安全基础使用相关的安全措施，如 AES 加密。

在这个报告中，为了表述相关安全标准的实现原则，我们详细分析了 PROFI 安全和 CIP 安全。同时，我们也会简要介绍 CC－Link 安全、Powerlink 安全和 TwinSAFE 的基本原则。有线智能电网安全标准的安全机制如表 7.2 所示。

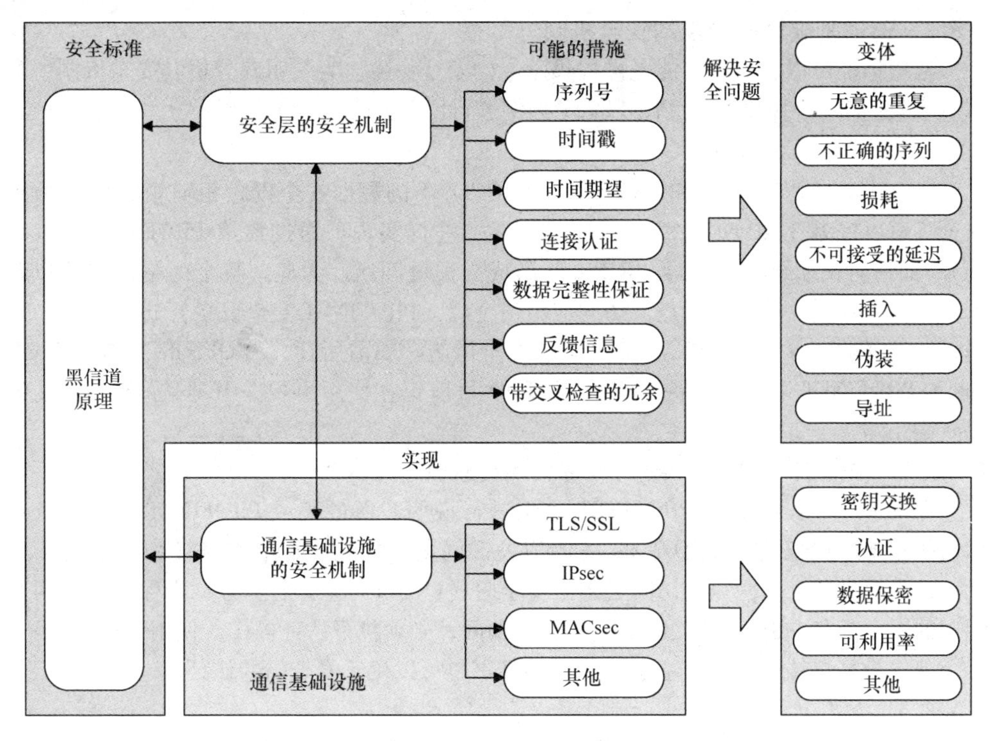

图 7.6 有限控制网络安全标准的基本框架

表 7.2 有线智能电网安全标准的安全机制

安全标准	相应通信标准	基本网络/总线	通信基础设施安全	安全扩展的原理	安全标准的安全性
PROFIsafe	PROFIBUS	RS485/光纤/MBP	MACsec	黑色信道	CRC，时间监控
	PROFINET	Ethernet	MACsec，IPsec		
CIP – Safety	通用工业协议（CIP）	Ethernet/IP	MACsec，IPsec	黑色信道	CRC，时间戳
		DeviceNet	MACsec，IPsec，TLS/SSL		
		CompoNet	MACsec，IPsec，TLS/SSL		
		ControlNet	MACsec，IPsec，TLS/SSL		
CC – Link Safety	CC – Link	RS 485	MACsec	黑色信道	时间戳，连接 ID，CRC
Powerlink Safety	Powerlink	Ethernet	MACsec	黑色信道	时间戳，时间监控，识别标签
TwinSAFE	EtherCAT	Ethernet	MACsec	黑色信道	CRC，时间戳，时间监控，序列号

7.5.2 通信基础设施的基本安全机制

通信标准可以为有线智能电网提供基本的安全保障。为了明确分析其安全机制，在本节中我们将以 PROFIBUS/PROFINET 为例进行说明。

7.5.2.1 安全数据隧道

PROFIsafe 的安全概念和 PROFIBUS/PROFINET 的数据安全概念相辅相成[16]。数据安全隧道可以基于 IPsec 虚拟专用网（VPN）进行实现。通过集成 PROFINET（以太网），如何防止未经授权访问 PROFIsafe 岛成为关键问题。为此，整个网络被构造成若干子段，且仅提供单个访问点。访问应由安全门（PROFINET 安全设备）进行保护，采用经过验证的至少包括 VPN 和防火墙的安全措施。如前所述，PROFIsafe 系统是 Profibus 和 PROFINET 系统的扩展。PROFINET IO 目前正在使用由相关 IETF 标准[17]定义的 IPsec 协议集。

7.5.2.2 安全门（设备）和 VPN 客户端的认证

在本节中，我们仍以 PROFINET 为例进行说明。通过集成 PROFINET（以太网），如何防止未经授权访问 PROFIsafe 岛成为关键问题。为此，整个网络被构造成若干子段，且仅提供单个访问点。访问必须由安全门（PROFINET 安全设备）来保护。在两个配对的安全门和/或客户端之间的密钥交换期间，必须执行认证操作。使用用户/密码安全令牌作为客户端的认证。基于 X.509 的证书也可以用于安全门的认证。

7.5.2.3 加密算法

应使用基于具有 CBC - MAC 模式的 AES 的加密算法。为了确保与其他 IPsec 实现的兼容性，可以使用三重 DES（3DES）进行加密。不允许使用简单的 DES。

7.5.3 安全扩展原则

大多数安全标准可以被看作是智能电网相关通信标准的安全延伸。安全标准的安全概念和相应通信标准的数据安全概念相辅相成[18]。换言之，控制总线/网络的安全基础设施支撑着数据安全基础，它们为安全标准的高级安全层提供基础安全保障。

有线智能电网的大多数安全标准都使用黑色信道原理通过标准网络进行安全数据传输。安全传输功能包含了所有能确定发现所有可能被黑色信道渗透的故障和危害或将残差错误概率保持在一定限度的措施。使用黑色信道时，相关安全方案通过以下方式进行安全通信：1）标准传输系统；2）在标准传输系统之上附加安全传输协议。黑色信道原理如图 7.7 所示。

7.5.4 安全拓展中的安全措施

本节分析安全层中有关被封装的安全数据的原理。为了清晰地说明这些安全措施，我们在现行安全标准中采取一些典型的机制作为本节分析的例子。

7.5.4.1 消息结构包括容器

由完全安全相关的用户数据和提供安全保护所需的协议开销共同组成的安全数据通过标准控制网络与安全无关的数据一起传输。在这里，我们以 CIP 安全为例来说明安全层中有关被封装的安全数据的原理。

图 7.8 显示了在以太网帧的范围内的“主数据报（MDT）数据字段”的报文设置，

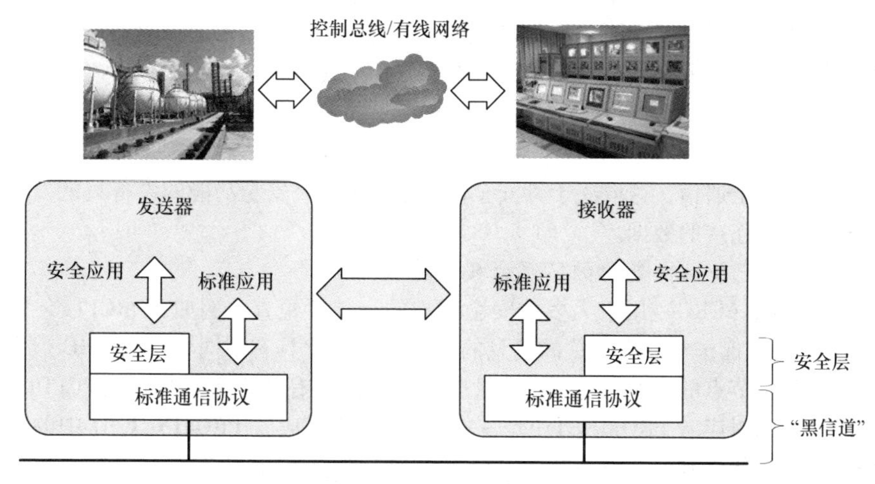

图 7.7　黑色信道原理

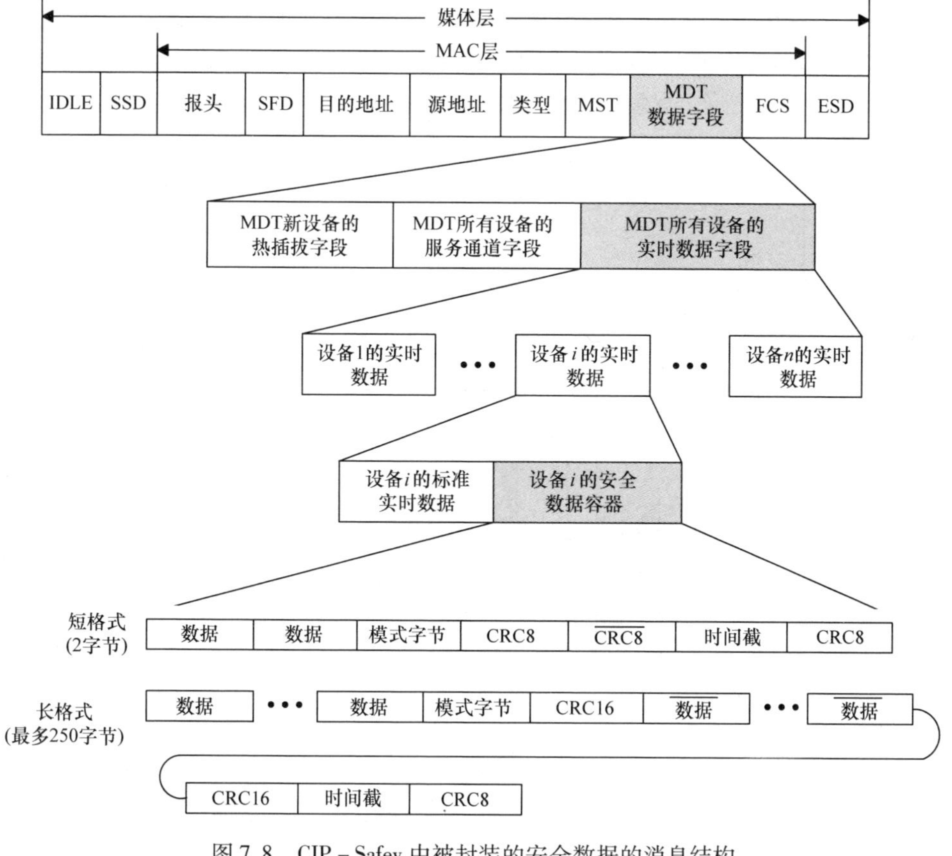

图 7.8　CIP－Safey 中被封装的安全数据的消息结构

其中包含用于每个设备的实时数据的可配置的数据容器。设备的实时数据再次被分为标准数据和安全数据。安全数据是短格式（2 字节）或长格式（最多 250 字节）的 CIP 安全报文。

注意，并非智能电网中的所有设备都包含安全数据容器。在其他工作中，只有一些设备执行 CIP 安全通信，这取决于其安全需求。没有 CIP 安全功能的设备只能发送和接收基于标准 CIP 连接的数据。

7.5.4.2 用于完整性检查的循环冗余码校验和

循环冗余码（CRC）用于大多数安全标准的完整性检查。例如，PROFIsafe 使用几种不同的 CRC 来保护与安全相关的消息的完整性，因此具有不同数字的 CRC 似乎可以区分它们。安全节点的安全相关 IO 数据被收集在安全有效载荷数据单元（PDU）中，且数据类型编码对应着 PROFINET IO。一个安全容器对应着 PROFINET IO 中的一个子槽。当安全参数传送到安全设备时，安全主机和安全设备/模块在安全参数上生成一个 2 字节的 CRC1 签名[19]。

如图 7.9 所示，CRC1 签名、安全 IO 数据、状态或控制字节和相应的连续数用于产生 CRC2 签名。CRC1 签名提供被循环传输的 CRC2 计算时所需的初始值，从而将每个循环 PROFIsafe 容器的 CRC 计算限制为 CRC2。在图 7.9 中，在整个 PROFIsafe 中使用符号“F”来标识引入的“安全保障”功能组件。F 参数包含 PROFIsafe 层的信息，用于根据

F参数

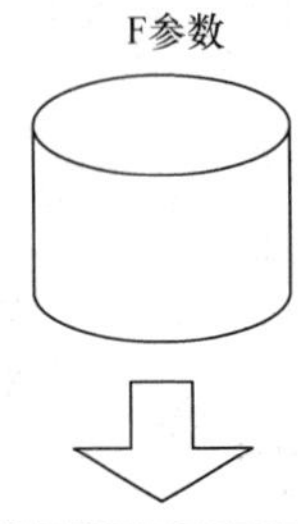

CRC1	VCN	F输入/输出数据	控制字节	CRC2
CRC2的初始值	F主机连续数字	F主机连续数字	切换位	跨F输出数据&F参数&VCN
2字节	3字节	最多12或123个八位字节	1字节	2字节

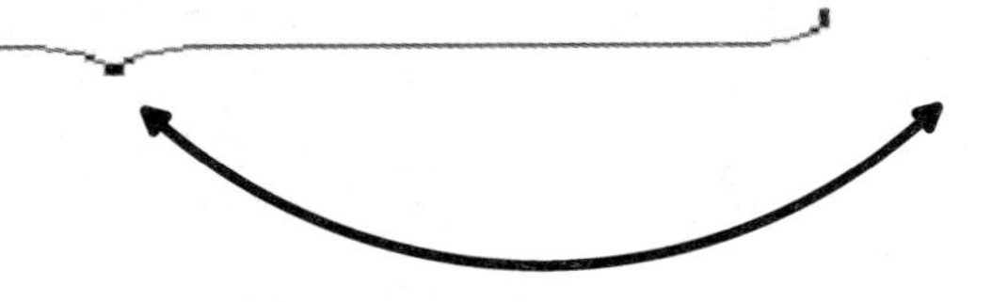

图 7.9 PROFIsafe 中 CRC2 的生成

特定的客户需求调整其行为并仔细检查分配的正确性。F 输入和 F 输出分别表示 PROFIsafe 设备的输入和输出数据。

7.5.4.3　用于延迟控制的连续数

连续数被用作处理一些可能的通信错误。它还用于监视传输和接收之间的传播延迟。每条消息都对应 ·个连续的数，由接收方用来监控发送方和通信链路的寿命。两个通信伙伴在定义的监督时间过去之前，不断检查其他伙伴是否设法去更新连续数。

在不同版本的 PROFIsafe 模型下进行了连续数的检查，考虑了具有不同范围的连续数的输入和输出从站配置。例如，在 PROFIsafe 中使用 24 位计数器用于连续编号，因此在循环模式下从 1 开始的连续数字计数，当记到 FF FF FF 结束时回到 1[19]。连续数 0 被保留用于报错和同步。这里连续数称为虚拟连续数（VCN），因为它在安全 PDU 中不可见。该机制使用位于安全主机和安全设备中的计数器、状态字节内的切换位和控制字节同步递增的计数器。VCN 的发送部分被缩减为一个切换位，该位指示本地计数器的增量。安全主机和安全设备内的计数器在切换位的每个边缘递增。图 7.10 说明了 VCN 机制。为了验证正确性并同步两个独立的计数器，连续数包含在与每个安全 PDU 一起发送的 CRC2 计算结果中。

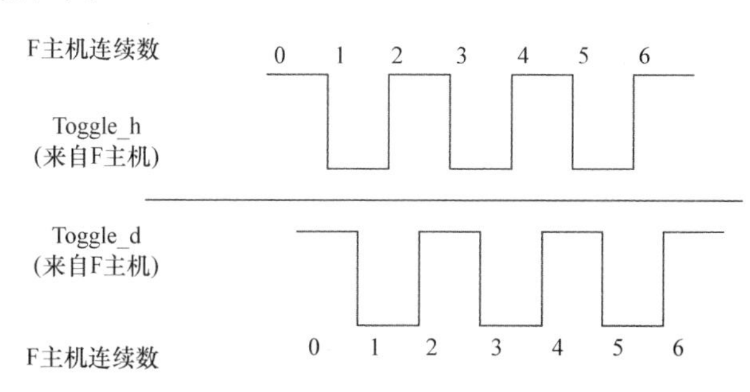

图 7.10　虚拟连续数（VCN）

7.6　功能性安全的典型标准

7.6.1　IEC 62351 标准

7.6.1.1　IEC 62351 简介

IEC 62351[20-27]是 IEC TC57 WG15 开发的一个标准。这个标准是为处理 TC 57 系列协议的安全性而开发的，包括 IEC 60870-5 系列、IEC 60870-6 系列、IEC 61850 系列、IEC 61970 系列和 IEC 61968 系列。不同的安全目标包括通过数字签名进行数据传输的认证，确保只有经过认证的访问，防止窃听，防止回放攻击和欺骗攻击以及入侵检测。公布的 IEC 62531 标准包括以下部分。

- IEC 62351-1：标准简介；
- IEC 62351-2：术语表；
- IEC 62351-3：任何配置文件的安全性，包括 TCP/IP；

- IEC 62351－4：任何配置文件（包括彩信）的安全性；
- IEC 62351－5：任何型材的安全性，包括 IEC 60870－5；
- IEC 62351－6：IEC 61850 配置文件的安全性；
- IEC 62351－7：通过网络和系统管理实现安全；
- IEC 62351－8：基于角色的访问控制。

7.6.1.2 IEC 62351 标准与相应的 TC 57 标准之间的关系

4 种通信协议［IEC 60870－5 及其其衍生协议、IEC 60870（TASE.2）和 IEC 61850］的不同配置文件的安全标准均已经被开发出来了。此外，网络和系统管理方面的安全性也得到了解决。这些安全标准必须满足不同协议的不同安全目标，这取决于它们的使用方式。一些特定的配置文件也被讨论过。不同的安全目标包括通过数字签名认证实体，确保只有授权的访问，防止窃听，防止回放攻击和欺骗攻击以及某种程度的入侵检测。对于一些配置文件，所有这些目标都是重要的；对于其他的，鉴于某些现场设备的计算约束，媒体速度限制、保护中继的快速响应要求，以及允许同一网络上的安全和非安全设备的需要，只有一些是可行的。

在这里我们给出从第 1 部分到第 7 部分的已发布 IEC 62351 标准与相关的 TC 57 通信标准之间的关系，如图 7.11 所示。

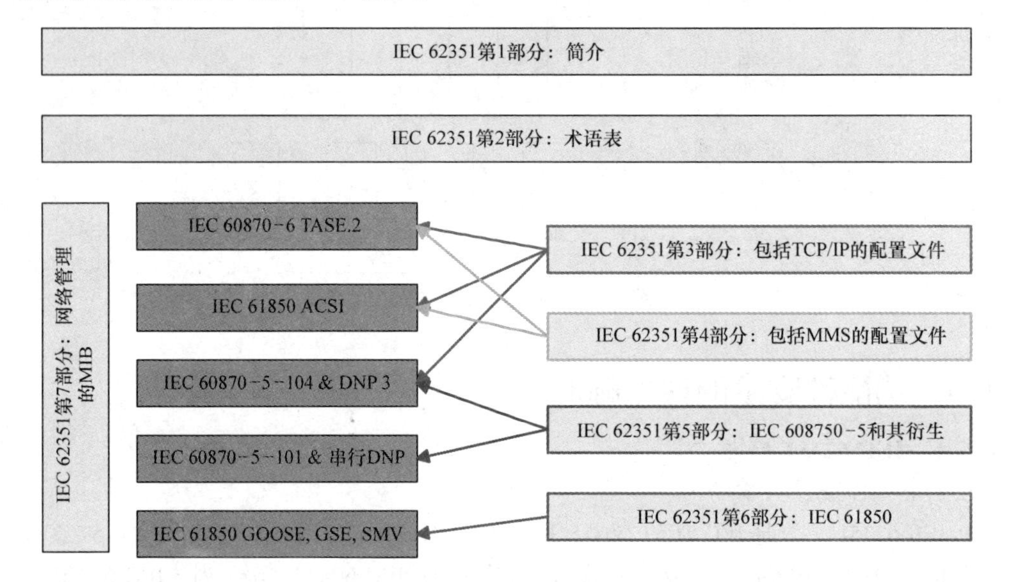

图 7.11 IEC 62351 安全标准与 TC 57 标准的不同配置文件的相关性，获得 IEC 许可转载（IEC 62351－1ed. 1.0 版权© 2007IEC 日内瓦，瑞士 . www. iec. ch[20]）

7.6.1.3 安全对策

如图 7.12 中所示，安全对策是一系列互相关联的技术和策略的混合。不是所有的安全对策均是所有系统在所有时刻都需要的：这样做大部分情况下会造成过度杀伤，并且会使得整个系统变得非常缓慢，甚至无法使用。因此，我们首先需要鉴别什么样的安

全对策对于什么样的需求是有益的。

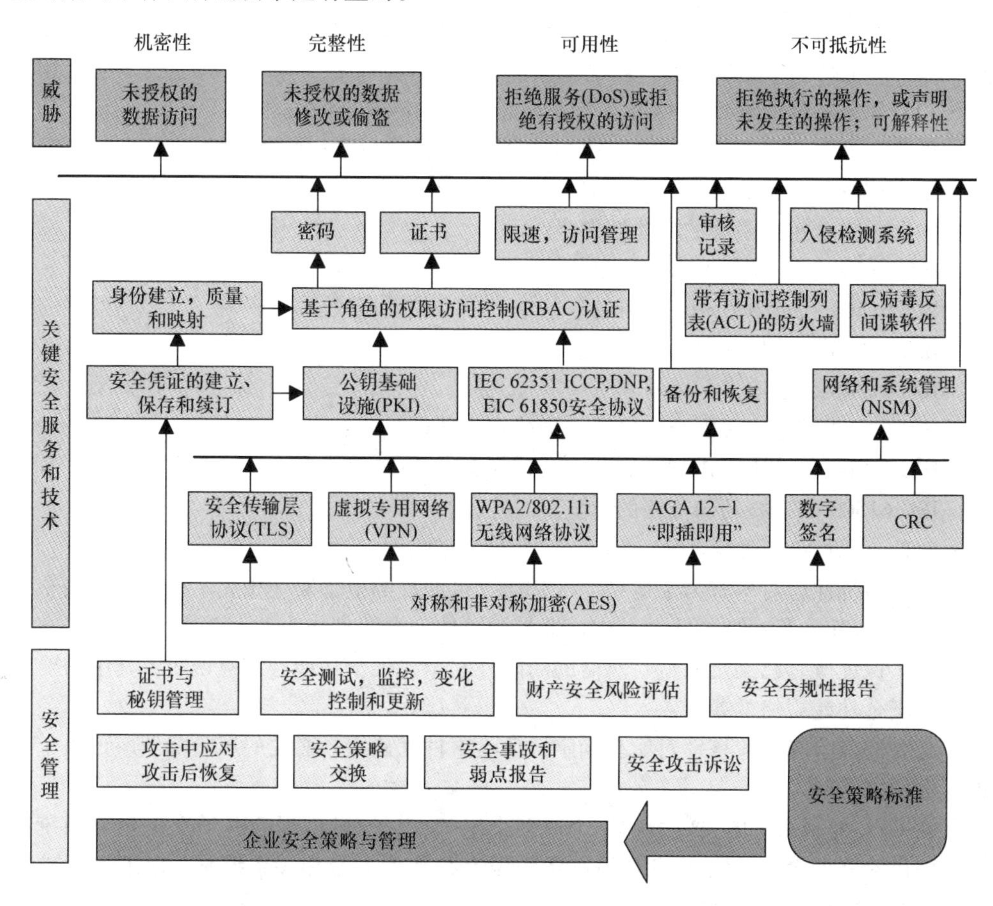

图 7.12　安全对策，获得 IEC 许可转载（IEC 62351 - 1ed. 1.0 版权© 2007IEC 日内瓦，瑞士 . www. iec. ch[20]）

图中展示了 4 种安全需求（机密性、完整性、可用性以及不可抵抗性）。在每种需求下面显示的是基本的安全威胁。用来对抗这些威胁的关键安全服务和技术显示在威胁下方的方框中。这些仅仅是一些常用的安全措施的例子，图中的箭头用来表示箭头上方的安全对策由哪些技术和服务支持。例如，加密在很多安全对策中被使用，包括安全传输层协议（TLS）、虚拟专用网络（VPN）、无线安全以及“即插即用”技术。这些应用也转而支持了 IEC 62351 安全标准和公钥基础设施（PKI），它们常被用于身份验证以保障密码和证书的分配。在图最底下位于安全服务和技术下面的是用来为所有的安全措施提供基础的安全管理和安全对策。

7.6.2　IEC 61508 标准

7.6.2.1　IEC 61508 概述

IEC 61508[28-34]是行业中应用的国际标准规则。它被称为电气/电子/可编程的电子

（E/E/PE）或电气/电子/可编程的电子安全相关系统（E/E/PES）的功能性安全。

IEC 61508 被设计成能够通用于各类工业的基础功能性安全标准。它将功能性安全定义为："与 EUC（受控设备）以及依赖于 E/E/PE 安全相关系统，其他技术安全相关系统和外部风险降低设备的 EUC 控制系统相关的整体安全的一部分。"

这套标准涵盖了全部的安全流程，并且可能需要解释以制定部门专有标准。此举源自于工序控制工业界。公开的 IEC 61508 标准由以下部分构成，并命名为电气/电子/可编程的电子安全相关系统的功能性安全。

IEC 61508 -1：总体要求；

IEC 61508 -2：电气/电子/可编程的电子安全相关要求；

IEC 61508 -3：软件要求；

IEC 61508 -4：定义与缩写；

IEC 61508 -5：有关安全完整性水平确定方法的例子；

IEC 61508 -6：IEC 61508 -2 和 IEC 61508 -3 的应用指南；

IEC 61508 -7：技巧与方法的总览。

7.6.2.2 总体安全流程要求

为了系统性应对所有为了达到电气/电子/可编程的电子安全相关系统所需的安全完整性等级（SIL）所必要的活动，本标准采用总体安全流程作为技术框架。

为了保证所有已确定的危险所需的功能性安全，安全功能必需被说明。其中需要包含总体安全功能规格的要求。

必要的风险降低应该针对所有确定性危险事件来确定。必要的风险降低应该以定量或定性的方式确定。

在 EUC 控制系统的失效影响一个或多个电气/电子/可编程的电子安全相关系统以及外部风险降低设备，以及 EUC 控制系统没有被作为安全相关系统时，以下的要求应该被采用：

- EUC 控制系统的危险失效比率应该被通过以下方式之一采集到的数据所支持：
  - ➢ EUC 控制系统在相似应用中的实际操作经验；
  - ➢ 针对可辨别过程的可靠分析；
  - ➢ 同属设备可靠性的工业数据库。
- 危险失效比率应该低于每小时 10^{-5} 失效；
- 所有合理的可预见的 EUC 控制系统的危险失效模式均应该被确定并在制定总体安全需求规范时考虑进去；
- EUC 控制系统应该与电气/电子/可编程的电子安全相关系统及其他安全有关系统和外部风险降低设备相互独立。

如果以上要求内容不能被满足，那么 EUC 控制系统应该被设计成安全相关系统。EUC 控制系统所被分配的安全完整性等级应该基于 EUC 控制系统的危险失效比率，并与表 7.3 和表 7.4 中规定的目标失效量一致。在这些情况下，本标准中与所分配的安全完整性等级相关的要求，应该被 EUC 控制系统所采纳。

安全完整性要求，包含必要的风险降低，应该被所有安全功能所细化。这将构成总体安全完整性要求规范。

表 7.3 低需求操作模式下的安全整体性等级

安全整体性等级	低需求操作模式（按需运行其设计功能时的平均故障概率）
1	$\geq 10^{-2}$ 至 $< 10^{-1}$
2	$\geq 10^{-3}$ 至 $< 10^{-2}$
3	$\geq 10^{-4}$ 至 $< 10^{-3}$
4	$\geq 10^{-5}$ 至 $< 10^{-4}$

表 7.4 高需求或连续操作模式下的安全整体性等级

安全整体性等级	高需求或连续操作模式（每小时出现一次重大故障的概率）
1	$\geq 10^{-6}$ 至 $< 10^{-5}$
2	$\geq 10^{-7}$ 至 $< 10^{-6}$
3	$\geq 10^{-8}$ 至 $< 10^{-7}$
4	$\geq 10^{-9}$ 至 $< 10^{-8}$

7.6.2.3 安全要求分配

应当明确规定用于实现必需的功能性安全要求的安全相关的设备。一些方法可以完成必要的降低风险要求，如：

- 外部风险降低设备；
- E/E/PE 安全相关系统；
- 其他技术安全相关系统。

每个安全功能的安全整体性要求均应当被确保有资质指出每一个目标安全整体性参数：

- 按需运行其设计功能时的平均故障概率（在低需求操作模式下）；
- 每小时出现一次重大故障的概率（在高需求或连续操作模式下）。

7.7 讨论

7.7.1 安全与防护

安全性是对非预期随机事件的保护。防护是针对有计划行动造成的蓄意事件的防护。

基于上文的分析，无线和有线通信标准都可以给智能电网提供安保，包括授权、加密和完整性检查等。这些方法可以抵御网络攻击。

为了在智能电网中提供一系列的安全服务，有线智能电网的相关安全标准被提出。安全设备通常必须比一般设备要实现更安全可靠的服务。因此，更多的防护手段被添加到可靠通信的安全标准中。这些安全标准可以被视为通信标准的安全扩展。基于这些安全标准，数据可以被安全地传输。

现今，只有有线通信标准才有安全扩展标准，无线通信标准没有。

7.7.2 防护等级

尽管智能电网的无线和有线标准实施了许多防护机制用来确保网络的完整性，但一些可能的防护缺陷仍然被指出。

对于有线标准和它们的安全扩展，如 MACsec、IPsec 和 TLS/SSL 可以用来分别给数据帧、数据包和数据段提供防护。这些技术是有线智能电网的防护基础。对于 Wireless HART，防护方式是强制的，ISA100. 11a 标准却将许多防护特性定义成了可选的。考虑到安全机制会消耗额外的处理时间、存储空间和功率，强制性安全特性意味着那些不需要严格防护策略的设备不能通过关闭它们来获得好处，比如延长电池使用时间。但是 ISA100. 11a 中可选安全特性带来的灵活性可能成为一个防护威胁，也可能成为一个互操作性问题。供应商可能不会选择实现全套的防护，并且不同的供应商可能选择实现防护特性的不同部分。来自 ISA100. 11a 的一个供应商的信号指出，他们的第一代 ISA100. 11a 设备不会实现任何可选的安全特性。根据安全等级，ISA100. 11a 有一系列的安全等级，这些等级从默认的只通过“32 位 MAC 层 MIC（MMIC）”认证到最大的“加密和 128 位 MMIC”认证。然而，Wireless HART 只有在会话层的 32 位 MIC 认证的安全等级来保护数据完整性。

7.7.3 安全等级

在 IEC 61508 中，SIL（Safety Integrity Level，安全整体性等级）包含基于 IEC/EN 61508 的故障率评级。SIL 分成从 1 到 4 四个等级，等级越高故障率越低。SIL3 对应每小时的故障率在 10^{-7} 和 10^{-8} 之间。IEC 主管委员会曾经建立了一个通用规则，规则内容是一个安全系统的总线的总故障率不可以超过 1%。

所有的有线通信标准都能达到 IEC 61508[35] 安全整体性等级 3（SIL3）。一些安全标准不止满足了 SIL3 的条件，也达到了其他要求。TÜV Rheinland 为了适应 IEC 61508 SIL3 和 EN 954 -1 第 4 条应用，通过了 CIP 安全系统概念。CC - Link 安全系统是满足 IEC 61508 SIL3 和 EN 954 -1/ISO 13849 -1 第 4 条的安全应用的高可靠性数据传输网络。对于 Powerlink 安全系统，这些安全方式的质量会满足 SIL3 的要求（某些特定的架构会满足 SIL4）。并且，Powerlink 安全系统有潜力满足 IEC 61508 SIL4 的可靠性和可用性要求。经验上讲，Powerlink 安全系统可以保证低于每小时 10^{-9} 的故障率。换言之，在每 115000 年的时间里，该系统不会出现多于一次的故障。

7.7.4 开放性问题

7.7.4.1 执行效率

首先，如何加强软件和硬件的执行是非常重要的。例如，从努力建立 WirelessHART 协议栈的经验中可以看出，在嵌入式平台的软件上进行 AES 计算是非常耗时的，不能达到 WirelessHART 10ms 时隙的要求。为了满足这些要求，AES 硬件加速器的使用被提了出来。许多 CBC - MAC 算法的变体也可用于提高执行效率。

7.7.4.2 安全/防护漏洞

在有线和无线智能电网中有很多防护或安全漏洞。基于 CBC - MAC 和 CTR 的

CCM* 被应用于 WirelessHART 和 ISA100. 11a 标准。而且，基于 CBC - MAC 模式的 AES 算法被应用于有线标准化智能电网。然而，在没有消息长度的情况下可以对 CBC - MAC 进行攻击。如果在 CBC - MAC 完整性检测中没有包括消息长度，那么就可以实施某些种类的攻击。例如，如果 t1 是消息 m1 的 MAC，那么即使攻击者不知道密钥，MAC t1 也可以在（m1，m1t1）基础上进行伪造。再例如，如果在 CBC - MAC 消息的最后一个区块加入了一些填充位（如：消息 | 填充），MAC 却可以保持原有消息的 MAC，没有新加入的填充位。虽然这些攻击并不强，但是某些实际的攻击会在特定的情况下变得更易实施。而且，攻击也可以仅施加在 CTR 上。其中一个弱点是攻击者可以篡改明码文本。另一个弱点是如果完整性检测的强度太弱——如 CRC 或填充模式检测，明码文本就会被揭露出来。当 CRC 和 CTR 一起使用时，那么便可以应用和攻击 WEP 与 TKIP 的 Chopchop 一样的攻击。当检测填充模式时，攻击者就可以通过观察密文是否被接收者接收来知道被修改密文的最后一个字节。

除此之外，一些出名的攻击也可以破坏智能电网中的 CCM*，例如生日悖论攻击（Birthday paradox attacks）。为了保护 MAC 不被生日悖论攻击所破坏，每条消息都加入了一个独特的识别符来使 MAC 随机化。计数器模块加密则是使用了一个随着 128 位加密数据块一同增加的随机数字（计数器）。这个计数器先用 AES 进行加密，然后输出再和 128 位的明码文本块进行异或操作（XOR）来得到密码文本块。所有用到的计数器都是独一无二的，而且所有 AES CTR 模块加密和解密都在并行计算或预计算下完成以提升速度。

另外，攻击还可能发生在安全扩展标准中的安全数据上。有分析显示 PROFIsafe 是可能被攻击的，并在任何协议中的安全措施都无法检测到的情况下更改与安全性相关的进程数据。通过获得一个安全性容器，并利用暴力方法来计算所有合法的 CRC1 和 VCN 组合来生成和所接收消息中相同的 CRC2，这样就可以获得一组可能的 CRC1。已知 CRC1 在会话周期内是静态的，剩余的组合便可以被舍弃，最终留下正在使用的 CRC1。这个过程需要迭代实现，并在找到正确的 CRC1 时终止。剩下的挑战就是快速找到每个接收到的安全性容器的真正 VCN。这个 VCN 会依照执行安全层的总线周期时间、主机和设备周期时间以一定速率线性增长。如果攻击应用非常迅速并可以接收所有安全性容器，VCN 就不会对接收到的每帧进行更新，因此简化了实时导出 VCN 的计算工作。

7.7.4.3　其他

除了上述的开放性问题，还有一些其他的话题。例如，无线网络中大多数现有的防护架构基本都是传统计算机安全的特定方面，它们不能提供足够的防护。换句话说，无线网络中的安全防护被认为是网络更高层次中的问题。事实上，物理层信道是无线网络和有线网络的本质区别。可以考虑用物理层参数来设计无线网络的安全防护。

最新信息技术的使用为能源系统控制和操作提供了便利，但是也增加了计算机安全的易攻击性。现有标准的安全防护架构必须基于这些新的信息技术。例如，网络服务架构是一个独立且能共同操作的平台。因此，网络服务技术被引入到 WirelessHART 标准[40]中。PROFINET 协议也包括网络集成的功能。有两种网络集成方式。一种是使用

html/xml 的系统配置页面。另一种是 http/https 和 SSL/TLS/DTLS 的支持。在智能电网的分布式环境中，不同的数据提供者对数据项有着各自的访问规则，而且可信的数据集成服务会从不同的提供者获取数据并给客户发送和他们集成模式相对应的答复文件。这些网络服务通信的安全防护模式也是一个重要的话题。除此之外，作为一个新的软件界面规则和基于网络服务的应用框架，OPC 统一架构（OPC UA）可以提供一个紧密结合的、可靠的交叉平台智能网络架构。OPC UA 安全防护模式和映射在其标准序列的第二和第六部分中有呈现。然而，他只给出了基础的模型和概念，而并没有讨论 OPC UA 应用的网络安全防护。而且现有的 OPC UA 安全防护模式不能满足为了适应不同应用而灵活配置防护策略的需求[41,42]。基于网络服务集成的 OPC UA 安全防护架构仍然需要更深层的研究。

7.8 小结

在本章中提出了标准化智能电网的安全防护机制。本章分析并对比了 WirelessHART 和 ISA100. 11a 这两种无线数据交换标准。然后又介绍了智能电网控制系统中常用的有线标准来进行安全性分析，例如 Profibus、PROFINET、Common Industrial Protocol（CIP）、CC－Link、Powerlink、EtherCAT 标准。接下来针对它们的安全性机制分析了有线通信标准的安全扩展，例如 PROFIsafe、CIP－Safety、CC－Link Safety、Powerlink Safety、TwinSAFE。在此之后，针对它们的安全防护模式分析了 IEC 62351 和 IEC 61508 两种功能性安全防护标准。最后给出了相关的安全防护技术和一些重要的开放性问题的讨论。基于现有的通信标准和安全扩展，工程师可以选择最适合他们工程的方法和技术。在另一方面，我们指出在这一领域仍有很多开放性的研究课题。

参考文献

[1] IEC (2007) IEC 61784-3. *Industrial Communication Networks – Profiles – Part 3: Functional Safety Fieldbuses – General Rules and Profile Definitions*, International Electrotechnical Commission.

[2] Petersen, S. and Carlsen, S. (2011) WirelessHART versus ISA100.11a. *The Format War Hits the Factory Floor*, **5** (4), 23–34.

[3] HART Communication Foundation (2007) *HART Field Communication Protocol Specification*, Revision 7.0.

[4] IEC (2010) IEC 62591. *Industrial Communication Networks – Wireless Communication Network and Communication Profiles – WirelessHART*.

[5] ISA (2009) ISA-100.11a-2009 Standard*Wireless Systems for Industrial Automation: Process Control and Related Applications*.

[6] Sirkka, L. and Jamsa, J. (2007) Future trends in process automation. *Annual Reviews in Control*, **31** (2), 211–220.

[7] ODVA *CIP Common Specification*, ODVA, www.odva.org (accessed 6 December 2013).

[8] CC-Link www.cc-link.org (accessed 6 December 2013).

[9] Powerlink www.ethernet-powerlink.org (accessed 6 December 2013).

[10] EtherCAT www.ethercat.org (accessed 6 December 2013).

[11] BECKOFF *TwinSAFE – Open and Scalable Safety Technology* www.BECKOFF.com/twinsafe (accessed 6 December 2013).

[12] Lennvall, T., Svensson, S., and Hekland, F. (2008) A comparison of WirelessHART and Zig-Bee for industrial applications. *Proceeding of the IEEE International Workshop Factory Communication Systems*, pp. 85–88.

[13] Wahid, K.F. (2010) Rethinking the link security approach to manage large scale ethernet network. *Proceeding of the 17th IEEE Workshop on Local and Metropolitan Area Networks (LANMAN).*

[14] Dzung, D., Naedele, M., Von Hoff, T. and Crevatin, M. (2005) Security for industrial communication systems. *Proceedings of the IEEE*, **93** (6), 1152–1177.

[15] Treytl, A., Sauter, T., and Schwaiger, C. (2004) Security measures for industrial fieldbus systems – state of the art and solutions for IP-based approaches. *Proceeding of the IEEE International Workshop on Factory Communication Systems.*

[16] PROFIBUS (2005) *PROFIBUS Guideline: PROFINET Security Guideline*, 1.0(7.002).

[17] RFCs www.rfc-editor.org (accessed 6 December 2013).

[18] PROFIsafe (2007) *PROFIBUS Guideline: PROFIsafe – Environmental Requirements, Version 2.5, Order No. 2.232.*

[19] IEC (2007) IEC 61784-3-3. *Industrial Communication Networks - Profiles – Part 3–3: Functional Safety Fieldbuses-Additional Specifications for CPF 3*, International Electrotechnical Commission.

[20] IEC (2007) IEC 62351-1. *Power Systems Management and Associated Information Exchange – Data and Communications Security- Part 1: Introduction to the Security Issues*, International Electrotechnical Commission.

[21] IEC (2008) IEC 62351-2. *Power Systems Management and Associated Information Exchange – Data and Communications Security- Part 2: Glossary of Terms*, International Electrotechnical Commission.

[22] IEC (2007) IEC 62351-3. *Power Systems Management and Associated Information Exchange – Data and Communications Security- Part 3: Security for Any Profiles Including TCP/IP*, International Electrotechnical Commission.

[23] IEC (2007) IEC 62351-4. *Power Systems Management and Associated Information Exchange – Data and Communications Security- Part 4: Security for Any Profiles Including MMS*, International Electrotechnical Commission.

[24] IEC (2009) IEC 62351-5. *Power Systems Management and Associated Information Exchange – Data and Communications Security- Part 5: Security for IEC 60870-5 and Derivatives*, International Electrotechnical Commission.

[25] IEC (2007) IEC 62351-6. *Power Systems Management and Associated Information Exchange – Data and Communications Security-Part 6: Security for IEC 61850 Profiles*, International Electrotechnical Commission.

[26] IEC (2010) IEC 62351-7. *Power Systems Management and Associated Information Exchange – Data and Communications Security, Part 7: Network and System Management (NSM) Data Object Models*, International Electrotechnical Commission.

[27] IEC (2011)IEC 62351-8. Power Systems Management and Associated Information Exchange – Data and Communications Security- Part 8: Role-Based Access Contro*l*, International Electrotechnical Commission.

[28] IEC (2010) IEC 61508-1. *Functional Safety of Electrical/Electronic/Programmable Electronic Safety-Related Systems-Part 1 ed2.0: General Requirements*, International Electrotechnical Commission.

[29] IEC (2010) IEC 61508-2. *Functional Safety of Electrical/Electronic/Programmable Electronic Safety-Related Systems-Part 2 ed2.0: Requirements for Electrical/Electronic/Programmable Electronic Safety-Related Systems*, International Electrotechnical Commission.

[30] IEC (2010) IEC 61508-3. *Functional Safety of Electrical/Electronic/Programmable Electronic Safety-Related Systems-Part 3 ed2.0: Software Requirements*, International Electrotechnical Commission.

[31] IEC (2010) IEC 61508-4. *Functional Safety of Electrical/Electronic/Programmable Electronic Safety-Related Systems-Part 4 ed2.0: Definitions and Abbreviations*, International Electrotechnical Commission.

[32] IEC (2010) IEC 61508-5. *Functional Safety of Electrical/Electronic/Programmable Electronic Safety-Related Systems-Part 5 ed2.0: Examples of Methods for the Determination of Safety Integrity Levels*, International Electrotechnical Commission.

[33] IEC (2010) IEC 61508-6. *Functional Safety of Electrical/Electronic/Programmable Electronic Safety-Related Systems-Part 6 ed2.0: Guidelines on the Application of IEC 61508-2 and IEC 61508-3*, International Electrotechnical Commission.

[34] IEC (2010) IEC 61508-7. *Functional Safety of Electrical/Electronic/Programmable Electronic Safety-Related Systems-Part 7 ed2.0: Overview of Techniques and Measures*, International Electrotechnical Commission.

[35] IEC (1998) IEC 61508. *Functional Safety of Electrical/Electronic/Programmable Electronic Safety-Related Systems - Part 1: General Requirements*, International Electrotechnical Commission.

[36] Vaudenay, S. (2002) Security flaws induced by CBC padding. *Proceeding of the International Conference Theory and Applications of Cryptographic Techniques (EUROCRYPT 2002).*

[37] Krawczyk, H. (2001) The order of encryption and authentication for protecting communications (or: how secure is SSL?). *Proceedings 21st Annual International Cryptology Conference Advances in Cryptology, CRYPTO*, pp. 310–331.

[38] Black, J. and Rogaway, P. (2001) A suggestion for handling arbitrary-length messages with the CBC MAC. *Proceeding of the NIST Second Modes of Operation Workshop.*

[39] Akerberg, J. and Bjorkman, M. (2009) Exploring network security in PROFIsafe. *Proceeding of the International Conference on Computer Safety, Reliability and Security (SAFECOMP 2009).*

[40] Raza, S. (2010) *Secure Communication in WirelessHART and its Integration with Legacy HART*. Technical Report, Swedish Institute of Computer Science.

[41] IEC. (2007) IEC 62541-2. *OPC Unified Architecture Specification-Part 2: Security Model*, International Electrotechnical Commission.

[42] IEC. (2007) IEC 62541-6. *OPC Unified Architecture Specification-Part 6: Mapping*, International Electrotechnical Commission.

第8章

互操作性

8.1 简介

智能电网相关技术的发展使传统电网成为了智能电网。传统电网是一个由发电厂，输电线路、变电站、变压器、馈线等部件构成的复杂系统。这些部件连接在一起为客户端生产和分配电力。传统电网已存在了一百多年，它在20世纪初首次引入时便被认为是一种工程上的奇迹。然而，从那时起，电网的基础设施就没有发生过重大变化。目前全球各行业和电力应用日益增长的用电量使得人们对电力的需求大大增加。这使电网的建设和发展成为国家基础设施建设和国力发展的重要组成部分。然而，很明显，老旧设计方案下的传统电网难以满足21世纪的电力需求。

互操作性是传统电网发展为智能电网的重要特征，这顺应了21世纪对电网的要求。互操作性是指智能电网设备之间可以进行信息交换，使得电网有效、可靠并且实现网络一致性。它允许来自不同供应商的两个设备一起工作。事实上，互通性没有一个明确的定义。它最具体的定义在参考文献［1］中是这样的："两个或多个网络、系统、设备、应用程序或组件之间可以安全、有效地交换和使用信息，并且基本不对用户造成影响。"为了在技术上协调统一，以便有效地执行工作，互操作设备需要考虑许多因素。这一解释为编写智能电网标准中关于互操作性的部分提供了坚实的基础。

在智能电网中，当不同的设备物理连接以执行任务时，它们将面临关于互操作性的各种挑战。为了共同应对这些挑战，我们需要研究所有标准发展组织（SDO）开发的各种互操作性协议、技术规格、技术转让以及在工业结构发展不同阶段下相关行业标准的作用。

8.1.1 互操作性和互换性

互操作性和互换性之间的关键区别在于开放程度。根据美国国家标准技术研究所（NIST）关于互换性的定义，这种被称为"即插即用"的互操作性特点极其重要。一般来说，互换性是互操作性和开放性的终极形态，其组件可以被自由更换而不改变功能。这种更换不需要任何特定的附加配置。一旦实现，它将成为智能电网技术的重要里程碑，因为这种可换的状态为用户、电网管理人员和运营商提供了更多选择。因此需要设计一种能够集成新旧版本制造设备的系统。

8.1.2 网络互操作性的挑战

根据最近的案例研究[2]，互操作性问题将是广泛实现智能电网技术的最大障碍。在智能电网技术的开发和实施过程中，互操作性需要全球所有国家和地区的利益相关者和供应商进行合作。在可互操作的系统中，可能需要由不同供应商制造的两个或多个设备一起工作来执行任务。由于可互操作系统精细的特性，需要适当考虑不同智能电网应用的具体解决方案。同人与人之间的通信相比，设备之间无法进行解释，互操作设备只能对明确的含义做出反应，特别是当这些设备是由不同的供应商制造时。通信、应用执行、数据管理和安全性都应该被互操作设备明确地理解，以便执行所需的任务[3]。不同设备之间的互操作性意味着无论这些设备离得近或者远，都可以通过如图8.1所示的网络连接来实现。网络上的互操作只能处理所需的数据，并根据指定的指令进行操作。应该注意的是，为了物理连接两个可互操作的设备，互操作性只有一个标准。当设备通过有线或无线网络以符合所有联网设备的方式连接时，系统增加了另一层复杂性。当两个网络设备发起消息交换时，他们必须识别和理解网络路由的语言，并且消息必须被正确地寻址。虽然看起来对机器而言很简单，但由于涉及各种复杂的过程，因此这种处理也是复杂的。这些复杂性应该在处于发展的标准中得到解决。此外，在网络领域开发各种标准并不简单，因为它包括所有网络资源的管理以及在不同网络设备之间的数据交换。为了解决这种类似的问题，各种标准发展组织已经开发了涉及小型，中型和大型网络运营和架构的互操作性标准。

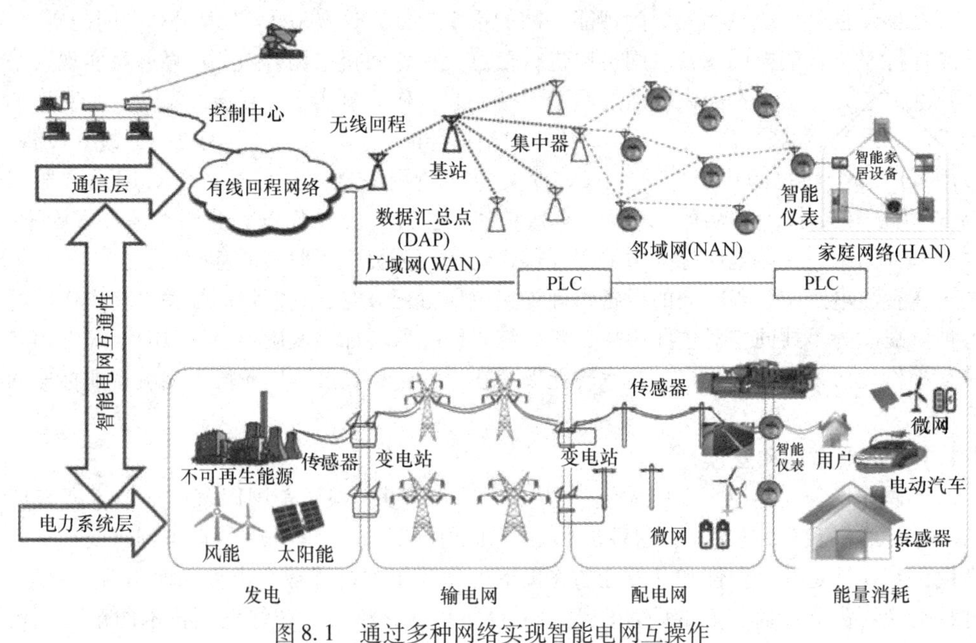

图8.1 通过多种网络实现智能电网互操作

8.1.3 增加互操作性的应用程序

“智能电网”是这样一个通用术语：它由许多不同的技术架构集成，使得网络看起

来像个单一网络。这些架构可应用在各种智能电网中，如高级计量基础设施（AMI）、配电管理系统、电网级储能、家庭自动化、网络安全、网络通信和插电式电动汽车（PEV）。这些技术结合起来，可以整合可再生资源、提高电力传输效率、最大限度地降低管理运营成本、及早恢复电源中断或故障、提高整体安全性和为用户提供更多的控制。

智能电网的设备之间会涉及各种级别的互操作性。我们已经讨论出不同类型的设备之间的互操作模块基本都是基于信息的交换。然而，就交换消息来说，通过网络把数据从源设备传送到接收设备只实现了基本的网络和通信的互操作性。主要的互操作性挑战出现在应该能够读取消息并根据提供的消息进行操作的接收设备上。这需要一种不同级别的消息语义和语法标准。当接收设备执行正确的操作时，便实现了应用上的互操作性。它需要一种应用程序可以识别和理解的公共语言语义和语法。

在大多数系统中，系统设备需要拥有复杂或更高级别的互操作性才能享有“即插即用”这种级别的互操作性。在更高级别的互操作性中，幕后的各种互操作功能将由互操作设备执行。这些更高级别的互操作性包含着许多细节并且对许多系统管理过程很重要。因此，供应商之间的各种协议都以互操作标准的形式出现[3]。

8.2 互操作性标准

为了实现由不同供应商开发的设备之间的互操作，由 IEC、IEEE 和 NIST 等不同的标准组织提出了各种标准。通常，制定标准需要付出大量的努力，因为它需要通过投稿文件、技术会议、可行性报告、用户群体的讨论和议程上的正式投票等一系列过程来完成。尽管这些标准是协议的重要组成部分，但是仅有它们还不能实现设备之间的互操作性。大多数可互操作的标准是基于妥协、多种选择、甚至有时会留下未定义的项目，这在会议和讨论中都是无法决定的。这不是一个标准过程的确切标志，而是认识到达成适当协议的真实过程。还应该指出的是，协议一旦制定，这些标准便可以为供应商的可互操作设备提供稳定性；然而，协议还需要一定程度的扩增。为此，还开发出了各种用户组。用户组通常发挥着对正式标准的协同作用。他们专注于解决冲突的细节，并经常参与一致性测试。

互操作性仍然是一个持续的讨论话题。一些可互操作的标准已经被制定，另一些则处于发展阶段。IEEE、NIST、IEC 和其他各种组织为新建和更新互操作标准[4]绘制了路线图，提出了倡议和计划。

有许多标准被直接作为是互操作标准或者作为可互通系统中不同组件可使用的互操作标准。表 8.1 总结了 NIST 基本认可和推荐的标准。这些标准包含最初的 16 个标准，以及 NIST 在审查和评估其收到的反馈后添加的 9 个标准。根据对在开始时就被列入名单的标准的反馈意见和进一步评估，决定将目前的扩展名单中的一些标准移至第二份清单，以便进行进一步的分析和评估。

表 8.1 NIST 已确定标准清单

标准名称	关注重点	说明
ANSI/ASHRAE 135－2008/ISO 16484－5 BACnet	该标准与家庭和楼宇自动化及控制网络有关	BACnet 是一个家庭和楼宇自动化标准，它定义了在消费者端构建系统通信的信息模型和消息模型。它集成了一系列网络技术，以实现从非常小的系统到使用 IP 跨越广泛地理区域的多构建操作的可扩展性
ANSI C12 套件	该套标准为业界提供了一个全面的协议套件用来传输新修订的数据标准。该标准在不同的应用中可供公众使用	
ANSI C12. 1		ANSI C12. 1 与电表的性能和安全类型测试有关
ANSI C12. 18/IEEE P1701/MC1218		ANSI C12. 18 与测量设备的协议和光纤接口有关
ANSI C12. 19/MC1219		ANSI C12. 19 与收入计量终端设备表相关
ANSI C12. 20		ANSI C12. 20 与收入计量型测试和精度规格有关
ANSI C12. 21/IEEE P1702/MC1221		ANSI C12. 21 与通过电话网络传输数据的测量设备有关
ANSI/CEA 709 和 CEA 852. 1 LON 协议套件	在用户端，该类标准作为设施接口，与价格、需求响应（DR）和能源使用优先区域计划（PAP）有关。不同类型的能源使用优先区域将在 8.7 节中进行说明。这些标准由 LonMark 国际用户组提供支持。目前，这些标准大都被广泛地使用	ANSI/CEA 709 和 CEA 852. 1 LON 协议套件是通用局域网（LAN）协议。它被用于电表、街道照明和家庭楼宇自动化等应用
ANSI/CEA 709. 1－B－2002 控制网络协议规范		ANSI/CEA 709. 1 － B － 2002 用于 ANSI/CEA 709. 1－B－2002 的具体物理层协议设计
ANSI/CEA 709. 2－A R－2006 控制网络 电力线（PL）信道规范		ANSI/CEA 709. 2 － A R － 2006 用于 ANSI/CEA 709. 1－B－2002 的精确物理层协议设计
ANSI/CEA 709. 3 R－2004 空闲拓扑双绞线信道规范		ANSI/CEA 709. 3 R－2004 用于 ANSI/CEA 709. 1－B－2002 的物理层协议设计
ANSI/CEA－709. 4：1999 光纤信道规范		ANSI/CEA－709. 4：1999 协议提供了一种通过使用用户数据报协议（UDP）来利用 IP 连接本地操作网络进行消息传递的方法，从而制造出更大的互联网络

（续）

标准名称	关注重点	说明
DNP3	该标准关于变电站和馈线设备自动化。	分布式网络协议3（DNP3）是一个开放、成熟、常用的规范，由一组供应商、实用程序和用户所开发和支持。IEEE推荐使用该协议，并且为使此标准变为IEEE标准而努力。DNP3标准与变电站和馈线设备自动化有关。另外它也适用于不同控制中心和变电站之间的通信
IEC 60870－6/TASE.2	IEC 60870－6/TASE.2标准定义了如何在不同实用程序的控制中心之间发送消息	IEC 60870－6/TASE.2是控制中心之间发送消息的开放且成熟的标准。它通过了合格性测试并得到了广泛应用，同时也是优先区域计划14（PAP 14）中包含的IEC 60870套件中的一部分
IEC 61850系列	IEC 61850系列标准定义了传输和分发中的通信	IEC 61850系列标准是北美采用的开放标准。它是为变电站内的现场设备通信而开发的
IEC 61968/61970系列	IEC 61968/61970系列标准定义了使用共同信息模型在控制中心系统之间的信息交换	IEC 61968/61970是由SDO在用户组的支持下广泛实施和维护的开放标准。它们是与IEC 61850和Multispeak集成的PAP的一部分
IEEE C37.118	IEEE C37.118标准定义了相量测量单元（PMU）的性能规范和通信	IEEE C37.118是一个开放标准，由SDO开发和维护。它包括通信和测量的一些要求。目前由IEEE电力系统继电保护委员会（PSRC）中继通信子委员会H11工作组进行更新
IEEE P2030	这是IEEE的一个用于解决智能电网的互操作性的长期项目	IEEE P2030[15]和IEEE 1547[16]系列标准均由标准协调委员会21（SCC 21）提出 该标准是智能电网技术的互操作性指南，包括电力系统的能源技术和信息技术（IT）运行以及用户端应用
IEEE 1547系列	IEEE 1547系列标准和协议定义了出版物和草案。它提供了对系统集成和电网基础设施、实用程序及分布式能源生成和存储之间的物理和电气互连的一些理解	IEEE P1547标准解决了需求/响应计划的岛系统（如微电网）
IEEE 1547.1	该标准和协议是开放的，对于物理/电气连接的部件具有重要的实施意义。描述信息的那部分标准没有像指定物理连接的那部分一样被广泛应用	IEEE 1547.1提供了一致性测试程序
IEEE 1547.2		IEEE 1547.2标准是1547的应用指南
IEEE 1547.3		IEEE 1547.3标准是需求/响应监测，信息交换和控制指南

（续）

标准名称	关注重点	说明
开放地理空间联盟地理标记语言（GML）	地理标识语言（GML）标准用于交换基于位置的（地理）信息，以满足许多智能电网应用的地理数据要求	GML是一个开放标准，符合ISO 19118标准中地理信息的传输和存储的要求，同时根据ISO 19100系列国际标准中使用的概念模型框架进行信息建模。GML与支持的开源软件一起被广泛使用，还用于灾害管理、家庭、建筑和设备定位信息库
ZigBee/HomePlug智能能源配置文件2.0	它是为家域网（HAN）设备通信和信息模型开发的	ZigBee Energy profile 2.0是由ZigBee联盟和HomePlug开发的家庭和楼宇自动化标准。它仍在开发中，但预计对许多智能电网应用来说是技术独立和有效的。这在第5章中有详细的介绍
OpenHAN	OpenHAN是家域网连接到实用程序的高级计量系统，包括设备通信及测量和控制的规范	OpenHAN是家庭和楼宇自动化的规范，由用户组UCAIug开发，其中包含一个使实用程序能够对许多可用的家庭局域网络进行比较的需求清单。OpenHAN也在第5章中有详细介绍
AEIC Guidelines v2.0	AEIC Guidelines v2.0包括供应商和应用程序的框架和测试标准，他们希望实施基于标准的AMI（StandardAMI）作为AMI解决方案	AEIC Guidelines v2.0是为了协助应用程序实现ANSI C12.19典型计量功能和实施智能仪表通信网络设备。其目的是限制在实施ANSI C12标准时的可能选项。这样做时，互操作性将会得到改善
IEC 62351 Parts 1~8	IEC 62351 1~8部分是由IEC电力系统管理及相关信息交换开发和维护的开放的标准系列。这个标准系列定义了电力系统控制操作的信息安全	
IEC 62351-1		第1部分是关于标准的介绍
IEC 62351-2		第2部分是IEC 62351系列中使用的关键术语
IEC 62351-3		第3部分是关于任何配置文件的安全性，包括传输控制协议（TCP）/网际协议（IP）
IEC 62351-4		第4部分是关于包括制造消息传递规范（MMS）的配置文件的安全性
IEC 62351-5		第5部分涉及包括IEC 60870-5（如DNP3的衍生产品）在内的任何配置文件的安全性
IEC 62351-6		第6部分规定了IEC TC 57通信协议的安全标准
IEC 62351-7		第7部分通过网络和系统管理来定义安全性
IEC 62351-8		第8部分涉及电力系统管理的基于角色的访问控制
IEEE 1686-2007	IEEE 1686-2007是定义变电站智能电子设备（IED）中提供的功能和特性的标准，以适应关键的基础设施保护计划	IEEE 1686-2007也是一个开放性标准。该标准涉及与访问、操作、配置、固件修订相关的安全性。该标准还规定了IED的数据检索。然而，该标准却没有涉及用于电力系统保护和安全传输加密的通信功能

（续）

标准名称	关注重点	说明
NERC CIP 002 ~ 009	NERC CIP 002 ~ 009 系列标准涵盖了大量电力系统的物理和网络安全标准	NERC CIP 002 ~ 009 是批量电气系统的强制要求。最近由北美电力可靠性公司北美电力可靠性委员会（NERC）修订
NIST Special Publication（SP）800 – 53，NIST SP 800 – 82	这个标准系列包含联邦信息系统的网络安全标准和准则，包括所有的大功率电力系统	这个标准系列是开源的，由 NIST 开发。SP800 – 53 描述了美国政府标准所要求的安全措施。SP800 – 82 正在完成过程中。它特别指出了诸如电网等工业控制系统的安全性

8.3 NIST 确定的标准清单

为了更新可互操作标准清单，NIST 和美国电力研究协会（EPRI）2009 年举办研讨会进一步确定了标准，被视为智能电网互操作性的一部分。研讨会的重点是分析和增加用例、确定关键接口、确定智能电网互操作性要求，并确定其他标准。在研讨会期间，许多用例被用来讨论除表 8.1 中总结的内容之外的参考标准。研讨会最终确定了一些表 8.1 中没有的新标准，这些标准被纳入了“EPRI 关于智能电网互操作性标准路线图的 NIST 报告”[5]。这些标准是：

基于美国国家标准学会（ANSI）的标准：ANSI C12.22 – 2008/IEEE P1703/MC1222、ANSI C12.23 和 ANSI C12.24。全球定位系统（GPS）标准定位服务（SPS）信号规范。

基于 HomePlug 的标准：HomePlug AV 和 HomePlug C&C 是家庭自动化标准，这在第 5 章中有详细介绍。

基于 IEEE 的标准：IEEE 61400 – 25、IEEE P1901、IEEE 802 系列、IEEE 2030、IEEE C37.2 – 2008、IEEE 37.111 – 1999、IEEE C37.232、IEEE 1159.3 和 IEEE 1379 – 2000。

基于国际电信联盟（ITU）的标准：ITU G.9960 建议书（G.hn）。

基于国际标准化组织(ISO)/IEC 的标准：ISO/IEC 8824 ASN.1、ISO/IEC 12139 – 1、ISO/IEC 15045、IEC 62056、IEC PAS 62559、ISO/IEC 15067 – 3. ISA SP100. NIST SP 500 – 267. Z – Wave。(Z – Wave 是家庭和楼宇自动化标准[6,7,17]，已经在第 5 章中详细解释过)

8.4 NIST 互操作性

NIST 被分配了为信息管理的协议和模型标准设计框架和绘制路线图的任务。主要目的是根据 2007 年的“能源独立与安全法案”（EISA）来实现智能电网设备和系统的互操作性[3]。由于智能电网技术和应用的快速增长，迫切需要制定智能电网互操作性的协议、标准、指导方针和规范。各种智能电网技术在各种应用中的部署已经在进行，包括配电线上的智能传感器节点、家庭智能仪表以及广泛分离的可再生能源和替代能源，如太阳能光伏（PV）、集中式太阳能（CSP）、风能、生物能、地热能和水热能。随着美国能源部（DOE）智能电网投资补助等激励措施的实行（如可再生能源生产项目的贷款担保等），智能电网的发展在不久的将来会进一步加快。很明显，如果没有正式标准的定义，那么所开发的系统是不可能持久的。这种研究和实施投资很大的系统可能很快就会过时或没有适当的程序来实现，这对安全性至关重要。因此，为了获得具体的解决方案和投资的资本回报，正式的标准制定是非常必要的。

EISA 基本上将智能电网的发展作为美国国家政策目标。它规定互操作性框架在技术方面必须是中立的，必须非常灵活和统一。法律还规定，该框架不仅要考虑集中式能源发电，还应该把诸如分布式可再生能源、PEV、AMI 和智能储能这类的分布式能源考虑进去，促进融合新型和创新的智能电网技术。

NIST 制定了 3 个阶段计划，以加快建立基本的互操作性标准。即首先建立一个有力的框架，其次建立长期发展所需的许多附加标准，最终建立一致性测试和认证的基础设施。

8.5 智能电网概念参考模型

智能电网技术通常并不简单，它由许多复杂系统组合而成。需要一个共同的理解来利用智能电网技术的主要组成部分。此外，它要求所有这些技术必须公开共享。“NIST 智能电网互操作性标准框架与路线图 1.0 版”[3]已经由 NIST 开发的 3 个阶段计划中的第一阶段发布。该框架是智能电网技术的一个非常高级的概念参考模型（CRM），它规定先行的 75 个标准应当是具备互操作性的。它总结了需要修订现有的一些标准或开发新标准的 15 个统一问题和高优先级差距，由标准制定组织（SSO）制定出填补这些差距的行动计划。为了帮助确保智能电网目标的实现，它还有制定出明确的要求和统一的计划。

CRM 是一种可用于分析各种用例并识别互操作性标准接口需求，它主要用于开发网络安全策略。例如，NIST 智能电网 CRM 识别智能电网技术的 7 个不同领域，即发电、输电、配电、市场、运营、服务提供商和终端用户（客户）。CRM 指定各种领域和行为者之间的接口，还包括需要交换信息的应用程序，这些信息的获取都需要互操作性标准[8-10]。表 8.2 列出了智能电网 CRM 的不同域和角色。

表 8.2 智能电网 CRM 中的域和角色

域	角色
客户	有三种类型的客户，分别是： 住宅（家庭用户） 商业用户 工业用户 客户是电的最终使用者，此外，用户还可以通过可再生能源技术发电，存储能源和管理整个系统

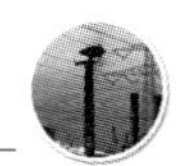

（续）

域	角色
市场	电力/电力市场的运营商和参与者
服务供应商	向电力市场提供服务的公司或运营商
操作员	经营和控制配电和传输的管理员
发电机构	处理大量发电任务，还在下一阶段进行电能存储工作
电力传输机构	通过电力线传输电力
电力调配机构	向客户提供电力或从客户获取能源的经销权（在可再生能源发电的情况下）

8.6 标准化确定的不同优先领域

考虑到智能电网的各种应用，智能电网所需要的数百种可互通的标准、规范和要求也应该被制定，以便于智能电网快速更换传统电网。由于对智能电网应用的迫切需求，一些建议的标准应被优先考虑，因为它们将比其他应用要求更为迫切。为了优先考虑一些需要快速响应的领域，除了 NIST 选择最初关注所需的标准，美国联邦能源管理委员会（FERC）政策声明[11]中还确认添加了一些 NIST 确定的领域。这些优先领域如下：

- 广域态势感知（WASA）；
- 需求响应（DR）和消费者能源效率 ；
- 储能（智能储能）；
- 电力交通（PEV）；
- 网络安全；
- 网络通信；
- AMI；
- 配电网管理（DGM）。

NIST 举办了许多研讨会，以优先考虑各种行动计划。经过多次研讨之后，NIST 发现，在实际部署智能电网要求之前，需要对许多潜在有用的标准进行彻底修订以进一步改进。此外，一些利益相关方已经认识到必须针对目前标准未定义的缺口定义新标准，因为现有标准不适合解决这些问题。迄今为止，已经确定了大约 70 个这样的问题。NIST 选择了 70 个现有缺口中的 15 个，迫切需要一个解决方案来支持一个或多个智能电网的优先领域。

如前所述，由于智能电网技术及其应用的性质不同，最终将需要数百种标准，其中一些标准将比其他技术更为迫切。为了优先考虑其工作，NIST 选择专注于 8 个主要领域。在这些领域或功能中，网络安全和网络通信高度优先，因为这两个方面将在正在进行的项目以及智能电网技术及其未来部署中发挥重要作用。

8.6.1 广域态势感知

WASA 的目标是认识并优化电力网络组件、行为和性能的管理。此外，在发生功率波动、部分停电完全停电等干扰之前，可以预见、预防或应对问题。这里的主要目标是实时监控并显示电力系统的组件和实现跨地区的实时互连。第3章介绍了与WASA相关的各种智能电网技术和标准。

8.6.2 需求响应和消费者能源效率

对DR通过优化保持供电之间的电力平衡是非常重要的。特别地，在发电源可能多于一个的分布式电力系统中显得尤为重要。通过DR设计公用事业、企业、工业和住宅客户的机制和激励措施，以便在高峰时段或电力不稳定和波动时最大限度地减少能源消耗。有关各种智能电网技术和DR相关标准的详细信息，请参见第5章。

8.6.3 智能储能

智能储能是指与现有存储机制相比，以智能方式直接或间接存储能量。大容量储能技术现在以抽水蓄能的形式作用。智能储能还涉及存储来自分布式源产生的能源，最终将使包含了发电、客户和最终用户的整个电网受益。2014年10月，智能储能取得了突破性进展。新加坡南洋理工大学（NTU）的研究人员研制出一种能够进行20年深度放电的锂离子电池，放电时间是现有锂离子电池的10倍以上，从而不必花费几小时对电池持续充电[18]。有关智能储能的更多细节，请参阅本书第4章。

8.6.4 电力交通

电力交通是指汽车可以通过电能提供能量。它需要PEV的大规模集成。一旦发展完善，电力交通将有可能使发达国家和地区（如美国，日本，欧洲）及发展中国家（如中国和印度）对外国石油的依赖程度最小化。这样做会大大减少这些国家对碳氢化合物的依赖。因此，石油的总体需求和价格的不断上涨以及对环境威胁的日益增加将得到遏制。有关电力交通的更多细节，请参阅本书第4章。

8.6.5 网络安全

在安全性方面，传统电网和智能电网之间存在重大差异。在传统电网中，安全要求的重点是可用性和完整性，其中可用性是主要一点，即保持供电，而不是保密性（AIC），而在智能电网中，安全要求的重点将是保密性、完整性，而不是可用性。

网络安全的目的是确保电子信息和通信系统以及智能电网能源，信息和通信技术（ICT）以及各种其他基础设施的管理，运行和保护所必需的控制系统的安全性。各种网络安全特性的功能和方法见表8.3。智能电网系统和组件中的网络安全是一个非常重要的问题。

表8.3 网络安全特性的功能和方法

网络安全特性	功能	方法
保密性	保护系统免受未经授权的用户操作	对于保密性加密，密钥管理，公钥/私钥基础设施，数据分离是必需的
完整性	防止系统未经授权地更改数据提供检测和通知机制	数据完整性，时间戳，数字签名，消息完整性保护是关键
可用性	在需要时提供信息/系统的可访问性	可用性的特征是保护系统免受攻击、未经授权的用户和抵御故障

（续）

网络安全特性	功能	方法
识别性	识别进入系统的个人/实体	为了识别，唯一用户名独特的ID和强大的密码是关键
认证性	认证所声明的用户身份	对于认证，它需要安全的令牌、智能证件和单点登录
授权性	标识已被授权使用系统的用户	使用时需要证书和属性
访问控制性	用户对系统的基于角色的访问和系统为用户提供服务	应该有一个基于角色的强大的密码和访问控制
不可否认性	证明系统确实参与了数据交换	数字签名、时间戳和证书授权是确保不可否认的方法

为了实现这一目标，它需要在架构层面融入安全性。对于智能电网系统安全性，NIST主导的网络安全协调任务组由近300名私营和公共部门的参与者组成，正在引导制定网络安全战略和网络安全要求。任务组正在确定使用网络安全参数的用例。它包括评估风险、漏洞、威胁和影响。此外，它还涉及隐私影响评估、评估相关标准并指定相关的研发课题。NIST主导的网络安全协调任务组的成果在[12,13]中有总结。第7章详细介绍了网络安全问题、标准和规范。

8.6.6 网络通信

如果没有使用某些特定的通信网络，智能电网系统将是不完善的。在智能电网技术和应用中，各个域和子域将使用各种公共和专用通信网络，这些网络可以是有线的也可以是无线的。由于存在各种网络环境，不同应用的性能指标和核心业务需求的识别对智能电网技术至关重要。与智能电网系统相关的各种网络和通信标准在第5章和第6章中有详细的说明。

8.6.7 AMI

目前，公用事业公司正着力开发AMI或智能仪表来实现住宅用户的需求响应和实施作为主要机制的动态定价。AMI对从可再生能源或从电网获取的能量进行记录非常关键。它包括通信硬件和软件以及相关系统和数据管理软件，可在高级仪表和公用事业系统之间建立双向通信。AMI有助于向客户和例如竞争性零售供应商或公用事业公司等其他方收集和分发信息。它是为客户提供根据需求、高峰时段和时间折扣（轻负荷）进行实时定价的电力设施。有关AMI的更多详细信息，请参阅本书第5章。

8.6.8 配电网管理

配电网管理（DGM）用于实现网络组件（如馈线、变压器和网络配电系统的其他组件）的性能最大化。随着智能电网技术性能的提高（如AMI和DR的发展），以及部署了大量的分布式能源和PEV，配电系统的自动化对整个电力系统的高效可靠运行十分必要。DGM的预期优势包括提高可靠性、系统效率和系统整体安全性，降低峰值负荷以及改进管理各种分布式可再生能源的能力。有关DGM相关问题的更多详细信息，请参阅本书第3章。

8.7 优先行动计划

NIST 于 2009 年 8 月 3－4 日组织了智能电网研讨会，邀请了 20 多个 SDO 和用户组。研讨会的主要目的是确定通过 PAP 制定互操作的智能电网的标准和改进的初始优先事项。

列入初始名单的主要标准[3]如下：

1）需要的近似性；

2）高优先级智能电网功能的重要性；

3）现有标准响应需求的可用性；

4）影响技术部署的程度和阶段。

表 8.4 提供了 19 个优先行动计划的相关智能电网应用、标准及其发展进程的详细信息。

表 8.4 优先行动计划

PAP 编号	针对范围	相关标准	发展进程
PAP 00	AMI 升级仪表	NEMA SG－AMI	远程仪表升级功能已经完成
PAP 01	IP 在智能电网中的作用	国际信息互联网工程任务组（IETF）意见征集（RFC）	IETF 智能电网 IP RFC 已经完成
PAP 02	智能电网的无线通信	IEEE 802. x，3GPP，3GPP2	无线指南报告（NISTIR）
PAP 03	公用价格通信模型	OASIS EMIX，ZigBee SEP 2	处于通过对结构化信息标准促进组织（OASIS）和公众的意见征询，寻求更多的公用事业参与的时期
PAP 04	常用调度机制	OASIS WS－Calendar	处于 OASIS 的最终公众意见征询时期
PAP 05	标准仪表数据资料	AEIC V2.0 仪表指南（ANSI C12 高级使用）	AEIC 指南完成。解决不同仪表制造商提出的技术问题
PAP 06	仪表数据表的通用语义模型	ANSI C12.19－2008，MultiSpeak V4，IEC 61968－9	确保与 NIST 和 PAP 团队目标保持一致的范围
PAP 07	电气互连指南	IEEE 1547 61850－7－420，ZigBee SEP 2	于 2012 年第 4 季度完成
PAP 08	DGM CIM	IEC 61850－7－420，IEC 61968－3－9，IEC 61968－13，14，MultiSpeak V4，IEEE 1547	制定影响 IEEE 1547 和 IEC 61850－7－420 的要求
PAP 09	标准需求、响应和分布式能源（DER）信号	NAESB WEQ015，OASIS EMIX，OpenADR，ZigBee SEP 2	寻求额外的利益相关者参与进来
PAP 10	标准能源使用信息	OpenADE，ZigBee SEP 2，IEC 61968－9，ASHRAE SPC 201P	模型于 2011 年 2 月完成。PAP 于 2011 年第一季度关闭

（续）

PAP 编号	针对范围	相关标准	发展进程
PAP 11	电力运输的通用对象模型	ZigBee SEP 2，SAE J1772，SAE J2836/1－3，SAE J2847/1－3，ISO/IEC 15118－1，3，SAE J2931，IEEE P2030－2，IEC 62196	SAE 标准完成，2011 年第二阶段已达标
PAP 12	IEC 61850 对象/DNP3 映射	IEC 61850－80－5，映射 DNP 到 IEC 61850，DNP3（IEEE 1815）	目前正在由 IEEE 和 IEC 这样的 SDO 制定标准
PAP 13	时间同步，IEC 61850 对象/IEEE C37.118 协调	IEC 61850－90－5，IEEE C37.118，IEEE C37.238，映射 IEEE C37.118 到 IEC 61850，IEC 61968－9	在 SDO 起草标准的同时，这一要求已经被实现
PAP 14	输配电系统模型映射	IEC 61968－3，MultiSpeak V4	SDO 正在处理用例和要求
PAP 15	协调智能家居的电力线通信（PLC）标准	DNP3（IEEE 1815），HomePlug AV，HomePlug C&C，IEEE P1901 和 P1901.2，ISO/IEC 12139－1，G.9960（G.hn/PHY），G.9961（G.hn/DLL），G.9972（G.cx），G.hnem，ISO/IEC 14908－3，ISO/IEC 14543，EN 50065－1	协调家用电器通信（即家庭自动化）的 PLC 标准 宽带共存工作已经完成 窄带工作在进行
PAP 16	风电厂通信	IEC 61400－25	2011 年第四季度由 PAP 团队完成用例、要求和指南
PAP 17	设施智能电网信息标准	新设施智能电网信息标准 ASHRAE SPC 201P	于 2011 年第 3 季度完成
PAP 18	SEP 1.x 到 SEP 2 的转换和共存	SEP 1.x，2	于 2011 年第 3 季度完成

8.8 不同层次的互操作性

对于大型、集成和复杂的系统，单层互操作性是不够的。它需要多层互操作性，利用有线或无线连接到兼容程序，从而参与分布式业务交易。在开发之前描述的 CRM 的过程中，考虑了 GWAC 提出的高级分类方法[14]。事实上，这实现了不同层次的互操作性。智能电网不同层次的不同类别的互操作性，如组织、信息、技术和子类别如图 8.2 所示。

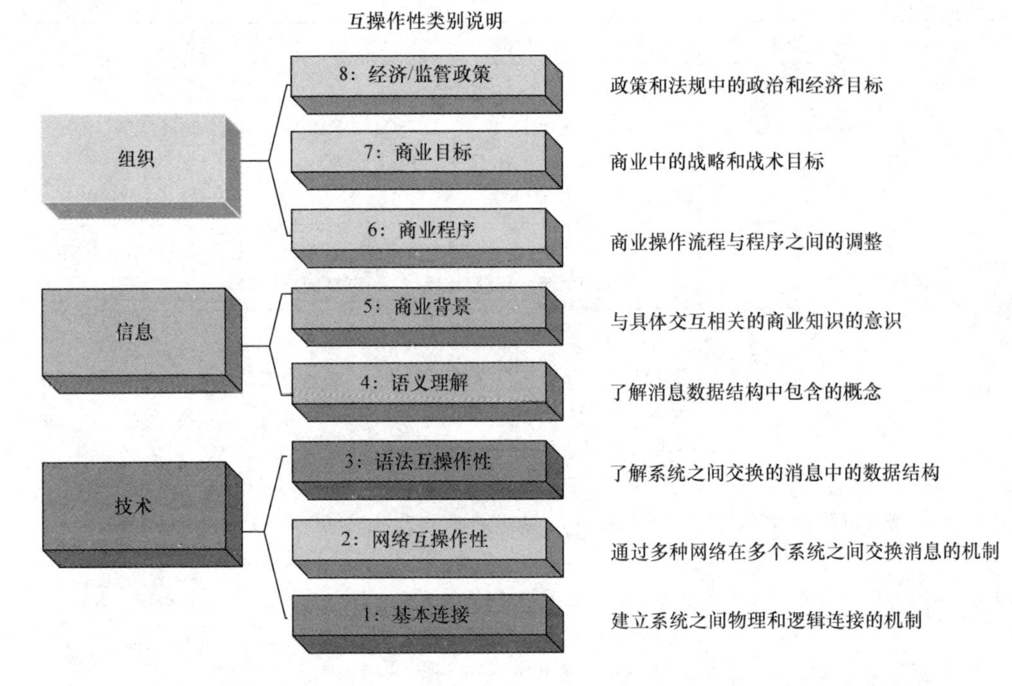

图 8.2　智能电网的互操作性的不同层次。在 GridWise 架构委员会的许可下，从“GridWise® 多层次互操作性框架”转载，2008 年 3 月，第 5 页。“GridWise® 多层次互操作性框架”是 GridWise 架构委员会的一项工作成果

8.9　小结

互操作性在智能电网未来的应用开发中起着重要的作用。为此，各组织制定了可互操作设备的标准、协议、准则和规范。对于设计人员来说，为智能电网的特定应用识别和选择合适的可互操作标准、协议、指南或规范是非常重要的。通过评估候选标准及其在各种应用中的应用，将确定新的需求和优先领域，从而出现新技术。例如，NIST 任务组在第一阶段集中在 8 个优先领域进行标准制定和协调工作。此外，NIST 的报告已经提出了智能电网当前定义中未包含的预期效益，但一旦智能电网技术完全成熟，这些预期效益就可以实现。

为了纳入新标准，NIST 还推荐了世界贸易组织技术性贸易壁垒委员会提出的各种原则。这些包括标准制定过程的透明性，标准化机构对所有相关方的开放性，标准制定过程的中立性和共识性，响应监管和市场需求的有效性和相关性，以及科学和技术的发展。另外，在制定新标准时，还提出了其他一些原则。

IEEE 1547 和 P2030 互操作性项目将针对 NIST 确定的各个优先领域。将来，这两个 IEEE 的项目将通过扩展现有标准或建立新标准来处理 NIST 额外的建议。优先领域包括但不限于储能系统、DGM 标准要求、分布式能源技术管理、静态和移动电力存储以及

电力运输/车辆。

总而言之，互操作性是智能电网应用中的一个关键特性。每个智能电网系统都需要建立互操作性标准来连接不同的设备。在没有建立互操作性标准的情况下，不同供应商制造的不同设备连接起来可能导致系统无效或效率低下。

参考文献

[1] U.S. DOE Office of Electricity Delivery and Energy Reliability *Smart Grid Investment Grant Program.* Funding Opportunity Number: DE-FOA-0000058, December 2009. DOESGIGQuestions@HQ.DOE.GOV.

[2] Kominers, P. (2012) *Interoperability Case Study: The Smart Grid*, http://papers.ssrn.com/sol3/papers.cfm?abstract_id=2031113 (accessed November 17, 2014).

[3] NIST (2010) *Framework and Roadmap for Smart Grid Interoperability Standards Release 1.0*, http://www.nist.gov/public_affairs/releases/smartgrid_interoperability.pdf (accessed 17 March 2012)

[4] Hughes, J. (2008) *Interoperability 101-The Basics of an Interoperable Grid*, SmartGridNews.com (Nov. 26, 2008), Grid Modernization Initiatives.

[5] GridWise Architecture Council (2008) *GridWise Interoperability Context-Setting Framework.*

[6] IEEE Standards Coordinating Committee 21, http://grouper.ieee.org/groups/scc21/index.html (accessed November 17, 2014).

[7] Zensys, A.S. (2006) *Z-Wave Protocol Overview*, Copenhagen.

[8] Pacific Northwest National Laboratory, Department of Energy, USA (2003) *Gridwise Architecture Tenets and Illustrations.*

[9] U. S. Department of Energy, Office of Electricity Delivery and Energy Reliability *Recovery Act Financial Assistance, Funding Opportunity Announcement*, Smart Grid Investment Grant Program Funding Opportunity Number: DE-FOA-0000058, June 2009.

[10] GridWise Architecture Council (2005) *Interoperability Path Forward Whitepaper.*

[11] Federal Energy Regulatory Commission, (2009) *Smart Grid Policy*, 128 FERC 61,060, Smart Grid Section 1301.

[12] (2007) *Energy Independence and Security Act Public Law No: 110–140* Title XIII, Sec. 1301.

[13] NISTIR (2009) *Smart Grid Cyber Security Strategy and Requirements* DRAFT NISTIR 7628.

[14] Electric Power Research Institute (EPRI) (2009) *Report to NIST on the Smart Grid Interoperability Standards Roadmap.*

[15] IEEE *IEEE P2030 Draft Guide for Smart Grid Interoperability of Energy Technology and Information Technology Operation with the Electric Power System (EPS), and End-Use Applications and Loads*, http://grouper.ieee.org/groups/scc21/dr_shared/2030/ (accessed November 17, 2014).

[16] IEEE *1547 Series of Standards*, http://grouper.ieee.org/groups/scc21/dr_shared/ (accessed November 17, 2014).

[17] Z-Wave Alliance (2012) www.Z-Wave.com/modules/iaCM-ZW-PR/readMore.php?id=577765376 (accessed November 17, 2014).

[18] IEEE Spectrum (2014) http://spectrum.ieee.org/nanoclast/semiconductors/nanotechnology/nanotubebased-liion-batteries-can-charge-to-near-maximum-in-two-minutes (accessed online November 17, 2014).

第9章

多种可再生能源并网

9.1 简介

随着间歇性可再生能源（例如风能、太阳能）技术和市场策略的不断提升，以及基荷可再生能源（包括地热能、生物质能和废物能源系统）的不断改进，减少来自发电系统温室气体（GHG）的排放更为经济可行。在过去几十年里，这些可变可再生能源对组合发电的贡献在全世界大大增加。2011 年风电和太阳能新增总容量分别为 40GW 和 29GW[1]。据估计，未来几年这一趋势将会持续下去。然而，随着系统规模的增加，它们对电网的负面影响及其对预期目标的服务能力将会下降。

目前所设计的电网以经济发电为目的，在保证发电质量与可靠性的前提下，将其分配给用户[2-5]。一般来说，电力需求模式遵循人类活动的日常和季节性循环规律。工业活动频繁的白天（特别是在需要空调的夏季下午），和傍晚的时候，家庭供热（特别是在冬季）、做饭、照明开始运行时，电力需求很大。另一方面，夜间和早晨，人们还在睡觉，此时的电力需求较少。在这种情况下，为满足经济以及平衡负荷和发电的要求（这是一个与市场结构无关的物理约束）不允许发电机在一天 24 小时内以固定功率连续运行。

增加大型间歇性能源（如风能和太阳能）的产量，预计将引起多方面的技术挑战[6-15]。最重要的是与所需的发动机爬坡能力相关，以不断平衡供需。但是，在由大型间歇性可再生能源发电系统产生电力的情况下，对电网系统的重组也是有可能的。然而，除非我们使用储能机制，否则即使能够实现精细的电力系统重组，这些可再生能源的需求时间和发电量之间的不匹配（取决于发电能源和电网类型[13-15]）也可能会进一步限制其在减少温室气体排放方面发挥作用的能力。最近的研究发现，根据地理位置，现有的电网存在许多潜在的脱碳途径[9,16,17]。这样的未来电网与现有电网在许多方面有所不同。其中的一个区别是关于间歇性可再生能源的贡献水平。本章主要研究不同层次间歇性可再生能源接入电网的互操作性挑战与可能的解决方案。

9.2 间歇性可再生能源系统并网的挑战

9.2.1 传统电力系统的运行

电力需求因国家经济周期、住宅活动和天气而异。日需求曲线通常分为三层：基荷、中间和峰值负荷，如图9.1所示。基荷是负荷曲线在白天变化不大的那部分。中间层是在一天的变化中可以被预测的那部分。峰值负荷层是可变负荷的最高部分，其变化趋势较难预测。日常需求的模式和图9.1所示的相应特征每天都有所不同。周末和假期的趋势与工作日是不同的。典型的日常模式也随季节变化而变化。

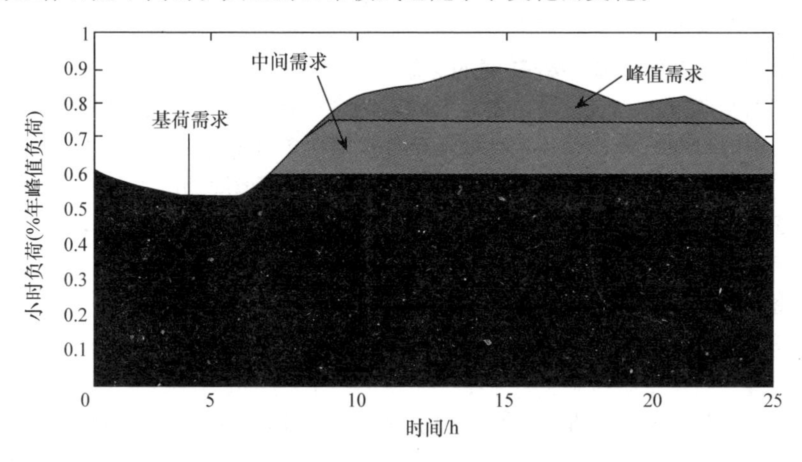

图9.1 日负荷曲线

与一些消费品不同，电力供应要求发电与用电应尽可能保持平衡。因此，需求模式是决定电力系统运行的因素之一[2-5]。图9.1中的基荷层是由基荷发电机组组成的。这些发电机组可以上调，以满足基准线以上的一些需求，当需求异常低时，也可以下调以减少产量。中间发电机组，也称为“负荷跟踪”或“循环”机组，满足大部分的日常需求。当需求变化时，可以快速改变它们的输出。这样的负荷跟踪机组也可以提供旋转备用容量，即当需求突然增加或某些机组被迫中断立即可用的容量。峰值机组是可在几分钟内从关机到满负荷的快速起动机组，可提供最高的日常负荷。这些机组的“容量因素”（即在其运行年份）低，并且也被用作“非旋转备用”。

在“调度”现有的发电机组时，调度员需处理两个矛盾的问题。就是以最低的成本满足不同的需求，并且维护电力系统的可靠性以及所提供的服务质量。保持可靠性需要确保有足够的发电机组以随时满足需求，同时保持电能质量要求以标准电压和频率供电。

电站系统的经济优化调度要求首先在线的是每千瓦小时成本最低的机组[2-5]。根据具体的实际情况，具有核电、水力发电、煤炭、地热基荷机组等运行成本低的电站将会在全年不断地输电，除非有计划或强制停电。采用昂贵天然气的组合循环机组被用于提供中间载荷。非常昂贵且不太有效的燃气轮机则被用作峰值机组。可变可再生能源发电系统不属于这3个类别，但也可用来满足需求。

如上所述，电力系统调度不仅仅是由经济因素单独制约的，它还取决于操作约束，其与所采用的各种发电机类型、负荷曲线特性、系统运行风险（系统可能无法满足所需负荷的可能性）等相关[2-16,18]。准备足够的旋转备用可以将运行风险降至最低。旋转备用需求是系统负荷、机组大小、元件故障率、水电站可用水量（如相关）、附加发电机组起动时间等的复杂函数。

在任何给定负荷水平的情况下，特定系列的运行机组可能因情况而有所不同。这表明相应的爬坡速率和爬坡范围也根据实际调度而变化。在间歇性可再生能源存在的情况下，瞬时电网爬坡速率和爬坡范围可能是这些能源并网的限制性因素[9, 13-15,19, 20]。

9.2.2 间歇性可再生能源系统并网的影响

风能和太阳能技术的电力输出实际上随时间变化而变化。可变性取决于地理位置、气候、一天中的时间、季节以及各种地形条件。图9.2显示了关于风能和太阳能技术的模拟输出的时间曲线，以及加利福尼亚的周负荷曲线。该图表明太阳能和风能的输出有很大的差异，例如，在晴朗的一天（第五天和第六天），太阳能发电从早上到中午慢慢增加，然而从中午到晚上开始逐渐下降。在（半）阴天（第一天到第四和第六天），移动的云层会暂时性地阻挡或者减少太阳能发电机所接收到的太阳辐射，从而使得差异变大。太阳能发电也具有季节性特征（见图9.3）。一般来说，在北半球，太阳能发电在夏季达到顶峰，而冬季则达到最低水平。与太阳能不同，风力在昼夜的输出上没有明确的日产量分布，但在大部分地理区域，风力输出在夜晚达到峰值。然而，风力往往表现出某种周期性的产出，也就是说在连着几天电力输出充沛前/后（这取决于季节），就会出现输出不足的情况。这可以从图9.2和其日常输出的峰值特性看出，正如图9.3所示。一般而言，在春天，风力的输出峰值取决于地理位置。另外，如图9.2所示，与风能或太阳能技术相比，混合动力系统输出曲线似乎具有平稳的输出，其几乎可以更好地与负荷曲线匹配。

风能和太阳能发电机输出的变化对电力系统的运行和设计带来了新的挑战。一般来说，发电机的一个关键性指标是其可调度程度，特别是其在指定时间内通过控制出力满足运营商需求的能力。风能和太阳能光伏（PV）几乎没有调度能力，这些能源的出力只能减小，而不能增大。另外一个挑战是这些能源的输出具有不确定性，比如风能和太阳能在各个时间段上具有有限的可预测性。

如果间歇性能源并网的能量足够小，则可以将其视为对整个负荷的负面贡献，并且不会引起任何特定的控制问题。然而，由于电网系统不确定性的增加，一些电力公司正在对较大型间歇性能源并网进行严格的审查。理想情况下，电网系统应该能够管理大型间歇性能源输入的瞬时变化[21-25]。

有几项研究已经报道了不同类型的间歇性能源并网造成的影响[9-26]。许多类似的研究显示，由于能源差异带来的不平衡，导致了风能的有效成本有所增加[8,25,26]。一般来说，大型间歇性能源对电力系统的影响分为短期（分钟到数小时）影响和长期（年）影响。典型的短期影响包括电压和频率管理，而典型的长期影响包括组件退化。

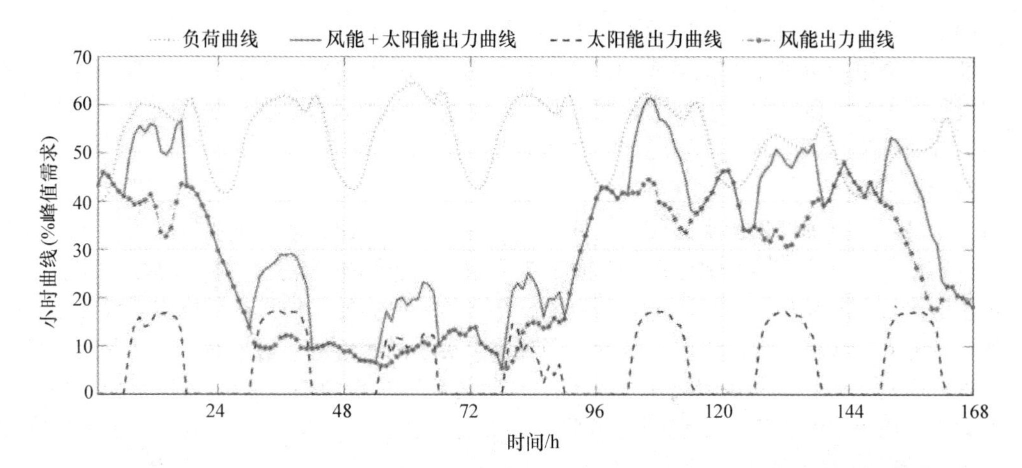

图9.2 风能、太阳能、风能+太阳能混合系统出力的模拟小时曲线图，以及加利福尼亚一个春季的相应负荷曲线。该模拟的风-太阳能混合系统总容量为40.9GW（11.1GW太阳能和29.8GW风能）。该系统分布在加利福尼亚州，并将为其提供最大可能的能源（年需求量的38.3%），这些能源主要是来自2011年没有被倾销的间歇性可再生能源。请注意，仅通过太阳能或风能技术实现并网将需要适量倾销或储能，或者同时满足两者

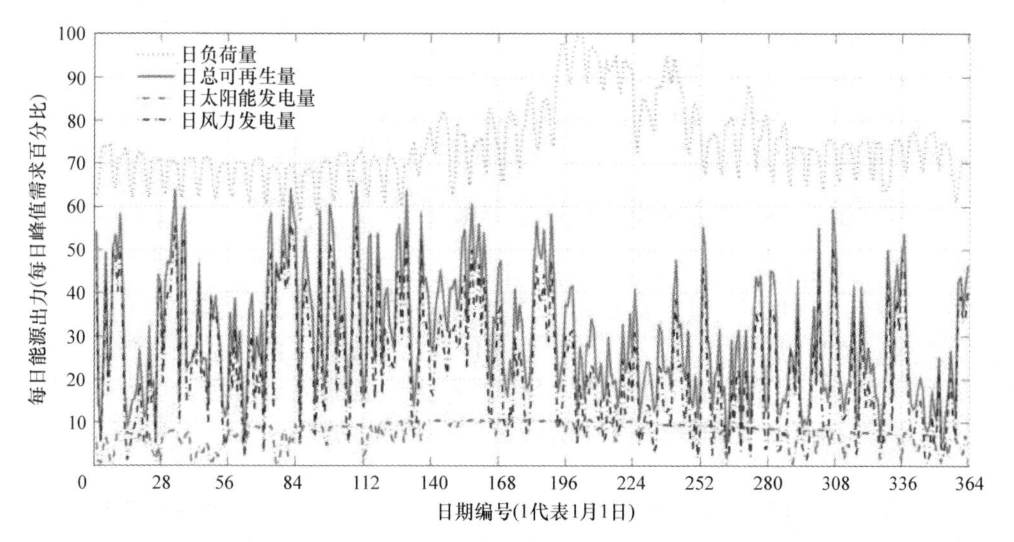

图9.3 图9.2给出的风能、太阳能及其混合能的每日模拟出力以及2011年加利福尼亚州的日常需求量

事实上，主要的短期影响是电压和频率管理，但是由于干扰、输电和配电损耗以及由于过度发电引起的能量损耗也很重要[7,8,22-24]。可变能源并网的主要挑战也是将频率和电压保持在规定的范围内。对于稳定的电网系统而言，这些限制主要由发电和需求之间的平衡所决定，这些平衡主要是由一些电厂增加或者减少产量来维持。对于大型、互

连的电网系统，只要间歇性能源不是太大，这个挑战就是最小的。然而，这些能源的可变性为孤立电网带来了重大挑战。为了研究不同的可变能源对传统电力系统的作用，人们进行了大量的研究，这些研究表明电网系统迅速循环的能力限制了这些能源对传统电力系统的价值[9-15]。现有研究表明，如果允许适量能源倾销，则每年对间歇性能源的总需求量可高达20%。

大型可变能源并网影响了传统电网系统的运行方式，因为需要采取特殊措施来控制不稳定性[9-15,19,20]。这些措施可能包括增加可用储能机组的数量/或增加现有负荷跟踪机组的停机和起动周期的频率。在短期内，由于传统电站的维护和运行成本的增加，导致可变能源的成本随之增加，这也会使强制停电更为频繁。从长远来看，过度关闭和启动这些电站，将大大减少其寿命[26-28,43]，这就需要更多的资本支出来取代它们。替代方案是采用更多的机组从而保证电力系统在所谓“三班倒”的基础上运行，这也增加了可变能源的有效成本。

除了电站老化外，另一个影响电网稳定性的重要因素是长期规划。具体来说，因为来自太阳能和风能的电网输入具有间歇性特征，并且越来越多的可再生能源并入电网系统，因此在满足所有可能需求的条件下，常规发电容量的稳步增长对于保障系统稳定至关重要。换句话说，太阳能和风能是不可靠的能源。因此，传统电网系统在设计时，必须能够满足未来的预期峰值需求。

当我们进行大规模间歇性可再生系统并网时，将会面临其他的挑战。这个挑战需要我们具备把能源的季节和昼夜状况与当地需求相匹配的能力。在未来的电网中，当间歇性可再生能源占发电量的比重很大时，小幅增加可变发电量需以倾销部分过剩能源为代价，特别是在春季时，可再生能源的发电量会超出它能够供应的需求量[9-15]。

9.3 向高可再生电网的过渡

9.3.1 规划研究

最近，许多规划研究评估了将目前碳密集型电网转变为到2050年温室气体排放量为1990年的20%以下的系统的可能性。这些研究在其研究方法/工具和其覆盖的地理区域上有所不同。因此，详细比较是相对困难的。在这里，我们将简要介绍可变发电机在未来电网中的研究方法和最重要的发现。

9.3.1.1 西部电力协调委员会（WECC）脱碳情况

这项研究使用的SWITCH模型是由加利福尼亚大学伯克利分校的可再生能源实验室研究开发出来的[16-18]。SWITCH是一个容量扩展和调度模型，用于研究西部电力协调委员会（WECC）整个地理范围内关于电力部门脱碳的政策选择。该模型是一个混合整数线性程序，其目标函数是将满足当前和未来某个时间点之间的电力需求的成本最小化，例如2030年。图9.4显示了SWITCH模型的输入、优化和输出，而图9.5提供了目标函数以及必要的信息。它具有很高的地理分辨率，可以通过将整个WECC区域划为50个分区域（称为负荷区域）来评估低碳发电能源的最佳部署。

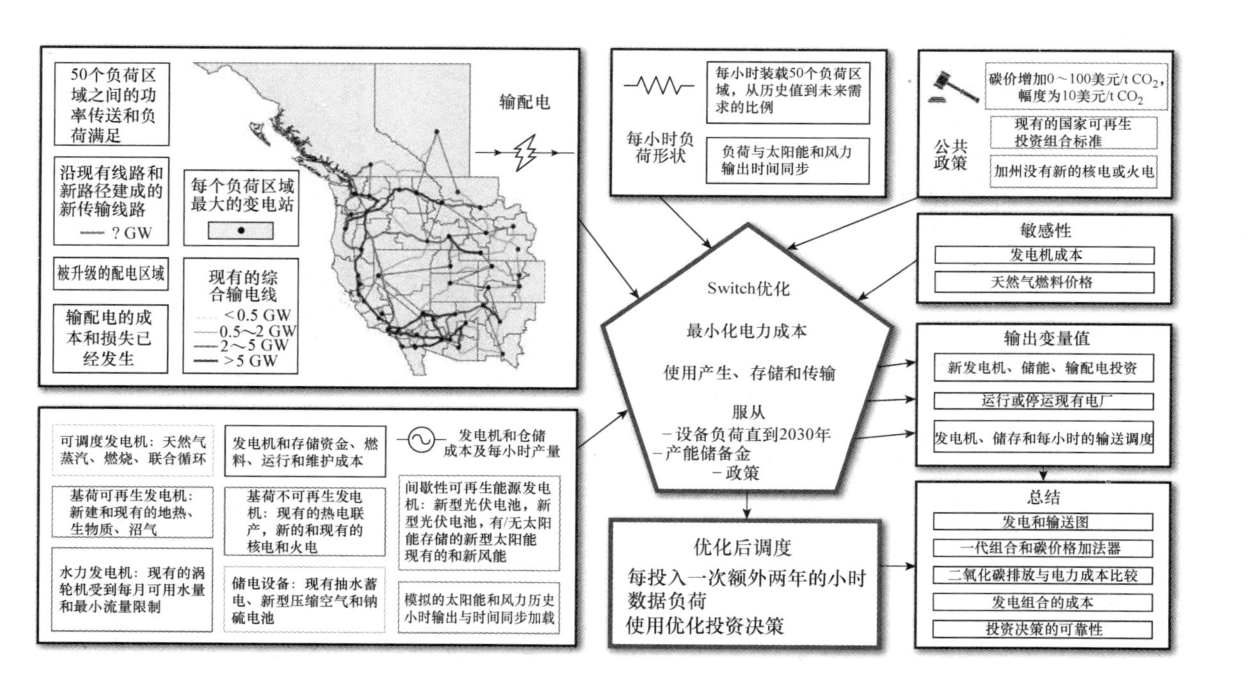

图9.4　SWITCH模型的数据输入，优化和输出图[16]

目标函数：最小化满足加载的总成本			
发电和储能	资本	$\sum_{g,i} G_{g,i} \cdot c_{g,i}$	在投资期 i 中，在工厂 g 安装发电机所产生的资本成本计算为发电机的大小 $G_{g,i}$，单位为 MW，乘以该类型发电机的成本 $c_{g,i}$，单位为 2007 年美元/MW
	固定运行和维护成本	$+ (ep_g + \sum_{g,i} G_{g,i}) \cdot x_{g,i}$	投资期 i 在工厂 g 支付的固定运行和维护成本计算为电厂的整个总发电量（工厂 g 预先存在的生产容量ep_g加上通过投资期 i 安装的总产能 $G_{g,i}$），单位为 MW，乘以与该类型发电机相关的定期固定成本（单位为 2007 年美元/MW $X_{g,i}$）计算
	可变的	$+ \sum_{g,i} O_{g,t} \cdot (m_{g,t} + f_{g,t} + c_{g,t}) \cdot hs_t$	在学习时间 t 内为工厂 g 运行的可变成本计算为功率输出 $O_{g,t}$（单位为 MWh）乘以与该类型发电机相关联的有效成本（2007 年美元/MWh）的总和。可变成本包括每 MWh 维护成本燃料成本 $m_{g,t}$ 和碳成本 $f_{g,t}$，并由每个学习小时代表的小时数 hs_t 加权
输电		$+ \sum_{a,a',i} T_{a,a',i} \cdot l_{a,a'} \cdot t_{a,a',i}$	在两个负荷区 a 和 a' 投资期 i 建造或升级输电线路的费用计算为新线路 $T_{a,a',i}$ 额定传输容量（单位为 MW）、新线 $l_{a,a'}$ 长度和区域性调整每公里建成新传输的费用 $t_{a,a',i}$ [单位为 2007 年美元/(MW · km)] 的乘积。传输只能在彼此相邻或已连接的负荷区之间建立
配电		$+ \sum_{a,i} d_{a,i}$	投资期 i 内加载区域 a 内局部传输和分配升级成本按建设和维护升级成本 $d_{a,i}$（单位为 2007 年美元/MW）计算
沉没		$+ s$	沉没成本包括在现有工厂、现有输电网络和配电网络的研究期间发生的持续资本支出。沉没成本不影响优化决策变量，但在优化结束时计算功率成本时需要考虑

图 9.5 SWITCH 目标和必要的描述。从《能源政策》转载，卷 43，2012 年 4 月，James Nelson，Josiah Johnston，Ana Mileva，Matthias Fripp，Ian Hoffman，Autumn Petros – Good，Christian Blanco，Daniel M. Kammen，“西北高分辨率建模美国电力系统展示了低成本和低碳期货”，第 436 – 447 页，版权所有© 2012，获得 Elsevier 的许可[16]

为了捕捉每日操作的元素，交换机投资模型采用基于历史实时需求的抽样技术，但由于运行时间的限制，最高采样时间为每年 144h，由（12 个月/年）×（2 天/月）×（6h/天）组成。从每个历史月份中抽取中等需求和峰值需求的日期。在每一个月中，峰值需求日的天数为一天，而中值需求日的天数为每个月的总天数减去其中的一天。该模型采用类似于投资优化的小时调度，以检查容量扩展模型是否能够在整个年度内平衡电力的供求关系。

SWITCH 模型具有突出的特点，它可以评估继续当前的电力行业政策与替代方案对未来该行业排放的影响，该模型使用碳价格加法器以便在未来可以构造一个实现重组和碳密集度更低的电网。它还使用基于情景的方法来模拟与发电机成本/技术改进所相关的不确定性，其中包括在可行范围内更改预计的发电机成本，或者扩展/减少模型数量中可以选择的发电机组数量。表 9.1 总结了已经检测的一些场景。该模型还通过利用和调整负荷曲线来检查车辆电气化和供暖的影响以及利用节能措施带来的影响。

表9.1 2050年潜在的电力系统情景[18]

情景	加载配置文件	加州在2050的负荷（T Wh/年）	2050总WECC负荷（T Wh/年）	碳捕捉（从1990年排放水平开始下降）（%）	与基本情况相关的额外资本成本（%/年）	包括或者排除的发电机
冷冻，无碳捕捉	冷冻效率	395	1368	N/A	N/A	不包括生物质固体CCS
有碳捕捉的冷冻效率	冷冻效率	395	1368	80	N/A	不包括生物质固体CCS
基本情况	基本情况	424	1310	80	N/A	不包括生物质固体CCS
廉价核能	基本情况	424	1310	80	核能：-2	不包括生物质固体CCS
廉价的CCS	基本情况	424	1310	80	CCS：-1.5	不包括生物质固体CCS
无CCS	基本情况	424	1310	80	N/A	不包括所有的CCS
廉价的风能和太阳能	基本情况	424	1310	80	风能和太阳能：-1	不包括生物质固体CCS
昂贵的光伏电池	基本情况	424	1310	80	光伏：+1.5	不包括生物质固体CCS
生物质固体CCS	基本情况	424	1310	100	N/A	不包括生物质固体CCS
附加电气化	附加电气化	484	1478	80	N/A	不包括生物质固体CCS

SWITCH结果显示存在多条去碳化未来电网的路径。图9.6给出了到2050年安装的相应发电机组。

图9.6显示，与没有碳捕捉的场景相比，所有将碳排放量减少到低于1990年水平的20%的所有情况下，到2050年所需的发电机容量将显著增加。装机容量有如此巨大差异的主要原因是关于风能和太阳能技术的安装水平有所不同。通过比较每一种情况可知，正在建造的发电机类型随风能和太阳能技术的数量而有所差异。当“诸如碳捕获和碳封存（Coal-CCS）”等大型发电机建成后，关于太阳能和风能技术的数量会有所减少，相比之下，如果Coal-CCS技术不可用，它将建立更多的太阳能和风能技术，更灵活的燃气点火装置，以及一些可以为所需平衡服务提供灵活性的储能装置。不同的情况研究已经表明，在2050年之前风能和太阳能提供的电力需求可以高达50%。

9.3.1.2 NREL提出的可再生能源电力未来

美国国家可再生能源实验室（NREL）近日发布了关于美国电网可再生能源未来的综合报告。该研究调查了不同的可再生能源的潜在组合，其中包括风能、光伏、聚光太

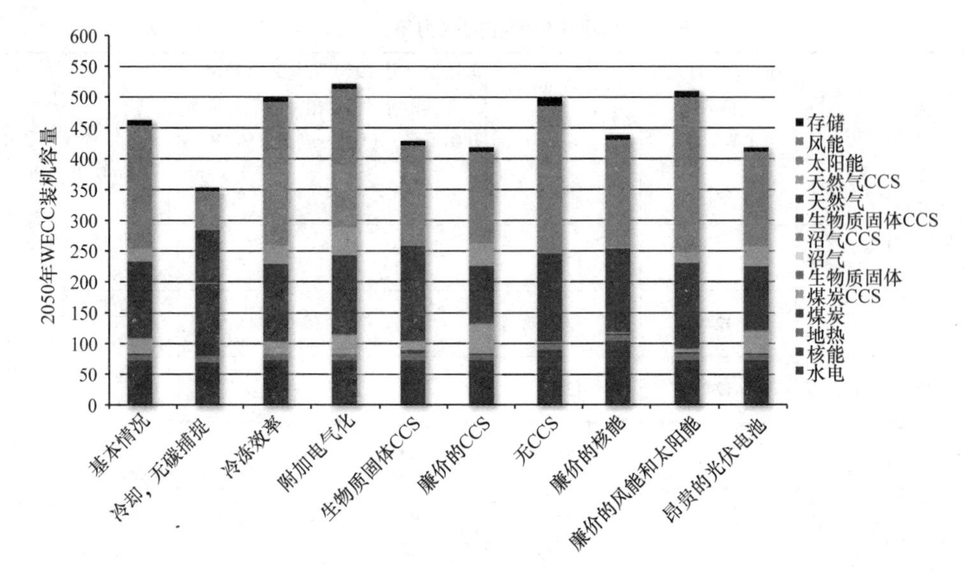

图 9.6　根据情景，到 2050 年整个 WECC 安装的发电和储能容量

阳能（CSP）、水力发电、地热和生物质能，到 2050 年满足不同层次的可再生能源的渗透率要求 - 从年度需求的 30% ~90%[9]。该研究使用 NREL 的区域能源部署系统（ReEDS）模型和 ABB GridView 模型进行。前者被用来分析在未来几十年内利用地理上的不同可再生能源来满足美国电力需求的潜力，而后者被用来测试美国电网在 2050 年的各种情景下每小时运行情况。ReEDS 模型以每年 17 个时间片段表示，所以用统计处理的方法来评估风能和太阳能对容量的规划和调度的影响。这项研究重点是探索到 2050 年，可再生能源发电如何满足美国 80% 的电力需求。特别注意是 80% 的发电量，因为已经确定将电力行业的温室气体排放目标定为 1990 年的 20%。

研究表明，到 2050 年有多种图路径可以实现美国 80% 的可再生能源的发电量。可再生能源发电来自各种具有不同可调度能力的可再生能源技术。根据可再生能源发电水平达到 80% 的情况，风能和太阳能发电量几乎占总发电量的 50%。这项研究表明，与最基本的情况相比，假设在 2050 年之前使用现代传统发电机发电，那么随着可再生能源普及率的增加，必将会出现更多样化的技术。随着风能和太阳能等可再生能源技术的发展，其他技术（如储能技术），将变得越来越重要。

根据他们每小时使用 GridView 进行的模拟，将近 80% 的能源来自可再生能源（包括 50% 来自可变发电机），对所有地区的电力供求关系均可达到平衡[9]。这些研究确定了未来电网与现有电网相比的一些特点。此外，关于将大量间歇性可再生能源纳入电网中我们强调三个重要的经验教训。具体如下：

1）增加对电网灵活性的需求：研究表明，为了使可再生能源的利用率更高，根据新可再生能源发电机的性质，需要新可再生能源的发电量增加来辅助传统技术的发电

量。通过使用能源存储和需求方技术（如可中断负荷）实现了电网的灵活性，增加的传输互连以及传统电厂包括化石燃料发电机增加的调度灵活性，实现了需求和供应的实时平衡 。

2）增加的操作挑战：化石燃料为主的电网主要关注的是满足高峰负荷时段（例如夏季下午）。与此不同，具有高比例的可再生能源的电网主要面临的挑战是可再生能源发电的丰度在低需求时段（例如春季晚上）出现时，大部分热力发电机循环被迫降低到其最低发电量。这增加了高比例的间歇性可再生能源电网的不确定性。

3）能源削减：在2050年之前，80%的小时调度分析的基础上，8%～10%的可再生能源将被削减。这会降低电厂的经济价值。

9.3.1.3　欧洲电网的研究－到2050年的路线图

欧盟和八国集团的领导人已经声明，到2050年，二氧化碳的排放量可以减少到1990年水平的80%以下。欧洲气候基金会（ECF）对该政策进行了以事实为依据的评估，这是一系列初步设置技术和政策提议的办法，即“2050年的路线图”[19]。该研究调查了欧洲各国经济部门的潜在碳减排情况（欧盟27国加挪威和瑞士）。研究表明，为了在2050年前达到预期的减少量，电力行业的排放量应减少到1990年水平的95%以下。这项研究考虑了3个主要的途径，这些被认为代表了潜在的电力结构演变的普遍观点，以便研究2050年欧洲脱碳电网的性质。3种途径之间的区别在于它们3类低/零碳发电技术对电力供应的相对贡献的变化，即到2050年有CCS的化石燃料、核能和可再生能源（其中包括风能和太阳能技术、地热、水力发电和生物质能）。可再生能源在三个途径中的比例分别40%、60%和80%，假设剩余的供应被核能和有CCS的化石燃料平均分配。用发电调度模型评估供需平衡和其他的安全措施。与以前的研究结果相似，这项研究表明，像风能和太阳能等可变发电机是未来电网的重要组成部分。与上述两项研究不同，本研究没有使用任何容量扩张模型。然而，它使用反推法（从2050年到现在的反向的推理方法），来确保当前路径被改变以达到未来目标所需要的时间。这项研究还表明，由于间歇性可再生能源系统的比例增大，储能需求也随之增大。

9.4　高并网率和规模化电网储能

上述长期规划研究是在经济和技术不明朗的情况下进行的。在设计可容纳大型间歇性可再生能源系统的电网时，我们需应对许多挑战，包括间歇性可再生能源发生重大波动、将不同发电水平与当地需求量进行改进匹配。在下面的章节中，我们通过讨论两项研究来实现将不同可再生能源系统的发电量与需求匹配的实质，研究包括以色列电网的匹配研究，及我国电网的储能设计和调度模型研究。

9.4.1　电网匹配分析——以色列电网案例

Solomon等人发表了一系列关于以色列电网匹配可能性的论文[10-15]。该研究旨在确定将更大的间歇性可再生能源系统纳入电网的可行方法。本研究是基于以色列电网的相应历史负荷数据和针对2006年的计量数据，这些数据是计算机仿真的风电和光伏每小时的输出。通过使用位于内盖夫（Negev）的本古里安（Ben－Gurion）大学研究人员为此开发的简单数学算法，能够研究增加间歇性可再生系统电网匹配的各种机制。该研究假设电网高峰需求的一部分由不灵活的基荷电厂提供，而剩余部分的负荷，通常也被认为是由可变可再生系统产出供应的，则假设是由更灵活的发电机提供。因此，电网的灵活性被定义为

$$ff = 1 - \frac{G_{min}}{G_{max}}$$

式中，G_{min}和G_{max}分别是电网可能出现的最低发电水平和最大发电量，这些研究表明，间歇性可再生能源系统的电网渗透能力受到电网灵活性和与当地需求相匹配的能力的限制。提高电网的灵活性，即通过更灵活的发电机取代基荷发电厂，可以提高电网容量以适应更多间歇性可再生能源。即使在$ff=1$的理想电网灵活性（无基荷）的情况下，根据发电技术的类型，单靠风能或太阳能技术实现的电网穿透也仅能达到20%。其他增加电网渗透率的机制（不包括储能），显示出可以允许一些能源倾销，并使用更多样化的能源。研究表明，关于能源倾销的作用，对于任何技术类型或其混合技术，电网的渗透率对较小的能源倾销都有着显著的增加。对于适度的5%的能源倾销，使用独立静态平板光伏、聚光光伏（CPV）和风能技术可以实现年需求约27%、32%和32%的电网渗透，进一步增加能源倾销似乎没有什么帮助，另一个导致明显能量渗透的机制是使用风能和太阳能技术的混合。研究表明，这两种技术的混合能够比独立的任何一种技术实现更好的能量渗透。这是因为这些技术的输出的互补性（例如，在正午的时候太阳能输出峰值，然而在晚上的时候风能输出是峰值），这就增加了它们的需求匹配。在5%的能源倾销下，风能与CPV技术的混合可以使电网渗透达到年均需求的46%。这是在理想灵活且没有储能条件下以色列电网可以实现的最大理想渗透。由于观察到的这两种能源的平滑效应，与独立使用两种技术相比，除了增加了电网渗透能力外，使用风能-太阳能混合能源还可以降低电网斜坡的需求。

现在，我们来看储能设计要求的情况及其在光伏技术中电网渗透的作用。当光伏系统的规模增加时，它们的模型不是对能源与电力的储能容量做出先验限制，而是根据电网和太阳能光伏输出之间的相互作用来计算这些参数。图9.7显示了光伏发电普及率对储能容量和能源容量的依赖。图9.7a显示，根据电网“灵活性”，对于较小的储能容量，渗透率呈现急剧增长的趋势，而随着我们增加储能容量以适应更多的光伏能源，渗透率开始趋于平稳。这表明增加储能容量远远超出了图9.7a的转折点，对于这种策略情况将会变得越来越差，因为渗透率的小幅增长需要储能容量的大幅增加。换句话说，随着我们进一步增加超过转折点的储能容量，储能有用性降低。图9.8显示了储能“有用性指数（UI）”（即一年内存储的能源与储存能量的比率）所形成的识别值随其能源容量而变化。“UI”最初随着能源容量的增加而增加，直到达到某个峰值然后开始下降。对于所有的电网灵活性而言，“UI”峰值出现在图9.7b中观察到的斜率变化的位置。研究表明，建立比对应于峰值UI的储能容量大得多的储能可能会减少存储的收益。当$ff=1$，对应于峰值UI的储能值为94.5GWh。

$ff=1$的相应高渗透率约为年需求量的70%。但是，研究报告指出，通过改变调度

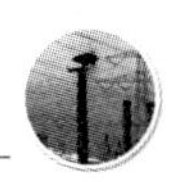

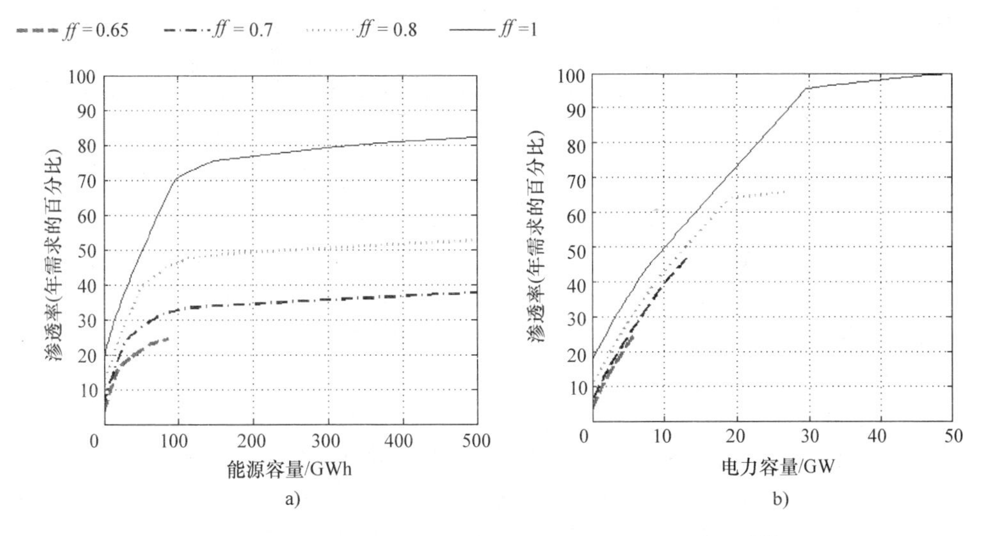

图9.7 渗透率对a）能源容量和b）电力容量的依赖[12]

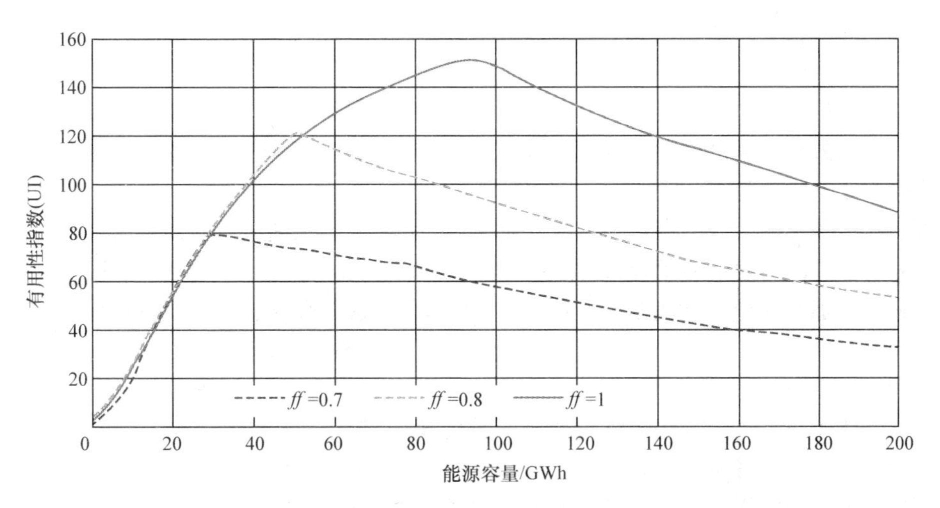

图9.8 有用性指数（UI）对储能容量的依赖[11]

来增加存储使用量，可以显著提高渗透率。为了做到这一点，当超存储电力和能源容量发生超出情况时，必须允许能源倾销。通过对能源容量为94.5GWh（约占以色列日均需求量的70%）和相应的电力容量的储能的分析，发现20%的能源倾销就实现了约86%的光伏电网渗透。同时，适当的调度策略将降低常规发电厂的能力，比以色列当年运营的10.5GWh容量至少减少了3GWh。研究的结论是，根据间歇性可再生能源输出特性与负荷特性的季节性和昼夜匹配来设计储能，对于实现非常高的渗透性和高的系统性能具有重要的作用。

9.4.2 存储设计和调度-互连电网案例

为了评估在互连电网中达到非常高的渗透率的可能性，我们开发了一个非经济的数学模型（基于线性程序），当我们增加可变发电机的容量时，该模型也有助于评估存储设计和调度的潜在影响。该模型的设计方式可以优化可再生能源的渗透率，同时最大限度地降低相应的储能和功率容量要求。为确保全年小时的供需平衡，该模型还根据实际情况建立了满足需求所需的最小常规备份容量。为简单起见，我们假设备份在每个负荷区域代表一组可以快速起动和快速停止的发电机。

该研究是利用加利福尼亚州一年的小时载荷数据和各种利用风能和太阳能技术模拟的小时输出数据进行的。对于本研究，我们从 SWITCH 模型数据库中获取了 2011 年的数据。我们还将加利福尼亚州划分为 12 个负荷区域，正如 SWITCH 模型所描述的那样[16]，每个负荷区域之间的电力交换视为一个运输模型，其负荷面积之间的最大转移约束不超过连接它们的传输线的总容量。为了使用该模型构建可再生能源发电机，我们规定了在一定条件下，一定数量的可再生能源系统将被建立，根据整个国家分布的一系列技术，该模型将构建可以优化间歇性可再生能源系统能量渗透的技术。

现在让我们来看看当我们增加了总体可变系统规模时，可再生能源系统的电网渗透和相应的储能需求是如何相互关联的。图 9.9 显示了来自可变能源的电能，其电网渗透是如何随网络能源容量的不同而变化的。网络能源容量是指整个网络中建立的总储能容量的总和。这两个曲线对应我们为比较而构建的两个存储设计模型，也就是说，一个允许将其存储的能量提供给网络（SET 模型），而另一个限制了储能的使用仅在负荷区域（SEUL 模型）。在这两个条件下，电网渗透率对较小的存储量而言急剧增加。像以色列电网一样，随着网络能源容量的增加，渗透率逐渐下降，以适应不断发展的时代。这也表明，对于较小的网络能源容量，当本地使用所存储的能源时，渗透率将以比传输时更快的速率增加。这种现象是因为当我们允许存储的能源传输时，该模型将建立更大的存储空间以达到几乎相同的电网渗透，但是这会导致常规备份的容量需求轻微降低。这可以从图 9.10 给出的大多数可再生系统的较低常规备用容量与 SET 模型下储能的相对较高的网络能源容量之间的密切对应看出。图 9.10 还表明，随着存储器的网络能源容量的增加，总的常规备份容量会降低。然而，图 9.11 表明，如上述以色列研究所示，在转向区之外增加网络能源容量是一个糟糕的策略。图 9.11 显示了 SET 模型和 SEUL 模型的储能 UI。该界面显示 UI 在开始下降之前会有所增加。以色列电网也表现出了类似趋势。然而，本研究中的 UI 趋势曲线不如上述情况那样光滑，特别是对其他峰值显示较小的 SET 模型。这应该是预料之中的，因为本研究中的单站光伏能源与以色列的研究相比，该模型可以用来建立来自广大地域以及各种风力（陆上和海上）和太阳能技术［例如静态光伏、聚光太阳能（热）发电、跟踪式光伏等］的系统。尽管如此，图 9.9 相应的 UI 曲线是唯一可以简化储能容量最大阈值要求的工具。在这里，我们要注意的是，本研究中两个模型的 UI 曲线差异可能是 SET 模型倾向于减少常规备份需求的结果。

这项研究及前一项研究表明，超越转向区的能源储备增加，以避免能源倾销是一个

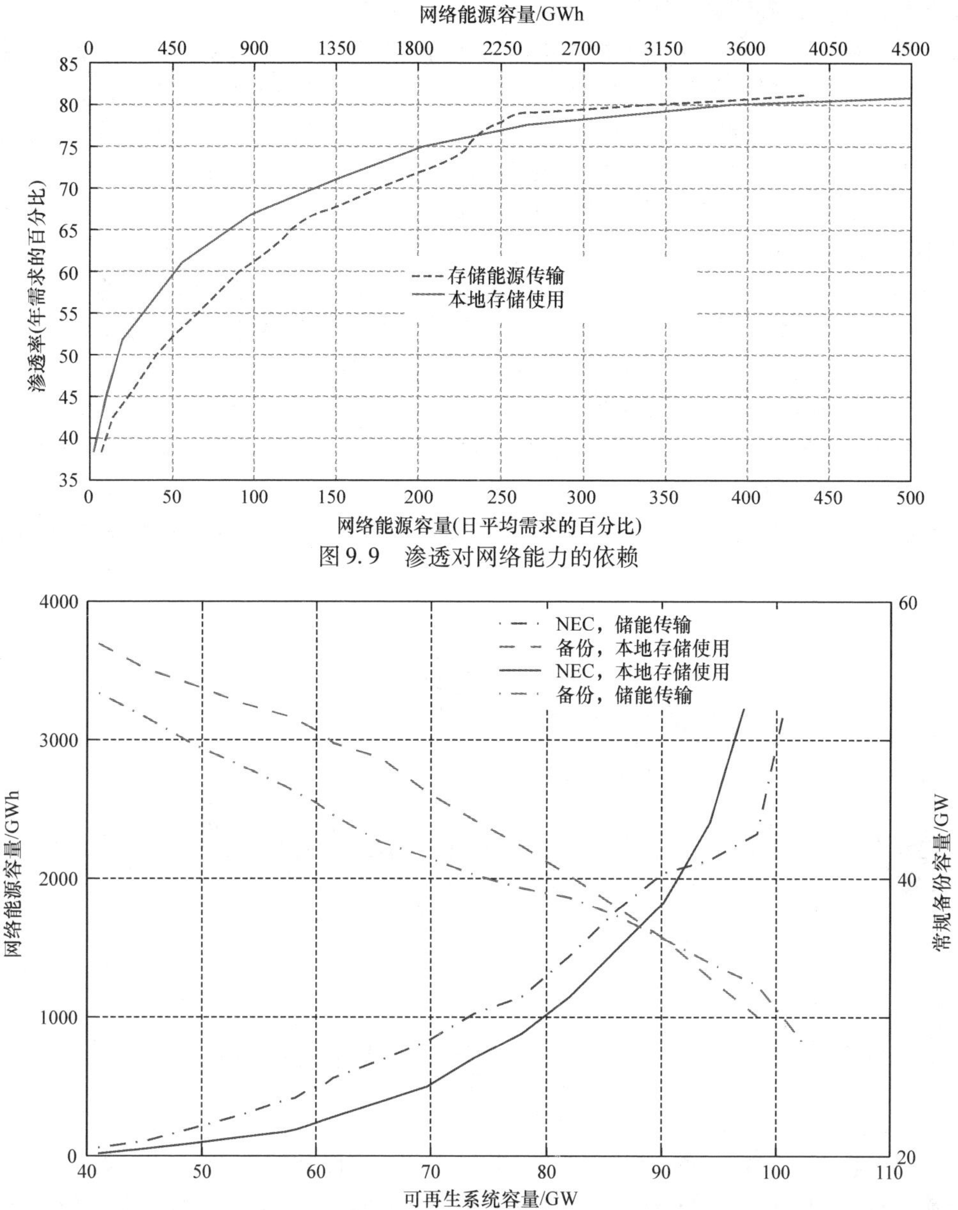

图 9.9　渗透对网络能力的依赖

图 9.10　存储的网络能源容量以及满足每个可再生系统情况下每小时负荷所需的相应常规备份容量

不利的政策。这些研究结果表明，根据电网类型和当地能源，间歇性可再生能源输出和需求的季节性和昼夜匹配能力有效地建立了所需能源存储容量的最大阈值（也可能依赖于存储技术）。图 9.10 和上一节显示，这个阈值是每日平均需求量的最大值。

SET 模型中 UI 曲线的性质表明，其峰值可以是任意的，但是为了方便比较，我们继续使用它的结果。正如我们将在后面看到的那样，SEUL 模型比 SET 模型可以更好地捕捉季节和昼夜对间歇性可再生系统输出和负荷分布的影响。

图9.11显示，在所有条件下，UI依然保持得很低。增加电网渗透率的唯一机制是，当能源容量和储能容量超过标准时应允许能源倾销。目前市场仍然缺乏具有经济价值的能源倾销方案。但是，如下所示，能源削减可能是增加间歇性可再生能源电网渗透的潜在途径之一。此外，许多案例已经表明它具有降低常规备份容量的重要优势。为了证明这一点，我们选择了两个网络能源容量，一个在SEUL模型的峰值UI（即184GWh），另一个对应于SET模型的第二个峰值（即411GWh）。SET模型的第一个峰值出现在一个较小的储能规模，因此可以被忽略。图9.12显示了电网渗透的方式和所需的常规备份容量与总能量损失的关系（由于储能效率和削减的过剩能源而导致的能量损失之和）。图9.12显示，可再生能源的电网渗透率在总能量损失较小时急剧增加，实际比例可以达到年需求量的85%，占总能量损失的20%。相反，随着能量损失的增加，常规备份容量要求显著降低。当总能量损失达到总可再生能源发电量的20%时，SET和SEUL模型对应的常规储能能力要求分别降低了约35GW和33GW，这是非常重要的，因为所降低的备份能力足以满足全年的小时需求，包括59GW的峰值需求加上5.3%的分销损失。

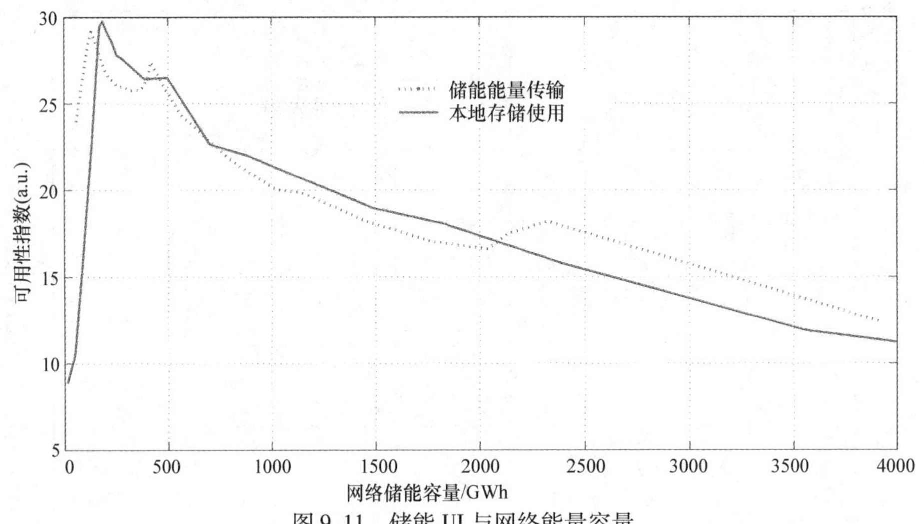

图9.11　储能UI与网络能量容量

图9.12显示，418GWh储能在增加电网渗透率方面比186GWh显示出一点优势。我们随后的分析确认，应该在任何电网中实现适当的储能设计，如以色列电网的情况，以便以有效的方式实现更高的渗透率。因此，我们得出结论，如果将电网渗透作为唯一措施，在本研究中，加利福尼亚最大的储能需求大约为186GWh（如SEUL模型所示）。尽管如此，418GWh存储在降低常规备份容量需求方面显示出显著优势，其能源容量是186GWh的两倍以上，而功率容量则至少增加2GW。这表明，基于间歇性可再生输出和负荷包络的季节性和昼夜相互作用来设计储能，对实现非常高的渗透率和高效的系统性能具有重要意义。

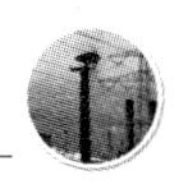

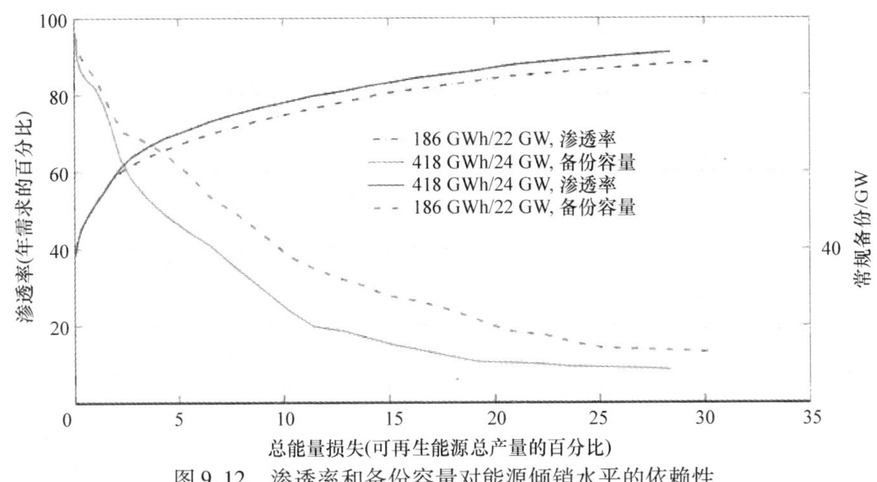

图 9. 12　渗透率和备份容量对能源倾销水平的依赖性

我们将在图 9. 13 中给出能源倾销增加了多少储能空间。这个图显示了两个重要的趋势。首先，虽然储能向电网输送的能量较少（在最高条件下仅为可再生能源的10%），但它对间歇性可再生能源的推动起到了重要作用。因此，储能容量显著减小，即每日平均需求的22%（以186GWh为参考）。回想一下，以色列电网的相应容量约为年需求的72%，而储能则从光伏发电中获得更大的能量[11]。第二，当我们开始允许能源倾卸时，储能所释放的能量急剧增加，但趋势在达到其总损失的约15%的峰值后反转其方向。以色列的研究也报道了类似的趋势[11]。相比之下，在以色列电网的情况下，储能从间歇性可再生能源中提供了大量能源。这是因为该研究除了是孤岛电网（一个负荷区域系统）之外，仅考虑光伏技术的情况。在存在多种能源和大的互连性的情况下，能源的互补性和功率交换潜力降低了储能要求。在以色列电网的研究中也提出了这种可能性[15]。

在这一点上，经济模型如何衡量储能的作用具有指导意义。上述讨论表明，为了以最低成本的方式实现高效的电网，允许任何级别的高电网渗透和储能，我们的模型应该能够测量许多物理和政策维度。在下文中，我们将简要讨论最重要的标准：

1）储能设计和调度的灵活性。与将其他形式的能量转换为电能的传统发电机不同，能量存储器以任何形式存储电能（取决于存储技术）并且在需要时将其转换回电能。这个过程带有时间动态，因为如果没有储能，储能就无法提供能量。它也不能在给定时间存储超过其能源容量；更重要的是，当它存储可变发电机产生的多余电能时，会在晚些时候传递。时间动态变得更加重要，因为①储能在执行任务时的好处取决于需求与间歇性可再生系统输出之间的时间匹配，以及②它可以提供/存储的能量数量取决于其功率容量和能源容量。因此，该模型应具有捕获所需存储设计的灵活性。与此同时的是调度灵活性的重要性。上述储能研究表明，储能容量要求取决于能量传输方式。为了找到最优设计，必须在某些操作策略下捕获最佳调度性能。但如上所示，目前的运营政策似乎破坏了储能的价值。

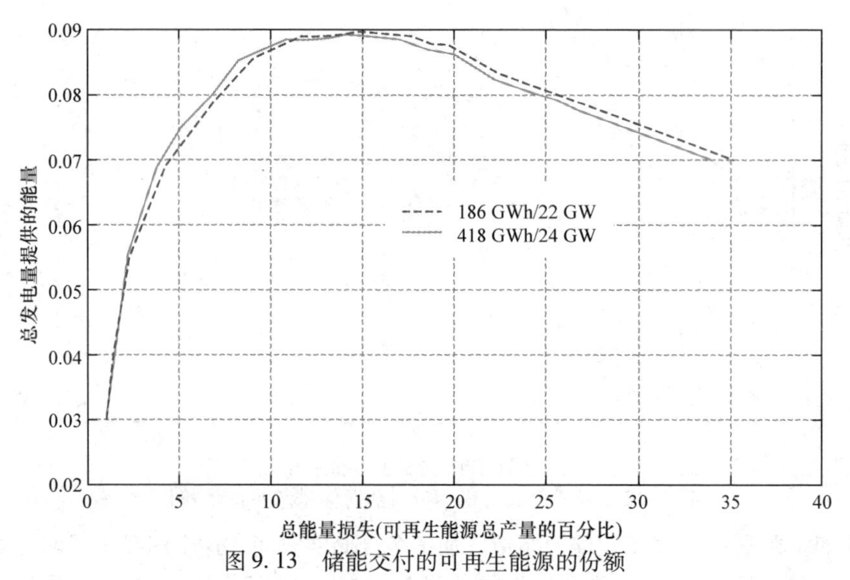

图 9.13　储能交付的可再生能源的份额

2）捕获可再生能源的互补性。风能和太阳能技术产出具有相互补充的趋势。因此，在给定条件下，大型风 - 太阳能混合系统可以比其中任何一个实现更高的渗透率[15]。此外，如图 9.2 所示，与风能或太阳能输出相比，混合动力系统输出曲线似乎具有更平稳的特性，几乎可以更好地与负荷曲线匹配。该属性可以帮助减轻由于其中一个变量的可变性而引起的成本。最重要的是，我们发现它们的互补性也可能降低存储需求。表 9.2 比较了达到可比较的渗透水平所需的存储量。该表显示了通过将特定情景中的太阳能（或风能）技术人为地设置为总可变容量的恒定分数来评估风能和太阳能技术的互补性如何影响某一渗透水平的存储要求的运行结果。表 9.3 显示，风 - 太阳能混合系统达到几乎相同渗透水平所需的存储量低于其中任何一个作为独立系统的情况。我们提出两个表来证明这种现象在不同的渗透水平，因为存储要求也可能取决于讨论点是高于还是低于该情景的相应转折点。

表 9.2　在不同级别的风能 - 太阳能容量组合中达到年需求量约(52.2±0.5)% 电网渗透率的网络存储要求。尽管风的分子量不等于太阳能的分子量，但混合系统的容量仍然是容量的一部分（每次运行都是使用 SEUL 模型进行的）

总容量/GW	渗透率（年需求百分比）	网络能量容量/GWh	网络电能容量/GW	风能（总容量的百分比）
65.5	52.6	4730.6	44.4	100
58.2	51.9	424.4	35.8	75
58.2	52.2	232.2	20.6	65
58.2	52.2	154.2	18.1	50
58.2	52.1	153.8	18.4	45
63.0	52.0	152.4	16.0	25
67.6	51.9	322.3	29.0	0

表9.3　网络存储要求在不同级别的风能-太阳能容量组合中达到每年约(38±0.5)%的电网普及率。混合系统被定义为总容量的一部分，即使风的分子量不等于太阳能的分子量（每次运行都是使用SEUL模型进行的）

总容量/GW	渗透率（年需求百分比）	网络能量容量/GWh	网络电能容量/GW	风能（总容量的百分比）
41	37.6	303.8	22.3	100
41	38.3	15.5	3.7	77
43	37.8	14.0	3.3	50
45	37.9	30.5	5.6	25
47	38.3	93.6	12.8	0

这些表显示混合系统需要最低存储级别之一才能实现几乎相同的渗透。这可能是因为混合系统的需求匹配能力得到改善。只有当我们能够捕获这些能源与负荷概况的全年兼容性并且我们能够对模型中的斜率成本进行适当评估时，才能测量互补性的这种多重益处。

3）灵活的运营政策。目前的电力市场不允许任何形式的能源削减。在春季过剩发电变得普遍的未来电网中，我们可能需要制定一项政策，将过剩的可再生能源发电时间与欠发电时间分开。与目前过剩能源非常低的电网不同，未来电网的大规模过剩发电可能要求我们以一种能促进安全限电或存储服务或两者兼备的方式来设计市场，以保持电网稳定，而不是保持在线常规旋转储备。上述研究还表明，存储的实施和一些缩减显著降低了常规的备份容量要求。因此，开发一种可以测试此类运营政策方案的模型可以帮助检查倾销的能源加上存储系统的成本，而不是避免在没有倾销的情况下在存储下构建的常规容量的投资。或者，在一个主要的储能和可再生能源系统下调查能源成本可能是有用的，这个系统能够倾销一些能源而不是同等脱碳的电网和当前的运营政策。

4）电网运行的互补性。间歇性可再生系统的高渗透性要求常规备用系统能够弥补间歇性可再生系统和存储技术的缺点。这将要求我们拥有大量可以在短时间内联机的单元，并且能够根据需要进行多次开/关循环。这种运行互补性要求模型能够建造和运行具有此功能的发电厂，受其开/关周期数、最小上/下时间、斜率和范围（如果有）等因素的限制。即使我们有一个应该持续在线的基本负荷单元，可变可再生能源提供大部分剩余负荷的能力也取决于我们转变为这种运营战略的能力。

9.5　可再生能源并网相关标准清单

在这里，我们提出与可再生能源并网相关的标准。请注意，这些标准和其他几个密切相关的标准在前几章中已经介绍。IEC 61850在第3章中进行了详细的讨论。它定义了自动化和保护输电与配电变电站之间的通信[29-33,44,45]。还将其扩展到涵盖变电站以外的通信，将分布式能源并网到变电站之间。因此，IEC 61400-25-1被认为是IEC 61850的一部分。

标准名称	简述
IEC 61850 系列	变电站自动化
IEC 61400－25－1	用于监测和控制风力发电场的通信
美国安全试验所	用于分布式能源的安全逆变器、转换器、控制器和互连系统设备的标准
IEEE 1547 系列	分布式能源与电网互连的标准

“IEEE 1547 系列”中包含的标准系列涉及实用程序、分布式发电（DG）和存储器之间的物理和电气互连的标准[34－41]。本标准正在修订，包括能源存储互连，关于这个工作的更多细节可以在第4 章中找到。它补充了“应用于分布式能源的安全逆变器、转换器、控制器和互连系统设备的标准”协议，也适用于实用的交互式设备[42]。IEEE 1547 系列还在第 4 章中与能源存储技术相关的其他标准中进行了讨论。

与可变可再生能源一体化有关的一些新方法，如使用存储、能源削减、预测工具和准确性目前还有些不足。在未来将会有很大的可能性出现一些新标准。

9.6 小结和建议

许多研究表明，未来的电网可以容纳大型间歇性可再生能源。与现在相比，包含大型间歇性可再生系统显著改变了电力系统的组成性质。预计能源存储等技术在减轻其变化率的影响方面将发挥重要作用，同时为下一代需求增添一定的能力。然而，我们也看到，存储需求取决于当地能源的多样性及其对当地需求的匹配能力。根据这些因素，我们已经看到，最大的储能能力需求与日均需求量相等。

我们还看到，有助于提高可再生能源与电网兼容性的不同技术/措施的执行可能还取决于我们实施的运行政策的性质。在向未来的可再生能源电网转型的过程中，重要的是我们有可以帮助我们评估未来电网的不同物理和运营策略方案的工具。这一点很重要，因为某些技术的性能可能取决于未来的运营规则，它也取决于技术的进步程度和成本。例如，根据我们允许的能耗水平，存储技术可以增加可变可再生能源的电网渗透率，同时减少了全年满足小时需求所需的常规备份容量。与此同时，太阳能和风能技术之间的互补性已被证明具有增加电网渗透的能力，而且，与太阳能或者风能单独使用的情况相比，平滑的复合输出能与负荷曲线更好地匹配。另外，这表明它为了达到相同的渗透率而减少了所需的储备。这表明，设计一个高效和最低成本的电网需要能够汇集这些价值，并衡量如何在未来的市场中有效地使用它们。

参考文献

[1] BP www.bp.com/extendedsectiongenericarticle.do?categoryId=9041560&contentId=7075261 (accessed 9 November 2012).

[2] Wood, A.J. and Wollenberg, B.F. (1984) Power Generation, Operation and Control, John Wiley & Sons, Inc., New York.

[3] Kirby, B. and Milligan, M. (2005) A Method and Case Study for Estimating the Ramping Capability of a Control Area or Balancing Authority and Implications for Moderate or High Wind Penetration, Wind Power, Denver, CO.

[4] Ter-Gazarian, A. (1994) Energy Storage for Power Systems, Peter Peregrinus Ltd, London.

[5] Chowdhury BH, Rahman S. A review of recent advances in economical dispatch. *IEEE Transactions in Power Systems*. **5**(4)(1990):1248–1259.

[6] Archer C, Jacobson M. Supplying baseload power and reducing transmission requirements by interconnecting wind farms. *Journal of Applied Meteorology and Climatology*. **46**(11)(2007):1701–1717.

[7] Gouveia EM, Matos MA. Evaluating operational risk in a power system with a large amount of wind power. *Electric Power Systems Research* **79**(5)(2009):734. doi: 10.1016/j.epsr.2008.10.006

[8] Holttinen, H. (2008) Estimating the impacts of wind power on power systems - summary of IEA wind collaboration. *Environmental Research Letters*, (3), 025001, (pp6).

[9] NREL *Renewable Electricity Futures Study*, www.nrel.gov/analysis/re_futures/ (accessed 9 November 2012).

[10] Solomon, Abebe Asfaw, Faiman, D. and Meron, G. (2012) The role of conventional power plants in a grid fed mainly by PV and storage and the largest shadow capacity requirement. *Energy Policy*, **48**, 479–486.

[11] Solomon, Abebe Asfaw, Faiman, D. and Meron, G. (2012) Appropriate storage for high-penetration grid-connected photovoltaic plants. *Energy Policy*, **40**, 335–344.

[12] Solomon, Abebe Asfaw, Faiman, D. and Meron, G. (2010) Properties and uses of storage for enhancing the grid penetration of very large scale photovoltaic systems. *Energy Policy*, **38**, 5208–5222.

[13] Solomon, Abebe Asfaw, Faiman, D. and Meron, G. (2010) The effects on grid matching and ramping requirements, of single and distributed PV systems employing various fixed and sun-tracking technologies. *Energy Policy*, **38**, 5469–5481.

[14] Solomon, Abebe Asfaw, Faiman, D. and Meron, G. (2010) An energy-based evaluation of the matching possibilities of very large photovoltaic plants to the electricity grid: Israel as a case study. *Energy Policy*, **38**, 5457–5468.

[15] Solomon, Abebe Asfaw, Faiman, D. and Meron, G. (2010) Grid matching of large-scale wind energy conversion systems, alone and in tandem with large-scale photovoltaic systems: an Israeli case study. *Energy Policy*, **38**, 7070–7081.

[16] Nelson, J., Johnston, J., Mileva, A. *et al*. (2012) High-resolution modeling of western North American power system demonstrates low-cost and low-carbon futures. *Energy Policy*, **43**, 436–447.

[17] Fripp, M. (2012) Switch: a planning tool for power systems with large shares of intermittent renewable energy. *Environmental Science and Technology*, **46** (11), 6371–6378.

[18] Wei, M., Nelson, J.H., Ting, M., and Yang, C. (2012) *California's Carbon Challenge: Scenarios for Achieving 80% Emissions Reduction in 2050*, http://eaei.lbl.gov/sites/all/files/california_carbon_challenge_feb20_20131.pdf (accessed 30 January 2013), http://eaei.lbl.gov/sites/all/files/california_carbon_challenge_feb20_20131.pdf permission (accessed 5 December 2013).

[19] ECF (European Climate Foundation) (2010) *Roadmap 2050: A Practical Guide to a Prosperous, Low-Carbon Europe*, European Climate Foundation, The Hague, www.roadmap2050.eu/ (accessed 9 November 2012).

[20] Denholm, P. and Margolis, R.M. (2007) Evaluating the limits of solar photovoltaics (PV) in electric power systems utilizing energy storage and other enabling technologies. *Energy Policy*, **35** (9), 4424–4433. doi: 10.1016/j.enpol.2007.03.004

[21] Denholm, P. and Margolis, R.M. (2007) Evaluating the limits of solar photovoltaics (PV) in traditional electric power systems. *Energy Policy*, **35** (5), 2852–2861doi: 10.1016/j.enpol.2006.10.014.

[22] Moore, L.M. and Post, H.N. (2008) Five years of operating experience at a large, utility-scale photovoltaic generating plant. *Progress in Photovoltaics: Research and Applications*, **16** (3), 249–259.

[23] Dany G. (ed.) (2001) Power reserve in interconnected systems with high wind power production. *IEEE Porto Power Tech Conference, Porto, Portugal, September 10–13, 2001*.

[24] Xu, Z., Gordon, M., Lind, M. and Ostergaard, J. (2009) Towards a Danish power system with 50% wind-smart grids activities in Denmark. *IEEE Xplore*. doi: 10.1109/PES.2009.5275558

[25] Parsons, B, Ela, E., Holttinen, H. *et al.* (2008) Impacts of large amounts of wind power design and operation of power systems; results of IEA collaboration. *AWEA Windpower 2008, Houston, TX*.
[26] Katzenstein, W. and Apt, J. (2012) The cost of wind power variability. *Energy Policy*, **51**, 233–243.
[27] Ihle, J. (2003) *Coal Wind Integration Strange Bed Follows may Provide a New Supply Option: The PR&C Renewable Power Service*, PRC-3, 2003.
[28] Lefton, S. and Besuner, P. (2006) The cost of cycling coal fired power plants. *Coal Power Magazine*, Winter, 16–20.
[29] IEC IEC 61850–2. *Communication Networks and Systems in Substations - Part 2: Glossary*, International Electrotechnical Commission.
[30] IEC IEC 61850–3. (2003) *Communication Networks and Systems in Substations - Part 3: General Requirements*, International Electrotechnical Commission.
[31] IEC IEC 61850–4. (2003) *Communication Networks and Systems in Substations - Part 4: System and Project Management*, International Electrotechnical Commission.
[32] IEC IEC 61850–5. (2003) *Communication Networks and Systems in Substations - Part 5: Communication Requirements for Functions and Device Models*, International Electrotechnical Commission.
[33] IEC IEC 61850–6. (2003) *Communication Networks and Systems for Power Utility Automation - Part 6: Configuration Description Language for Communication in Electrical Substations Related to IEDs*, International Electrotechnical Commission.
[34] IEC (2003) IEEE 1547–2003. *Standard for Interconnecting Distributed Resources with the Electric Power Systems*, International Electrotechnical Commission.
[35] IEC (2005) IEEE P1547.1-2005. *Standard For Conformance Test Procedures for Equipment Interconnecting Distributed Resources With Electric Power Systems*, International Electrotechnical Commission.
[36] IEC (2008) IEEE P1547.2-2008. *Application Guide for IEEE Std. 1547 Standard for Interconnecting Distributed Resources With Electric Power Systems*, International Electrotechnical Commission.
[37] IEC (2007) IEEE P1547.3-2007. *Guide for Monitoring, Information Exchange, and Control of Distributed Resources Interconnected With Electric Power Systems*, International Electrotechnical Commission.
[38] IEC IEEE P1547.4. (2011) *Draft Guide for Design, Operation, and Integration of Distributed Resource Island Systems with Electric Power Systems*, International Electrotechnical Commission.
[39] IEC IEEE P1547.5. *Draft Technical Guidelines for Interconnection of Electric Power Sources Greater than 10 MVA to the Power Transmission Grid*, International Electrotechnical Commission. (in process of development)
[40] IEC IEEE P1547.6. (2011) *Draft Recommended Practice for Interconnecting Distributed Resources With Electric Power Systems Distribution Secondary Networks*, International Electrotechnical Commission.
[41] IEC IEEE P1547.7. *Draft Guide to Conducting Distribution Impact Studies for Distributed Resource Interconnection*, International Electrotechnical Commission. (in process of development)
[42] UL UL 1471. (2010) *Inverters, Converters, Controllers and Interconnection System Equipment for Use With Distributed Energy Resources*, Underwriters Laboratories.
[43] Leyzerovich, A.S. (2008) Steam Turbines for Modern Fossil – Fuels Power Plants, The Firmont Press, Inc., Lilburn, GA.
[44] IEC IEC 61850–1. (2003) *Communication Networks and Systems in Substations – Part 1: Introduction and Overview*, International Electrotechnical Commission.
[45] IEC IEC 61400-25-1. (2006) *Communications for Monitoring and Control of Wind Power Plants – Overall Description of Principles and Models*, International Electrotechnical Commission.

第10章

智能电网的前景

10.1 智能电网预述

电能是一种即产即消的能源。目前，电网还在应用几十年前发明的发电技术，至少在发达国家，这些发电技术的设计目标是持续稳定地满足电力需求。目前的发电厂主要采用化石燃料，这将会导致电力行业排放大量的污染性温室气体。在过去十年中，环境问题的恶化以及间歇性可再生发电机的重大技术改进，提高了人们对诸如风能和太阳能等可再生能源的兴趣。在这些可再生能源接入电网之后，电力行业出现了新的挑战。与传统电网中可以完全符合各种客户需求的可调度技术不同，新技术带来了更多的可变性和不确定性。因此，根据其渗透率和电网类型，电网公司需要准备必要的能源来维持供需平衡。正如第9章所讨论的，电网公司迟早会面临诸如能源倾销和发电能力大于需求等问题，这些问题会对电力行业带来巨大影响。为了提高电网与接入的可再生能源的匹配程度，必须使用储能这一相对较新的技术。

此外，传统电网采用树状结构，即一台发电机或一个发电机组通过高压输电线连接到多个客户。长距离的高压输电线路将电力从发电机传送到客户，最终通过分支配电网络连接到负荷。然而，太阳能和风能技术在分布式应用方面的适用性，或者说是靠近负荷或客户端的小型发电机的使用，使得设计并网微电网的热度大增。这将为现有的电网引入一个新的层次结构。随着分布式发电机在电网中的普及，当前电网的可靠运行可能会受到影响。

另一方面，电力需求尤其是电网高峰需求量逐年增长。对于普通用户来说，缺乏相应的监管，加上执行单一电价可能会鼓励他们寻求新的能源服务。因此，电网公司应做好计划以满足用电需求不受预期控制的增长。消耗化石燃料会造成环境问题，而且众所周知，现如今的电网过于依赖有限的能源，导致可持续性差。除了改变发电方式，电网公司正在努力通过减少浪费来改变人们的用电方式。以上所述绝不是对现有电网的批评。毫无疑问，目前的电网已经是人类最不可思议的成就之一了。但就像其他任何行业一样，电力行业也在逐渐向更好的模式转型。

目前，世界各国均已主动改造现有电网，以应对上述挑战。该转型有助于实现网络内部和网络之间的实时双向通信。这种信息流有望通过简化故障检测和补救、减少负荷、优化维护、控制需求、提高能效等措施来提高运行效率。电网高效可靠的自动化运行会在提高用户参与度、促进使用动态定价、促进间歇性可再生能源系统的集成等方面带来巨大的好处。智能电网的这些功能将有助于解决上述一些潜在的问题或是障碍。

过渡到智能电网并非是毫无代价的，同时电力服务的价格也仍然需要控制在大众承担得起的范围内。这需要我们在智能电网的设计过程中做出明智的战略选择。大多数的智能电网规划似乎都会强调通信技术、动态定价、配电网以及与之相关的政策。然而，如第9章所述，根据地理位置的不同，未来的电网组成及其运行政策可能与现有的迥然不同。在本章中，我们将会提出一种智能电网设计和合理的综合运行政策框架，以引导目前的研究方案通过智能电网框架来应对多重挑战。

在接下来的部分中，我们将简要介绍智能电网的实际供应以及达成供应目标的潜在方法，随后将讨论智能电网的潜在挑战。最后在10.4节中对智能电网的发展路径提出了一些建议，并在本章最后一节给出结论。

10.2 智能电网该提供些什么

在上一节中，我们已经讨论了电网现有的一些问题。而智能电网将会替我们解决这些问题。这就意味着，智能电网不仅要与传统电网一样可靠和经济，还应该更灵活、干净、可持续。在本节中，我们将简要介绍智能电网如何满足这些需求。

10.2.1 绿色电力

要使现有电网变得更加清洁，不仅要摆脱对廉价的污染化石燃料的过度依赖，还要求现有的化石燃料发电机也必须逐渐被更清洁的发电机所取代，例如生物质发电机、具有碳捕捉和封存能力的化石燃料发电机、风力发电机、太阳能发电机、地热能发电机、水力发电机以及可控的核电发电机等。在本书的第2章中，已经提供了有关可再生能源发电技术的详细信息。正如本书第9章所讨论的，许多地区已经找到了未来如何促进电网低碳清洁发展的多种思路。我们也逐渐注意到，可以通过增加使用间歇性可再生能源来找到一种潜在的替代途径。

另一方面，我们也发现仅靠减少电力行业的碳排放并不能如预期的那样充分减少总排放量[1,2]。因此，研究人员得出结论，运输行业的电气化和一些热负荷将有助于进一步推动减排[1,2]。这表明电力行业应该成为未来最可靠的低碳能源基础产业。

10.2.2 系统灵活性

在许多方面，目前的电网灵活程度均较低。典型的例子包括：其发电组合是根据预期的传统负荷需求来定义的，即不考虑间歇性可再生发电机所造成的额外变化；网络各部分之间信息交换的数量和质量差，但只存在于配电网中；电力流向一个方向，特别是在配电中心附近；电网缺乏需求控制机制。当前电网的低灵活程度在一定程度上阻碍了可变可再生系统的电网整合。

提高灵活性应该是智能电网最重要的前途之一。诸多研究已经为现有电网在面对可变性挑战方面所显现的不灵活性提供了可能的解决方案[1-10]。如第9章所述，通过对世界不同地区的各个能源建模研究表明，随着可再生能源技术的不断深入，所需的灵活性决定了未来电网的组成。为了应对不断变化的需求，电网将更加依赖储能和需求侧技术

（如可中断负荷），增加传输互连，提高传统设备（包括化石燃料发电机）的调度灵活性。最重要的是，利用经济学我们可以在负荷跟踪过程中对这些技术的调度起到影响。例如，在负荷要求增加超过已运行中的设备的时候，可能需要启动峰值单元。相反，如果下降较大，则需要释放多余的电能。但是，如果需求响应（DR）参与了整个负荷跟踪过程，就会降低整个过程的成本。有关需求响应技术的更具体描述可以在本书的第5章中找到。根据 Hesser 和 Succar[11] 的观点，采用可调度的需求控制机制可以提高间歇性可再生能源的灵活性，并提高电网渗透率。各种住宅、商业和工业资源都是这些技术的潜在用户。根据 Kirby 的研究[12]，抽水、灌溉、市政设施、大型建筑物中的蓄热、工业电解、铝冶炼、电动汽车充电和页岩油提取等负荷将会从可再生能源发电的爆炸式增长中受益[12,13]。相反，通过建立相关准则和提供相应配套服务，在风力发电时保持发电机长时间运转将成为一个很好的选择。

另一方面，我们可以通过强调间歇性能源的空间和技术多样性来缓解爬坡需求[10]。风能和太阳能发电机在早晨和晚上具有反斜坡效应，这可以显著降低负荷的跟随要求。为了充分利用这两种能源的互补性，其他技术（如传统发电机和能源存储技术）在两种能源不足以满足负荷的时候，应具有补充风能和太阳能的灵活性。因此，在各种情况下，通过检查系统的负荷跟踪和调节能力来确定其对可再生能源系统更新以及负荷突然变化的响应是非常重要的。同时值得注意的是，在春季和秋季这样需求较低的时期，会经常出现发电量过剩的情况，这将会导致资源浪费，浪费的程度取决于可再生系统规模的大小。之前推荐的有需求响应参与的负荷类型可以从这些事件中受益。这些措施的经济效益可能取决于它们利用这一季节性的能力，也可能取决于未来电网建设的技术。例如，第9章和参考文献［5－7］所述，如果未来的电网使用适当大小的储能进行优化，以实现非常高的可再生能源渗透率，那么需求响应可能价值有限。

在大规模分布式技术、可变发电机和 DR 参与的情况下，维护电力服务的质量和可靠性，使得客户与电网各组成部分之间的实时信息交换变得非常重要。这就是大规模通信基础设施、软件和硬件以及智能电网中将要构建的控制设备发挥重要作用的地方。有关部门将能够获得客户偏好、可再生能源发电、传输负荷以及发电输电基础设施质量的实时信息，客户也将收到关于实时电力成本和发电情况的信息。这使得客户可以更合理地管理自己的用电时间，同时也帮助电力部门缓解了用电高峰压力。这种通信基础设施还将帮助电力单位做出更准确的预测，更好地管理其多余的发电量并进行优化调度等。除此之外，与现有的电网无法检测到故障的情况相反，智能电网可以发现故障并采取补救措施。这种能力将减少客户端对发电端的担忧。

10.2.3　实惠的服务

信息和通信技术的应用、新型发电技术的开发以及更好的服务不可能没有成本。但是，像之前一样，我们认为大众可以负担得起电力服务的花费。

根据各种研究或探索清洁电网的方案来看，建设清洁电网将会在很长一段时间内花费大量资金[1-4]。然而很多规划的研究表明，从智能电网建设方案基本情况中可以看出[1-3]，到2050年，每单位的电力成本都没有表现出显著的变化。图10.1显示了在第

9 章讨论的各种情况下，北美西部电力协调委员会（WECC）采用 SWITCH 模型[1]所估计的各项发电技术的平均产量和成本。该图显示，除了在冷冻、无碳捕捉场景下，其他情景之间的单位电力成本差异很小。而冷冻、无碳捕捉场景下是目前电网政策的延伸，因此到 2050 年电网将严重依赖廉价煤炭资源。该研究没有发现当前一天的电力成本与脱碳情景下一天的电力成本之间有显著差异。图 10.2 给出了基本条件下，从现在到 2050 年的系统负荷和电力成本的发展趋势[1]。值得注意的是，这些估算仅基于发电机的购置、运行和维护成本以及燃料价格，因此不包括建设智能电网的全部成本。

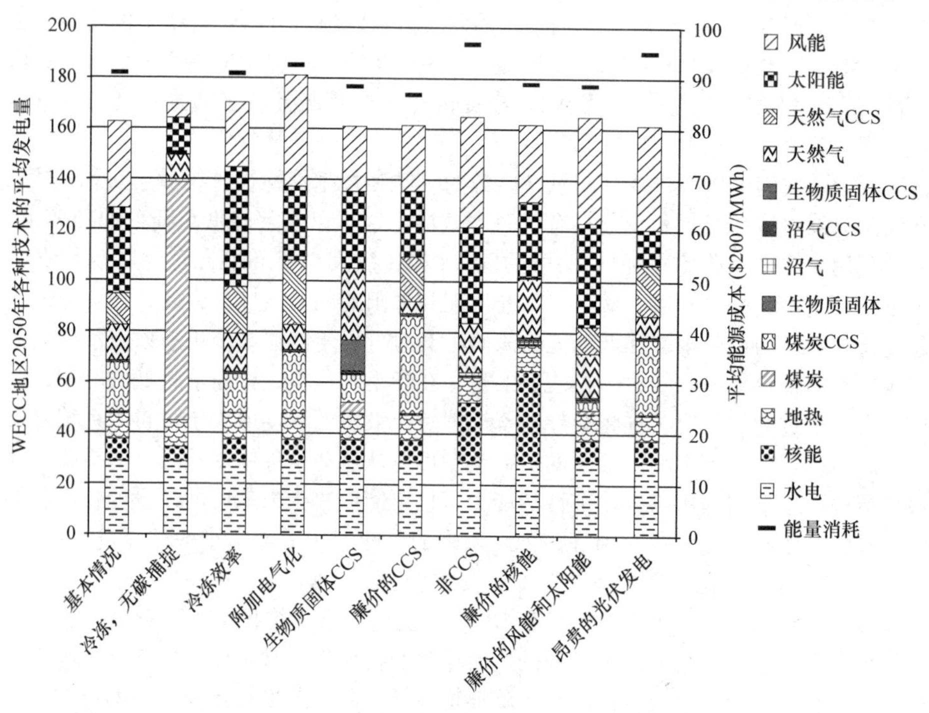

图 10.1　SWITCH 模型研究的所有情景下，WECC 地区 2050 年各种技术的平均发电量和平均能源成本（2007 年美元/MWh）。这些情景的细节可以在第 9 章中找到。来自参考文献［1］。请注意，除“冷冻、无碳捕捉”的情况外，电力成本几乎相同

EPRI（美国电力科学研究院）的一份重要报告显示，在美国建立智能电网将需要 20 年并且总投资额将达到 3380 亿美元至 4760 亿美元[14]。这项研究还预测了成本效益比在 2.8～6.0 之间。首先，由于智能电网相关技术的复杂性，估值差异很大。其次，Felder[15]的研究表明，预期收益并不能得到保证。第三，这种估计并不包括我们在“规划”和“脱碳”情景研究中所看到的发电和输电扩建成本，也不包括智能电网设备的客户成本。根据 Felder[15]的研究，大型智能电网投资法规中必须确保客户有多种选择。在以下各节中，我们将讨论一些可以帮助控制成本的措施。

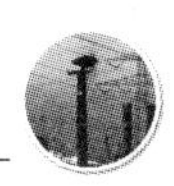

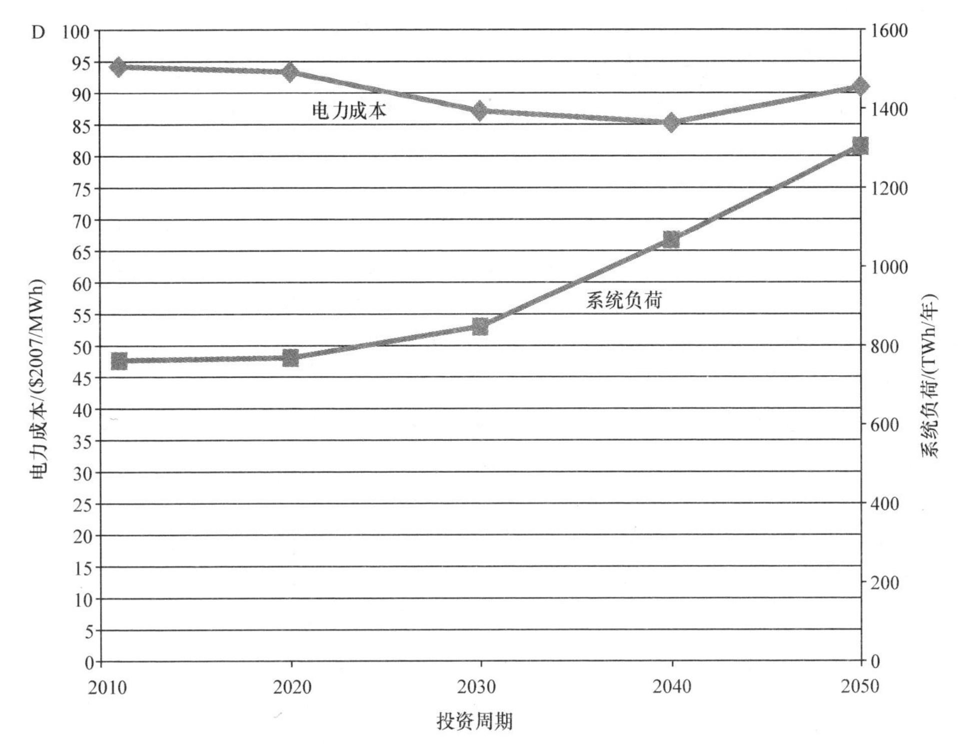

图 10.2　电力成本（2007 年美元/MWh）和系统总负荷作为 WECC 系统基本情况的投资周期的函数（来自参考文献［1］）

10.2.3.1　设计最优、成本最低的系统

为间歇性可再生能源的高渗透率设计电网，要求能够评估空间和技术多样性的潜在效益，以满足具有高时间分辨率的本地需求。正如第 9 章所讨论的，我们已经看到间歇性可再生能源的渗透率非常高，存储开始发挥重要作用，电网设计变得更加复杂，原因如下：储能容量和供电容量相互关联对间歇性可再生产出和负荷曲线的季节性和日变化相互作用的依赖；倾销能源带来的惊人好处是增加了存储使用，减少了传统的备用容量需求，增加了间歇性可再生能源的能源渗透。这些研究表明，利用储能能力明显低于日平均需求的储能方式，从间歇性可再生能源中提供约 85% 的年需求，并允许约 20% 的能源倾销，这种可能性是存在的。这表明，我们需要一种与目前不同的电力市场规则。除此之外，它还表明，设计一个合适的电网可能是一种让电力服务变得实惠的潜在方法。不幸的是，这项任务似乎非常具有挑战性，下面将对此进行讨论。

另一个成本降低可能来自智能电网本身的发展，它承诺实现系统自动化和设备现代化。智能电网通过其自动通信和控制系统，可以方便地检测和诊断问题，识别局部停电，远程连接或断开账户，监测电压水平，实现更好的维护手段。这种先进性可以减少网络故障或局部停电的检测和补救所消耗的时间，减少损失和设备故障，增加设备寿命等。这些是智能电网的一些好处，可能会降低运营成本。然而，每个人都应该记住，它需要部署大量的传感器。根据 EPRI 最近的报告[14]，大部分通信设备将进入配送中心，而配送中心将承担智能电网的大部分成本和收益。正如 Hauser 和 Crandall[16] 所建议的，如果全系统自动化在经济上不可行，那么设计一个具有成本效益的智能电网是非常重要的。

10.2.3.2 需求侧管理

在过去的一个世纪里，电网公司计划提供消费者所需的一切能源，导致电力需求年复一年地大幅增长。但是需求的增加，特别是峰值需求，导致对发电机的需求增加。根据北美电力可靠性公司（NERC）的预测，美国的峰值需求将从 2009 年的 800GW 增加到 2018 年的 900GW[17]。相应的电力需求预计也将从大约 4000TWh 增长到 4500TWh。在过去的几十年里，发展中国家的电网公司已经开始通过需求响应和有效的能源使用找到控制需求增长的方法。利用需求响应来控制峰值需求的增长，能源效率的提高会降低总耗电量。

1. 能源效率

研究人员一致认为，能源效率在支持经济增长的同时，有显著降低能源需求的潜力。根据美国节能经济委员会（ACEEE）的一项研究，到 2020 年，如果使用目前接近商用的半导体设备，35% 的大经济体可以减少 7% 的能源消耗[18,19]。图 10.3 显示了 3 种效率情景下美国未来的用电量。顾客使用这类电器将会减少电费，因为他们提供服务时的耗电量会减少。如果智能电网能够识别和实现提高能效的机遇，就可以获得这些好处[16]。

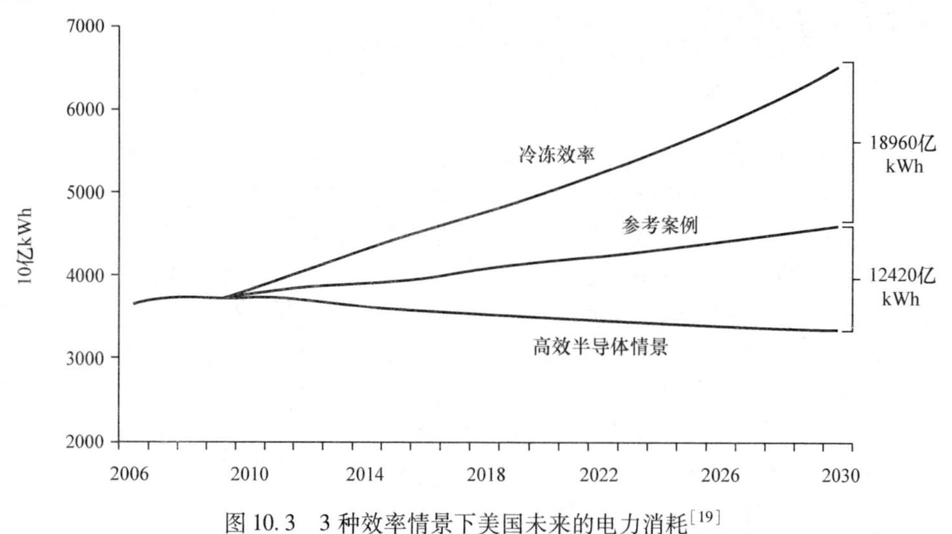

图 10.3 3 种效率情景下美国未来的电力消耗[19]

（摘录自《工业生态学杂志》第 14 卷，第 5 期，2010 年 10 月 7 日，J. A. Laitner 等作者，“半导体和信息技术”，第 692～695 页，耶鲁大学© 2010 版权所有，John Wiley and Sons 许可）

2. 需求响应

在智能电网中，需求响应有望成为电网运行的内在方法。在过去的几年里，美国的

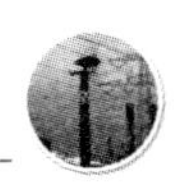

电力公司报告说，使用基于激励的峰值负荷减少需求响应的方法减少了峰值需求。根据联邦能源管理委员会（FERC）的一项研究，各种需求响应选项可以将美国的峰值需求减少至多20%[11,16,17]。在智能电网中，固有的通信设备以及客户偏好可以更灵活地使用需求响应度量，从而使电力和客户都受益。根据未来电网的本地发电容量组合，需求响应可能扮演不同的角色。如果电网依赖于大量可变的可再生能源和存储，需求响应可以用来减少多余发电时间的能源损失，同时也能让客户摆脱需要将大量常规备用容量投入网络的紧张时间。如前所述，需求响应还可以作为提高电网灵活性的工具。然而，应该有一个清晰的度量标准，允许客户和供应商[15]适当地共享智能电网的成本和收益。

10.2.4 可靠、可持续的电网

至少在发达国家，现有的电网可24h可靠地满足客户需求。我们日益数字化的经济需要更高的可靠性和质量。根据Hauser和Crandall[16]的说法，智能电网以其发明的动态定价，可以通过服务质量水平来区别客户，而不是满足于当前广泛的需求。它还可以通过从以燃料为基础的发电技术向风能和太阳能等可再生能源的转变，提高电力服务的可持续性。

10.3 智能电网的挑战

在上述讨论的基础上，智能电网可以被简单地认为是各种技术和策略措施的中心，这将使未来的电网更加高效、可靠和清洁。智能电网的发展规划应包括：使客户参与解决问题；建设更清洁的发电站；自动化地运行；设计需求响应（DR）机制和能效措施；制定适当的运行和监管策略。对于智能电网概念固有的广泛性，Hauser和Crandall[16]认为，智能电网不仅仅是一种“技术”。在下一部分中，我们将简要讨论实现智能电网目标可能面临的挑战。

10.3.1 广泛的设计目的

电网要转变得更智能、更清洁和更高效，需要大量的设计工作。在上述讨论中，我们已经表明，电网应该可以灵活地：容纳大量的可变可再生能源；支持或区分不同用户；支持电动汽车和增加热负荷等新技术并网；支持双向电力流，特别是在配电中心等。第9章的研究表明，设计可再生能源并网率高的电网会带来一系列新的挑战。这些挑战包括：目前缺乏足够的策略，以在规划过程中承担能源倾销的机会成本；设计能够执行电能质量和能源服务的混合储电系统时将会遇到相关的计算挑战；每年的需求变化和间歇性可再生能源将会影响设计。风能、太阳能和负荷的可变性也需要高时空分辨率建模。这将进一步复杂化问题，因为输电和热负荷的电气化预期影响难以正确预测。

另一方面，分布式发电（DG）并网没有明确的界限。分布式发电技术有可能通过户用光伏、风能和生物质能技术将电网转变为更清洁的系统。与集中式系统相比，它们的潜在优势包括：电力弹性，输配电损耗降低，以及避免了在输电方面的投资。预计它们也会显著影响电网可靠性和电能质量。为了应对这些挑战，有方案指出可以将附近的分布式发电站组成一个微电网[19]。然而，在控制机制和电网连接方面仍存在一些问题。风能和光伏也可以建成大型集中式发电站。与类似规模的分布式发电站相比，这些集中

式发电站的发电量可能更大。我们应当从经济学的角度去分析，从而更好地适应当地需求概况。为了了解分布式系统与集中式系统的区别，我们计算了间歇性可再生能源并网率，如图 10.4 所示。该图显示了两种情景下间歇性可再生能源的并网率，即 90% 的分布式太阳能发电，和 90% 的没有特别偏好某项技术的太阳能发电。该模型基于在 9.3.1.1 节中描述的加利福尼亚州的 12 个负荷区域系统。负荷区域之间的功率传输受到负荷区域之间现有传输总热容量的限制，但不考虑储电。我们还假设一个理想的 100% 灵活的系统，可以通过分布式发电或集中式可变可再生能源来容纳其他能源。分布式发电站由民用和商用的光伏组成。集中式发电站包括静态光伏、单轴跟踪光伏、无储能太阳能以及近海和陆上风力发电技术。如图所示，90% 分布式发电情景下的并网率比相应的 90% 太阳能发电情景下的并网率降低约 10%。后一种系统即便可以，也不会构建任何分布式发电站。主要原因是即使光伏发电技术相同，分布式发电站的发电量仍会显著降低。随着系统规模的增大，这两种情景都会通过倾销越来越多的能量来增加并网率。另外，需要指出的是，在当前市场的基础上，建立一个具有集中式可再生能源的储能中心可能会产生一个更加高效和低成本的电网，而不是可以产生相同能量的分布式发电站和分布式储能中心。此外，即使忽略了它们对电网稳定性的影响以及对控制设备的额外需求，我们也可以推断出，与相应的集中式系统相比，分布式发电站污染排放量较低。但在未来，与土地利用和输电建设有关的其他政策仍可能有利于分布式发电。因此，找到合适的分布式发电和集中式电网的组合利用方式非常重要。

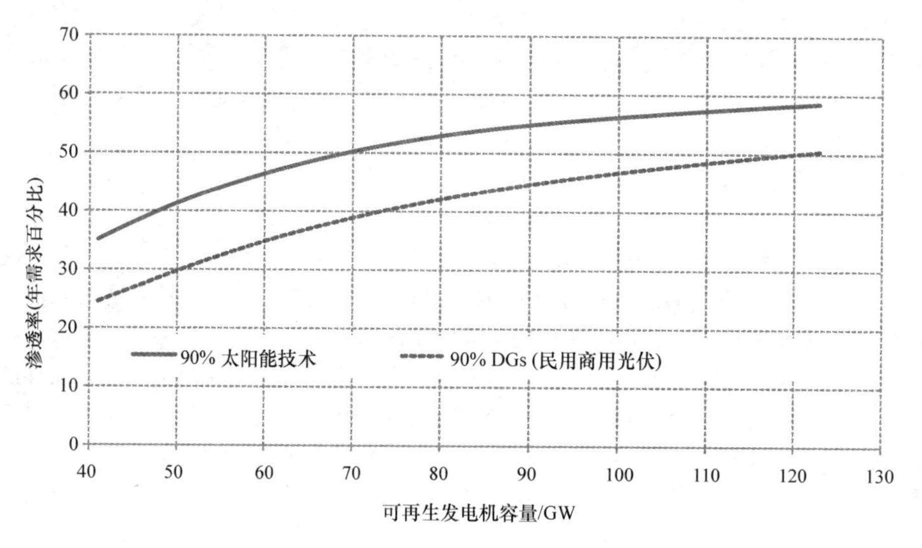

图 10.4　两种情景下系统并网率函数。该模型以 41GW 作为参考开始增加系统容量。需要注意的是，随着系统容量的增加，该模型将转储更多的能量，从而降低了技术的应用价值

此外，与目前电网中的分布式发电系统只是为了降低峰值需求不同，未来的电网中的自动化分布式发电机制可能会有各种有效的应用。但是，这些业务的经济价值很难衡

量。更重要的是，间歇性可再生能源具有自己的季节和日间输出特征，由于空调和空间供热等负荷也有其自身的季节和日间输出特征，从而导致与当地需求的某些相互作用。这些因素可能会影响其作为分布式能源的并网率。这使得我们在决定重组电网时需要考虑得更周全。

10.3.2　电网运行挑战

电网的自动化将会简化现有电网的运行挑战。然而，间歇性可再生能源发电和储电等新技术的大量并网将使电网运行复杂化。虽然我们已经有较为成熟的储能技术，如抽水储能和压缩空气储能技术，但目前的储能业务与未来我们所期望的还是存在差距。在当前电网中，存储的电能一般来自可控发电机在夜间低需求时段储能并且将用于日间需求高峰时段供电。除负荷变化外几乎没有其他不确定性的因素，且负荷变化也可以被准确预测。在未来电网中，当可再生能源发电机的能量不足以满足负荷或者完全不可用时，储能电站将被用来存储可变可再生能源发电机产生的多余电能。值得注意的是，储能为未来的电网提供了双重的好处，即在供给过剩的情况下存储电能，在可再生能源电力供应短缺的情况下提供存储的电能。

为了使供电可靠，存储设备的充放电过程应该是最优的。在这种高效的电网运行中，我们需要预测可再生能源发电状况、需求状况、过度需求、储能状态，以及在需要缩减能源的情况下确定减少能源的地点。这需要一个能够显示潜在运行的优化调度模型和一组用来进行预测的软件。调度必须使用预测软件的实时数据或监控存储状态的仪表等进行频繁更新。这将使数据处理和频繁的决策更具挑战性。目前，对能源倾销或储能调度没有好的标准，但未来可能会制定一些协议。当然，这些协议和每个电网的潜在组成可能会因地理位置而异。当我们获得更多有关电网的知识时，可能对现有标准化工作进行若干修订，还可能需要本地化的协议。

其他挑战与各种智能设备和软件的互操作性有关。智能电网的每个组件都必须实现有效的通信，以最大限度地减少人为干预。这需要为制定各种标准而做出巨大的努力，使电网的各个组件能够以相同的方式理解和解释给定的消息，并在必要时正确响应，这也是本书的一个主要课题。关于这点和其他技术挑战以及更详细的解决方案可以在 Momoh[20] 的一本书中找到。正如 Momoh[20] 所指出的，智能电网的运行要求工程师和专业人员比现在熟练的技术人员具有更多的专业知识。

10.3.3　策略挑战

正如本书第1章所讨论的，许多国家已经采用一些支持电网自动化的法规，同时也正在运行或计划各种大型项目来测试智能电网的概念[21-23]。然而，在清洁能源策略方面仍没有取得太大的进展。此外，尽管研究表明有许多潜在替代清洁电网的途径，但目前为止并没有一个明确的具体规划。在某些情况下，想要做出选择是十分困难的，因为建立这些预设场景的许多研究都是基于各种假设的技术进步和预计的发电机成本。这表明最佳方案取决于监管策略和/或某些突破性技术的出现。这对智能电网设计有一定的影响，因为复杂程度可能取决于最终我们采用的情景。

上述挑战可能会因为根据技术性能来判断或定义智能电网的趋势而变得更加复杂。

尽管对技术性能的关注本身并不是一个问题，但智能电网的策略也应该有更广泛的组成部分，以实现减少污染排放的目标。

10.4 未来方向

目前，世界各地正在进行许多大型智能电网项目建设。在开发新的智能技术和项目方面，各个企业也正在做着卓有成效的工作，从而帮助他们发挥影响力并获得市场[21,22]。一般来说，政府和电网公司也正在为智能电网的发展，特别是能源的生成和使用做出战略决策[23]。在此，我们想强调这些战略决策可能需要考虑和处理的几点方向性问题。

首先，根据当地的能源和相应的清洁能源政策，未来的电网可能与现在的电网有着显著的差异。我们最好是先确定一些最切合当地实际的低碳方案，并对那些潜在的电网结构进行启发式和经济性的优化建模，以确定相应的挑战、优势以及可能有助于实现该优化目标的策略。

其次，为了实现高效和最低成本的电网自动化设计，了解诸如电动汽车、需求响应和分布式发电机等新技术对未来电网的贡献和影响或许会有所帮助。

上述举措可能有助于确定要开发的算法、低碳化电网的最佳网络框架，提供本地和网络控制框架的类型等。新的发电端技术，如风能、太阳能和储能系统，也带来了新的挑战和机遇。我们的政策必须在充分理解其影响的基础上制定。目前，许多研究都围绕尝试将可变发电机纳入现有电网展开。依靠这种建模策略的政策可能无法实现对这些资源的高度渗透。另一种方法是尝试优化风能和太阳能技术的电网，并制定有助于实现目标的政策途径。换句话说，我们无法控制太阳光或风，但我们可以采取政策措施去激励更适应这些能源的电网的设计和建造。

10.5 小结

在建设智能电网方面人们正在做出巨大努力。它的发展可以改变我们生产和使用电能的方式。然而，我们也面临着重大挑战。一方面异构智能电网及其相关概念具有一定的复杂性，另一方面我们缺乏可以指导我们工作的良好策略框架。由于采用诸如风能和太阳能等可再生能源的可变发电机将在未来扮演更重要的角色，电网的组成和运行将与现有电网不同。因此，确定智能电网的潜在特性，以及制定有助于过渡到我们所希望的智能电网的相关政策是非常重要的。

参考文献

[1] Wei, M., Nelson, J.H., Ting, M., and Yang, C. (2012) *California's Carbon Challenge: Scenarios for Achieving 80% Emissions Reduction in 2050*, http://rael.berkeley.edu/publications/californiaco2report (accessed 9 February 2013).

[2] ECF (European Climate Foundation) (2010) *Roadmap 2050: A Practical Guide to a Prosperous, Low-Carbon Europe*, European Climate Foundation, The Hague, Netherlands, http://www.roadmap2050.eu/ (accessed 9 February 2013).

[3] NREL *Renewable Electricity Futures Study*, http://www.nrel.gov/analysis/re_futures/ (accessed 9 February 2013).

[4] Nelson, J., Johnston, J., Mileva, A. *et al.* (2012) High-resolution modeling of western North American power system demonstrates low-cost and low-carbon futures. *Energy Policy*, **43**, 436–447.

[5] Solomon, Abebe Asfaw, Faiman, D. and Meron, G. (2012) The role of conventional power plants in a grid fed mainly by PV and storage and the largest shadow capacity requirement. *Energy Policy*, **48**, 479–486.

[6] Solomon, Abebe Asfaw, Faiman, D. and Meron, G. (2012) Appropriate storage for high-penetration grid-connected photovoltaic plants. *Energy Policy*, **40**, 335–344.

[7] Solomon, Abebe Asfaw, Faiman, D. and Meron, G. (2010) Properties and uses of storage for enhancing the grid penetration of very large scale photovoltaic systems. *Energy Policy*, **38**, 5208–5222.

[8] Solomon, Abebe Asfaw, Faiman, D. and Meron, G. (2010) The effects on grid matching and ramping requirements, of single and distributed PV systems employing various fixed and sun-tracking technologies. *Energy Policy*, **38**, 5469–5481.

[9] Solomon, Abebe Asfaw, Faiman, D. and Meron, G. (2010) An energy-based evaluation of the matching possibilities of very large photovoltaic plants to the electricity grid: Israel as a case study. *Energy Policy*, **38**, 5457–5468.

[10] Solomon, Abebe Asfaw, Faiman, D. and Meron, G. (2010) Grid matching of large-scale wind energy conversion systems, alone and in tandem with large-scale photovoltaic systems: an Israeli case study. *Energy Policy*, **38**, 7070–7081.

[11] Hesser, T. and Succar, S. (2012) Renewables integration through direct load control and demand response, in *Smart Grid Integrating Renewable, Distributed Generation and Energy Efficiency*, (ed F.P. Sioshansi) Academic Press, pp. 450–494.

[12] Kirby, B.J. (2007) Load response fundamentally matches power system reliability requirements. *IEEE Power Engineering Society General Meeting, June 2007*.

[13] Kirby, B. and Milligan, M. (2010) Utilizing load response for wind and solar integration and power system reliability, *Windpower 2010, Dallas, TX*.

[14] Gellings, C. (2011) *EPRI, Estimating the Costs and Benefits of the Smart Grid: A Preliminary Estimate of the Investment Requirements and the Resultant Benefits of a Fully Functioning Smart Grid*, EPRI.

[15] Felder, F. (2011) The equity implications of smart grid, in *Smart Grid Integrating Renewable, Distributed Generation and Energy Efficiency*, (ed F.P. Sioshansi) Academic Press, pp. 247–275.

[16] S.G. Hauser and K. Crandall. Smart grid is a lot more than just "technology", in *Smart Grid Integrating Renewable, Distributed Generation and Energy Efficiency*, (eds FP Sioshansi) Academic Press, pp. 109–153

[17] North American Electric Reliability Corporation (2009) *Scenario Reliability Assessment*. October 2009.

[18] Laitner, S. (2007) *Assessing the Potential of Information Technology Applications to Enable Economy-Wide Energy-Efficiency Gains*, August 17, 2007.

[19] Platt, G., Berry, A. and Cornforth, D. (2011) What role for microgrids? in *Smart Grid Integrating Renewable, Distributed Generation and Energy Efficiency*, (ed F.P. Sioshansi) Academic Press, pp. 413–449.

[20] Momoh, J. (2012) *Smart Grid Fundamentals of Design and Analysis*. IEEE Press Series on Power Engineering, John Wiley & Sons, Inc, Hoboken, NJ.

[21] www.smartcititeschallenge.org.

[22] SmartGridNews http://www.smartgridnews.com/artman/publish/Key_Players/ (accessed 5 December 2013).

[23] Global Smart Grid Federation www.globalsmartgridfederation.org (accessed 5 December 2013).

附录

智能电网标准列表

标准类型：

A：发电　B：功耗　C：电力输送　D：数据交换　E：安全防范　F：电储能

应用或服务领域	标准	简介	类型	发布机构	进展状态	发布日期	所在本书章节
可再生能源发电（生物质能）	BS EN 14774－1	该标准用于水分含量的测定（烘干法） 第1部分说明了总水分测定参照法 第2部分说明了总水分测定简化方法 第3部分说明了一般分析样本中的水分含量测定方法	A	英国标准协会（BSI）	已发布	2009	第2章
可再生能源发电（生物质能）	BS EN 14775	该标准用于灰分含量的测定	A	BSI	已发布	2009	第2章
可再生能源发电（生物质能）	BS EN 14918	该标准用于发热量的测定	A		已发布	2009	第2章
可再生能源发电（生物质能）	BS EN 14961－1	该标准涉及生物燃料的规格和类别（一般要求）	A		已发布	2010	第2章
可再生能源发电（生物质能）	BS EN 15103	该标准用于固体生物燃料体积密度的测定	A		已发布	2009	第2章
可再生能源发电（生物质能）	BS EN 15148	该标准用于挥发性物质含量的测定	A		已发布	2009	第2章

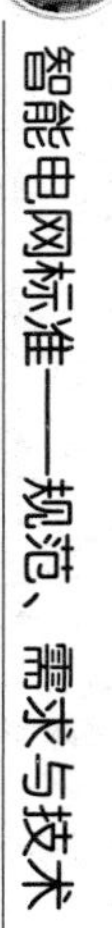

（续）

应用或服务领域	标准	简介	类型	发布机构	进展状态	发布日期	所在本书章节
可再生能源发电（生物质能）	BS EN 15210	该标准关于球团和煤饼的机械耐久性的提取 第 1 部分用于球团和煤饼机械耐久性的测定 第 2 部分用于固体生物燃料	A	BSI	已发布	15210－1（2009） 15210－2（2010）	第 2 章
可再生能源发电（生物质能）	CEN/TS 14588	该标准与生物燃料的术语、定义和说明有关	A		已发布	2004	第 2 章
可再生能源发电（生物质能）	CEN/TS 14778	该标准与固体生物燃料取样有关 第 1 部分是关于固体生物燃料取样方法 第 2 部分是关于卡车运输的颗粒物质的取样方法	A		已发布	2005	第 2 章
可再生能源发电（生物质能）	CEN/TS 14779	该标准涉及生物燃料取样（准备取样计划和取样证书的制定方法）	A		已发布	2005	第 2 章
可再生能源发电（生物质能）	CEN/TS 14780	该标准与样品制备方法有关	A		已发布	2006	第 2 章
可再生能源发电（生物质能）	CEN/TS 15104	该标准涉及碳、氢和氮的总含量测定方法（仪器分析方法）	A		已发布	2005	第 2 章
可再生能源发电（生物质能）	CEN/TS 15105	该标准涉及氯离子、钠和钾的水溶性含量测定方法	A		已发布	2005	第 2 章
可再生能源发电（生物质能）	CEN/TS 15149	该标准涉及粒径分布的测定方法 第 1 部分与用 3. 15mm 及以上滤网孔的振荡筛分法有关 第 2 部分与用 3. 15mm 及以下滤网孔的振荡筛分法有关 第 3 部分与生物燃料的颗粒密度有关	A	CEN	已发布	2006	第 2 章
可再生能源发电（生物质能）	CEN/TS 15210	该标准与机械耐久性的测定有关	A		已发布	2005	第 2 章

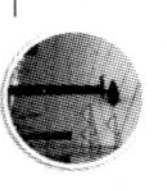

可再生能源发电（生物质能）	CEN/TS 15234	该标准与生物燃料质量有关	A		已发布	2006	第2章
可再生能源发电（生物质能）	CEN/TS 15289	该标准与生物燃料中硫黄和氯的总含量测定有关	A		已发布	2006	第2章
可再生能源发电（生物质能）	CEN/TS 15290	该标准涉及生物燃料中主要元素的测定	A		已发布	2006	第2章
可再生能源发电（生物质能）	CEN/TS 15296	该标准涉及生物燃料不同基质的分析	A		已发布	2006	第2章
可再生能源发电（生物质能）	CEN/TS 15297	该标准与生物燃料中微量元素的测定有关	A		已发布	2006	第2章
可再生能源发电（生物质能）	CEN/TS 15370－1	该标准与生物燃料灰熔性的测定有关	A		已发布	2006	第2章
可再生能源发电（燃料电池）	IEC 60079－29	IEC 60079 的第1部分涉及爆炸性环境、气体探测器，即规定了易燃气体探测器的性能要求 第2部分规定了易燃气体和氧气探测器的选择、安装、使用和维修	A	国际电工委员会（IEC）	已发布	2007	第2章
可再生能源发电（燃料电池）	IEC/TS 62282	IEC 62282 的第1部分规定了燃料电池相关术语 第2部分规定了不同的燃料电池模块	A	IEC	已发布	62282－1（2010） 62282－2（2012）	第2章
可再生能源发电（燃料电池）	IEC 62282－3－100	该标准涉及固定式燃料电池动力系统的安全性	A		已发布	2012	第2章
可再生能源发电（燃料电池）	IEC 62282－3－200	该标准主要涉及为住宅、商业和农业系统设计的固定式燃料电池动力系统的性能试验方法	A		已发布	2011	第2章
可再生能源发电（燃料电池）	IEC 62282－3－3	该标准规定了固定式燃料电池动力系统的安装	A		已发布	2007	第2章

（续）

应用或服务领域	标准	简介	类型	发布机构	进展状态	发布日期	所在本书章节
可再生能源发电（燃料电池）	IEC 62282－5－1	该标准涉及便携式燃料电池动力系统的安全性	A	IEC	已发布	2007	第2章
可再生能源发电（燃料电池）	IEC 62282－6－100	该标准涉及微型燃料电池动力系统的安全性	A		已发布	2010	第2章
可再生能源发电（燃料电池）	IEC/PAS 62282－6－150	该标准涉及间接 PEM 燃料电池中水反应（UN4.3 类）化合物的安全性	A		已发布	2011	第2章
可再生能源发电（燃料电池）	IEC 62282－6－200	该标准涉及微型燃料电池动力系统的性能	A		已发布	2007	第2章
可再生能源发电（燃料电池）	IEC 62282－6－300	该标准涉及微型燃料电池动力系统中燃料元件的互换性	A		已发布	2009	第2章
可再生能源发电（燃料电池）	IEC 62282－7－1	该标准规范了燃料电池用单电池的性能试验方法	A		已发布	2010	第2章
可再生能源发电（燃料电池）	ISO 23273	该标准涉及燃料电池道路车辆的安全规范 第1部分涉及车辆功能安全 第2部分涉及压缩氢燃料车辆的氢爆炸防止 第3部分涉及人员电击防护	A	国际标准化组织（ISO）	已发布	2006	第2章
可再生能源发电（燃料电池）	ISO 23828	该标准规定了燃料电池道路车辆能量消耗的测量 第1部分涉及压缩氢燃料的车辆	A		已发布	2008	第2章
可再生能源发电（燃料电池）	ISO/TR 11954	该标准涉及燃料电池汽车的最高速度测量	A		已发布	2008	第2章
可再生能源发电（燃料电池）	ISO 6469－1	该标准涉及电动汽车的安全规范 第1部分涉及车载可充电储能系统（RESS） 第2部分涉及车辆安全操作方法和故障防护 第3部分涉及人身防电击保护	A		已发布	6469－1（2009） 6469－2（2009） 6469－3（2011）	第2章

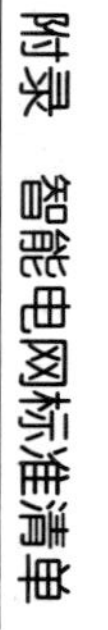

可再生能源发电（燃料电池）	ISO/TR 8713	该标准规范了电动汽车的相关词汇	A		已发布	2012	第2章
可再生能源发电（燃料电池）	ISO 13985	该标准涉及地面车辆燃油箱中的液态氢	A		已发布	2006	第2章
可再生能源发电（燃料电池）	ISO/TR 14687－2	该标准涉及氢燃料产品规格 第2部分涉及车辆用质子交换膜（PEM）燃料电池的应用	A		已发布	2012	第2章
可再生能源发电（燃料电池）	ISO/PAS 15594	该标准规范了机场氢燃料设备的操作	A	ISO	已发布	2004	第2章
可再生能源发电（燃料电池）	ISO 17268	该标准涉及压缩氢车辆（加油连接设备）	A		已发布	2006	第2章
可再生能源发电（燃料电池）	ISO/TS 15869	该标准涉及气态氢和氢混合物（车辆燃油箱）	A		已发布	2009	第2章
可再生能源发电（燃料电池）	ISO TR 15916	该标准涉及氢系统安全的基本考虑	A		已发布	2004	第2章
可再生能源发电（燃料电池）	ISO 16110－1	该标准涉及利用燃料处理技术的氢气发生器 第1部分与整体安全有关 第2部分与性能测试方法有关	A		已发布	16110－1－1（2007） 16110－1－2（2010）	第2章
可再生能源发电（燃料电池）	ISO 16111	该标准涉及可运输储气装置（可逆性金属氢化物吸收的氢）	A		已发布	2008	第2章
可再生能源发电（燃料电池）	ISO TS 20100	该标准涉及氢气燃料站	A		已发布	2008	第2章

（续）

应用或服务领域	标准	简介	类型	发布机构	进展状态	发布日期	所在本书章节
可再生能源发电（燃料电池）	ISO 22734 - 1	该标准涉及用水电解处理的氢发生器 第 1 部分涉及工业和商业设施 第 2 部分涉及住宅设施	A	ISO	已发布	2008	第 2 章
可再生能源发电（燃料电池）	ISO 26142	本标准涉及氢探测仪（固定应用）	A		已发布	2010	第 2 章
可再生能源发电（燃料电池）	OIML R 81	该标准与用于低温液体动态测量的设备和系统有关	A	国际法制计量组织（OIML）	已发布	2006	第 2 章
可再生能源发电（燃料电池）	OIML R 139	该标准与车辆压缩气体燃料测量系统的计量和技术要求有关	A	OIML	已发布	2007	第 2 章
可再生能源发电（地热能）	DIN 8901	该标准涉及制冷系统和加热泵（土壤、土地和地表水的保护）	A	德国标准化学会（DIN）	已发布	2002	第 2 章
可再生能源发电（地热能）	DVGW W 110	该标准涉及钻探地下水的钻孔和井的调查以及方法的汇编	A	德国煤气与水工业协会（DVGW）	已发布	2005	第 2 章
可再生能源发电（地热能）	DVGW W 115	该标准涉及钻井，即用于勘探、采集和观测地下水的钻孔	A	DVGW	已发布	2008	第 2 章
可再生能源发电（地热能）	DVGW W 116	该标准涉及钻井液中泥浆添加剂在地下水钻井中的应用标准	A	DVGW	已发布	1998	第 2 章
可再生能源发电（地热能）	EN 255 - 3	该标准涉及热水机组的试验，如带有电动压缩机的空调设备、液体冷却机组和热泵（加热方式）	A	荷兰标准（NEN）	已发布	2008	第 2 章
可再生能源发电（地热能）	EN 378	该标准涉及制冷系统和热泵。第 1 ~ 4 部分主要涉及安全和环境要求	A	英国标准协会（BSI）	已发布	2008	第 2 章
可再生能源发电（地热能）	EN 14511	该标准涉及带有电动压缩机的空调设备、液体冷却机组和热泵用于空间加热和冷却	A	BSI	已发布	2011	第 2 章

可再生能源发电（地热能）	EN 15450	该标准规范了建筑物中的供暖系统（热泵供暖系统的设计）	A	英国标准协会（BSI）	已发布	2007	第 2 章
可再生能源发电（地热能）	ISO 5149	该标准与制冷系统和热泵、安全与环境要求有关	A	国际标准化组织（ISO）	已发布	1993	第 2 章
可再生能源发电（地热能）	ISO 5151	该标准涉及非管道式空调器（检验和性能规格）（例如，在英国）	A	ISO	已发布	2010	第 2 章
可再生能源发电（地热能）	ISO 13256	该标准涉及水源热泵（性能试验和额定功率），尤其是对丹麦与荷兰使用的热泵进行测评	A		已发布	1998	第 2 章
可再生能源发电（地热能）	ONORM M 7755 - 1	ONORMM7755 标准的第 1 部分规范了热泵供暖系统的设计和安装	A	奥地利国家标准（ONORM）	已发布	2003	第 2 章
可再生能源发电（地热能）	ONORM M 7753	该标准涉及用于直接膨胀及地面耦合的带有电动压缩机的热泵（生产者的测试和指示）	A	ONORM	已发布	1995	第 2 章
可再生能源发电（地热能）	ONORM M 7755 - 2 + 3	该标准规范了地源热泵系统的设计和安装	A		已发布	2000	第 2 章
可再生能源发电（地热能）	OWAV RB 207	该标准涉及地热能开发系统	A	水与废物管理协会（OWAV）	已发布	2009	第 2 章
可再生能源发电（地热能）	VDI 2067 Blatt6	该标准用于计算热泵热耗装置的预算	A	德国工程师协会（VDI）	已发布	1989	第 2 章
可再生能源发电（地热能）	VDI 4650 Blatt 1	该标准涉及热泵的相关计算（计算热泵年度工作图表的简单方法）	A	VDI	已发布	2003	第 2 章
可再生能源发电（地热能）	VDI 4640 Blatt 1 - 4	该标准规范了热泵系统的设计和安装（地热系统的热能利用）	A		已发布	2002	第 2 章
可再生能源发电（水电）	IEC 61850 - 7 - 410	该标准与智能电网高度相关。它规定了在水电站中使用 IEC 61850 标准所需的附加公共数据类、逻辑节点和数据对象	A	国际电工委员会（IEC）	已发布	2007	第 2 章

（续）

应用或服务领域	标准	简介	类型	发布机构	进展状态	发布日期	所在本书章节
可再生能源发电（水电）	IEC－EN 61116	该标准适用于输出功率小于 5MW 的装置和直径小于 3m 的涡轮机	A	IEC	已发布	1995	第 2 章
可再生能源发电（水电）	IEC 60041	该标准用于现场验收测试，以确定水轮机、蓄能泵和涡轮机的液压性能	A		已发布	1991	第 2 章
可再生能源发电（水电）	IEC 60193	该标准与水轮机、储水泵和水轮机模型验收测试有关	A		已发布	1999	第 2 章
可再生能源发电（水电）	IEC 60308	该标准规定了用于水轮机调速系统试验的国际规范	A		已发布	2005	第 2 章
可再生能源发电（水电）	IEC 60545	该标准是水轮机调试、运行与维护指南	A		已发布	1976	第 2 章
可再生能源发电（水电）	IEC 60609	该标准的第 1 部分用于水轮机、蓄能泵和水泵水轮机气蚀损坏的评定 该标准的第 2 部分是存储泵和作为泵运行的泵涡轮的调试、操作和维护指南（对 Pelton 涡轮的评估）	A		已发布	60609－1（2004） 60609－2（1997）	第 2 章
可再生能源发电（水电）	IEC 60805	它为小型水力发电设备提供机电设备指南	A		已发布	1985	第 2 章
可再生能源发电（水电）	IEC 60994	水力机械振动和脉动现场测量指南	A		已发布	1991	第 2 章
可再生能源发电（水电）	IEC 61116	该标准是水轮机控制系统规范指南	A		已发布	1992	第 2 章
可再生能源发电（水电）	IEC 61362	水轮机调节系统指南	A		已发布	1998	第 2 章
可再生能源发电（水电）	IEC 61364	该标准是水轮机控制系统的规范（电站机械术语）	A		已发布	1999	第 2 章

可再生能源发电（水电）	IEC 61366	该标准涉及水轮机、蓄能泵与水泵水轮机 第一部分是总则和附录 第二部分是轴向辐流式水轮机技术规范指南 第三部分是水斗式水轮机与螺旋桨涡轮机技术规范指南 第四部分是转桨式和定桨式水轮机的技术规范指南 第五部分是贯流式水轮机技术规范指南 第六部分是蓄水泵技术规范指南 第七部分是水泵水轮机技术规范指南	A	已发布	1998	第2章
可再生能源发电（太阳能）	IEC－EN 61427	该标准提供了有关太阳能光伏发电系统蓄电池和电池组的基本信息。如果使用储能功能，则蓄电池等同于可充电电池	A	已发布	2005	第2章
可再生能源发电（太阳能）	IEC－EN 61724	该标准负责监控与能源有关的光伏系统特性，并负责监控数据的交换和分析。设计本标准的主要目的是评估光伏系统的整体性能	A	已发布	1998	第2章
可再生能源发电（太阳能）	IEC－EN 61727	本标准中的规定适用于与电力公司并行运行的电网互连光伏发电系统，并利用静态非孤岛逆变器将直流电转变为交流电。它规定了光伏系统与电网配电系统相互连接的要求	A	已发布	1998	第2章
可再生能源发电（太阳能）	IEC/EN 61215	该标准规定了适用于长期运行的地面光伏组件的设计鉴定和定型的要求，符合 IEC 60721－2－1 标准的规定。它确定模块的电气特性与热特性，如在某些气候条件下能承受长时间曝光的能力	A	已发布	2005	第2章

（续）

应用或服务领域	标准	简介	类型	发布机构	进展状态	发布日期	所在本书章节
可再生能源发电（太阳能）	IEC 61646	IEC 61646 标准规定了地面用薄膜光伏组件设计鉴定和定型的要求，该组件是在 IEC 60721 - 2 - 1 中所定义的一般室外气候条件下长期使用。本标准适用于没有包括在 IEC 61215 标准范围内的所有地面型平板组件材料。相较于前一版本，本标准的重大技术变化与通过/失败标准有关	A		已发布	2008	第 2 章
可再生能源发电（太阳能）	IEC/EN 61730	该标准描述了光伏模块的基本结构要求，以便能够在其预期寿命期间提供安全的电气和机械操作，从而预防机械和环境压力导致的电击、火灾和人身伤害。它符合特定的结构要求，并与 IEC 61215 或 IEC 61646 标准结合使用	A		已发布	2007	第 2 章
可再生能源发电（太阳能）	IEC 60891	IEC 60891 规定了测量光伏器件的 $I-V$（电流 - 电压）特性的温度和辐照度校正要遵循的程序，定义了决定更正因子的程序。IEC 60904 - 1 规定了光伏器件的 $I-V$ 测量方法	A		已发布	2009	第 2 章
可再生能源发电（太阳能）	IEC 60904 - 1	该标准规范了光伏电流—电压特性的测量	A		已发布	2006	第 2 章
可再生能源发电（太阳能）	IEC 61194	该标准定义了独立式光电系统的描述与性能分析中用到的电气、机械和环境参数	A		已发布	1992	第 2 章
可再生能源发电（太阳能）	IEC 61215	该标准与地面用晶体硅光伏组件相关（主要涉及设计鉴定和定型）	A		已发布	2005	第 2 章
可再生能源发电（太阳能）	IEC 61345	该标准规定光伏组件承受紫外线辐射的能力为 280 至 400nm	A	IEC	已发布	1998	第 2 章

可再生能源发电（风能）/可再生能源整合	IEC 61400	第 1 部分规范了风力发电机的设计要求 第 2 部分规范了小型风力发电系统的设计要求 第 11 部分涉及声学噪声测量技术 第 13 部分规范了并网风力发电机的电能质量特性的测量和评估 第 21 部分规范了转子叶片全面结构的测试 第 22 部分规范了风力发电机的合格测试与认证 第 23 部分涉及风力发电系统，规范了转子叶片的全面结构测试	A		已发布	61400 - 1（2005） 61400 - 2（2006） 61400 - 11（2006） 61400 - 13（2002） 61400 - 21（2008） 61400 - 22（2005） 61400 - 23（2002）	第 2 章/第 9 章
可再生能源发电（太阳能）	IEC 61427	该标准用于光伏能源系统（PVES）的二次电池和电池组，为最新的电池技术的测试修订制定通用要求与方法	A		已发布	2005	第 2 章
可再生能源发电（太阳能）	IEC 61646	该标准与地面用光伏薄膜组件相关（主要是设计鉴定和定型）	A		已发布	2008	第 2 章
可再生能源发电（太阳能）	IEC 61701	该标准与光伏组件盐雾腐蚀试验有关	A		已发布	2011	第 2 章
可再生能源发电（太阳能）	IEC 61730 - 1	该标准规定了光伏组件的安全质量（第 1 部分是结构要求）。 本标准的一些修正案发布于 2010 年	A		已发布	2004	第 2 章
可再生能源发电（太阳能）	IEC 61702	该标准定义了直接耦合光伏水泵系统的预测短期特性	A		已发布	1995	第 2 章
可再生能源发电（太阳能）	IEC 61829	该标准描述了现场测量晶体硅光伏阵列特性的过程，并将这些数据推广到标准测试条件（STC）或其他选定温度和辐照度的情况下	A		已发布	1995	第 2 章

（续）

应用或服务领域	标准	简介	类型	发布机构	进展状态	发布日期	所在本书章节
可再生能源发电（太阳能）	IEC 61853	该标准定义了光伏组件性能测试和能量等级 第1部分与辐照度、温度性能测量和额定功率有关 第2部分为光谱响应、入射角和模块工作温度的测量	A	IEC	已发布	2011	第2章
可再生能源发电（太阳能）	IEC/TS 62257	该标准规范了农村电气化小型可再生能源和混合系统 第1部分是农村电气化概况 第2部分是对一系列电气化系统的要求 第3部分与项目开发和管理有关 第4部分与系统选择和设计有关 第5部分与电气危险防护有关 第6部分涉及验收、操作、维护和更换 第7部分与发电机有关 第7－1部分与发电机－光伏阵列有关 第7－3部分与发电机组有关，即农村电气化系统中的发电机组的选用 第8－1部分主要用于选择独立电气化系统的电池和电池管理系统。此外，标明了发展中国家可以使用的汽车铅酸蓄电池的具体情况 IEC/TS 62257第9－1部分涉及光伏微型电力系统 IEC/TS 62257第9－2部分涉及光伏微型电力系统（微电网） IEC/TS 62257第9－3部分涉及综合系统（用户接口） IEC/TS 62257第9－4部分涉及综合系统（用户安装） 第9－5部分主要涉及综合系统，特别是农村电气化工程的便携式光伏灯具的选择 第9－6部分涉及综合系统，主要用于光伏独立电气化系统（PV－IES）的选择 第12－1部分用于农村电气化系统中的自镇流灯（CFL）的选择，并规范了家用照明设备	A	IEC	已发布	62257－1（2003） 62257－2（2004） 62257－3（2004） 62257－4（2005） 62257－5（2005） 62257－6（2005） 62257－7（2008） 62257－7－1（2010） 62257－7－3（2008） 62257－8－1（2007） 62257－9－1（2008） 62257－9－2（2006） 62257－9－3（2006） 62257－9－4（2006） 62257－9－5（2007） 62257－9－6（2008） 62257－12－1（2007）	第2章

可再生能源发电（太阳能）	IEC 62108	该标准规定了集中式太阳电池的特性、安装和相关信息	A		已发布	2007	第2章
可再生能源发电（风能）	AGMA 6006 - A03	该标准取代了 AGMA 921 - A97，规定了风力发电机齿轮箱的设计标准和规范	A	美国齿轮制造商协会（AGMA）	已发布	2003	第2章
可再生能源发电（风能）	BSI BS EN 45510 - 5 - 3	本标准第 5 - 3 部分是发电站设备采购指南	A	BSI	已发布	1998	第2章
可再生能源发电（风能）	BSI BS EN 50308	该标准是风力发电机设计、运行和维护的防护措施要求指南	A	BSI	已发布	2004	第2章
可再生能源发电（风能）	BSI PD CLC/TR 50373	该标准涉及风力发电机的电磁兼容性	A	BSI	已发布	2004	第2章
可再生能源发电（风能）	BSI BS EN 61400 - 12	该标准第 12 部分涉及风力发电机发电系统的动力性能测量	A	BSI	已发布	2006	第2章
可再生能源发电（风能）	BSI PD IEC WT 01	该标准规定了风力发电机合格试验和认证的规则及程序	A	IEC	已发布	2001	第2章
可再生能源发电（风能）	CSA F417 - M91 - CAN/CSA	该标准定义了风力发电系统的性能和通用指令	A	加拿大标准协会（CSA）	已发布	1991	第2章
可再生能源发电（风能）	DIN EN 61400 - 25 - 4	标准 61400 第 25 - 4 部分与风电场监测和控制用通信有关	A	DIN	已发布	2009	第2章
可再生能源发电（风能）	DS DS/EN 61400 - 12 - 1	标准 61400 第 12 - 1 部分涉及风力发电机的电力生产性能测量	A	丹麦标准（DS）	已发布	2009	第2章
可再生能源发电（风能）	DNV - OS - J101	该标准规范了海上风力发电机的结构设计	A	挪威船级社（DNV）	已发布	2011	第2章
可再生能源发电（风能）	GOST R 51237	该标准定义了非传统电力工程的术语	A	欧亚标准计量认证委员会（EASC）	已发布	1998	第2章

（续）

应用或服务领域	标准	简介	类型	发布机构	进展状态	发布日期	所在本书章节
可再生能源发电（风能）	IEC 60050 – 415	IEC 60050 的第 415 部分规范了风力发电系统的国际电工词汇	A	IEC	已发布	1999	第 2 章
高级配电管理	IEC 60834	电力系统远程保护设备 – 性能测试 第 1 部分：指令系统 第 2 部分：模拟对照系统	D	IEC	已发布	1995 ~ 2003	第 3 章
高级配电管理	IEC 60870 – 5	远程控制设备和系统 – 第 5 部分：传输协议 第 5 – 101 部分：传输协议，是为基础遥控任务特殊制定的配套标准 第 5 – 102 部分：电力系统中总传输量的配套标准 第 5 – 103 部分：传输协议，是保护设备的信息界面的配套标准 第 5 – 104 部分：传输协议，用以支持使用标准传输配置文件的 IEC 60870 – 5 – 101 的网络访问	D	IEC	已发布	1990 ~ 2006	第 3 章
高级配电管理	IEC 60870 – 6	远程控制设备和系统 – 第 6 部分：控制中心通信 第 6 – 1 部分：应用环境和组织标准 第 6 – 2 部分：使用基本标准［开放系统互连（OSI）的第 1 ~ 4 层］ 第 6 – 501 部分：TASE. 1 服务定义 第 6 – 502 部分：TASE. 1 协议定义 第 6 – 503 部分：TASE. 2 服务与协议 第 6 – 504 部分：TASE. 1 用户约定 第 6 – 601 部分：用于在通过永久访问分组交换数据网络连接的终端系统中提供面向连接的传输服务的功能配置文件 第 6 – 602 部分：TASE 传输配置文件 第 6 – 701 部分：在终端系统中提供 TASE. 1 应用服务的功能配置文件 第 6 – 702 部分：在终端系统中提供 TASE. 2 应用服务的功能配置文件	D	IEC	已发布	1990 – 2006	第 3 章

高级配电管理	IEC 61968	通用信息模型（CIM）/配电管理 第1部分：接口架构和一般要求 第2部分：术语表 第3部分：网络操作接口 第4部分：记录和资产管理接口 第9部分：仪表读数和控制的接口标准 第11部分：通用信息模型（CIM）配电扩展 第13部分：通用信息模型（CIM）RDF模型用于配电的交换格式			已发布	2004～2012	第3章
分布式能源	IEC 60255－24	继电器－第24部分：电力系统的通用暂态数据交换格式（COMTRADE）	D	IEC	已发布	2001	第3章
分布式能源	IEC 61400－25	风力发电机－第25部分：风电场的监控通信	D	IEC	已发布	2006～2012	第3章
分布式能源	IEC 61954	电力电子传输以及配电系统	C	IEC	已发布	2011	第3章
能源管理系统	IEC 61970	通用信息模型（CIM）/能源管理 第1部分：准则和一般要求 第2部分：术语表 第3部分：通用信息模型（CIM） 第4部分：特定通信服务映射（SCSM） 第501部分：特定通信服务映射（SCSM）通用信息模型（CIM）XML编程参考汇编和模型数据交换	D	IEC	已发布	2005～2009	第3章

（续）

应用或服务领域	标准	简介	类型	发布机构	进展状态	发布日期	所在本书章节
智能变电站自动化/可再生能源并网	IEC 61850	变电站自动化 第1部分：介绍与概述 第2部分：术语表 第3部分：总体要求 第4部分：系统和工程管理－第2版 第5部分：功能与装置模型的通信要求 第6部分：与变电站相关的IED通信配置描述语言－第2版 第7部分：变电站和馈线设备的基本通信结构 第8部分：特定通信服务映射（SCSM） 第9部分：特定通信服务映射（SCSM） 第10部分：一致性测试	C	IEC	已发布	2003～2010	第3章/第9章
分布式能源	IEC 61850－420	电力系统自动化通信网络及系统第7－420部分：基本通信结构－分布式能源逻辑节点：此标准针对分布式能源的IEC 61850信息建模。用于分布式能源的IEC 61850信息模型将用于与分布式能源交换信息，包括往复式发动机、燃料电池、微型涡轮机、光伏（PV）、热电联产（CHP）和能量存储等	F	IEC	已发布	2009	第4章
		分布式能源与电力系统的互连标准 第1部分：电力系统分布式能源互连设备一致性测试程序标准 第2部分：分布式能源与电力系统互连的应用指南 第3部分：电力系统与分布式能源互连的监控、信息交换和控制指南 第4部分：电力系统分布式能源孤立系统的设计、运行和集成指南	F/D/A	美国电气电子工程师学会（IEEE）	已发布	1547－1（2005） 1547－2（2008） 1547－3（2007） 1547－4（2011） 1547－5（已撤回） 1547－6（2011）	

电能存储/分布式能源/互操作性/可再生能源发电（风能）/可再生能源并网	IEEE 1547	第5部分：10 MVA以上电力资源与输电网互连技术准则草案 第6部分：电力系统分布式二级网络与分布式能源互连的建议实践草案 第7部分：分布式能源互连分布影响研究草案指南 第8部分：建议的方法和程序的推荐做法，为扩展IEEE标准的实施策略提供补充支持 1547a：分布式能源与电力系统互连标准－修正案1 IEEE 1547定义了与布式能源（DER）与电力系统（EPS）的互连，并提供了与互连的性能、操作、测试、安全和维护相关的要求				1547－7（开发中） 1547－8（开发中） 1547－a（开发中）	第4章/第8章/第2章/第9章
储能/互操作性	IEEE P2030－2	与电力基础设施集成的储能系统相关的互操作性草案：该标准旨在为与电力基础设施集成的分立和混合储能系统实施提供指导，包括其终端应用和负荷	F/D	IEEE	已发布	2011	第4章/第8章
储能	IEEE P2030－3	用于电力系统的储能设备和应用系统的测试流程标准：该标准定义了用于电力系统的储能设备和应用系统的测试流程	F	IEEE	已发布	2011	第4章
储能	IEC 61850－7－410	用于电力公用事业自动化的通信网络和系统－第7－410部分，用于监视和控制水力发电站运作的通信系统：它定义了水力发电站与电力自动化系统的互连，规定了在水力发电站中应用IEC 61850所需的其他公共数据类型、逻辑节点和数据对象	F	IEC	已发布	61850－7－410（第1.0版2007，第2.0版2012）	第4章
电动汽车	CHAdeMO	CHAdeMO是D.C.快速充电标准，为电动汽车驾驶员提供充电5～10min可行驶40～60km的可能，并可在不到30min内充电达到80%	F	CHAdeMO协会	已发布	2010	第4章

（续）

应用或服务领域	标准	简介	类型	发布机构	进展状态	发布日期	所在本书章节
电动汽车	IEC/ISO 15118	车辆到电网的通信接口 第1部分：定义和用例 第2部分：序列图和通信层 第3部分：物理通信层 仍处于开发阶段的ISO/IEC 15118系列规定了EV和EVSE之间的通信标准	F	IEC/ISO		开发中	第4章
电动汽车	IEC 61851	电动汽车输电充电系统：IEC 61851系列规定了车载和非车载设备对电动汽车充电的要求。IEC 61851规定了可以使用具有可变电压电平的脉冲宽度调制（PWM）信号，并通过控制导频线定义了EV－EVSE通信的数据接口	F	IEC	已发布	61851－1（2010） 61851－21（2001） 61851－22（2001） TRF 61851－1（2012） TRF 61851－1；22（2012） TRF 61851－22（2012） 61851－31（2010） 61851－32（2010）	第4章
电动汽车	IEC 62196	插头、电气插座、车辆连接器和车辆引入线－电动汽车的传导充电 第1部分：一般要求 第2部分：交流引脚和接触管配件的尺寸互换性要求 第3部分：规定了直流、交流/直流引脚和管型接触式车辆连接器的尺寸兼容性和互换性要求 IEC 62196标准定义了用于电动汽车充电的插头、电气插座、连接器、接口和电缆组件的要求	F	IEC	已发布	62196－1（2011） 62196－2（2011） TRF 62196－1；2（2012） TRF 62196－2（2012） 62196－3（开发中）	第4章

电动汽车	SAE J1711	测量混合动力电动汽车尾气排放和燃油经济性的推荐方法：本标准文件规定了混合动力电动汽车测量和计算废气排放和燃油经济性的测试程序	F	美国汽车工程师学会（SAE）	已发布	2010	第4章
电动汽车	SAE J1772	SAE 电动汽车和插电式混合动力电动汽车导电充电耦合器：SAE J1772 规定了北美电动汽车充电用导电电荷耦合器标准，并已纳入国际 IEC 62196－2 标准。它涵盖了使用单相 SAE J1772 连接器进行导电充电的一般物理、电气、功能和性能要求	F	SAE	已发布	SAE J1772（2009，R2012）	第4章
电动汽车	SAE J1797	电动汽车电池模块封装的推荐方法：本标准提供了普通电池设计的实践方案	F	SAE	已发布	2008	第4章
电动汽车	SAE J2288	电动汽车电池模块的寿命周期测试：本文件规定了电动汽车电池寿命周期的测试程序	F		已发布	2008	第4章
电动汽车	SAE J2289	电动驱动电池组系统功能指南：本文件提供了电动汽车电池系统设计指南	F		已发布	2008	第4章
电动汽车	SAE J2293	电动汽车能量传输系统 第1部分：功能要求和系统架构 第2部分：通信要求和网络架构 SAE J2293 规定了北美地区将电能从公用事业转移到电动汽车的要求。它定义了能量传输系统（ETS）的所有特性，该系统负责将交流电转换为直流电输送	F	SAE	已发布	J2293－1（2008） 2293－2（2008）	第4章
电动汽车	SAE J2344	电动汽车安全指南：本文件提供了在设计电动汽车时应予以考虑的安全操作指南	F		已发布	2010	第4章

（续）

应用或服务领域	标准	简介	类型	发布机构	进展状态	发布日期	所在本书章节
电动汽车	SAE J2464	电动汽车电池滥用测试：本文件规定了滥用测试，以表征可充电储能系统（RESS）对非正常条件或环境的响应情况	F	SAE	已发布	2009	第4章
电动汽车	SAE J2758	确定混合动力电动汽车上的可充电储能系统的最大可用功率：该文件描述了用于评定混合动力电动汽车中使用的可充电储能系统（RESS）的峰值功率的测试程序	F		已发布	2010	第4章
电动汽车	SAE J2380	电动汽车电池的振动测试：该文件规定了由电动汽车电池模块或电动汽车电池组组成的单个电池（测试单元）的振动耐久性测试方案	F		已发布	2009	第4章
电动汽车	SAE J2836	第1部分：插电式电动汽车与公用电网之间通信的用例 第2部分：插电式电动汽车与供电设备（EVSE）之间通信的用例 第3部分：用于反向电力流动的插入式电动汽车和公用电网之间通信的用例 第4部分：插电式电动汽车通信故障诊断的用例 第5部分：插电式电动汽车与用户之间通信的用例 第6部分：插电式电动汽车与公用电网之间无线充电通信的用例 SAE J2836对于实现混合动力电动汽车与公用电网、EVSE、用户和反向电力流动公用设施之间的通信至关重要。还规定了混合动力电动汽车和EVSE之间用于充电或放电会话的诊断要求	F		已发布	J2836－1（2010） J2836－2（2011） J2836－3（2013） J2836－4（开发中） J2836－5（开发中） J2836－6（开发中）	第4章
	SAE J2847	第1部分：插电式电动汽车与公用电网之间的通信 第2部分：插电式电动汽车与车外直流充电器之间的通信 第3部分：插电式电动汽车与公用电网之间的通信以实现逆向潮流 第4部分：插电式电动汽车的诊断通信 第5部分：插电式电动汽车与其客户之间的通信 SAEJ2847对于在PEV与公用电网、EVSE、客户和公用事业之间实现反向功率通信至关重要。PEV和EVSE之间的诊断要求还规定了充电或放电时间					
电动汽车	SAE 2929	电动和混合动力电动汽车电池系统安全标准：本文件规定了锂基可充电电池系统的安全标准和要求	F	SAE	已发布	2013	第4章

电动汽车	SAE J2931	第1部分：电动汽车供电设备通信模型 第2部分：插电式电动汽车的带内信令通信 第3部分：插电式电动汽车的PLC 第4部分：插电式电动汽车的宽带PLC 第5部分：用户、插电式电动汽车（PEV）、能源服务提供商（ESP）和家庭局域网（HAN）之间的智能电网远程信息处理通信 第6部分：无线充电插电式电动车的数字通信 第7部分：插电式电动车通信的安全性 SAE J2931规定了使用带内信令、PLC、宽带PLC之间的物理层通信要求；以及混合动力电动汽车、EVSE、实用程序、AMI和HAN之间的数字通信要求	F	SAE	开发中	J2931－1（2012） J2931－2（开发中） J2931－3（开发中） J2931－4（2012） J2931－5（开发中） J2931－6（开发中） J2931－7（开发中）	第4章
电动汽车	SAE J2936	车辆电池标签指南：本文件规定了储电设备的标签指南	F	SAE	已发布	2012	第4章
电动汽车	SAE J2953	第1部分：插电式电动汽车与电动汽车供电设备（EVSE）的互操作性 第2部分：插电式电动汽车与电动汽车供电设备（EVSE）互操作性的测试程序 SAE J2953规定了与EVSE的混合动力电动汽车互操作性和相应测试程序的要求	F	SAE	开发中	J2953－1（开发中） J2953－2（开发中）	第4章
电动汽车	SAE J537	蓄电池：本文件规定了汽车12V蓄电池的测试程序	F	SAE	已发布	2011	第4章
电动汽车	SAE J551/5	电动汽车的磁场和电场强度的性能水平和测量方法，带宽为9kHz～30MHz：本文件规定了在9kHz～30MHz频率范围内测量磁场和电场强度的测试程序和性能水平，以及450kHz～30MHz频率范围内的传导发射	F	SAE	已发布	2012	第4章

（续）

应用或服务领域	标准	简介	类型	发布机构	进展状态	发布日期	所在本书章节
高级计量体系	IEC 62056	抄表、资费和负荷控制的数据交换 第 21 部分：直接本地数据交换 第 31 部分：在带有载波信令的双绞线上使用局域网 第 41 部分：使用广域网进行数据交换：带有链路 + 协议的公共交换电话网（PSTN） 第 42 部分：面向连接的异步数据交换的物理层服务和过程 第 46 部分：使用 HDLC 协议的数据链路层 第 47 部分：IPv4 网络的 COSEM 传输层 第 53 部分：COSEM 应用层 第 61 部分：对象识别系统（OBIS） 第 62 部分：接口类 第 76 部分：3 层、面向连接的基于 HDLC 的通信配置文件 第 83 部分：PLC S－FSK 邻域网络的通信配置文件 IEC 62056 标准系列基于设备语言消息规范（DLMS）和电能计量的配套规范（COSEM），提供了一种在欧洲广泛使用的现代抄表协议	B	IEC	已发布	62056－21（2002） 62056－31（1999） 62056－41（1998） 62056－42（2002） 62056－53（2013） 62056－61（2013） 62056－62（2013） 62056－76（2013） 62056－83（2013）	第 5 章
高级计量体系	IEC 62058	交流电计量设备－验收检查 第 11 部分：一般验收检验方法 第 21 部分：有功电能电子计量表的特殊要求 第 31 部分：有功电能静态仪表的特殊要求（0.2、0.5、1 和 2 级） IEC 62058 标准规定了电表设备的验收要求	B	IEC	已发布	2008	第 5 章

高级计量体系	IEC/TR 62059	电力计量设备 - 可靠性 第 11 部分：一般概念 第 21 部分：从现场收集仪表可靠性数据 第 31 - 1 部分：加速可靠性测试 - 温和加湿 第 32 - 1 部分：耐久性 - 通过施加高温测试计量特性的稳定性 第 41 部分：可靠性预测 IEC/TR 62059 标准规定了电表计量设备的账单预测和评估方法	B	IEC	已发布	62059 - 11（2002） 62059 - 21（2002） 62059 - 31 - 1（2008） 62059 - 32 - 1（2011） 62059 - 41（2006）	第 5 章
高级计量体系	IEC 61107	抄表、资费和负荷控制的数据交换 - 直接本地数据交换：IEC 61107 标准规定了抄表、资费和负荷控制的数据交换方法	B	IEC	撤销	61107 第 1.0 版（1992） 61107 第 2.0 版（1996）	第 5 章
高级计量体系	NEMA SG - AMI	智能仪表可升级性的要求：本文件定义了 AMI 系统智能仪表固件可升级性的要求	B	美国国家电气制造协会（NEMA）	已发布	2009	第 5 章
高级计量体系	OPEN 计量交付	欧盟启动 OPEN 计量项目，为 AMI 指定一套全面的开放的公共标准。该项目涉及广泛的领域，包括监管环境、智能计量功能、通信媒体、协议和数据格式	B	OPEN 计量联盟	已发布	2010 ~ 2011	第 5 章
高级计量体系	实用 AMI 高级要求	实用 AMI 高级要求：实用 AMI 指定的高级要求是在设计或开发 AMI 系统或组件时为 AMI 供应商提供一些通用指南	B	IEC	已发布	2006	第 5 章
需求响应/负荷控制	OpenADR 1.0	OpenADR 1.0 系统要求规范：OpenADR 1.0 规范为 OASIS 能源互操作（EI）标准的一部分，该标准旨在定义信息和通信模型，以实现需求响应和能源交易	B	UCAIug OpenSG OpenADR 工作组	已发布	2009	第 5 章

（续）

应用或服务领域	标准	简介	类型	发布机构	进展状态	发布日期	所在本书章节
需求响应/负荷控制	OpenADR 2.0	OpenADR 2.0 配置文件规范：开发 OpenADR 2.0 是为了定义特定于 DR 和 DER 应用程序的配置文件。OpenADR 2.0 由 OpenADR 2.0a、OpenADR 2.0b 和 OpenADR 2.0c 组成	B	OpenADR 联盟		OpenADR 2.0a（2011） OpenADR 2.0b（2012） OpenADR 2.0c（开发中）	第 5 章
需求响应/负荷控制	OASIS EMIX 1.0	OASIS 能源市场信息交换（EMIX）版本 1.0：该规范已经开发用于标准化市场信息，包括能源价格、交付时间、特征、可用性和时间表等。所有这些不同类型的信息对于实现 DR 决策的完全自动化是必要的	B	结构化信息标准促进组织（OASIS）	已发布	2011	第 5 章
通信	ATIS 0900105.07	同步光网络（SONET）－子 STS－1 接口速率和格式规范：它定义了子 STS－1 SONET 接口的数据速率和格式规范，包括相关信道开销的定义和内容	D	世界无线通信解决方案联盟（ATIS）	已发布	2008	第 6 章
通信	CDMA2000（TIA/EIA/IS－2000）	cdma2000®扩频系统：由 TIA 定义，与 CDMA－one（IS－95）向后兼容。它是国际电联 IMT－2000（也称为 3G）的认可标准	D	美国电信工业协会（TIA）	已发布	2000	第 6 章
通信	CDMA－one（TIA/EIA/IS－95－A）	移动台－双模宽带扩频蜂窝系统的基站兼容性标准：它定义了 800MHz 蜂窝移动电信系统和 1.8～2.0GHz 码分多址（CDMA）个人通信服务（PCS）系统的兼容性标准。它由 Qualcomm 公司开发为 IS－95	D	TIA	已发布	1995	第 6 章
通信	EDGE	GSM 演进增强数据速率（EDGE）：它属于 GSM 系列，并向后兼容。物理层由 3GPP 与 GSM（TS 45.001）相同的标准维护	D	国际电信联盟（ITU）	已发布	1999	第 6 章

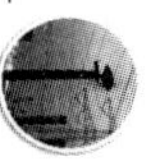

通信	EPC Class - 1 高频（HF）	用于 13.56 MHz 通信的 EPC Class - 1 HF RFID 空中接口协议：它规定以 13.65 MHz 频率工作的无源反向散射、询问器 - 会话优先（ITF）、射频识别（RFID）系统的物理和逻辑要求	D	EPCglobal	已发布	2011	第 6 章
通信	GMR/ETSI TS 101 376	GEO - 移动无线电接口规范：它规定了由 ETSI 开发并由 3GPP 维护的地球静止轨道移动无线电接口（GMR），以支持接入 GSM/UMTS 核心网络	D	欧洲电信标准协会（ETSI）	已发布	2001	第 6 章
通信	GSM	全球移动通信系统（GSM）：它定义了由 ETSI 开发的标准，并在 3GPP 下作为 TS 45.001（PHY）和 TS 23.002（网络架构）进行维护。它属于第二代蜂窝系统	D	ETSI	已发布	1990	第 6 章
通信	HD - PLC	高清电力线通信（HD - PLC）：它定义了使用高频有效小波 - OFDM 调制方法的 PLC 技术。理论最大数据传输速率高达 210 Mbit/s	D	HD - PLC 联盟	已发布	2010	第 6 章
通信	HomePlug Green PHY	HomePlug Green PHY 规范：它定义了 HomePlug AV 的一个子集，旨在用于智能电网。它具有 10 Mbit/s 的峰值速率，旨在用于智能仪表和小型电器，如 HVAC 恒温器、家用电器和插电式电动汽车。它可与 HomePlug AV 和 HomePlug AV2 设备互操作，符合 IEEE 1901 标准	D	HomePlug 联盟	已发布	2012	第 6 章
通信	HSPA	高速分组数据接入：它定义了增强 W - CDMA 技术。下行链路（HSDPA）增强在版本 5 中定义，上行链路增强（HSUPA）在版本 6 中定义 . HSPA 技术的进一步增强在版本 7 及更高版本中定义，称为 HSPA +	D	第三代合作伙伴计划（3GPP）	已发布	2002 ~ 2008	第 6 章
通信	IEEE 802.11	无线局域网（WLAN）：它定义了由 IEEE 开发的一系列技术，其中包含许多用于提高安全性、服务质量、数据传输速率、互通性等的修订。它是广为人知的 Wi - Fi 技术的基本标准，由 Wi - Fi 联盟指定	D	IEEE	已发布	1997	第 6 章

（续）

应用或服务领域	标准	简介	类型	发布机构	进展状态	发布日期	所在本书章节
通信	IEEE 802.15.1	无线个人局域网（WPAN）多媒体访问控制（MAC）层和物理层（PHY）规范：它定义了用于连接外围设备的无线个人局域网技术。它由 IEEE 制定，是广泛使用的蓝牙技术的基础。蓝牙特别兴趣小组进一步改善了这一技术	D		已发布	2002	第 6 章
通信	IEEE 802.15.4	低速率无线个人局域网（LP－WPAN）：它定义了由 IEEE 制定的用于低速率传输的无线个人局域网（WPAN）技术，是广泛使用的传感器网络和机器到机器通信技术的基础，例如 ZigBee 技术等	D		已发布	2003	第 6 章
通信	IEEE 802.22	认知无线电接入网络多媒体访问控制（MAC）层和物理层（PHY）规范：它定义了使用电视“空闲频段”频谱的无线地域网标准，并使用认知无线电技术来共享地理上未使用的频谱。它旨在为难以到达的区域、低人口密度区域、典型的乡村环境提供频谱接入	D	IEEE	已发布	2011	第 6 章
通信	IEEE 802.3ah	具有冲突检测的载波侦听多路访问（CSMA/CD）方法和物理层规范修正：用户访问网络的多媒体访问控制参数、物理层和管理参数，它定义了以太网链路的物理层规范，通过至少 10km（1000BASE－PX10）和至少 20km（1000BASE－PX20）无源光纤网络提供 1000Mbit/s 数据。它也被称为“第一英里的以太网”	D		已发布	2004	第 6 章
通信	IEEE 802.3av	带冲突检测的载波侦听多路访问（CSMA/CD）和物理层规范——修订 1：10Gbit/s 无源光纤网络的物理层规范和管理参数，它定义了 10Gbit/s 以太网无源光纤网络的物理层规范和管理参数（10 GE－PON）	D		已发布	2009	第 6 章

通信	ISO/IEC 18092	近距离通信——接口和协议（NFCIP－1）：对计算机外围设备的连接而言，它定义了工作中心频率为 13.56MHz 的电感耦合装置的近距离通信接口和协议（NFCIP－1）的通信模式，它也被称为“ECMA－340”	D	国际标准化组织（ISO）	已发布	2004	第 6 章
通信	ITU－T G.651.1	用于光纤接入网 50/125μm 的多模渐变折射率光纤电缆的特性：国际电信联盟电信标准分局推荐规范将石英多模光纤用于特定环境中的接入网络。推荐的多模光纤支持经济高效地使用 1Gbit/s 以太网系统，链路长度可达 550m，通常使用 850nm 收发器	D	国际电信联盟（ITU）	已发布	2007	第 6 章
通信	ITU－T G.652	单模光纤和光缆的特性：国际电信联盟电信标准分局推荐规范描述了波长约为 1310nm 的单模光纤的几何、机械和传输属性，但也可用于 1550nm 的光纤	D	ITU	已发布	2000	第 6 章
通信	ITU－T G.707	同步数字体系（SDH）网络节点接口：国际电信联盟电信标准分局推荐规范规定了用于同步数字体系网络的网络节点接口	D		已发布	2007	第 6 章
通信	ITU－T G.783	同步数字体系设备功能块特性：它定义了基本构建块库和数字传输设备创建规则集	D		已发布	2006	第 6 章
通信	ITU－T G.803	基于同步数字体系的传输网络架构	D		已发布	2000	第 6 章
通信	ITU－T G.959	光传送网物理层接口：国际电信联盟电信标准分局推荐规范 ITU－T G.959.1 提供可以采用波分复用（WDM）的光网络物理层域间接口规范	D		已发布	2008	第 6 章
通信	ITU－T G.983.x	基于无源光网络（PON）的宽带光纤接入系统：它定义了宽带无源光网络的一系列推荐规范	D		已发布	2005	第 6 章

（续）

应用或服务领域	标准	简介	类型	发布机构	进展状态	发布日期	所在本书章节
通信	ITU – T G. 984. x	支持吉比特的无源光网络（GPON）：它为 GPON 接入网络定义了一系列推荐规范	D	ITU	已发布	2008	第 6 章
通信	ITU – T G. 9955	窄带 OFDM 电力线通信收发器：它定义了国际电信联盟电信标准分局推荐规范，其中包含通过 500 kHz 以下频率的交流和直流电力线进行窄带 OFDM 电力线通信的物理层规范。它解决了电网到公司仪表的应用、高级计量基础设施和其他智能电网应用	D		已发布	2011	第 6 章
通信	JIS X 6319 – 4	集成电路卡用仪器规范——第 4 部分：高速感应卡。它定义了高速非接触式集成电路卡的物理特性、空中接口、传输协议、文件结构和命令，这个标准在日本也被称为“Felica”	D	日本工业标准规范（JIS）	已发布	2010	第 6 章
通信	LTE	长期演进（LTE）是由第三代合作伙伴计划（3GPP）在版本 8 中特别提出的开发技术，并且将在后续版本中进一步改进。其进一步增强（LTE advanced）满足国际电信联盟 IMT – advanced 定义的要求，因此成为国际电信联盟 IMT – advanced（也被称为 4G）的候选者	D	第三代合作伙伴计划（3GPP）	已发布	2007	第 6 章
通信	NG – PON2	NG – PON2：下一代无源光网络 2。它定义了容量至少为 40Gbit/s 的无源光网络，并且可以提供 1Gbit/s 的服务。它是国际电信联盟标准化未来的提案	D	全业务接入网（FSAN）	待发布	—	第 6 章
通信	IEEE P1901	IEEE 宽带电力线网络标准：多媒体访问控制层和物理层规范。它定义了通过电力线进行高速（物理层 >100Mbit/s）通信的标准，该标准使用低于 100 MHz 的传输频率，它是宽带电力线通信的关键标准	D	IEEE	已发布	2010	第 6 章

通信	UMTS	通用移动通信系统（UMTS）：由3GPP在版本99定义，并由国际电信联盟的IMT－2000（也被称为3G）所批准。无线电网络技术是宽带码分多址（W－CDMA）	D	3GPP	已发布	2000	第6章
通信	Weightless	Weightless：它定义了一个与应用程序无关的标准，用于在电视“空闲频段”频谱中运行的远程机器到机器通信，具有长休眠周期能力并且支持非常多的设备	D	Weightless 特别兴趣小组	待发布		第6章
通信	WiMAX	全球互操作微波访问（WiMAX）：它定义了一种基于IEEE 802.16标准系列的技术，并由WiMAX论坛维护和推广。移动WiMAX技术与长期演进技术都是国际电信联盟的IMT－Advanced（也称为4G）技术的候选者	D	IEEE/WiMAX	已发布	2001～2005	第6章
通信	通用工业协议（CIP）	工业自动化应用的工业协议，由Open DeviceNet供应商协会支持	D	Open DeviceNet供应商协会（ODVA）	已发布	2002	第7章
通信	CC－Link	高速现场网络能够同时处理控制和信息数据	D	CC－Link合作伙伴协会（CLPA）	已发布	2000	第7章
数据安全和功能安全	CC－Link Safety	CC－Link的安全扩展	E	CLPA	已发布	2005	第7章
数据安全和功能安全	CIP－Safety	通用工业协议的安全扩展	E	Open DeviceNet供应商协会	已发布	2005	第7章
通信	EtherCAT	由德国倍福自动化有限公司开发的开放式实时以太网控制自动化技术，为网络实时性能和拓扑灵活性设立了新标准	D	德国倍福自动化有限公司（Beckoff）	已发布	2003	第7章
数据安全和功能安全	IEC 61508	电气/电子/可编程电子安全相关系统的功能安全性	E	IEC	已发布	2010	第7章

（续）

应用或服务领域	标准	简介	类型	发布机构	进展状态	发布日期	所在本书章节
数据安全和功能安全	IEC 62351	处理TC 57系列协议安全性的标准、包括IEC 60870－5系列标准、IEC 60870－6系列标准、IEC 61850系列标准、IEC 61970系列标准和IEC 61968系列标准	E	IEC	已发布	2007～2010	第7章
通信	ISA100. 11a	工业自动化无线系统：过程控制和相关应用	D	国际自动化学会（ISA）	已发布	2009	第7章
通信	Powerlink	标准以太网确定性实时协议	D	以太网Powerlink标准化组（EPSG）	已发布	2001	第7章
数据安全和功能安全	Powerlink Safety	Powerlink的安全扩展	E	EPSG	已发布	2006	第7章
通信	PROFIBUS	自动化技术现场总线通信标准	D	21家公司和机构制定了一项名为“现场总线”的总体项目计划	已发布	1987	第7章
通信	PROFINET	自动化PROFIBUS和PROFINET International（PI）开放式工业以太网标准	D	PNO（PROFIBUS国际组织）	已发布	2001	第7章
数据安全和功能安全	PROFIsafe	PROFIBUS和PROFINET的安全扩展	E	德国西门子股份有限公司	已发布	1999	第7章
数据安全和功能安全	TwinSAFE	以太网控制自动化技术的安全扩展	E	德国倍福自动化有限公司	已发布	2007	第7章
通信	WirelessHART	基于高速可寻址远程传感器（HART）协议的无线传感器网络技术	D	高速可寻址远程传感器（HART）通信基金会（HCF）	已发布	2007	第7章

互通性	ANSI/ASHRAE 135－2008/ISO 16484－5 BACnet	BACnet 是一个家庭和建筑自动化标准，它定义了用于在用户端建立系统通信的信息模型和信息。它集成了一系列网络技术，以实现从非常小的系统到使用 IP 跨越广泛地理区域的多建筑操作系统的可扩展性	D	ANSI/ASHRAE/ISO	已发布	2008	第 8 章
互通性	ANSI/CEA 709 和 CEA 852.1	ANSI/CEA 709 和 CEA 852.1 本地控制网络协议系列是通用局域网协议，它用于各种应用，如电表、街道照明和家庭自动化	D	ANSI/消费电子协会（CEA）	已发布	2010	第 8 章
互通性	ANSI/CEA 709.1－B	该标准的第 1 部分是关于特定的物理层协议；第 2 部分是一个用于设计 ANSI/CEA 709.1－B－2002 的明确的物理层协议；第 3 部分也是一个用于设计 ANSI/CEA 709.1－B－2002 的明确的物理层协议；第 4 部分是提供了一种方法的协议，通过使用用户数据报协议（UDP）及 IP 隧道传输本地操作网络消息，从而生产更大的互联网络	D	ANSI/CEA	已发布	709.1－B（2002）；709.2－AR（2006）；709.3R（2004）；709.4（1999）	第 8 章
互通性	IEC 60870－6/TASE.2	IEC 60870－6/TASE.2 是一个开放性的、成熟的标准，通过一致性测试得到广泛实施，这是 PAP14 中包含的 IEC 60870 系列的一部分	D	IEC	已发布	2005	第 8 章
互通性	IEC 61968/61970 系列	IEC 61968/61970 是开放性标准，由 SDO 广泛实施和维护，并得到用户组的支持，它们是与 IEC 61850 和 multi-speak 集成有关的 PAP 的一部分	D	IEC	已发布	—	第 8 章
互通性	IEEE C37.118	IEEE C37.118 是一个开放性标准，由 SDO 广泛开发和维护。它包括一些通信和测量要求。目前，它正在由 IEEE 电力系统中继委员会（PSRC）继续进行更新	D	IEEE	已发布	2005	第 8 章

（续）

应用或服务领域	标准	简介	类型	发布机构	进展状态	发布日期	所在本书章节
互通性	IEEE 1686－2007	IEEE 1686－2007 是变电站智能电子设备（IED）网络安全功能的 IEEE 标准	D	IEEE	已发布	2007	第 8 章
互通性	ISO 19136［开放地理空间联盟地理标记语言（GML）］	地理标记语言是一个符合 ISO 19118 标准的开放性标准，根据 ISO 19100 系列国际标准中使用的概念建模框架传输和存储建模的地理信息。地理标记语言与支持开源软件一起被广泛使用。它还用于灾害管理，家庭/建筑和设备位置信息数据库建立	D	开放地理空间联盟（OGC）	已发布	2007	第 8 章
互通性	NIST 特刊（SP）800－53，NIST SP 800－82	该系列标准是由 NIST 开发的开源性标准。SP800－53 描述了美国政府标准所要求的安全性。SP800－82 正处于研发过程中，该过程专门规定了工业控制系统（如电网）的安全性	D	NIST	已发布	2005	第 8 章